自动化国家级特色专业系列规划教材
指导委员会

孙优贤　吴　澄　郑南宁　柴天佑

俞金寿　周东华　李少远　王红卫

陈　虹　荣　冈　苏宏业

"十二五"普通高等教育本科国家级规划教材

自动化国家级特色专业系列规划教材

过程控制工程

第四版

戴连奎　张建明　谢　磊　等 编著

化学工业出版社

·北京·

过程控制工程为自动控制学科的重要组成部分，是自动化专业学生的必修课程之一。本书是在原国家规划教材《过程控制工程》（第三版）的基础上重新编写的。

全书共分12章，第1章为过程控制概论；第2～6章讲述常规控制技术，内容包括过程动态建模，PID单回路控制，前馈与比值控制，串级、均匀、选择与分程控制等；第7、8章为先进控制技术，内容包括关联分析与解耦设计、基于模型的控制方法等；第9章结合具体工程应用过程，详细讨论了过程控制系统的设计思想与实现方案；第10～12章为常用过程操作单元的控制方案，内容包括传热设备控制、精馏塔控制、化学反应过程控制等。

本书可作为高等院校自动化及相关专业高年级本科生或研究生的教材，也可供炼油、石油化工、化工、冶金、电力、轻工、环保等领域从事工业过程控制工程的技术人员参考。

图书在版编目（CIP）数据

过程控制工程/戴连奎等编著．—4版．—北京：化学工业出版社，2020.8（2024.1重印）

"十二五"普通高等教育本科国家级规划教材　自动化国家级特色专业系列规划教材

ISBN 978-7-122-36841-6

Ⅰ．①过…　Ⅱ．①戴…　Ⅲ．①过程控制-高等学校-教材　Ⅳ．①TP273

中国版本图书馆CIP数据核字（2020）第080221号

责任编辑：唐旭华　郝英华　　　　　　　　装帧设计：刘丽华
责任校对：王素芹

出版发行：化学工业出版社（北京市东城区青年湖南街13号　邮政编码100011）
印　　刷：北京云浩印刷有限责任公司
装　　订：三河市振勇印装有限公司
787mm×1092mm　1/16　印张19½　字数501千字　2024年1月北京第4版第6次印刷

购书咨询：010-64518888　　　　　　　　售后服务：010-64518899
网　　址：http：//www.cip.com.cn
凡购买本书，如有缺损质量问题，本社销售中心负责调换。

定　　价：48.00元

总　　序

随着工业化、信息化进程的不断加快，"以信息化带动工业化、以工业化促进信息化"已成为推动我国工业产业可持续发展、建立现代产业体系的战略举措，自动化正是承载两化融合乃至社会发展的核心。自动化既是工业化发展的技术支撑和根本保障，也是信息化发展的主要载体和发展目标，自动化的发展和应用水平在很大意义上成为一个国家和社会现代工业文明的重要标志之一。从传统的化工、炼油、冶金、制药、机械、电力等产业，到能源、材料、环境、军事、国防等新兴战略发展领域，社会发展的各个方面均和自动化息息相关，自动化无处不在。

本系列教材是在建设浙江大学自动化国家级特色专业的过程中，围绕自动化人才培养目标，针对新时期自动化专业的知识体系，为培养新一代的自动化后备人才而编写的，体现了我们在特色专业建设过程中的一些思考与研究成果。

浙江大学控制系自动化专业在人才培养方面有着悠久的历史，其前身是浙江大学于1956年创立的化工自动化专业，这也是我国第一个化工自动化专业。1961年该专业开始培养研究生，1981年以浙江大学化工自动化专业为基础建立的"工业自动化"学科点被国务院学位委员会批准为首批博士学位授予点，1984年开始培养博士研究生，1988年被原国家教委批准为国家重点学科，1989年确定为博士后流动站，同年成立了工业控制技术国家重点实验室，1992年原国家计委批准成立了工业自动化国家工程研究中心，2007年启动了由国家教育部和国家外专局资助的高等学校学科创新引智计划（"111"引智计划）。经过50多年的传承和发展，浙江大学自动化专业建立了完整的高等教育人才培养体系，沉积了深厚的文化底蕴，其高层次人才培养的整体实力在国内外享有盛誉。

作为知识传播和文化传承的重要载体，浙江大学自动化专业一贯重视教材的建设工作，历史上曾经出版过很多优秀的教材和著作，对我国的自动化及相关专业的人才培养起到了引领作用。当前，加强工程教育是高等学校工科人才培养的主要指导方针，浙江大学自动化专业正是在教育部卓越工程师教育培养计划的指导下，对自动化专业的培养主线、知识体系和培养模式进行重新布局和优化，对核心课程教学内容进行了系统性重新组编，力求做到理论和实践相结合，知识目标和能力目标相统一，使该系列教材能和研讨式、探究式教学方法和手段相适应。

本系列教材涉及范围包括自动控制原理、控制工程、检测和传感、网络通信、信号和信息处理、建模与仿真、计算机控制、自动化综合实验等方面，所有成果都是在传承老一辈教育家智慧的基础上，结合当前的社会需求，经过长期的教学实践积累形成的。大部分教材和其前身在我国自动化及相关专业的培养中都具有较大的影响，例如《过程控制工程》的前身是过程控制的经典教材之一、王骥程先生编写的《化工过程控制工程》。已出版的教材，既有国家"九五"重点教材，也有国家"十五""十一五"规划教材，多数教材或其前身曾获得过国家级教学成果奖或省部级优秀教材奖。

本系列教材主要面向自动化（含化工、电气、机械、能源工程及自动化等）、计算机科学和技术、航空航天工程等学科和专业有关的高年级本科生和研究生，以及工作于相应领域和部门的科学工作者和工程技术人员。我希望，这套教材既能为在校本科生和研究生的知识拓展提供学习参考，也能为广大科技工作者的知识更新提供指导帮助。

本系列教材的出版得到了很多国内知名学者和专家的悉心指导和帮助，在此我代表系列教材的作者向他们表示诚挚的谢意。同时要感谢使用本系列教材的广大教师、学生和科技工作者的热情支持，并热忱欢迎提出批评和意见。

2011 年 6 月

第四版前言

过程工业涉及炼油、化工、制药、环保等国民经济支柱产业，过程控制工程为高等院校自动化及相关专业的核心专业课程，旨在培养学生从事过程控制系统设计与工程实施能力。

作为自动化及相关专业高年级本科生或研究生的教材，本书已被国内许多高校选用。为适合各高校对教学内容的要求，对原书进行修订改版。本次修订，除对原书不妥之处进行勘误外，考虑到原书第9章内容与过程控制不是很紧密，故删除了该章节。

与此同时，原书在控制方案的综合设计与定性分析方面略显不足。对于复杂的实际工艺过程，如何设计简单合理实用的控制方案成为工程应用中的一大难点，特别对于某些工艺过程尚不存在或对象特性难以获取时，这种情况在自控设计院中经常碰到。为此，本次修订第9章改为"过程控制系统方案设计"，专门结合某些具体应用过程，详细讨论控制方案的设计思想与实现，并进行方案比较，以提高读者对于自动化控制系统的综合设计能力。另外，该章习题列举了多个工程应用实例，供读者练习讨论。

本次修订由戴连奎、张建明和谢磊负责统编。在该书的编写过程中，得到了各兄弟学校老师，特别是讲授过程控制工程课程的老师和企业界从事过程控制工作的技术人员的大力支持和帮助，在此向他们表示深深的感谢。此外，也要感谢支持、帮助和关心我们编写工作的浙江大学控制学院的老师与学生。同时，我们要感谢所有帮助此书编写和出版的朋友！

编著者
2020 年 4 月于浙大求是园

第三版前言

过程工业涉及炼油、化工、冶金、制药等国民经济支柱产业，过程控制系统已成为保证现代企业安全、平稳、优化、环保低耗和高效益生产的主要技术手段。"过程控制工程"为自动化与相关专业的核心专业课程，旨在培养学生从事过程控制系统设计与工程实施能力。

本书是在传承王骥程教授主编的《化工过程控制工程》（第二版）、王树青教授等人编著的《工业过程控制工程》与《过程控制工程》（第二版）的基础上，结合作者几十年来的教学和科研实践经验以及对过程控制问题的理解重新编写而成的。本书可作为自动化及相关专业高年级本科生或硕士生的教材。

全书共分 12 章，第 1 章对过程控制工程的一些基本概念和知识进行概述；第 2 章介绍过程机理建模法和基于响应数据的经验建模法；第 3 章重点介绍单回路反馈控制方法；第 4 章讲述前馈控制和比值控制方法；第 5 章详细介绍了过程工业中一些典型的控制方案，如串级控制、非线性增益补偿控制、均匀控制、选择控制、分程控制和阀位控制；第 6 章简要介绍以 DCS 为主的计算机控制系统；第 7 章讨论多回路控制系统的关联分析与解耦设计；第 8 章讲述几种基于模型的先进控制算法，包括史密斯预估控制、内模控制、预测控制；第 9 章概述了间歇生产过程的控制问题；第 10～12 章分别介绍了过程工业中的传热设备、精馏塔与化学反应器的常用控制方案。

本书第 1、7、10、11 章由戴连奎编写；第 2～6 章由于玲编写；第 8、12 章由田学民编写；第 9 章由谢磊编写；王树青教授对本书编写提供了很多基础材料；全书由戴连奎统稿。

本书结构紧凑，重点突出。针对过程工业的实际应用状况，本书详细分析了常用的反馈控制技术；在此基础上，以若干典型过程设备为控制对象，全面地探讨了控制问题的提出、控制方案的设计与控制系统的实施等关键环节。与此同时，引入了大量的应用实例，并运用 Matlab/SimuLink 平台进行了深入的数字仿真研究，显著提升了本书的吸引力和易读性，增强了高校学生对过程控制技术的感性认识。

为方便教学与自学，本书除提供完整的电子教案外，还提供了大量的仿真实验模型。本书配套材料可免费提供给采用本书作为教材的相关院校使用。如有需要，请发电子邮件至 cipedu@163.com 索取。本书配套的实验指导书《过程控制工程实验》，书号 978-7-122-16956-3，欢迎选用。

在该书的编写过程中，得到了各兄弟学校老师，特别是教授过程控制课程的老师和企业界从事过程控制工作技术人员的大力支持和帮助，在此向他们表示深深的感谢。此外，也要感谢支持、帮助和关心我们编写工作的浙江大学控制系老师与学生。同时，我们要感谢所有帮助此书编写和出版的朋友！

编著者

2012 年 7 月于浙大求是园

目　　录

1　过程控制概论 ········· 1

1.1　控制系统的组成与目标 ········· 1
  1.1.1　控制系统的由来 ········· 1
  1.1.2　控制系统的组成 ········· 3
  1.1.3　过程控制的术语与目标 ········· 4
1.2　控制仪表与控制装置 ········· 5
  1.2.1　单元组合控制仪表 ········· 5
  1.2.2　计算机控制装置 ········· 6

1.3　过程控制策略 ········· 9
  1.3.1　反馈控制 ········· 9
  1.3.2　前馈控制 ········· 11
1.4　反馈控制系统的分类 ········· 12
1.5　过程控制的任务和要求 ········· 13
思考题与习题 1 ········· 16

2　过程动态特性 ········· 17

2.1　典型工业过程的动态特性 ········· 17
  2.1.1　自衡过程 ········· 17
  2.1.2　非自衡过程 ········· 19
2.2　机理建模方法 ········· 21
  2.2.1　机理建模的步骤 ········· 21
  2.2.2　常用的方程 ········· 21
  2.2.3　机理建模举例 ········· 26
2.3　测量变送环节 ········· 31
  2.3.1　关于测量误差 ········· 31
  2.3.2　测量信号的处理 ········· 32

2.4　控制阀 ········· 32
  2.4.1　控制阀概述 ········· 32
  2.4.2　流量特性和阀门增益 ········· 33
  2.4.3　流量特性的选择 ········· 36
2.5　广义对象及经验建模方法 ········· 38
  2.5.1　广义对象的概念 ········· 38
  2.5.2　经验建模的步骤 ········· 39
  2.5.3　广义对象的测试法建模 ········· 39
思考题与习题 2 ········· 45

3　反馈控制 ········· 48

3.1　控制系统的性能指标 ········· 48
  3.1.1　以阶跃响应曲线的特征参数作
     为性能指标 ········· 48
  3.1.2　偏差积分性能指标 ········· 50
3.2　三种常规的反馈控制模式 ········· 51
  3.2.1　比例控制 ········· 51
  3.2.2　比例积分控制 ········· 52

  3.2.3　比例积分微分控制 ········· 55
3.3　PID 控制器的选取与整定 ········· 56
  3.3.1　控制器的选型 ········· 56
  3.3.2　PID 参数整定 ········· 57
  3.3.3　PID 参数自整定 ········· 60
3.4　单回路反馈控制系统的投运 ········· 64
思考题与习题 3 ········· 64

4　前馈控制和比值控制 ········· 65

4.1　前馈控制系统 ········· 65
  4.1.1　前馈控制的基本原理 ········· 65
  4.1.2　前馈控制系统的特点 ········· 67
4.2　前馈控制系统的结构形式 ········· 67

  4.2.1　静态前馈 ········· 67
  4.2.2　动态前馈 ········· 68
  4.2.3　前馈反馈控制 ········· 69
  4.2.4　多变量前馈控制 ········· 70

4.2.5 用计算机实施前馈控制 ……… 72   4.3.3 比值控制的实施 ……… 77

4.3 比值控制系统 ……… 73   4.3.4 比值控制系统的设计与投运 …… 80

4.3.1 定比值控制 ……… 74   4.3.5 比值控制系统中的若干问题 …… 81

4.3.2 变比值控制 ……… 76   思考题与习题 4 ……… 83

5 其他典型控制系统 ……… 85

5.1 串级控制系统 ……… 85   5.3.1 用于设备软保护的选择性控制 …… 99

5.1.1 串级控制的概念及方框图描述 … 85   5.3.2 其他选择性控制系统 ……… 101

5.1.2 串级控制系统分析 ……… 86   5.4 分程控制系统和阀位控制系统 …… 103

5.1.3 串级控制系统设计 ……… 87   5.4.1 分程控制系统 ……… 103

5.1.4 串级控制系统举例 ……… 90   5.4.2 阀位控制系统 ……… 107

5.2 均匀控制 ……… 96   5.5 非线性过程增益补偿 ……… 108

5.2.1 均匀控制的由来 ……… 96   5.5.1 非线性过程的特点 ……… 108

5.2.2 均匀控制的实现 ……… 97   5.5.2 非线性增益补偿方法 ……… 111

5.2.3 均匀控制的控制器参数整定 … 99   5.5.3 pH 中和过程控制 ……… 116

5.3 选择性控制系统 ……… 99   思考题与习题 5 ……… 122

6 计算机控制系统 ……… 125

6.1 计算机控制系统概述 ……… 125   6.3.3 数字 PID 控制的实现 ……… 137

6.2 信号采集与处理 ……… 127   6.4 数字控制系统举例 ……… 139

6.2.1 信号采集与变换 ……… 127   6.4.1 DCS（Distributed Control System）

6.2.2 信号处理与数据滤波 ……… 130   概念 ……… 139

6.3 数字 PID 控制算法 ……… 133   6.4.2 JX-300X 系统结构 ……… 140

6.3.1 数字 PID 控制算式 ……… 133   6.4.3 JX-300X 系统软件 ……… 144

6.3.2 数字 PID 改进算式 ……… 134   思考题与习题 6 ……… 146

7 多回路控制系统分析与设计 ……… 147

7.1 相对增益 ……… 147   7.2.2 耦合多回路系统的控制参数

7.1.1 相对增益的概念 ……… 148   整定 ……… 153

7.1.2 相对增益矩阵的计算 ……… 149   7.3 多回路系统的解耦设计 ……… 157

7.2 耦合系统的变量配对与控制参数   7.3.1 基于方块图的线性解耦器 …… 158

整定 ……… 151   7.3.2 基于过程机理的非线性解耦器 … 163

7.2.1 耦合系统的变量配对 ……… 151   思考题与习题 7 ……… 165

8 基于模型的控制方法 ……… 167

8.1 史密斯预估控制 ……… 167   8.3 模型预测控制 ……… 176

8.1.1 史密斯补偿原理 ……… 167   8.3.1 模型预测控制的基本原理 …… 177

8.1.2 史密斯预估器的几种改进方案 … 170   8.3.2 SISO 无约束动态矩阵控制 …… 178

8.2 内模控制 ……… 171   8.3.3 MIMO 受约束动态矩阵控制 …… 181

8.2.1 内模控制系统的结构与性质 …… 171   8.3.4 预测控制软件包简介 ……… 183

8.2.2 内模控制器的设计方法 ……… 172   8.4 应用示范 ……… 186

8.2.3 改进型内模控制系统 ……… 173   8.4.1 Wood-Berry 塔的预测控制仿真 …… 186

8.4.2 工业应用实例 ·········· 187　　　　思考题与习题8 ·················· 191

9　过程控制系统方案设计 ····································· 192

9.1 概论 ························· 192　　　9.4 烃类废气收集罐的压力控制 ········ 201
9.2 连续放热反应釜的控制 ········ 193　　　思考题与习题9 ····················· 206
9.3 处理废水的氯化消毒处理 ········ 198

10　传热设备的控制 ·· 211

10.1 传热设备的静态与动态特性 ·········· 211　　10.3 加热炉的控制 ················ 220
　10.1.1 热量传递的三种方式 ········ 211　　　　10.3.1 加热炉的单回路控制方案 ········ 221
　10.1.2 换热设备的结构类型 ········ 213　　　　10.3.2 加热炉的串级控制方案 ········ 222
　10.1.3 换热设备的静态特性 ········ 213　　10.4 锅炉设备的控制 ············· 225
　10.1.4 换热设备的动态特性 ········ 215　　　　10.4.1 汽包水位的控制 ········· 227
10.2 换热设备的控制 ············· 217　　　　10.4.2 燃烧系统的控制 ········· 232
　10.2.1 换热器的控制 ·········· 217　　　　10.4.3 蒸汽过热系统的控制 ······· 235
　10.2.2 蒸汽加热器的控制 ········· 218　　思考题与习题10 ················ 235
　10.2.3 冷凝冷却器的控制 ········· 219

11　精馏塔的控制 ·· 238

11.1 精馏塔的控制目标 ··········· 238　　　　11.4.1 物料平衡控制 ·········· 251
　11.1.1 质量指标 ············· 238　　　　11.4.2 精馏段质量指标控制 ······· 255
　11.1.2 产品产量和能量消耗 ······· 239　　　　11.4.3 提馏段质量指标控制 ······· 261
11.2 精馏塔的静态特性和动态特性 ······· 240　　　　11.4.4 两端质量指标控制 ········ 263
　11.2.1 精馏塔的静态特性 ········· 240　　11.5 精馏塔的先进控制方案 ········ 267
　11.2.2 精馏塔的动态模型 ········· 242　　　　11.5.1 内回流控制 ··········· 267
11.3 精馏塔质量指标的选取 ········ 247　　　　11.5.2 产品质量的软测量与推断
　11.3.1 灵敏板的温度控制 ········· 247　　　　　　　控制 ··············· 268
　11.3.2 温差控制 ············· 248　　　　11.5.3 精馏塔的节能控制 ········ 270
　11.3.3 双温差控制 ············ 248　　思考题与习题11 ················ 272
11.4 精馏塔的常用控制方案 ········ 249

12　化学反应过程控制 ·· 274

12.1 化学反应过程概述 ··········· 274　　　　12.3.1 概述 ·············· 282
　12.1.1 化学反应器的类型 ········· 274　　　　12.3.2 反应器的温度控制 ········ 283
　12.1.2 化学反应的基本规律 ······· 276　　　　12.3.3 外围条件的稳定控制 ······· 286
12.2 化学反应器的动态数学模型 ······ 279　　12.4 典型反应器的控制方案设计 ······ 288
　12.2.1 基本动态方程式 ········· 279　　　　12.4.1 聚合反应釜的控制 ········ 288
　12.2.2 反应器的热稳定性 ········ 280　　　　12.4.2 合成氨过程的控制 ········ 291
12.3 反应器的基本控制方案 ········ 282　　思考题与习题12 ················ 297

参考文献 ·· 298

1 过程控制概论

在现代工业生产过程中，随着生产规模的不断扩大、生产过程的强化、对产品质量的严格要求以及各公司之间的激烈竞争，人工操作与控制已远远不能满足现代化生产的要求。过程控制系统已成为工业生产过程必不可少的装备，为保证现代企业安全、优质、低消耗和高效益生产提供了有效的技术手段。本书将重点针对连续生产过程，介绍过程控制系统的设计目标、分析设计技术与工程实施等方面的内容。

作为概论，本章将简要介绍过程控制系统的组成、术语与目标，回顾控制装置的发展历史，并重点比较反馈与前馈控制策略的异同，然后简单说明过程控制系统的分类，最后指出过程控制的任务与要求。

1.1 控制系统的组成与目标

1.1.1 控制系统的由来

自动控制系统是在人工控制的基础上产生和发展起来的。下面首先以图 1-1 所示的液位控制问题为例，来说明控制系统的由来、组成与工作原理。

【例 1-1】 从维持生产平稳考虑，工艺上希望罐内的液位 h 能维持在所希望的位置 h_{sp} 上。液位 h 是需要控制的工艺变量，称为被控变量；h_{sp} 为被控变量的控制目标，称为给定值或设定值。显然，当进水量 Q_i 或出水量 Q_o 波动时，都会使罐内的液位发生变化。现假定通过控制出水量 Q_o 维持液位的恒定，则称 Q_o 为操纵变量或操作变量。而进水量 Q_i 是造成被控变量产生不期望波动的原因，称为扰动。若由操作工来完成这一控制任务，所要做的工作如下。

① 用眼睛观察液位计实际液位的指示值，并通过神经系统告诉大脑。

② 通过大脑对眼睛观测到的实际液位值与给定值进行比较，根据偏差的大小和方向，并结合操作经验发出命令。

③ 根据大脑发出的控制命令，通过手去改变出水阀门开度，以改变 Q_o 来控制液位。

④ 反复执行上述操作，直到将液位控制到其给定值。

上述操作工通过眼、脑、手相互配合完成液位的控制过程就是一个典型的人工控制过程，操作工与所控制的液罐设备构成了一个人工控制系统。

然而，人工控制难以满足现代工业对控制精度的要求，特别对于现代流程工业，典型的生产装置需要控制的回路多达几百个，人工控制几乎不可能完成。如果能用一些仪表或自动化装置代替操作工的眼、脑、手来自动地完成控制任务，不仅能大大减轻操作工的劳动强度，而且可大大提高控制精度与工作效率。以图 1-1 所示的液位控制问题为例，可采用液位测量变送器 LT 21 代替人眼，来检测液位的高低并将其转换为标准的电信号，如 4～20mA 直流信号。同时，采用液位控制器 LC 21 代替人脑，通过接收液位测量信号，并与其设定值进行比较。控制器根据偏差的正负、大小及变化情况，发出标准的控制信号，如 4～

20mA 直流信号。此外，需要采用自动执行机构代替人手，来实施对出口流量的控制，这里为控制阀。控制阀根据控制信号变化，来增大或减小出口阀门的开度以调节出水流量，并最终使液位测量值接近或等于给定值。这样，就构成了一个典型的液位自动控制系统，其中测量变送器、控制器和执行器分别具有眼、脑、手的功能。通常将控制器、变送器用通用符号来表示，带控制回路的工艺流程如图 1-2 所示。

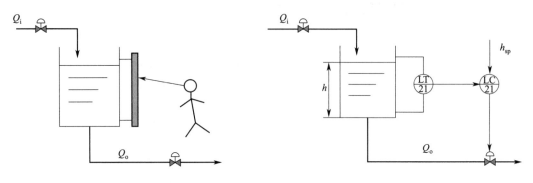

图 1-1　液位人工控制　　　　　　　　　　图 1-2　液位自动控制回路

在带控制点的工艺流程图中，小圆圈表示某些自动化仪表，圆内通常由"两位以上字母＋序号"组成，第一位字母表示被控变量的类别，常见的字母包括：T（温度）、P（压力）、dP（差压）、F（流量）、L（液位或料位）、A（分析量）、W（重量或藏量）、D（密度）等；后继字母表示仪表功能，常见的字母包括：T（传感变送器）、C（控制器）、I（指示仪表）等。而序号通常与被控变量的检测位号有关，同一回路的自动化仪表采用同一序号，序号位数可依据装置的复杂程度而有所不同。

图 1-2 中，"LT 21"表示 21 回路的液位传感器，"LC 21"表示该回路的液位控制器。该控制回路的目标是保持液位恒定。当进料流量变化导致液位发生变化时，通过液位变送器 LT 21 将液位转化为电信号，并送至液位控制器 LC 21 与其给定值进行比较，该控制器根据其偏差信号进行运算后将控制命令送至控制阀，以改变出口流量来维持液位的稳定。

【例 1-2】　针对蒸汽加热器的某一温度自动控制系统如图 1-3 所示，它由蒸汽加热器、温度变送器 TT 22、温度控制器 TC 22 和蒸汽流量控制阀组成。控制的目标是保持工艺介质出口温度 T 恒定。当进料流量 R_F 或温度 T_i 等因素的变化引起物料出口的温度变化时，通过温度变送器 TT 22 测得温度的变化，并将其信号 T_m 送至温度控制器 TC 22 与给定值 T_{sp} 进行比较，温度控制器 TC 22 根据其偏差信号进行运算后将控制命令 $u(t)$ 送至控制阀，以改变蒸汽量 R_V 来维持出口温度的稳定。

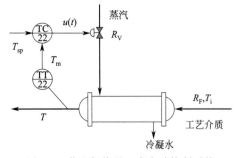

图 1-3　蒸汽加热器温度自动控制系统

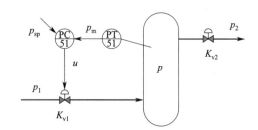

图 1-4　贮罐压力自动控制系统

【例 1-3】　某一压力自动控制系统如图 1-4 所示，它由气体贮罐、压力变送器 PT 51、压力控制器 PC 51 和进气控制阀组成。控制的目标是保持贮罐内压力恒定。当气源压力 p_1、出口压力 p_2 或其他因素发生变化时，气罐压力将偏离其设定值。利用压力测量变送器，将压力信号转化为标准电流信号；该信号送至压力控制器与其设定值进行比较；压力控制器根据其偏差信号进行运算后，并将控制命令送至控制阀，改变进气阀门开度，从而调整进气量，最终使罐内压力维持在设定值。

1.1.2 控制系统的组成

以上所列举的控制系统都属于简单控制系统。与其他任何的控制系统相同，这些控制系统均由下列基本单元组成。

① 被控对象（有时也称为被控过程） 被控对象是指被控制的生产设备或装置，而被控过程既包括运行中的设备与生产过程，也反映其输入输出动态关系。

② 测量变送器 用于测量被控变量，并按一定的规律将其转换为标准信号作为输出。依据电气标准的不同，常用的标准信号包括：$0\sim10$mA DC 信号（DDZ-Ⅱ 型仪表）、$4\sim20$mA DC 信号（DDZ-Ⅲ 型仪表）、$0.02\sim0.10$MPa 气动信号等。

③ 执行器 常用的是控制阀。它接受来自控制器的命令信号 u，用于自动改变控制阀的开度。如图 1-2 中，控制器通过改变出水阀门的开度以调节出水量 Q_o，最终达到克服外部扰动对被控变量 h 的影响。

④ 控制器（也称调节器） 它将被控变量的测量值与设定值进行比较，得出偏差信号 $e(t)$，并按一定的规律给出控制信号 $u(t)$。对于工业中常用的各类控制器，其输入输出信号大都为标准的电流信号，如 DDZ-Ⅲ 型仪表的 $4\sim20$mA DC 信号。

通常，用文字叙述的方法来描述控制系统的组成和工作原理较为复杂，而在过程控制实践中常常采用直观的方框图来表示。图 1-5 为液体储罐液位控制系统对应的方框图，一般的单回路控制系统的方框图如图 1-6 所示。方框图中每一条线代表系统中的一个信号，线上的箭头表示信号传递的方向；每个方块代表系统中的一个环节，它表示了其输入对其输出的影响。方框图可以把一个控制系统变量间的关系完整地表达出来。如果方框图和工艺控制流程图一起给出，就可清楚地获得整个系统的全貌。

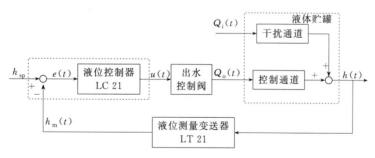

图 1-5　液位控制系统的方框图

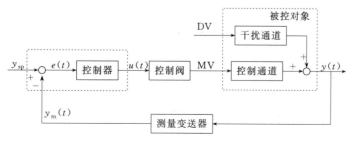

图 1-6　单回路控制系统的方框图

1.1.3 过程控制的术语与目标

为便于后续讨论，有必要定义一些在过程控制领域常用的专业术语。

① 被控变量（Controlled Variable，CV）　也称受控变量或过程变量（Process Variable，PV）。它是指被控对象需要维持在其理想值的工艺变量，如上述各例中的液罐液位、换热器工艺介质出口温度、罐内压力。在过程控制中常用的被控变量包括：温度、压力/差压、液位/料位、流量、成分含量等实际物理量。有时，也可用过程变量的检测电信号来表示被控变量，该测量信号称为过程变量的测量值（Measurement）。

② 设定值（Setpoint，SP）　也称给定值（Setpoint Value，SV）。它是指被控变量要求达到的期望值。作为控制器的参考输入信号，设定值在实际应用中通常用其对应的电量或相对百分比来表示，以便于与被控变量的测量值进行比较。

③ 操纵变量　也称操作变量（Manipulated Variable，MV）。通常是指由执行器控制的某一工艺变量。操纵变量对被控变量的影响要求直接、灵敏、快速。以图1-3所示的蒸汽加热器温度控制系统为例，其操纵变量为蒸汽流量，它对被控变量（流体出口温度）的影响方向为"正作用"，即蒸汽量的增加，在其他条件不变的情况下均使流体出口温度增加；此外，由于蒸汽冷凝所放出的大量潜热，使操纵变量对被控变量的作用非常灵敏。值得一提的是，很多文献对"操纵变量"与"控制变量"不加区分。在过程控制领域，"控制变量"通常指控制器的输出电信号，即执行器的输入信号；而"操纵变量"往往指某一执行器可控制、对被控变量有直接影响的物理量，最常见的是一些工艺介质流量。

④ 扰动变量（Disturbance Variables，DVs）　也称干扰变量或简称扰动，是指除操纵变量外任何导致被控变量偏离其设定值的且基本不受操纵变量、被控变量影响的输入变量。对于图1-3所示的蒸汽加热器温度控制系统，其扰动变量包括：蒸汽的阀前压力、工艺介质的进料流量、进料温度与组成等；同样，对于图1-4所示的贮罐压力控制系统，其扰动变量包括：控制阀前压力、出口压力、出口阀开度等。对于控制系统而言，扰动主要来自于扰动变量的动态变化。当某一扰动输入变量本身变化很小，对被控变量的影响可忽略时，该输入不再成为一种扰动。在自动控制领域，扰动大量存在。事实上，正是由于扰动的存在，才使自动控制系统显示出其应用价值；否则，根本没有必要设计相应的控制系统。

结合上述专业术语，过程控制系统的目标可简单描述为："自动控制系统的目的是通过调节操纵变量，以克服各种扰动的影响，使被控变量保持在设定值。"自动控制系统应用广泛，就过程工业而言，其最主要的原因如下。

① 安全性（Safety）　对流程工业而言，确保生产过程的安全是最重要的。通过设计合适的控制系统，避免生产事故的发生，防止或避免可能造成的对生产操作人员的伤害与对生产装置的损害，并通过减少废气废料的排放以保护环境。

② 质量（Quality）　为确保产品质量符合国家标准的要求，并减少产品质量的波动，一种简单实用的实现方案是采用自动控制系统。借助于控制系统，确保生产要素、工艺操作条件与原料组成的基本恒定。以精馏产品质量控制为例，通过控制产品灵敏板温度可基本实现对产品质量的控制要求。

③ 收益（Profit）　在确保生产安全、产品质量的前提下，如何降低生产成本、提高收益是各个生产企业永恒的主题。借助于自动控制系统，可实现工艺操作条件的稳定与优化，最大限度地提高核心产品的产量、实现生产成本的最小化，并减少对操作人员的需求。事实

上，自动控制系统是实现过程工业操作优化与管理现代化的基础。

1.2　控制仪表与控制装置

典型的过程控制系统如图 1-6 所示，由被控过程、测量变送单元、控制器与执行器组成，本节着重介绍控制器的硬件设备，即控制仪表与控制装置的发展。

1.2.1　单元组合控制仪表

单元组合控制仪表是根据控制系统各组成环节的不同功能和使用要求，将仪表设计成能实现一定功能的独立仪表（称为单元），各个仪表之间用统一的标准信号进行联系。将各种单元进行不同的组合，可以构成各种适合于不同应用场合的自动检测或控制系统。依据能源形式的不同，这类仪表包括电动单元组合仪表（DDZ）与气动单元组合仪表两大类。

气动控制仪表于 20 世纪 40 年代起就已广泛应用于工业生产，它采用 0.14MPa 的气源作为动力源，各个单元之间的传输信号为 0.02～0.10MPa 的气压信号。它尽管具有结构简单、易于维护、安全防爆等优点，但由于信号可传输距离近、故障率高、难以构成复杂控制系统等局限性，已基本上被电动仪表所替代。

电动控制仪表自 20 世纪 60 年代起就开始应用于工业生产，经历了 Ⅰ 型、Ⅱ 型和 Ⅲ 型三个发展阶段，经过不断改进，性能已日臻完善。DDZ-Ⅱ 型和 Ⅲ 型仪表的电气标准如表 1-1 所示，下面以目前应用广泛的 DDZ-Ⅲ 型仪表为例，介绍各种单元组合仪表。

表 1-1　DDZ-Ⅱ 型和 Ⅲ 型仪表的电气标准

	DDZ-Ⅱ 型仪表	DDZ-Ⅲ 型仪表
供电	220V，50Hz 交流电	24V 直流电
传输信号	0～10mA DC	4～20mA DC
电子器件	电阻、电容、晶体管等分立元件	集成电路、微处理器为主

单元组合仪表可分为传感变送单元、转换单元、控制单元、运算单元、显示单元、给定单元、执行单元和辅助单元八类。各单元的作用说明如下。

① 传感变送单元　它能将各种被测参数，如温度、压力、差压、流量、液位等物理量，经传感放大转换成相应的标准信号（如 4～20mA）传送到接收仪表或装置，以供指示、记录或控制。具体产品包括：温度变送器、差压变送器等。

② 转换单元　它将电压、频率等电信号转换成标准信号，或者进行不同类型标准信号之间的转换，以使不同信号可在同一控制系统中使用。常用产品包括：频率转换器、电-气转换器、气-电转换器等。对于过程工业中常用的气动薄膜调节阀，其控制信号为 0.02～0.10MPa 的气压信号，若控制单元采用 DDZ-Ⅲ 型电动仪表，此时就需要引入"电-气转换器"将标准的 4～20mA 电信号转换成标准的气压信号。

③ 控制单元　它将来自传感变送单元的测量信号与给定信号进行比较，按照偏差给出控制信号，去控制执行器的动作。常用的控制单元包括：PID（比例-积分-微分）控制器、PI 控制器、PD 控制器等。

④ 运算单元　它将几个标准信号进行加、减、乘、除、开方、平方等运算，适用于多种参数综合控制、比值控制、前馈控制、流量信号的温度压力补偿计算等。常见的运算单元包括：加减器、比值器、乘法器和开方器等。

⑤ 显示单元　它对各种被测参数进行指示、记录、报警和积算，供操作人员监视控制系统和生产过程工况。主要品种包括：指示仪、指示记录仪、报警器、比例积算器、开方积

算器等。

　　⑥　给定单元　它输出标准信号，作为被控变量的给定值送至控制单元，实现定值控制。常用的品种包括：恒流给定器、比值给定器和时间程序给定器等。

　　⑦　执行单元　它按照控制器输出的控制信号或手动操作信号，去改变操纵变量的大小。常用的执行单元包括：角行程电动执行器、直行程电动执行器、气动薄膜调节阀与变频器等。

　　⑧　辅助单元　辅助单元是为了满足自动控制系统某些特殊要求而增设的仪表，如手操器、阻尼器、限幅器、安全栅等。手操器（或称操作器）用于手动操作，同时又起手动/自动的双向切换作用；阻尼器相当于低通滤波器，用于压力、差压或流量等信号的平滑与滤波；限幅器用于限制控制信号的上下限值；安全栅用于将危险场所与非危险场所强电隔离，起安全防爆的作用。

　　以图 1-3 所示的蒸汽加热器温度自动控制系统为例，假设采用热电阻作为温度传感器件，采用气动薄膜调节阀作为执行器，并采用 DDZ-Ⅲ型电动仪表，所涉及的主要仪表与信号连接如图 1-7 所示。该控制系统的设计目标是维持工艺介质出口温度的恒定。当进料流量或温度等因素改变引起工艺介质出口温度变化时，由热电阻传感器感受温度变化并将其转换成电阻值的变化。通过温度变送器 TT 22 将信号放大，并将电阻值的变化转换成标准 4～20mA 电信号的变化。为实现出口温度的自动控制，由恒流给定器提供期望温度所对应的电流值，并将标准的温度测量信号与给定信号送至 PID 控制器 TC 22；该控制器根据测量信号与给定信号的偏差进行 PID 运算后获得标准的 4～20mA 自动控制信号。任意控制系统在实际应用中有时因特殊工况都需要进行人工手动控制，为此需要引入手操器，以实现手动操作及手动/自动的双向切换。此外，由于选用气动薄膜调节阀作为执行机构，其控制信号为0.02～0.10MPa 的气压信号，因此需要引入"电-气转换器"将标准的 4～20mA 电信号转换成标准的气压信号。通过气动薄膜调节阀阀头压力的变化，使调节阀的开度改变，以自动调节蒸汽量，并最终通过蒸汽量的调节来维持工艺介质出口温度的恒定。另外，为监视温度的动态变化，可引入指示记录仪以曲线方式保存出口温度的历史变化趋势。

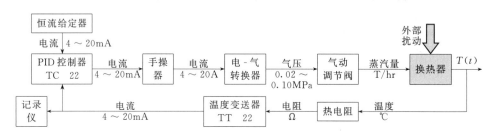

图 1-7　蒸汽加热器温度自动控制系统的仪表实现与信号连接

1.2.2　计算机控制装置

　　随着微电子学与计算机技术的发展，特别是高速网络通信技术的不断完善，作为自动化工具的自动化仪表和计算机控制装置取得了突飞猛进的发展，各种类型的计算机控制装置已经成为工业生产实现安全、高效、优质、低耗的基本条件与重要保证，成为现代工业生产中不可替代的神经中枢。

　　所谓"计算机控制"就是利用计算机实现工业生产过程的自动控制，典型的计算机控制系统原理框图如图 1-8 所示。与图 1-6 所示的模拟控制系统对比可知：计算机控制装置的外部功能相当于控制器，但根本区别在于内部的控制器为数字控制器（即计算机控制算法），其输入输出信号均为数字信号；为实现与外部模拟信号的连接，需要引入 A/D、D/A 等接口装置，从而构成一个闭合控制回路。

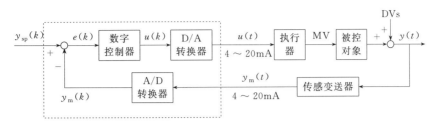

图 1-8　计算机控制系统的原理框图

从上述原理框图可见，计算机控制的基本工作过程可归纳为三个步骤。

① 数据采集　实时检测来自变送器的被控变量瞬时值，并将其转换为离散化数据。

② 控制决策　根据采集到的被控变量采样数据，按一定的控制算法进行分析计算，产生数字化控制信号。

③ 控制输出　将控制决策产生的数字控制信号转换成标准的电信号，实时地向执行机构发出控制命令以调节操纵变量。

计算机控制系统不断地重复执行上述三个步骤，使整个闭环系统按照一定的控制目标进行工作。

与前述的组合仪表控制系统相比，计算机控制系统有极大的优越性，例如控制系统搭建简单、维护方便、控制功能强大、便于实现先进控制、人机交互界面友好、可操作性强等。此外，计算机控制系统不仅能够有效地实现常规意义上的回路控制，而且还可以实现集过程监控、实时优化与生产管理于一体的综合自动化。

计算机控制系统自 20 世纪 60 年代初提出以来，随着计算机技术的发展，其性能不断完善。依系统结构的不同，计算机控制系统发展至今大致经历了直接数字控制、集中控制、分布式控制、现场总线控制四个阶段，下面简单介绍一下前三个阶段的系统结构与特点。

（1）直接数字控制

直接数字控制（Direct Digital Control，DDC）最早出现于 20 世纪 60 年代初，它使用一台计算机代替过程控制中的模拟控制器，并不改变原有的控制功能。DDC 是计算机控制技术的基础，其控制系统原理图如图 1-8 所示，计算机首先通过 AI（模拟输入）和 DI（数字输入）接口实时采集数据，把检测仪表送来的反映各种工艺参数和过程状态的标准模拟信号（4～20mA、0～10mA 等）、开关量信号（"0"/"1"）转换为数字信号，及时送往计算机主机；主机按照一定的控制规律进行计算，发出数字化的控制信息；最后通过 AO（模拟输出）和 DO（数字输出）接口把主机输出的数字信号转换为适应各种执行器的控制信号（如 4～20mA、0～10mA、"0"/"1" 等），直接控制生产过程。

与采用模拟控制器的控制系统相比，DDC 的突出优点是计算灵活，它不仅能实现典型的 PID 控制规律，还可以分时处理多个控制回路。此外，随着计算机软硬件功能的发展，控制工程师能方便地对传统的 PID 算法进行改进或实现其他的复杂控制算法，如串级控制、前馈控制、解耦控制等。当时 DDC 用于工业控制的主要问题是计算机系统价格昂贵，而且计算机运算速度难以满足快速过程实时控制的要求。

（2）集中型计算机控制系统

集中型计算机控制是 DDC 控制的自然延伸。由于当时的计算机系统的体积庞大、价格非常昂贵，为了与常规仪表控制相竞争，研究人员试图用一台计算机来控制尽可能多的控制回路，同时实现集中检测、集中控制和集中管理。

典型的集中型计算机控制系统如图 1-9 所示，就控制装置而言，其输入为一系列标准的检测信号（如 4～20mA 电流信号），其输出为一系列标准的控制信号（如 4～20mA 电流信号、"0"/"1" 开关信号等）。整个控制装置由主机系统、输入子系统、输出子系统与人机交互系统等部分组成。

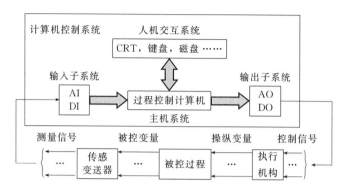

图 1-9　集中型计算机控制系统的原理图

从表面上看，集中型计算机控制系统与常规仪表控制相比具有更大的优越性：集中型计算机控制可以实现解耦控制、联锁控制等各种更复杂的控制功能；信息集中，便于实现操作管理与优化生产；灵活性大，控制回路的增减、控制方案的改变可由软件来方便实现；人机交互系统友好，操作方便，大量的模拟仪表盘可由 CRT 取代，各种人机干预设备可通过标准的计算机输入输出设备（如键盘等）来完成。

然而，由于当时计算机总体性能低、运算速度慢、容量小，利用一台计算机控制很多个回路容易出现负荷超载，而且控制的集中也直接导致危险的集中，高度的集中使系统变得十分脆弱。一旦计算机出现故障，甚至系统中某一控制回路发生故障就可能导致整个生产过程的全面瘫痪。在当时，集中型计算机控制系统不仅没有给工业生产带来明显的好处，反而有可能严重影响正常生产，因此很难被过程企业所接受。

（3）分布式控制系统

由于在可靠性方面存在重大缺陷，集中型计算机控制系统在当时的过程控制领域并没有得到成功的应用。人们开始认识到，要提高系统的可靠性，需要将控制功能分散到若干个相对独立运行的控制站去实现；此外，为便于对整个生产过程的统一管理，各个局部控制系统之间还应当存在必要的相互联系。这种管理的集中性与控制的分散性为保证生产过程的高效安全运行提供了理想的结构，并直接推动了分布式控制系统的产生和发展。

分布式控制系统（Distributed Control System，DCS），也称集散控制系统，其基本设计思想就是同时适应管理与控制两方面的需要：一方面使用若干个控制器完成系统的控制任务，每个控制器实现一定的有限控制目标，可以独立完成数据采集、信号处理、算法实现与控制输出等功能；另一方面，强调管理的集中性，它依靠计算机网络完成操作显示单元与控制器之间的数据传输，使所有控制器都能协调动作。

20 世纪 70 年代微处理器的出现为研制 DCS 创造了条件，一台微处理器实现几个回路的控制，若干个微处理器就可以控制整个生产过程。基于上述思想，美国 Honeywell 公司于 1975 年推出了世界上第一套以微处理器为核心的 DCS 系统 TDC-2000。进入 20 世纪 80 年代，局域网（Local Area Network，LAN）技术的引入，使 DCS 系统组态更为灵活，良好的人机交互接口也大大改善了操作条件。此后，随着网络技术的日臻完善和控制器功能的不断提高以及成本的不断下降，DCS 获得了极大的成功，目前已成为主流的自动化控制装置。

典型的 DCS 系统结构如图 1-10 所示，它以 LAN 为基本的数据传输平台，主要单元设备包括：控制站、操作员站、工程师站等。控制站一方面完成前述的 DDC 控制功能，每个控制站相对独立运行，并只负责若干个控制回路；而各个控制站对外均具有强大的数据通信功能。操作员站为操作者提供了友好的操作界面，便于操作员完成对生产过程的监控与操作条件的调整。工程师站为仪表工程师提供了友好的组态界面，主要用于完成控制回路的设计、组态与控制方案的调整等。

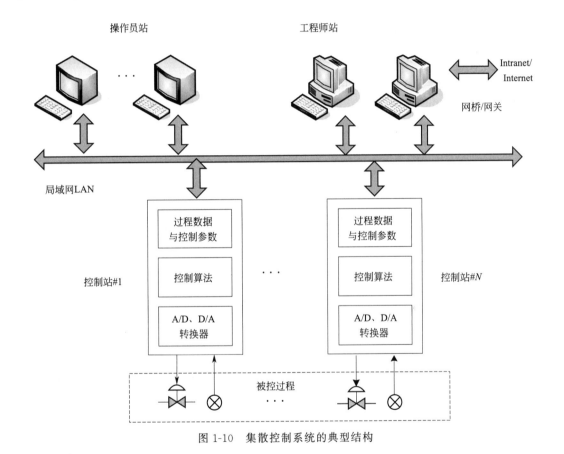

图 1-10 集散控制系统的典型结构

1.3 过程控制策略

尽管为实现自动控制，可采用的控制仪表或控制装置种类繁多，然而，从控制策略的角度来看，不外乎反馈控制与前馈控制两大类。下面以蒸汽加热器温度控制问题为例，来具体讨论这两种控制策略。

1.3.1 反馈控制

如图 1-3 所示的蒸汽加热器温度控制方案称为"反馈控制方案"。假设扰动引入前，控制系统处于稳态，且被控变量与其给定值无偏差。此时，若工艺介质入口温度 T_i 下降，经过一定延迟后，被控变量工艺介质出口温度 T 也开始下降。一旦出口温度下降，连接至温度控制器的测量信号也发生相应变化。此时，控制器感受到出口温度与其设定值的偏差，并认识到需要通过调整蒸汽阀的开度来补偿扰动的影响。控制器于是发出控制命令去增大蒸汽阀的开度，蒸汽量也随之增大。上述调节过程可用图 1-11 所示的动态曲线来描述。

由图 1-11 可以发现，开始因入口温度的下降导致出口温度随之下降，但出口温度随后上升，甚至超过其设定值，之后发生振荡直至最终达到稳定。这种振荡响应在反馈控制中相当普遍，可以说，反馈控制基本上是一个试差（trial and error）过程。具体地说，当控制器感受到出口温度低于设定值时，发生控制命令使蒸汽阀开大，但很可能开度过大，造成蒸汽量增加过多，结果可能使出口温度上升至设定值以上；控制器一旦发现这种情况，就会略微关小蒸汽阀开度，以降低出口温度。这种试差过程将不断进行直至出口温度达到并稳定在设定值。

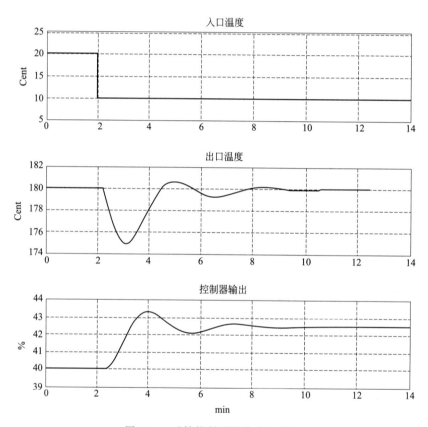

图 1-11　反馈控制系统的动态响应

基于上述反馈机制，可以看出：反馈控制的突出优势在于它能补偿任意扰动，而且技术简单明了。对于任意影响被控变量的扰动，一旦引起被控变量偏离其设定值，控制器就会改变其输出，使被控变量回复至设定值。反馈控制器并不知道、也不关心具体是哪种扰动进入了控制回路；它仅通过试探的方式使被控变量维持在其设定值。反馈控制器的工作对被控过程的知识需求甚少，大多数情况下仅需要知道控制器输出是增大还是减少，才会使被控变量回复至设定值；至于变化幅度完全由试差来决定。

当然，也容易发现反馈控制存在两方面的缺陷：①只有当扰动引起被控变量偏离其设定值之后，控制器才会开始实施对扰动的补偿，因此控制作用必然是滞后的；②由于调节过程是一个试差过程，如何确保试差过程的稳定成为反馈控制系统设计的核心问题。

而控制工程师的主要任务就是设计一个合适的控制方案，使被控变量稳定地维持在其设定值。此外，控制工程师们还需要掌握控制器参数的整定技术，以使试差过程尽可能短，即使受扰动作用后的调节过程尽可能快。为此，工程师们需要了解被控过程的动态特性，并依据特性的不同设计不同的反馈控制方案。

1.3.2 前馈控制

反馈控制是过程工业中最常用的控制策略，简单实用且应用广泛。然而，对于某些特殊过程，其操纵变量对被控变量的作用存在较大的滞后，而且外部扰动作用强度大，常规的反馈控制系统可能难以提供满意的控制性能。对于这些过程，就需要设计其他类型的控制策略，其中前馈控制已被证明是一种行之有效的控制策略。前馈控制的设计思想是通过检测扰动，并在扰动影响被控变量前就将其补偿掉。如果应用正确，被控变量的偏差就会很小。

对于如图 1-3 所示的蒸汽加热器，假设主要扰动来自于进料温度 T_i 与进料量 R_F 的变化。为实施前馈控制，首先需要检测这两种扰动，其次需要决策如何操作蒸汽阀以补偿这些扰动对被控变量（工艺介质出口温度）的影响。图 1-12 表示了该前馈控制策略的工作原理，尽管控制目标仍然是通过操作蒸汽阀使被控变量维持在其设定值，但前馈控制器的输出完全取决于扰动信号进料温度 T_i、进料量 R_F 及被控变量的设定值。

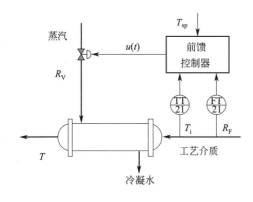
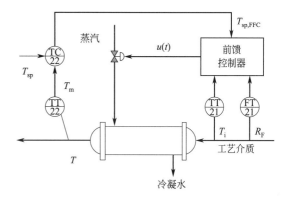

图 1-12 蒸汽加热器前馈控制方案   图 1-13 蒸汽加热器的前馈反馈控制方案

前面已经提到，外部扰动种类繁多，仍以蒸汽加热器为例，除上述两种主要扰动外，还存在蒸汽阀前压力、进料性质等方面的变化。对于图 1-12 所示的前馈控制策略，一旦这些次要扰动进入系统，前馈控制器将无法补偿其影响，最后很可能导致被控变量永久偏离其设定值。为避免这种情况发生，大多数情况下仍需要将反馈补偿添加到前馈控制方案中，由此形成了图 1-13 所示的前馈反馈控制方案，其中前馈控制用于补偿主要扰动；而反馈控制通过修正前馈控制设定值，补偿所有其他扰动，甚至包括前馈补偿不足或过补偿的部分。

前馈控制对克服主要扰动的影响作用显著，但也存在以下问题：①测量成本提高，需要增加扰动检测装置；②对过程特性知识要求严格，需要同时建立主要扰动与操纵变量对被控变量的动态影响模型；③当对象特性发生变化时，难以确定合适的补偿幅度。事实上，与反馈控制相比，前馈控制的使用成本要高得多。正是由于这些因素，前馈控制仅应用于某些特殊场合，因此本书重点介绍反馈控制策略。

1.4 反馈控制系统的分类

反馈控制系统种类繁多，涉及流程工业、电力电子、机械能源、航空航天等应用领域。依据应用场合的不同，可对反馈控制系统进行不同的分类。

（1）定值控制与伺服控制

依据设定值是否频繁变化，反馈控制系统可分为定值控制（也称调节控制，Regulatory Control）、伺服控制（Servo Control，也称跟踪控制）两大类。

对于某些过程，控制系统的设定值变化并不频繁，而主要扰动来自于外部干扰。正是由于外部扰动，导致被控变量偏离其设定值；而调节控制系统设计的主要目的就是要补偿这些扰动的影响。前面所列举的各个控制系统都属于调节控制的范畴。

而对于另外一些对象，最主要的扰动就来自于设定值本身的频繁变化，设定值为某一时间函数。在过程控制领域，间歇反应器温度控制系统就属于一个典型的伺服控制系统，反应器温度必须跟踪预先给定的温度变化轨迹，否则，就难以确保产品的质量与产率。

在过程工业领域，定值控制比伺服控制更加普遍，因此，本书重点关注"定值控制"问题。然而，从设计方法来看，这两类系统并不存在本质的区别，因此，本书所讨论的原理与设计方法同样适用于伺服控制问题。

（2）连续时间控制与离散时间控制

依据控制器是否连续工作，反馈控制系统可分为"连续时间控制"与"离散时间控制"两大类。连续时间控制系统的描述方法包括：微分方程、拉普拉斯变换、连续时域状态方程等；而离散时间控制系统的描述方法包括：差分方程、Z变换、离散时域状态方程等。

现有的各种类别的计算机控制装置，包括以模拟仪表形式出现的所谓"单回路/多回路可编程调节器"，均属于"数字控制器"的范畴。这类数字控制器先采用"采样＋模数转换"将输入电信号转换成离散化数字信号，并进行数字运算以实现控制规律，最后采用"数模转换＋输出保持器"再将数字信号重新转换成电信号，输出至执行机构。

在过程工业领域，除控制器外几乎所有的控制对象都属于连续时间系统，其操纵变量、外部扰动与被控变量均是连续时间信号；而控制器包括模拟控制器与数字控制器两大类。对于一个由数字控制器与连续被控过程组成的控制系统，既可以将连续被控过程采样离散化而成为一个完整的离散时间系统；也可以将数字控制器连续化而成为一个完整的连续时间系统。当然，将数字控制器连续化的前提条件是满足"采样定律"，即数字控制器的采样与控制周期小于被控过程的最小时间常数。由于流程工业领域，绝大多数被控过程的时间常数在分钟数量级。因此，当数字控制系统的采样周期低于1s时，就可以近似为连续控制器。

为讨论方便，本书主要采用连续时间系统来分析设计相应的控制系统，相关的设计原理与方法同样适应于过程工业领域绝大多数离散时间控制系统。

（3）位式控制与连续输出控制

依据执行机构的不同，反馈控制系统又可分为"位式控制"（也称"开关控制"或"继电型控制"）与"连续输出控制"两类。某些执行器只有"开""关"两种状态，如流程工业中常用的继电器。位式控制是一种最古老而简单的控制方式，至今在过程控制中仍有一些应用。但开关控制具有一定的局限性，即系统中的等幅振荡几乎是不可避免的。这就使得它仅适用于某些对控制要求不高的场合。

考虑到过程工业领域中绝大多数执行器均可在一定范围内连续变化，如气动薄膜调节阀、变频电动机等。为此，本书仅讨论这类连续输出控制系统的分析、设计与实施等问题。对于位式控制的新型设计方法，读者可参考相关的文献。

（4）常规控制与先进控制

就反馈控制器而言，其输入信号通常为被控变量的测量值、设定值以及控制变量的历史信息，而输出信号为控制变量的当前值，用于驱动执行结构。反馈控制算法描述了控制器输入与输出之间的函数关系，基本上可分为两类：常规控制（Conventional Control）与先进控制（Advanced Process Control，APC）。

常规控制以传统的 PID（Proportional Integral Derivative，比例积分微分）控制器为基础，它不需要深入了解被控过程的动态特性，控制器内也不包含过程模型信息。依据控制结构的不同，常规控制具体包括：单回路控制、串级控制、比值控制、选择控制、分程控制等。由于常规 PID 控制算法简单、实施方便、控制参数整定容易，因而广泛应用于各类工业过程。据不完全统计，以石油、化工过程为例，接近 90% 的控制回路均采用以 PID 控制为基础的常规控制。为此，本书将重点讨论 PID 控制的工作原理、控制系统结构设计与工业应用。

以模型预测控制为代表的先进控制技术自 20 世纪 70 年代末以来开始应用于过程工业领域，并取得了巨大的成功。与常规控制不同，APC 大都需要建立被控过程的动态模型，而且主要面向多输入多输出（Multi Input Multi Output，MIMO）被控过程，因而开发与实施成本高；但 APC 所要解决的控制问题，往往不是单纯的定值控制问题，而是涉及装置生产效益的最优控制问题，因此，一旦应用成功，大多会取得显著的经济效益。为此，本书也将概括介绍先进控制的设计思想、系统结构与工业应用。

综上所述，过程控制的任务就是根据不同工业生产过程的具体特点，采用测量仪表、控制仪表与计算机控制装置等自动化工具，应用过程控制技术与方法，设计相应的自动化系统，以实现生产过程所提出的控制目标。为此，控制工程师需要深入了解具体生产过程的基本原理、操作过程和过程特性，同时掌握各类自动化工具的选型、调试与应用技术；在此基础上，综合应用本教材所提出的各种控制策略，为具体的工业过程提出简单、有效的控制方案，并实施。

1.5 过程控制的任务和要求

作为工业自动化一个最重要的分支，过程控制主要针对温度、压力（或差压）、流量、液位（或物位）、成分和物性等过程参数的控制问题。它覆盖了许多工业部门，诸如石油、化工、电力、冶金、轻工、环保等，在国民经济中占有极其重要的地位。

工业生产对过程控制的要求很多，可归纳为三项基本要求，即安全性、经济性和稳定性。安全性是指在整个生产过程中，确保人身和设备的安全，这是最重要的也是最基本的要求。通常采用参数越限报警、事故报警、联锁保护等措施加以保证。另外，随着环境污染日益严重，生态平衡受到破坏，现代企业需要将符合国家环保法规视为生产安全性的重要组成部分。经济性，旨在生产同样质量和数量产品所消耗的能量和原材料最少，也就是要求生产成本低而效率高，生产效益最大化。稳定性是指生产装置具有抑制外部干扰，保持生产过程长期稳定运行的能力。事实上，工业生产环境不是固定不变的，例如原材料成分改变或供应量不同，生产任务改变，生产设备特性变化等，都是客观存在的，它们会或多或少影响稳定生产。

过程控制的任务就是在了解、掌握工艺流程与生产过程的静态和动态特性的基础上，根据上述三方面的要求，应用控制理论、工艺知识、计算机技术和仪器仪表等知识，分析设计适宜的自动控制系统，并加以实施。现在以图 1-14 所示的二元精馏塔为例，来说明控制系统设计与实现的主要步骤。

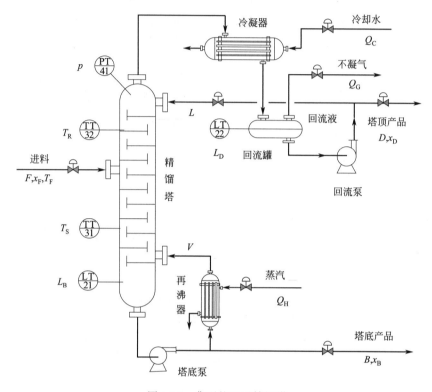

图 1-14　典型的二元精馏塔

（1）确定控制目标，选择被控变量

对于给定的被控过程，需要根据具体情况提出各种不同的控制目标。以二元精馏塔为例，为确保装置操作的安全稳定，需要维持塔内气液相物料的平衡，即控制塔顶压力 p、塔底液位 L_B、回流罐液位 L_D；此外，为保证产品质量，需要维持塔顶与塔底产品纯度的稳定，即控制塔顶产品中关键轻组分、塔底产品中关键重组分的体积或质量百分比 x_D 与 x_B。由此可见，对于塔顶与塔底产品纯度都需要控制的精馏塔，需要考虑的被控变量可选择为 p，L_B，L_D，x_D 与 x_B。

（2）选择测量参数与测量仪表

对于过程工业常用的温度、压力（或差压）、流量、液位（或物位）四大参数，目前有众多的测量仪表可供选择。控制工程师需要针对具体的工艺介质、工作压力与温度，并考虑仪表的可靠性、性价比等因素，选择合适的仪表类型与量程。而对于成分和物性等参数的检测，可供选择的测量仪表并不多，并普遍存在检测成本高、维护工作量大等问题。在控制质量要求不是很高的情况下，通常用温度、压力等参数来近似表征。本例中由于 x_D 与 x_B 检测成本高，通常用精馏段与提馏段灵敏板温度 T_R，T_S 来近似表征。这样，对于上述精馏塔，需要考虑的被控变量可改为 p，L_B，L_D，T_R 与 T_S。

（3）操纵变量的选择与主要扰动的分析

一般情况下，操纵变量都是工艺规定的，在控制系统设计中没有多大选择余地。以上述精馏塔为例，假设进料流量由生产任务直接决定，不能作为操纵变量。可供选择的操纵变量包括：塔顶产品量 D、塔底产品量 B、塔顶回流量 L、塔底再沸器加热蒸汽量 Q_H、塔顶冷却器冷却水量 Q_C、回流罐不凝气量 Q_G；而主要扰动来自于进料流量、组成与热焓的变化。为设计简单实用的控制系统，对被控对象的动态与静态特性进行定性分析非常必要；有时，甚至需要建立操纵变量、外部扰动对被控变量的动态数学模型。

（4）操纵变量与被控变量的配对

在存在多个操纵变量与多个被控变量的情况下，用哪个操纵变量去控制哪个被控变量（通常称为"变量配对"）是需要认真加以选择的。在上述精馏塔控制中，被控变量有 5 个（p, L_B, L_D, T_R 与 T_S），而操纵变量有 6 个（D, B, L, Q_H, Q_C 与 Q_G），可供选择的变量配对方案非常多。如何基于对象特性分析来选择最佳的变量配对，是控制系统设计中重要的环节，直接关系到控制方案的复杂性与控制系统的有效性。

（5）控制方案与控制算法的选择

对于某一变量配对，其操纵变量与被控变量已经确定，但可供选择的控制方案通常有多个。所谓"控制方案"实际上是指控制系统中控制器的输入输出信息结构，对于某一对给定的操纵变量与被控变量，除最简单的单回路控制外，还可以选择串级控制等。在上述精馏塔控制中，假设我们用回流量 L 来控制精馏段灵敏板温度 T_R，可供选择的控制方案包括：温度单回路控制、温度与流量串级控制、温度与回流比串级控制等。控制方案的具体选择取决于生产过程对控制目标与控制精度不同的要求。

而"控制算法"是指控制器输入与输出信号之间的动态函数关系。当控制方案确定后，在很多情况下，只需采用商品化的 PID 算法即可达到目的。对于部分采用 PID 控制难以满足工艺要求的场合，才需要引入前馈控制、解耦控制、预测控制等复杂控制算法。PID 算法简单实用，然而，如何用好 PID 并不简单。可以说，控制方案与 PID 控制算法的选择与应用构成了本书最核心的内容。

（6）执行器的选型

在确定了控制方案与控制算法以后，就需要选择合适的执行器。可供选择的商品化执行器主要是各种调节阀。它们能满足大多数控制系统的要求。控制工程师只要根据操纵变量的工艺条件和对调节阀流量特性的要求来选择合适的调节阀即可。然而，这一步骤往往被忽视。不是调节阀的规格选择过大或过小，就是流量特性不匹配，结果导致控制系统未能达到预期的性能指标，有时甚至使系统根本无法投入自动运行。因此，应该引起充分重视。

（7）控制系统的现场安装、调试与投运

控制系统的各部分按要求安装调试完毕后，应结合生产过程进行试运行，按控制要求检查和调整各控制仪表和设备的工作状况，包括控制器参数的整定等，依次将全部控制系统投入自动运行。对于某些较为复杂的被控过程，为确保控制系统的适应性，需要考虑引入控制系统仿真技术。具体地说，先设法建立被控广义对象各通道的数学模型，并在控制系统仿真平台上构造相应的控制系统，再结合实际过程设置各种操作状况或干扰情况，由此验证控制系统的可靠性与可行性，并了解其适用范围。

以上只是简单地描述了自动控制系统从设计到实现的全过程。由此可见，对一个从事过程控制的工作者来说，除了掌握控制理论、计算机、仪器仪表知识以及现代控制技术以外，还需要十分熟悉生产过程的工艺流程，并从控制的角度来理解它的静态和动态特性。只有这样，才能设计并实现一个简单、实用、高效且低成本的控制系统。

思考题与习题 1

1-1　自动控制系统主要由哪些环节组成？各环节各起什么作用？

1-2　试论述比较常见的计算机控制装置的系统结构与特点。

1-3　图 1-15 所示为一贮罐压力单回路自动控制系统，其中 p, p_m, p_{sp} 分别为贮罐压力、贮罐压力测量值与设定值；p_1 为控制阀的阀前压力，假设 p_1 不受控制阀开度的影响；p_2 为手动出口阀的阀后压力，假设 p_2 不受贮罐压力的影响；K_{v1}, K_{v2} 分别为两阀门的流通系数，u 为控制阀的相对开度，u_2 为手动出口阀的相对开度，而贮罐进气体积流量 F_1、出气体积流量 F_2 可表示为

$$F_1 = u K_{v1} \sqrt{p_1 - p}, \quad F_2 = u_2 K_{v2} \sqrt{p - p_2}$$

而贮罐压力与 F_1, F_2 的动态关系可描述为

$$A \frac{\mathrm{d}p}{\mathrm{d}t} = k_1 F_1 - k_2 F_2$$

式中，k_1, k_2 分别为进气与出气密度；A 为与贮罐体积、贮罐温度和气体组成相关的系数。试指出该系统中的被控对象、被控变量、操纵变量、控制变量和扰动变量，画出该系统的方框图，并指出该系统的控制目标。

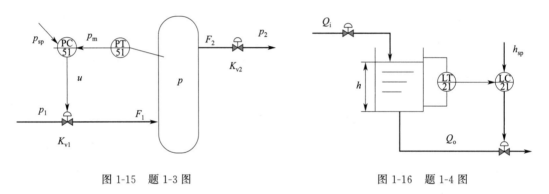

图 1-15　题 1-3 图　　　　　　　　　　　　　　图 1-16　题 1-4 图

1-4　以图 1-16 所示的液位自动控制系统为例，当进料量 Q_i 突然增大时，详细说明该系统如何运用反馈控制机制来实现液位定值控制之目的。

2 过程动态特性

在对工业过程进行控制时，人们发现有些对象较容易控制而有些对象很难控制，有些调节过程可以进行得很快而有些调节过程却非常慢。为什么会出现这些现象？其关键往往在于过程的动态特性各不相同。全面了解和掌握过程的动态特性，才能合理地设计控制方案，选择合适的自动化仪表，进行控制器参数整定。特别是要设计高质量的、新型复杂的控制方案，更需要深入研究过程的动态特性。

本章首先介绍典型工业过程的动态特性以及如何利用各种平衡关系和特性方程建立过程的机理模型，然后介绍控制系统中测量变送环节与控制阀的特性，最后将被控对象、测量变送和控制阀合并提出广义对象的概念，并说明如何采用经验建模法得到广义对象的动态模型。

2.1 典型工业过程的动态特性

在工业生产中，实际过程都较为复杂。为了便于分析，往往需作简化假设，例如用线性化处理可把绝大多数过程近似看成线性系统。进一步分析又发现工业过程大都可由一些简单环节组合而成。根据输出相对于输入变化的响应情况可将过程分为两大类：自衡过程和非自衡过程。

2.1.1 自衡过程

当输入发生变化时，无需外加任何控制作用，过程能够自发地趋于新的平衡状态的性质称为自衡性。自衡过程包括纯滞后过程、单容过程和多容过程。

（1）纯滞后过程

某些过程在输入变量改变后输出变量并不立即改变，而要经过一段时间后才反映出来，纯滞后就是指输入变量变化后看不到系统对其响应的这段时间。当物质或能量沿着一条路径传输时会出现纯滞后。路径的长度和运动速度是决定纯滞后大小的两个因素。在实际生产过程中，纯滞后很少单独出现，但不存在纯滞后的生产过程也很少见。

图 2-1 所示的一个用在固体传送带上的定量控制系统是单独存在纯滞后的例子。从阀门动作到感知到重量发生变化，这中间的纯滞后 τ 等于阀门和压力传感器之间的距离 l 除以传送带的运动速度 v，即

$$\tau = \frac{l}{v} \tag{2-1}$$

纯滞后环节对任何输入信号的响应都是把它推迟一段时间，其大小等于纯滞后时间，如图 2-2 所示。纯滞后环节的传递函数为

$$G(s) = \mathrm{e}^{-\tau s} \tag{2-2}$$

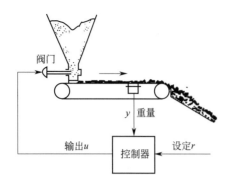

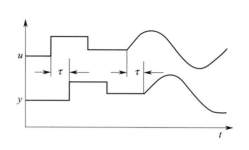

图 2-1   重量传感器对固体流量变化的响应   图 2-2   纯滞后过程的响应曲线

（2）单容过程

图 2-3 所示的液体贮罐对象是一个典型的单容过程。系统原本处于平衡状态，当进水量阶跃增加后，进水量超过出水量，系统的平衡状态被打破，液位上升；但随着液位的上升，出水阀前的静压增加，出水量也将增加；这样，液位的上升速度将逐步变慢，最终将建立新的平衡，液位达到新的稳态值。其响应曲线如图 2-4 所示。

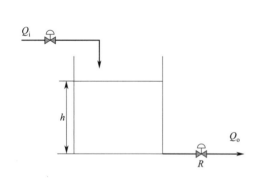

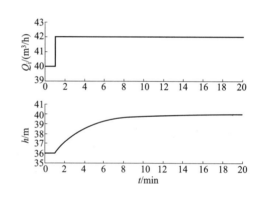

图 2-3   液位单容过程   图 2-4   单容过程的响应曲线

单容过程是一阶惯性环节或一阶惯性加纯滞后环节，其传递函数为

$$G(s)=\frac{K}{Ts+1} \qquad (2\text{-}3)$$

或

$$G(s)=\frac{K\,\mathrm{e}^{-\tau s}}{Ts+1} \qquad (2\text{-}4)$$

（3）多容过程

许多工业过程都是由两个或更多容器组成的，精馏塔就是一个例子。液体从塔顶经过一系列塔板流到塔底，每块塔板都是一个储存液体的容器。图 2-5 所示为典型的多容过程，它由图 2-3 中的液体贮罐串联而成。我们关心的是当进水量 Q_i 发生变化时，最后一个贮罐的液位高度 h 如何变化。图 2-6 给出了液位相对进水量变化的响应曲线。

从 Q_1 的响应曲线可以看出第一个贮罐是一个单

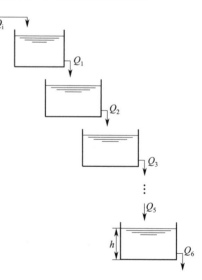

图 2-5   串联的液体贮罐

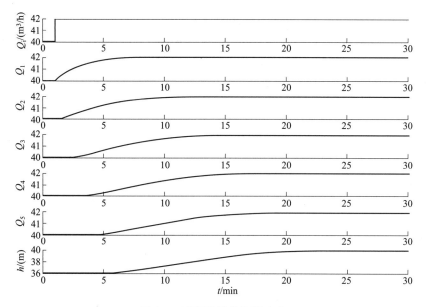

图 2-6 串联贮罐的阶跃响应

容过程，其传递函数为

$$\frac{Q_1(s)}{Q_i(s)} = \frac{K_1}{T_1 s + 1} \tag{2-5}$$

Q_2 的响应明显比 Q_1 的响应慢，这是因为只有当 Q_1 发生变化影响第二个贮罐的液位高度后 Q_2 才会开始变化。实际上，如果以 Q_1 作为输入，Q_2 作为输出，第二个贮罐也是一个单容过程。两个贮罐串联成为双容过程，其传递函数为二阶对象

$$\frac{Q_2(s)}{Q_i(s)} = \frac{K_1}{T_1 s + 1} \cdot \frac{K_2}{T_2 s + 1} = \frac{K_2'}{(T_1 s + 1)(T_2 s + 1)} \tag{2-6}$$

Q_3 的响应更慢，三个贮罐串联的传递函数为

$$\frac{Q_3(s)}{Q_i(s)} = \frac{K_3'}{(T_1 s + 1)(T_2 s + 1)(T_3 s + 1)} \tag{2-7}$$

以此类推，整个过程的传递函数为

$$\frac{H(s)}{Q_i(s)} = \frac{K_6'}{(T_1 s + 1)(T_2 s + 1)(T_3 s + 1)(T_4 s + 1)(T_5 s + 1)(T_6 s + 1)} \tag{2-8}$$

从图 2-6 可以看出，随着串联贮罐增多，输出响应启动越来越慢，仿佛有时间滞后。而且随着过程阶次增加，滞后时间增大。由于多容过程往往有多个时间常数，为了减少处理时间，常用一阶加纯滞后或二阶加纯滞后过程来近似高阶对象

$$G(s) = \frac{K}{\prod\limits_{i=1}^{n}(T_i s + 1)} \approx \frac{K e^{-\tau s}}{T s + 1} \tag{2-9}$$

$$G(s) = \frac{K}{\prod\limits_{i=1}^{n}(T_i s + 1)} \approx \frac{K e^{-\tau s}}{(T_1 s + 1)(T_2 s + 1)} \tag{2-10}$$

2.1.2 非自衡过程

与自衡过程不同，当输入发生变化时，非自衡过程不能够自发地趋于新的平衡状态。如

图 2-7 所示，将图 2-3 中流出管道上的阀门改为计量泵。计量泵排出恒定的流量，因此流出流量不再受到液位高度的影响。在稳定状态下贮罐的流入量等于流出量，当手动调节流入流量，使得输入流量和输出流量之间有差异，则贮罐最终将满溢或者抽干，其阶跃响应曲线如图 2-8 所示。这是一个积分过程，其传递函数为

$$G(s) = \frac{1}{Ts} \tag{2-11}$$

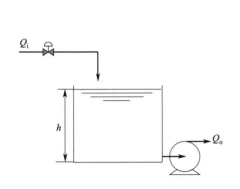

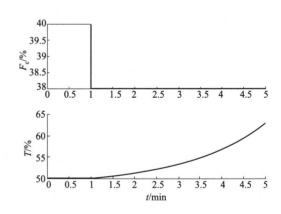

图 2-7　非自衡液位对象　　　　　　　　　图 2-8　非自衡液位对象阶跃响应曲线

　　大多数液位过程都没有自衡能力，因此在给工艺流程配置控制系统时，一般都应为液位过程设置一个控制回路。

　　工业过程中还有一些非自衡过程，它们的响应呈指数变化，主要出现在化学反应过程中。图 2-9 所示为一个发生放热反应的化学反应器。如果关小冷却剂阀门，冷却剂流量 F_c 会减小，使得反应器内的温度升高。随着温度的升高，反应速度会加快，放出的热量增加，结果导致温度进一步上升。最终温度将呈指数上升，如图 2-10 所示。

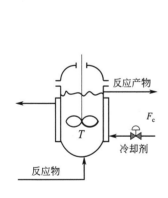

图 2-9　放热反应化学反应器　　　　　　　图 2-10　化学反应器响应曲线

　　这类过程也称作开环不稳定对象，其传递函数至少存在一个极点可能处于根平面的右半侧，形成不稳定过程，如传递函数

$$G(s) = \frac{|K|}{|T|s - 1} \tag{2-12}$$

　　不稳定过程的控制与稳定过程有极大的差别，在对化学反应器进行控制时必须意识到这一点。

2.2　机理建模方法

要深入了解过程的性质、特点以及动态特性就离不开数学模型。动态数学模型描述了输出变量与输入变量之间随时间变化的动态关系，对过程动态的分析和控制起着举足轻重的作用。建立动态数学模型的基本方法有机理分析法和经验建模法。

2.2.1　机理建模的步骤

机理建模就是根据对象的机理，写出各种有关的平衡方程，并从中获得所需的数学模型。这种方法获得的模型物理概念清晰、准确，不但给出了系统输入输出变量之间的关系，也给出了系统状态和输入输出变量之间的关系，使人们对系统有一个比较清楚的了解，因此也被称为"白箱模型"。

虽然机理建模法是根据对象的机理进行建模，但仍然是对真实过程的一种数学提炼，获得的数学模型也只是对真实过程的一种近似，因此不可能反映真实过程的所有性质。建模本身需要在模型精度和模型复杂度之间进行折中，在折中的同时还需要考虑其他一些因素，如建模的目的、期望的收益、模型的应用场合等。总之，建模既是一门科学，又是一种技术，它包含一系列的建模步骤。

（1）根据建模的对象和模型的使用目的进行合理的假设

由于实际的生产过程往往非常复杂，不可能完全精确地用数学公式把客观实际描述出来，因此在建立数学模型时需要进行一定的假设。在满足模型应用要求的前提下，根据对建模对象的了解以及模型使用目的，进行一些近似处理，把次要因素忽略掉。对同一个建模对象，由于模型的使用场合不同，对模型的要求不同，假设条件可以不同，最终所得的模型也不相同。如对一加热炉系统建模，若假设加热炉中每点温度一致，则得到用微分方程描述的集中参数模型；若假设加热炉中每点温度非均匀，则得到用偏微分方程描述的分布参数模型。

（2）根据过程内在机理建立数学方程

对于过程控制问题，主要依据质量、能量以及各种物理化学平衡关系，采用数学方程来建立对象的数学模型。这些数学模型通常是由常微分方程、偏微分方程以及相关的代数方程共同构成，并采用自由度分析方法来保证获得的数学模型有解。

（3）简化模型

从应用的角度上讲，动态模型应在能够达到建模的目的，充分反映过程动态特性的情况下尽可能的简单。因此，对于由过程内在机理得到的数学方程常常需要进行进一步的整理和简化。如应用于过程控制的模型往往采用增量的形式进行表达。增量形式不仅便于把原来的非线性系统线性化，而且通过坐标变换，把稳态工作点定为原点，使输入输出关系更加简单清晰，便于运算。在控制理论中广泛应用的传递函数，就是在初始条件为零的情况下定义的。对于线性系统，只要将原始方程中的变量用它的增量代替即可写出增量方程；对于非线性系统，则需进行线性化，在系统输入和输出的工作范围内，把非线性关系近似为线性关系。

2.2.2　常用的方程

2.2.2.1　物料和能量守恒关系

过程控制问题的机理性建模建立在物料和能量的守恒关系上。对系统参量 S 的守恒关系为

$$\frac{\text{系统内 } S \text{ 累积量的变化量}}{\text{时间间隔}} = \text{进入系统 } S \text{ 的速率} - \text{离开系统 } S \text{ 的速率}$$

$$+ \text{系统内产生的 } S \text{ 流速} - \text{系统内消耗的 } S \text{ 流速} \qquad (2\text{-}13)$$

式中，S 可以是总质量、各组分质量、总能量、动量。针对不同情况可表示为如下守恒关系。

（1）无化学反应的物料平衡关系

$$\frac{\mathrm{d}(\rho V)}{\mathrm{d}t} = \sum_{i=1}^{N} \rho_i F_i - \sum_{j=1}^{M} \rho_j F_j \qquad (2\text{-}14)$$

式中，ρ 为密度，$\mathrm{kg/m^3}$；V 为体积，$\mathrm{m^3}$；F_i 为流入系统各物料的体积流量，$\mathrm{m^3/s}$；ρ_i 为流入各物料的密度，$\mathrm{kg/m^3}$；F_j 为系统流出各物料的体积流量，$\mathrm{m^3/s}$；ρ_j 为流出各物料的密度，$\mathrm{kg/m^3}$。

（2）具有化学反应的组分 A 的物料平衡关系

$$\frac{\mathrm{d}(n_A)}{\mathrm{d}t} = \frac{\mathrm{d}(c_A V)}{\mathrm{d}t} = \sum_{i=1}^{N} c_{Ai} F_i - \sum_{j=1}^{M} c_{Aj} F_j \pm rV \qquad (2\text{-}15)$$

式中，n_A 为系统内组分 A 的物质的量，mol；c_A 为组分 A 的浓度，$\mathrm{mol/m^3}$；r 为单位体积下 A 的反应速率，$\mathrm{mol/(m^3 \cdot s)}$，产生 A 时取"$+$"，消耗 A 时取"$-$"；$V$ 为体积；F 为体积流量；下标 i 和 j 分别代表流入各物料和流出各物料。

（3）系统的能量平衡关系

在工业过程中，能量表现的形式各不相同，如内能、动能、势能、热能和功等。系统的能量由两部分组成，一部分是伴随流体进出而输入输出的能量，包括内能、动能、势能以及压力能；另一部分是通过其他途径进入系统的能量，包括热量和系统的功。对于化工过程，其动能和势能的变化常常可以忽略不计，因此有

$$\frac{\mathrm{d}E}{\mathrm{d}t} = \sum_{i=1}^{N} \rho_i F_i h_i - \sum_{j=1}^{M} \rho_j F_j h_j \pm Q \pm W_s \qquad (2\text{-}16)$$

式中，E 为系统内总能量，J；ρ 为密度，$\mathrm{kg/m^3}$；F 为体积流量，$\mathrm{m^3/s}$；h 为热焓，$\mathrm{J/kg}$；Q 为产生或交换的热量，$\mathrm{J/s}$；W_s 为系统所做的功，外界对系统做功取"$+$"，系统对外界做功取"$-$"；下标 i 和 j 分别代表流入各物料和流出各物料。把以上各式的变量与实际对象联系起来，就可以列写出各种不同过程的数学方程。

【例 2-1】 图 2-11 所示为一个加热式搅拌罐，进入贮罐的液体为单组分，流量为 W_i，$\mathrm{kg/s}$；温度为 T_i，K。液体在贮罐内充分搅拌且没有发生化学反应。液体流出贮罐的流量为 W_o，$\mathrm{kg/s}$；温度为 T_o，K。罐内的储藏量随输入和输出的流量而变化，同时罐内的温度 T 也在变化，因此需要进行非稳态情况下的物料和能量衡算。

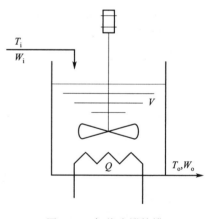

图 2-11　加热式搅拌罐

对于这个搅拌罐系统，在建模之前首先需要进行一些假设。

① 混合完全，故贮罐内的温度处处相等，都等于其出口温度 T_o。

② 流体的密度 $\rho(\mathrm{kg/m^3})$ 和质量热容 $c[\mathrm{J/(kg \cdot K)}]$ 为常数，忽略它们受温度的影响。

③ 热损失忽略不计，液体的蒸发忽略不计。

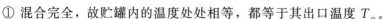

首先应用质量守恒定理，即

单位时间内质量累积量的变化量＝流入的质量－流出的质量

可得

$$\frac{\mathrm{d}(V\rho)}{\mathrm{d}t}=W_{\mathrm{i}}-W_{\mathrm{o}} \tag{2-17}$$

式中，V 为贮罐内液体的体积。

然后应用能量守恒定律，即

单位时间内能量累积量的变化量＝流入物料带入的能量－流出物料带出的能量

＋外围系统输入的能量

可得

$$c\,\frac{\mathrm{d}[V\rho(T_{\mathrm{o}}-T_{\mathrm{ref}})]}{\mathrm{d}t}=W_{\mathrm{i}}c(T_{\mathrm{i}}-T_{\mathrm{ref}})-W_{\mathrm{o}}c(T_{\mathrm{o}}-T_{\mathrm{ref}})+Q \tag{2-18}$$

式中，Q 为通过电加热器输给贮罐的热量；T_{ref} 为进行热焓计算时的参比温度。

由于 ρ 为常数，因此式(2-17) 可简化为

$$\frac{\mathrm{d}(V\rho)}{\mathrm{d}t}=\rho\,\frac{\mathrm{d}V}{\mathrm{d}t}=W_{\mathrm{i}}-W_{\mathrm{o}} \tag{2-19}$$

而式(2-18) 等号左侧的微分结果为

$$c\,\frac{\mathrm{d}[V\rho(T_{\mathrm{o}}-T_{\mathrm{ref}})]}{\mathrm{d}t}=\rho c(T_{\mathrm{o}}-T_{\mathrm{ref}})\frac{\mathrm{d}V}{\mathrm{d}t}+V\rho c\,\frac{\mathrm{d}T_{\mathrm{o}}}{\mathrm{d}t} \tag{2-20}$$

将式(2-19) 代入式(2-20) 可得

$$c\,\frac{\mathrm{d}[V\rho(T_{\mathrm{o}}-T_{\mathrm{ref}})]}{\mathrm{d}t}=c(T_{\mathrm{o}}-T_{\mathrm{ref}})(W_{\mathrm{i}}-W_{\mathrm{o}})+V\rho c\,\frac{\mathrm{d}T_{\mathrm{o}}}{\mathrm{d}t} \tag{2-21}$$

然后，将式(2-21) 和式(2-18) 进行整理简化，之后与式(2-19) 合并可得

$$\begin{aligned}\frac{\mathrm{d}V}{\mathrm{d}t}&=\frac{1}{\rho}(W_{\mathrm{i}}-W_{\mathrm{o}})\\[2mm]\frac{\mathrm{d}T_{\mathrm{o}}}{\mathrm{d}t}&=\frac{W_{\mathrm{i}}}{V\rho}(T_{\mathrm{i}}-T_{\mathrm{o}})+\frac{Q}{V\rho c}\end{aligned} \tag{2-22}$$

【例 2-2】 图 2-12 所示是一个装有冷却管的连续搅拌反应槽（CSTR）。进入 CSTR 的流体的流量为 F_{0}，$\mathrm{m^3/s}$；温度为 T_{0}，K；密度为 ρ_{0}，$\mathrm{kg/m^3}$；A 物质的浓度为 c_{A0}，$\mathrm{mol/m^3}$。物料在反应槽中充分搅拌并发生化学反应，产生的热量由冷却器带走。最后生成的产品溢流出去，流量为 F，$\mathrm{m^3/s}$；温度为 T，K；密度为 ρ，$\mathrm{kg/m^3}$；A 物质的浓度为 c_{A}，$\mathrm{mol/m^3}$。

对这个对象进行建模，仍然要先进行合理的假设。

① 由于 CSTR 充分搅拌，所以假设反应槽内混合完全，故贮罐内的温度、密度以及 A 物质的分子浓度处处相等，都等于产品流的温度 T、密度 ρ 以及浓度 c_{A}。

② 由于产品溢流流出，因此假设反应槽中液体的体积 V 不变。

根据总物料的守恒关系可得

$$\frac{\mathrm{d}(\rho V)}{\mathrm{d}t}=\rho_{0}F_{0}-\rho F \tag{2-23}$$

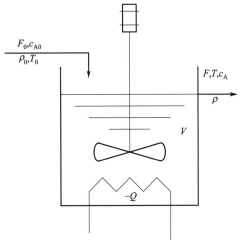

图 2-12 装有冷却管的连续搅拌反应槽

另外，对于物料 A 也具有平衡关系

$$V \frac{\mathrm{d}(c_A)}{\mathrm{d}t} = F_0 c_{A0} - F c_A - V k c_A \tag{2-24}$$

式中，k 是反应速率常数，s^{-1}。

下面考虑 CSTR 的能量平衡关系，首先给出假设条件如下。

③ 冷却剂和冷却管壁的热容可忽略不计。

④ 冷却剂的温度处处相等，都等于 T_c，则反应槽传递给冷却剂的热量为

$$Q = K_\theta A (T - T_c) \tag{2-25}$$

式中，K_θ 是总的传热系数，$W/(m^2 \cdot K)$；A 是传热面积，m^2。假设这两个参数均为常数，则能量守恒方程式为

$$\frac{\mathrm{d}}{\mathrm{d}t} [(U + K + \varphi) V \rho] = F_0 \rho_0 (U_0 + K_0 + \varphi_0) - F \rho (U + K + \varphi) + (Q_G - Q) - (W + F p - F_0 p_0)$$

$$\tag{2-26}$$

式中，W 为单位时间内系统所做的功，W；U_0 和 U 分别是流入流出的内能，J/kg；K_0 和 K 分别是流入和流出的动能，J/kg；p_0 和 p 分别是流入流出系统的压力，N/m^2；φ_0 和 φ 分别是流入和流出的势能，J/kg；Q_G 是化学反应所产生的热量，J/s；Q 是与冷却器交换的热量，J/s。

由于图 2-12 所示的 CSTR 系统中并未出现系统对外做功，因此式（2-26）中的 $W = 0$。流入和流出的位差不大，因此位能项可近似抵消。如果流入流出的速度不太大，那么动能项也可以忽略不计，因此式（2-26）可以简化为

$$V \frac{\mathrm{d}(\rho U)}{\mathrm{d}t} = F_0 \rho_0 (U_0 + p_0 \overline{V}_0) - F \rho (U + p \overline{V}) + Q_G - Q \tag{2-27}$$

式中，$\overline{V}$ 为质量体积，即单位质量所占的体积，m^3/kg。

对于 A 发生化学反应所产生的热量为

$$Q_G = -\lambda k V c_A \tag{2-28}$$

式中，λ 是每单位分子 A 反应物的反应热，J/mol，按习惯写法当 λ 为负时表示放热反应，反之当 λ 为正时表示吸热反应。定义热焓 h 为

$$h = U + p \overline{V} \tag{2-29}$$

则式（2-27）可写为

$$V \frac{\mathrm{d}(\rho U)}{\mathrm{d}t} = F_0 \rho_0 h_0 - F \rho h - \lambda k V c_A - K_\theta A (T - T_c) \tag{2-30}$$

在很多系统中，$p \overline{V}$ 值与 U 相比较很小，所以可以将其略去。这样就可以用热焓的变化率来取代内能的变化率

$$V \frac{\mathrm{d}(\rho h)}{\mathrm{d}t} = F_0 \rho_0 h_0 - F \rho h - \lambda k V c_A - K_\theta A (T - T_c) \tag{2-31}$$

对问题作进一步的简化，假如液体热焓可用定压热容与热力学温度的乘积来表示，即

$$h = c_p T \tag{2-32}$$

式中，c_p 是定压热容，$J/(kg \cdot K)$。

进一步假设液体的密度不变，则式（2-31）可以写成

$$V \rho c_p \frac{\mathrm{d}T}{\mathrm{d}t} = \rho c_p (F_0 T_0 - F T) - \lambda k V c_A - K_\theta A (T - T_c) \tag{2-33}$$

例 2-1 和例 2-2 中的方程都是描述过程的机理方程，只有当这些数学公式全面描述了过程的动态行为时，这些数学表达式才能称之为过程的动态模型。

在对一个过程的数学模型进行仿真计算或解析求解时，必须保证这些模型方程的输入与输出变量之间存在着唯一解，即方程中所包含的变量数一定要等于独立方程的数量。通常采用自由度的概念来核实模型方程是否可解。

自由度的定义为

$$N_F = N_V - N_E \tag{2-34}$$

式中，N_V 是过程变量的总数；N_E 是独立方程的个数。利用自由度 N_F 来分析，可把建模问题归为三类。

① $N_F = 0$，是完全确定型过程。方程数等于过程变量数，方程组有解。

② $N_F > 0$，是非确定型过程。过程变量数多于方程数，方程组有无穷多个解。

③ $N_F < 0$，是过确定型过程。过程变量数少于方程数，方程组无解。

注意，$N_F = 0$ 是唯一令人满意的情况。

2.2.2.2 若干基本定理

除了物料和能量守恒定理之外，往往还需要借助其他一些物理和化学方面的关系式来获得一个完整的模型。

（1）运动方程

流体输送过程中涉及的是物料的运动，由于生产过程中物料多数是以流态在管道内输送，所以要研究推动流体流动的压差与管道内摩擦阻力之间的关系。按照牛顿运动定律，对于在同一个方向同时受到多个力所产生的运动表达为

$$\frac{\mathrm{d}(mv_i)}{\mathrm{d}t} = \sum_{j=1}^{N} F_{ji} \tag{2-35}$$

式中，v_i 为沿着 i 方向的运动速度，m/s；F_{ji} 为沿着 i 方向的第 j 项力，N；m 是质量，kg。式(2-35) 表示沿着 i 方向动量的变化率等于沿着 i 方向的所有力之和，也就是动量守恒关系。

（2）状态方程

这里所说的状态方程是指一些参数，如密度、热焓等，它们与温度、压力以及组分之间的函数关系，其性质将由状态的情况而定。有时为了精确描述一个系统，这些关系可以是比较复杂的，但多数情况下可用简化形式来表示，如对热焓的表达如下。

液体焓

$$h = c_p T \tag{2-36}$$

式中，c_p 是定压热容，J/(kg·K)；T 是热力学温度，K。

一定量理想气体的热焓是温度的单值函数

$$h = f(T) \tag{2-37}$$

常表示为

$$h = \int_{T_0}^{T} c_p(t)\,\mathrm{d}t \tag{2-38}$$

而 $c_p(t)$ 可以用 t 的多项式来近似

$$c_p(t) = A_0 + A_1 t + A_2 t^2 \tag{2-39}$$

式中，A_0, A_1, A_2 均为系数，具有不同的单位。

液体的密度除了组分和温度剧变的情况外，一般可近似为常量。而气体的密度在可用理想气体方程近似的情况下，有

$$pV = nRT \Rightarrow \rho = \frac{nM}{V} = \frac{Mp}{RT} \tag{2-40}$$

式中，p 是绝对压力，Pa；T 是热力学温度，K；R 是摩尔气体常数，$(Pa \cdot m^3)/(mol \cdot K)$；$n$ 是物质的量，mol；V 是体积，m^3；ρ 是密度，kg/m^3；M 为摩尔质量，kg/mol。

（3）平衡关系

关于平衡问题，在化工过程中有两类，即化学反应平衡和相平衡关系。相平衡有汽液平衡和液液平衡两种。它们在建立化学反应和分离过程的数学模型时是不可缺少的。

化学反应平衡出现在反应系统中，当反应达到平衡状态时，有以下关系

$$\sum_{j=1}^{J} v_j \mu_j = 0 \tag{2-41}$$

式中，v_j 是第 j 组分的化合系数，mol，若是反应物则取负数，生成物则取正数；μ_j 为第 j 组分的化学位，J/mol。对于理想气体混合物，它们的化学位可表示为

$$\mu_j = \mu_j^0 + TR\ln(p_j/p) \tag{2-42}$$

式中，μ_j^0 为第 j 组分的标准化学势，它仅是温度的函数；T 是热力学温度；R 是摩尔气体常数；p_j 为第 j 组分的分压；p 是总压，Pa。

在两相之间，当每个组分各自在两相中具有相同的化学位时，则出现相平衡。在化工过程中大量遇到汽液两相的平衡问题。例如，对于汽相情况，在总压 p 之下组分 j 的分压符合道尔顿定理

$$p_j = p y_j \tag{2-43}$$

式中，y_j 表示汽相组分 j 的含量。

在高压情况下要计算分压则需要作适当的修正。理想液体符合拉乌尔定律，即

$$p = \sum_{j=1}^{J} x_j p_j^0 \tag{2-44}$$

式中，x_j 表示液相组分 j 的含量；p_j^0 为纯组分 j 的蒸汽压力，而蒸汽压力仅是温度的函数

$$\ln p_j^0 = \frac{A_j}{T} + B_j \tag{2-45}$$

式中，A_j,B_j 均为系数。

对于理想溶液，常用相对挥发度来表示汽液平衡关系。在双元物系中，相对挥发度指易挥发组分对不易挥发组分之比，定义为

$$\alpha = \frac{y/x}{(1-y)/(1-x)} \tag{2-46}$$

经整理可得汽液平衡关系式

$$y = \frac{\alpha x}{1+(\alpha-1)x} \tag{2-47}$$

（4）化学反应动力学中的方程

凡是涉及化学反应器的建模工作就将涉及化学反应动力学问题（反应速率）。例如在反应过程中，反应速率常数 k 是温度的指数函数

$$k = k_0 e^{-E/RT} \tag{2-48}$$

式中，k_0 是频率因子；E 为活化能，J/mol。从它的指数特性可知，它引入了严重的非线性。

2.2.3 机理建模举例

下面将以几个典型的工业过程为例说明如何采用机理法建立对象的动态模型。

2.2.3.1 液体贮罐的动态模型

如图 2-3 所示，假设贮罐上下均匀，截面积为 A。进水的体积流量和出水的体积流量分别是 Q_i 和 Q_o，输出为液位 h，试建立该液体贮罐对象的动态模型。

假设忽略贮罐内蓄水的蒸发量，则贮罐内蓄水量的变化和进水量、出水量之间满足质量平衡方程，而贮罐蓄水量的变化可直接由液位的变化来反映，因此有

$$A \frac{\mathrm{d}h}{\mathrm{d}t} = Q_i - Q_o \tag{2-49}$$

又根据流体运动方程可知

$$Q_o = k \sqrt{h} \tag{2-50}$$

式中，k 是与管道阻力有关的系数。

将式(2-50) 代入式(2-49)，可得

$$A \frac{\mathrm{d}h}{\mathrm{d}t} = Q_i - k \sqrt{h} \tag{2-51}$$

这就是贮罐液位的动态数学模型。它是一个非线性微分方程，液位从空罐到满罐变化时，都满足此方程。复杂非线性微分方程的分析较困难，如果液位始终在其稳态值附近很小的范围内变化，则可对上式进行线性化。

假设在稳态工况下进水和出水的体积流量分别是 Q_{i0} 和 Q_{o0}，则满足

$$Q_{i0} - Q_{o0} = 0 \tag{2-52}$$

以增量 Δ 的形式表示各变量偏离稳态值的程度

$$\Delta h = h - h_0, \quad \Delta Q_i = Q_i - Q_{i0}, \quad \Delta Q_o = Q_o - Q_{o0} \tag{2-53}$$

将式(2-53) 和式(2-52) 代入式(2-49)，可得

$$A \frac{\mathrm{d}\Delta h}{\mathrm{d}t} = \Delta Q_i - \Delta Q_o \tag{2-54}$$

对于液位和流出量之间的非线性特性，在工作点附近进行线性化。线性化的方法是将非线性项进行泰勒级数展开。因此对于式(2-50) 进行泰勒展开，并取线性部分可得

$$Q_o = k \sqrt{h} \approx Q_{o0} + \frac{\mathrm{d}Q_o}{\mathrm{d}t} \bigg|_{h=h_0} (h - h_0) = Q_{o0} + \frac{k}{2\sqrt{h_0}} \Delta h \tag{2-55}$$

将式(2-55) 中等号右边的 Q_{o0} 移至等号左边，可得

$$\Delta Q_o = Q_o - Q_{o0} = \frac{k}{2\sqrt{h_0}} \Delta h \tag{2-56}$$

将式(2-56) 代入式(2-54)，可得

$$A \frac{\mathrm{d}\Delta h}{\mathrm{d}t} = \Delta Q_i - \frac{\Delta h}{R} \tag{2-57}$$

式中，$R = \frac{2\sqrt{h_0}}{k}$ 称为液阻。整理式(2-57) 并省略增量符号可得

$$RA \frac{\mathrm{d}h}{\mathrm{d}t} + h = RQ_i \tag{2-58}$$

对式(2-58) 进行拉氏变换后得

$$\frac{H(s)}{Q_i(s)} = \frac{R}{RAs + 1} \tag{2-59}$$

式(2-59) 就是液位 h 与进水流量 Q_i 之间的动态模型。

2.2.3.2 串联液体贮罐的动态模型

在如图 2-13 所示的液位过程中，有两个串联在一起的贮罐。液体首先进入贮罐1，体积

流量为 Q_i，然后从贮罐 1 流入贮罐 2，体积流量为 Q_1，液体从贮罐 2 流出的体积流量为 Q_o。假设两个贮罐都是上下均匀的，且贮罐 1 的截面积为 A_1，贮罐 2 的截面积为 A_2。试分析液位 h_2 在流入量 Q_i 发生变化时的动态特性。

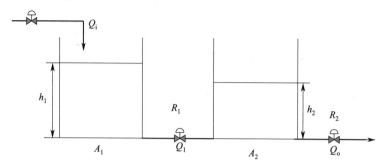

图 2-13　串联液体贮罐

假设忽略两个贮罐的蒸发量，根据物料平衡方程，可列出如下的微分方程

$$A_1 \frac{\mathrm{d}h_1}{\mathrm{d}t} = Q_i - Q_1 \tag{2-60}$$

$$A_2 \frac{\mathrm{d}h_2}{\mathrm{d}t} = Q_1 - Q_o \tag{2-61}$$

根据流体运动方程可得

$$Q_1 = k_1 \sqrt{h_1 - h_2} \tag{2-62}$$

$$Q_o = k_2 \sqrt{h_2} \tag{2-63}$$

注意，流量 Q_1 不仅与液位 h_1 有关，而且与液位 h_2 有关。假设在稳态工况下贮罐 1 的流入量为 Q_{i0}，流出量是 Q_{10}，贮罐 2 的流出量为 Q_{o0}，则有

$$Q_{i0} = Q_{10} = Q_{o0} \tag{2-64}$$

以增量 Δ 形式表示各变量偏离起始稳态值的程度

$$\Delta h_1 = h_1 - h_{10}, \quad \Delta h_2 = h_2 - h_{20} \tag{2-65}$$

$$\Delta Q_i = Q_i - Q_{i0}, \quad \Delta Q_1 = Q_1 - Q_{10}, \quad \Delta Q_o = Q_o - Q_{o0}$$

将式（2-64）和式（2-65）代入式（2-60）和式（2-61），可得

$$A_1 \frac{\mathrm{d}\Delta h_1}{\mathrm{d}t} = \Delta Q_i - \Delta Q_1 \tag{2-66}$$

$$A_2 \frac{\mathrm{d}\Delta h_2}{\mathrm{d}t} = \Delta Q_1 - \Delta Q_o \tag{2-67}$$

由于 Q_1, Q_o 与 h_1, h_2 之间成非线性关系，可在稳态工作点处对式（2-62）和式（2-63）进行线性化，有

$$
\begin{aligned}
Q_1 &= k_1 \sqrt{h_1 - h_2} \\
&\approx Q_{10} + \left. \frac{\mathrm{d}Q_1}{\mathrm{d}h} \right|_{h_1 = h_{10}, h_2 = h_{20}} (\Delta h_1 - \Delta h_2) \\
&= Q_{10} + \frac{k_1}{2\sqrt{h_{10} - h_{20}}} (\Delta h_1 - \Delta h_2)
\end{aligned} \tag{2-68}
$$

$$
\begin{aligned}
Q_o &= k_2 \sqrt{h_2} \\
&\approx Q_{o0} + \left. \frac{\mathrm{d}Q_o}{\mathrm{d}h} \right|_{h_2 = h_{20}} (h_2 - h_{20}) \\
&= Q_{o0} + \frac{k_2}{2\sqrt{h_{20}}} \Delta h_2
\end{aligned} \tag{2-69}
$$

将式(2-66)～式(2-69) 中的增量符号省略，可得

$$A_1 \frac{\mathrm{d}h_1}{\mathrm{d}t} = Q_\mathrm{i} - \frac{h_1 - h_2}{R_1} \tag{2-70}$$

$$A_2 \frac{\mathrm{d}h_2}{\mathrm{d}t} = \frac{h_1 - h_2}{R_1} - \frac{h_2}{R_2} \tag{2-71}$$

$$Q_1 = \frac{h_1 - h_2}{R_1} \tag{2-72}$$

$$Q_\mathrm{o} = \frac{h_2}{R_2} \tag{2-73}$$

式中，$R_1 = \dfrac{2\sqrt{h_{10} - h_{20}}}{k_1}$，$R_2 = \dfrac{2\sqrt{h_{20}}}{k_2}$。上式中 h_1 为中间变量，需消去，在此利用方框图化简。首先将各环节进行拉氏变换

$$H_1(s) = \frac{1}{A_1 s}[Q_\mathrm{i}(s) - Q_1(s)] \tag{2-74}$$

$$Q_1(s) = \frac{H_1(s) - H_2(s)}{R_1} \tag{2-75}$$

$$H_2(s) = \frac{1}{A_2 s}[Q_1(s) - Q_\mathrm{o}(s)] \tag{2-76}$$

$$Q_\mathrm{o}(s) = \frac{H_2(s)}{R_2} \tag{2-77}$$

由各环节传递函数画出方框图如图 2-14 所示。

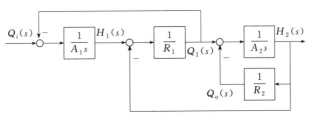

图 2-14　串联液体贮罐的方框图

方框图经过等效变换，可以得出传递函数

$$\begin{aligned}
\frac{H_2(s)}{Q_\mathrm{i}(s)} &= \frac{R_2}{(R_1 A_1 \cdot R_2 A_2)s^2 + (R_1 A_1 + R_2 A_2 + R_2 A_1)s + 1} \\
&= \frac{K}{T_1 \cdot T_2 s^2 + (T_1 + T_2 + T_3)s + 1}
\end{aligned} \tag{2-78}$$

上式就是液位 h_2 相对进液量 Q_i 变化的动态方程，其中 $T_1 = R_1 A_1$，$T_2 = R_2 A_2$，$T_3 = R_2 A_1$，$K = R_2$。

2.2.3.3　气体压力贮罐的动态模型

对于气体压力贮罐，需要考虑罐内压力相对于阀门开度变化以及进出口压力变化的动态响应。建立气罐的压力动态模型可以从物料平衡关系式和气体状态方程来进行。如图 2-15

所示的气体压力贮罐，气体经过阀门 1 进入贮罐，然后从阀门 2 排出贮罐。贮罐内的压力为 p，进口阀前压力为 p_1，出口阀后压力为 p_2。

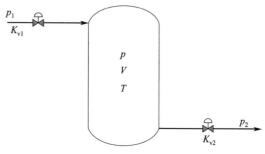

图 2-15 气体压力贮罐

假设没有发生化学反应，贮罐与周围环境隔热良好，温度保持不变，忽略进出口管线的阻力损失。根据物料平衡关系有

$$\frac{d(NM)}{dt} = G_i - G_o \qquad (2-79)$$

式中，G_i 是经过阀门 1 进入贮罐的气体质量流量；G_o 是经过阀门 2 流出贮罐的气体质量流量；N 是贮罐内气体物质的摩尔量；M 是气体的摩尔质量，kg/mol。

当气罐中的压力不高时，气体服从理想气体状态方程

$$pV = NRT \qquad (2-80)$$

式中，V 为容积，m^3；R 是摩尔气体常数；T 为气体的热力学温度，K。

由于贮罐与周围环境隔热良好，因此可作为恒温过程看待，将式（2-80）等号两边对时间求导可得

$$\frac{dp}{dt} = \frac{RT}{V} \frac{dN}{dt} \qquad (2-81)$$

将式（2-79）代入式（2-81），可得压力贮罐的动态模型

$$\frac{dp}{dt} = \frac{RT}{MV}(G_i - G_o) \qquad (2-82)$$

式中，G_i 和 G_o 可用下面的质量流量方程式表示

$$G_i = KK_{v1}\sqrt{(p_1 - p)p_1} \qquad (2-83)$$

$$G_o = KK_{v2}\sqrt{(p - p_2)p} \qquad (2-84)$$

式中，K_{v1} 和 K_{v2} 分别是进、出口阀门的流量系数，其大小取决于阀门的开度。K 在恒温情况下是常数。对式（2-83）和式（2-84）进行线性化与增量化可得

$$\Delta G_i = \left(\frac{\partial G_i}{\partial K_{v1}}\right)\Delta K_{v1} + \left(\frac{\partial G_i}{\partial p_1}\right)\Delta p_1 + \left(\frac{\partial G_i}{\partial p}\right)\Delta p \qquad (2-85)$$

$$\Delta G_o = \left(\frac{\partial G_o}{\partial K_{v2}}\right)\Delta K_{v2} + \left(\frac{\partial G_o}{\partial p_2}\right)\Delta p_2 + \left(\frac{\partial G_o}{\partial p}\right)\Delta p \qquad (2-86)$$

式中，各个括号项都是偏导数，按正常工况下的稳态值代入得到相应的系数。例如

$$\frac{\partial G_i}{\partial p} = \frac{K\overline{K}_{v1}}{2\sqrt{(\overline{p}_1 - \overline{p})\overline{p}_1}}(-\overline{p}_1) = -\frac{\overline{G}_i}{2(\overline{p}_1 - \overline{p})} \qquad (2-87)$$

式中，变量顶部加"—"表示该变量在正常工况下的稳态值。式（2-82）的增量形式为

$$\frac{d(\Delta p)}{dt} = \frac{RT}{MV}(\Delta G_i - \Delta G_o) \qquad (2-88)$$

将式（2-85）和式（2-86）代入式（2-88）并进行拉氏变换，可得到如下形式的传递函数关系

$$P(s) = \frac{K_{01}}{T_0 s + 1}K_{v1}(s) + \frac{K_{02}}{T_0 s + 1}K_{v2}(s) + \frac{K_{f1}}{T_0 s + 1}P_1(s) + \frac{K_{f2}}{T_0 s + 1}P_2(s) \qquad (2-89)$$

式中各系数就不在此——列出了。

2.3 测量变送环节

测量变送环节的任务是对被控变量或其他有关参数进行快速准确的测量，并将它转换成统一信号，如 $0.02\sim0.1MPa$ 的气信号或 $4\sim20mA$ 的电信号等。对测量变送环节作线性处理后，一般可表示为一阶加纯滞后特性，即

$$G_m(s) = \frac{K_m}{T_m s + 1} e^{-\tau_m s} \tag{2-90}$$

从控制的角度来说希望测量变送环节能够快速地反映被测量值，因此减小 τ_m 和 T_m 对控制系统品质会带来好处。

2.3.1 关于测量误差

测量误差大致可分为三个方面。

（1）仪表本身的误差

仪表精度等级表明了在稳态下仪表的最大百分误差。因为它是按全量程的最大百分误差来定义的，所以量程越宽，绝对误差越大。因而在选择仪表量程时应尽量选窄一些。

缩小测量变送器的量程，该环节的静态增益 K_m 增加。在这里可看到 K_m 需要大一些的原因是从减小测量误差的角度来考虑的，并不是从控制理论的可控性角度得出来的。因为根据控制理论，K_m 增大后，为维持系统原有的稳定性，必须相应减小 K_c，所以 K_m 的取值是不影响控制系统质量的。

（2）安装不当引入误差

测量变送的一次元件安装在工艺设备上。安装必须符合规范，否则会引入很大误差。如流量测量中，孔板反向安装，直管段不足，差压计液体引压管线存在气泡等都会造成很大的测量误差，甚至是测量错误。

（3）测量的动态误差

测量变送环节的滞后，包括 T_m 和 τ_m 都会引起测量动态误差。

在各种检测元件中，测温元件的测量滞后往往是比较显著的，不论是热电阻或热电偶。测量元件的滞后主要是由元件的热阻和热容所决定的。关于热阻，除了取决于元件本身的结构好坏外，还要由元件外围介质的流态、性质及停滞层厚度等决定。一般情况下，可近似地以一阶环节来表示。现以热电偶为例，见图 2-16 所示。从这些热电偶在水中测定的特性表明，时间常数约在 $0.1\sim1.5min$ 之间。为了减小动态误差，我们不能因为要保护热电偶免受高温损坏或防止机械冲击而任意加厚保护套管。此外，也要避免把测温元件安装在死角或者易引起较大热阻的场合。

纯滞后 τ_m 也会引起测量的动态误差，恶化控制品质。在化工生产中，最容易引入纯滞后的是温度和物性参数的测量。图 2-17 是一个 pH 控制系统，由于电极不能放置在流速不稳的主管道上，因此 pH 的测量将引入两项纯滞后

$$\tau_1 = \frac{l_1}{v_1}, \quad \tau_2 = \frac{l_2}{v_2}, \quad \tau_m = \tau_1 + \tau_2 \tag{2-91}$$

式中，l_1，l_2 分别为主管道和分管道长度；v_1，v_2 分别为主管道和分管道流体的流速。

为了减小传送滞后，要合理地选择测量元件的安装位置，尽可能减小纯滞后时间。除了测量位置引入的纯滞后外，有时仪表本身也会引入纯滞后，例如成分测定仪等。总之，为了减小测量的动态误差，应选择快速测量元件，同时要非常注意正确安装。

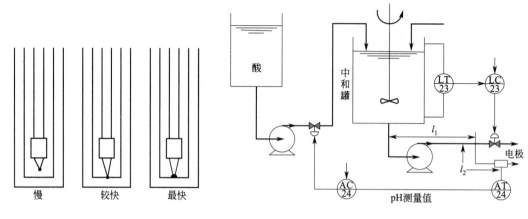

图 2-16　测温元件的响应速度　　　　　图 2-17　pH 控制系统示意图

2.3.2　测量信号的处理

在以下情况下，对测量信号需进行处理后再送往控制器。

（1）呈周期性的脉动信号需进行低通滤波

在流体输送过程中，由于输送机械的往复运动，流体的压力和流量会呈现周期性的脉动变化，它的频率与输送机械的往复频率相一致，常见的如活塞式压缩机的出口压力和往复泵输送液体时的流量。这种周期性的波动，给控制系统运行带来了不少麻烦。对于呈周期性变化的脉动信号，当其平均值不变时，控制系统根本不需要工作。但是控制器是按信号偏差工作的，脉动信号产生脉动的偏差信号，它使控制器的输出信号亦呈周期性的变化，从而使控制阀不停地开大关小。显然这种控制过程是徒劳无益的，弄得不好系统产生共振，反而加剧了被控变量的波动。同时也使控制阀阀杆加速磨损，影响寿命。在实际生产中，一种行之有效的办法是增加阻尼，通过阻尼把脉动波形削平，提高系统的平稳性。常见的阻尼方法是在气体压力传送管线上增加气阻 R 和气容 C。

当采用电动变送器时，可将 RC 滤波电路串接在变送器之后，也能起到很好的阻尼作用。这里所说的阻尼，实质上是一种低通滤波作用。如以由 RC 阻尼器构成的一阶惯性环节 $\dfrac{1}{Ts+1}$ 为例。它的幅频特性表明，在低频时其动态增益近似为 1，而随着频率的增高动态增益大大下降，因而起到了低频容易通过而高频不易通过的所谓"低通滤波"作用。

（2）测量噪声需进行滤波

有些容器的液位本身会剧烈跳动，使变送器输出也波动不息。有的压力、流量信号也会呈高频振荡。对此亦需利用低通滤波器将波动噪声滤去。

（3）线性化处理

有的检测变送器，输入输出关系呈非线性。有时从控制角度希望这个环节为线性，因而需作线性化处理。如节流装置输出差压与流量的平方成正比，对这种非线性可用开方器来校正。

2.4　控制阀

2.4.1　控制阀概述

控制阀接受控制器来的控制信号，通过改变阀的开度来达到控制流量的目的。因为它处于最终执行控制任务的地位，所以又称"末级控制元件"。

控制阀直接与介质接触，当在高压、高温、深冷、强腐蚀、高黏度、易结晶、闪蒸、气蚀等各种恶劣条件下工作时，控制阀选择的重要性就显得更为突出。不论是简单控制系统，还是复杂控制系统，控制阀都是控制系统不可缺少的组成部分。经验表明，控制系统中每个环节的好坏，都对系统质量有直接影响，但使控制系统不能正常运行的原因，多数发生在控制阀上。所以对控制阀这个环节必须高度重视。在设计时，必须根据应用场合的实际情况，选择好阀的类型——包括执行机构和阀体结构类型。从保证控制品质的角度，除了选择阀的类型外，还需要选择好阀口径、气开气关特性以及流量特性。

（1）阀口径选择

控制阀口径必须很好地选择，在正常工况下，阀门开度处于 15％～85％ 之间。口径选择过小，当经受较大扰动时，阀门很可能运行到全开时的非线性饱和工作状态，使系统处于暂时失控情况；口径选择过大，阀门经常处于小开度，这时流体对阀芯、阀座的冲蚀会很严重。而且在小开度时，阀芯由于受不平衡力的作用，容易产生振荡现象，这就更加重了阀芯和阀座的损坏，甚至造成控制阀失灵。

控制阀口径的选择是通过流通能力 C 值的正确计算来确定的。C 值的定义为：当阀前后压差为 0.1MPa，介质密度为 $1g/cm^3$ 且控制阀全开时，每小时通过阀门的流体质量流量 t/h。由于流过阀的介质不同，可能为液体、气体、蒸汽等，计算的公式都不一样。具体计算公式，读者可参考有关设计资料。

（2）确定气开与气关特性

气动控制阀有气开和气关两种类型。前者随输入气压的增高开度增加；后者则相反。

在气开与气关的选择上，主要考虑失气时使生产处于安全状态。例如中小型锅炉的进水阀大多选用气关式。这样，一旦气源中断，也不致使锅炉内的水蒸干。而安装在燃料管线上的阀门大多用气开式。一旦气源中断，切断燃料，避免发生因燃料过多而产生事故。

考虑到过程控制的平稳性要求，控制阀厂家已生产一种失气时能保持原来位置的保位阀。

（3）流量特性选择

从实用角度，流量特性选择一般不如阀的结构类型选择和口径选择重要。但流量特性选择涉及控制工程较多方面的概念，其本质是控制系统的非线性补偿问题。因此这里需要对流量特性选择单独进行重点讨论，通过它建立起非线性补偿的有关概念和思路。

2.4.2　流量特性和阀门增益

图 2-18 为一个气动控制阀的内部结构，其输入输出关系如图 2-19 所示。信号传输过程是：控制器输出信号 u 转换成气压信号 p_c 后进入控制阀，改变了阀的行程 l，进而引起流通截面积 A 的变化和流量 F 的变化。

气动控制阀通常被描述为一阶惯性环节。其惯性滞后主要发生在执行机构，是在传送信号时由气动管线和膜头容量造成的。执行机构的静态关系一般呈线性关系，而流通截面与行程之间因阀的流量特性不同而呈各种非线性关系。这里要讨论的就是如何用阀的非线性去补偿控制系统中其他环节的非线性。

（1）固有流量特性（理想流量特性）

控制阀的流量特性是指通过控制阀的流量与阀门开度之间的关系。经无因次化后的特性为

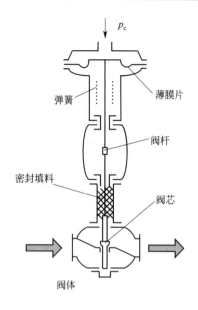

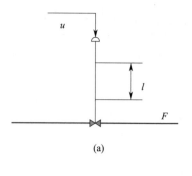

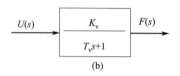

图 2-18　气动控制阀的内部结构　　　　　图 2-19　控制阀的输入输出对应关系

$$\frac{F}{F_{\max}} = f\left(\frac{l}{L}\right) \qquad (2-92)$$

式中，$\dfrac{F}{F_{\max}}$ 为相对流量，即阀门在某一开度

下的流量与最大流量之比；$\dfrac{l}{L}$ 为相对开度，即阀

门在某一开度下的行程与全行程之比。

众所周知，流过控制阀的流量值不仅与开度有关，还受到阀两边压差的影响。而控制阀制造厂提供的流量特性曲线，总是在阀门处于固定压降下得出的。这种特性称为固有特性，主要有直线、等百分比（对数）、快开、抛物线四种，对应的特性曲线见图 2-20。相应的算式见表 2-1。表中

$R = \dfrac{F_{\max}}{F_{\min}}$，称为可调比。国产控制阀一般

取 $R = 30$。

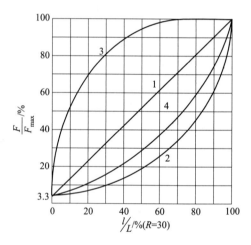

图 2-20　控制阀流量特性曲线
1—线性；2—等百分比；3—快开；4—抛物线

由图 2-20 可见，相对流量与相对行程之间的比例系数对于线性阀为常数，而对于等百分比阀则随开度增加而增大。

表 2-1　控制阀固有流量特性

名　称	流量特性	算　式	特　点
线性	$\dfrac{\mathrm{d}(F/F_{\max})}{\mathrm{d}(l/L)} = C$	$\dfrac{F}{F_{\max}} = \dfrac{1}{R}\left[1 + (R-1)\dfrac{l}{L}\right]$	$K_v =$ 常数
等百分比（对数）	$\dfrac{\mathrm{d}(F/F_{\max})}{\mathrm{d}(l/L)} = C(F/F_{\max})$	$\dfrac{F}{F_{\max}} = R^{\left(\frac{l}{L}-1\right)}$	K_v 由小到大变化较剧烈
快开	$\dfrac{\mathrm{d}(F/F_{\max})}{\mathrm{d}(l/L)} = C(F/F_{\max})^{-1}$	$\dfrac{F}{F_{\max}} = \dfrac{1}{R}\left[1 + (R^2-1)\dfrac{l}{L}\right]^{\frac{1}{2}}$	K_v 由大至小
抛物线	$\dfrac{\mathrm{d}(F/F_{\max})}{\mathrm{d}(l/L)} = C(F/F_{\max})^{\frac{1}{2}}$	$\dfrac{F}{F_{\max}} = \dfrac{1}{R}\left[1 + (\sqrt{R}-1)\dfrac{l}{L}\right]^{2}$	K_v 由小至大，比等百分比缓慢

（2）安装流量特性（工作流量特性）

实际上，控制阀很少在恒定压降下工作。当控制阀安装在有阻力的管道上时，由于通过控制阀的流量变化引起阻力的变化，从而使得阀上压降也发生相应的变化，这时的流量特性称为安装流量特性。

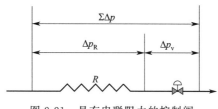

图 2-21 具有串联阻力的控制阀

在具有串联阻力的管道上工作的控制阀如图 2-21 所示。串联阻力 R 上的压降 Δp_R 会随流量 F 的平方成比例地变化。当控制阀开大后，流量增加，引起 Δp_R 增加，使阀前后压降 Δp_v 减少，控制阀的流量特性将偏离固有特性而发生畸变。畸变的严重程度与 Δp_v 占整个恒定总压差 $\sum \Delta p$ 的比例有关。这种压降比习惯上用 S 值来表示，定义为

$$S = \frac{控制阀全开时阀两端压差}{系统恒定的总压差}$$

图 2-22(a) 和 （b） 分别表示了线性阀和等百分比阀在不同 S 值下的安装流量特性。

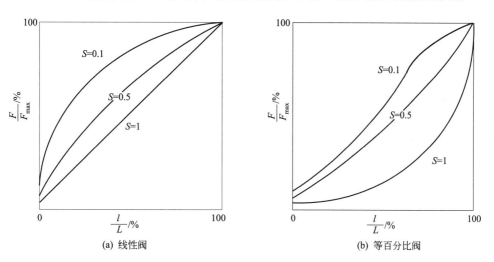

图 2-22 压力分配与特性畸变关系

由图 2-22 可见，特性曲线的畸变规律如下。

① 特性曲线总是向左上方畸变，线性阀接近快开特性，等百分比阀接近线性特性。

② S 值越小，畸变越严重。

③ 畸变后，最小流量 F_{min} 上升，使实际可调比 R_{ff} 下降。实际可调比与 S 值之间的关系为

$$R_{ff} \approx R\sqrt{S} \tag{2-93}$$

当 S 值为 0.1 时，若原有可调比 R 为 30，则 R_{ff} 为 9.5。

（3）控制阀的增益

由于控制阀执行机构阀杆位移与控制器输出信号之间的输入输出关系为线性，无因次化

后的增益可看成 1，所以阀门增益 K_v 可以定义为所输送的流量变化幅度的百分数与阀杆位置变化的百分数之比，即

$$K_v = \frac{\Delta F / F_{max}}{\Delta l / L} \tag{2-94}$$

其数值等于安装流量特性曲线上的某工作点的斜率。

由图 2-22 可见，当 S 值减小后，线性阀的 K_v 值并不是定值，而是会随着开度的增加而下降。而等百分比阀，当 S 值减小后，却能在中间宽阔的范围内 K_v 近似为恒值。这大概就是等百分比阀用得更为广泛的原因。

2.4.3　流量特性的选择

对于具有非线性的对象，当工作点转移时，其动态特性会发生变化。假若控制系统中其他环节的特性不变，则系统的稳定性就会出现很大变化。这意味着原来整定好的控制器参数不能满足要求了。假若因工作点变化而经常去调整控制器参数，这是很麻烦的。所谓流量特性选择，就是针对控制阀这个环节，通过选择一条合适的非线性曲线，去补偿控制回路中其他环节特性变化引起的对稳定性的影响，从而避免重新整定控制器参数。

（1）特性补偿的原理性方程

首先分析下面的方程

$$K_c K_v K_m K_p \cdot |G_c'(j\omega_c)| \cdot |G_v'(j\omega_c)| \cdot |G_m'(j\omega_c)| \cdot |G_p'(j\omega_c)| = 1 \tag{2-95}$$

式中，K_c, K_v, K_m, K_p 分别表示控制器、控制阀、测量变送、对象的静态增益；$|G_c'(j\omega_c)|, |G_v'(j\omega_c)|, |G_m'(j\omega_c)|, |G_p'(j\omega_c)|$ 分别表示临界频率下的控制器、控制阀、测量变送、对象的动态部分的模。

由控制原理可知，式(2-95) 的左边表示在临界频率 ω_c 时的开环增益。开环增益为 1，表示闭环系统处于等幅振荡。我们设想，在干扰作用下，当系统工作点出现转移后，尽管各环节特性出现了变化，但依然能保持上面等式成立，则系统依然能维持等幅振荡。类似地，若在工作点转移后仍能维持下式成立

$$K_c K_v K_m K_p \cdot |G_c'(j\omega_c)| \cdot |G_v'(j\omega_c)| \cdot |G_m'(j\omega_c)| \cdot |G_p'(j\omega_c)| = 0.5 \tag{2-96}$$

则表示系统总是具有 0.5 的幅稳定裕度。而对大多数实际过程来说，0.5 的幅稳定裕度近似对应 4∶1 的衰减特性，所以只要维持上面等式，闭环系统就能保持 4∶1 的衰减振荡。

由上面的讨论，不难推论：假若在工作点转移后能维持下式成立

$$K_c K_v K_m K_p \cdot |G_c'(j\omega_c)| \cdot |G_v'(j\omega_c)| \cdot |G_m'(j\omega_c)| \cdot |G_p'(j\omega_c)| = K \tag{2-97}$$

其中 $0 < K < 1$，则系统的衰减比（即稳定性）基本不变。

因为希望 K_c 不变，所以由上式可得

$$K_v \propto \frac{1}{K_m K_p |G_c'(j\omega_c)| \cdot |G_v'(j\omega_c)| \cdot |G_m'(j\omega_c)| \cdot |G_p'(j\omega_c)|} \tag{2-98}$$

式(2-98) 表示当控制回路中的静态特性 $K_m K_p$ 和动态特性 $G_m'(j\omega_c), G_p'(j\omega_c)$ 等发生变化后，若 K_v 能按上式作相应变化，则系统的稳定性不变。式(2-98) 即为用控制阀特性进行非线性补偿的原理性方程。由式(2-98) 可以得出以下几点结论。

① 增益 K_m, K_p 的变化可用 K_v 的变化补偿。通过补偿，开环传递函数可保持不变。

② 动态特性变化也可用阀的静态增益 K_v 来补偿，但这种补偿是指对动态特性在临界频率下的模进行补偿。补偿后仅使环路稳定性不变，而开环传递函数并不能保持不变。

③ 当一个环节的动态特性参数（T 或 τ）变化后，由于会引起系统临界频率 ω_c 的变化，从而使其他环节动特性的模均会发生变化。所以 K_v 是对所有这些环节的模的乘积变化进行补偿。

（2）特性补偿的应用示例

【例 2-3】 对于图 2-23 所示的液位系统，罐 1 的液位通过溢流维持恒定，罐 2 的液位 h 由液位控制系统维持恒定。罐 2 出口管线上装有手控阀，其开度的变化成为系统的外界扰动。液位的设定值也可能变化。试选择控制阀流量特性。

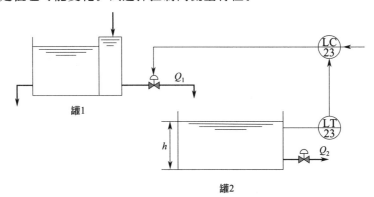

图 2-23 液位系统流程图

【解】 对罐 2 可列方程如下

$$Q_1 - Q_2 = A \frac{dh}{dt} \tag{2-99}$$

$$Q_2 = kb \sqrt{h} \tag{2-100}$$

式中，A 为罐 2 的横截面积；b 为手控阀流通截面。由式（2-99）可得

$$Q_1(s) - Q_2(s) = AsH(s) \tag{2-101}$$

对式（2-100）作线性化处理，可得

$$Q_2(s) = K_H H(s) + K_B B(s) \tag{2-102}$$

式中，$K_H = \dfrac{\partial Q_2}{\partial h} = \dfrac{1}{2} kb_0 h_0^{-1/2}$；$K_B = \dfrac{\partial Q_2}{\partial b} = k\sqrt{h_0}$；下标"0"表示该变量在静态工作点的取值。

参照式（2-101）和式（2-102）可画出对象方框图，进而可画出整个系统的方框图，如图 2-24 所示。由图可得传递函数

$$\frac{H(s)}{Q_1(s)} = \frac{K_p}{T_p s + 1} \tag{2-103}$$

式中，$K_p = \dfrac{1}{K_H}$；$T_p = \dfrac{A}{K_H}$。

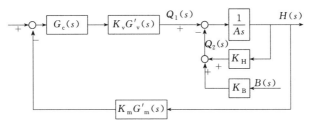

图 2-24 液位系统方块图

下面对不同扰动分别进行讨论。

（1）由于设定值扰动引起的工作点转移

由式（2-102）和式（2-103）可得

$$K_p = \frac{1}{K_H} = \frac{2h_0^{1/2}}{kb_0} \qquad (2\text{-}104)$$

在设定值干扰下，b_0 保持不变，所以 $K_p \propto h_0^{1/2}$。假若仅为补偿静特性 K_p 变化来选取控制阀流量特性，其推理过程如下。

假定 h_0 增加，它将会引起对象静态增益 K_p 增加，为了使环路稳定性不变，希望 K_v 作相应减小；另一方面，在 h_0 增加时，Q_{20} 也是增加的，从而使 Q_{10} 也应相应增加。由于控制阀前后压差恒定，所以 Q_{10} 的增加，即意味着控制阀将运行在一个较大的开度。至此，我们可将开度的变化与要求的 K_v 的变化两者联系起来：当控制阀处于较大开度时，希望 K_v 减小，参照图 2-20 流量特性曲线，可知应选快开特性阀。

（2）由于手控阀开度变化引起的工作点转移

这时 h_0 是恒定的，而 b_0 是变化的。由式（2-104）可知 $K_p \propto \frac{1}{b_0}$。又由式（2-100）可知 $Q_{20} \propto b_0$。仅从补偿静态参数变化来选取控制阀流量特性的推理过程如下。

假定 b_0 增加，它将会引起对象静态增益 K_p 减少，为了使环路稳定性不变，希望 K_v 相应增加；另一方面，在 b_0 增加时，Q_{20} 也是增加的，从而使 Q_{10} 也应相应增加。由于控制阀前后压差恒定，所以 Q_{10} 的增加，即意味着控制阀将运行在一个较大的开度。至此，我们可得到以下原则：当控制阀处于较大开度时，希望 K_v 增加，参照图 2-20 流量特性曲线，可知应选等百分比阀。

因此，控制阀的选择应注意以下几个方面。

① 不同扰动引起的对象特性变化，要求补偿用的流量特性可能是不一样的。如上例中若仅需对静特性 K_p 作补偿，对液位设定值变化，需选快开阀；而对手控阀开度的变化，则需选等百分比阀。所以在实际选择阀特性时，需要找出引起工作点转移的主要扰动，并以此为准进行选择。

② 有时，若从定性角度需选择快开特性，但因快开特性曲线的斜率变化太大，一般不适宜作连续自动调节（常用在程序控制中作开关位式控制），因而当从定性分析结果需选用它时，可用线性阀代替。

③ 在例 2-3 中，假设控制阀两端压差是恒定的，即 $S=1$，所以可直接由补偿要求选取固有特性。一般认为当 $S>0.6$ 时，特性曲线畸变不严重，安装特性需选什么，固有特性就选什么。当 $S<0.6$ 时，若从补偿要求需要选线性安装特性，而固有特性应选等百分比特性。

2.5 广义对象及经验建模方法

2.5.1 广义对象的概念

自动控制的目的是为了克服干扰，使被控变量保持在设定值或者跟踪设定曲线。但是控制器无法直接了解被控变量的情况，必须通过测量变送环节来感知被控变量，因此控制系统实际上是在使被控变量的测量值保持设定值。同时，控制器无法直接影响被控对象，必须通过执行机构，如控制阀来进行操纵，执行机构的性能势必会影响到控制效果的好坏。因此在设计控制方案时，除了要了解被控对象的性能，还需要考虑测量变送和执行机构的性能。

为了简化控制系统的分析和设计，常把执行机构、被控对象和测量变送环节合并起来考虑，看作是一个广义对象，即图 2-25 中虚线框中的部分。广义对象定义为从控制器输出 u

到控制器输入 y_m 之间的环节。这样整个控制系统就被划分为控制器和广义对象两大块。由于广义对象的输入 u 和输出 y_m 都是可知的，因此可以采用经验建模方法建立广义对象的数学模型。

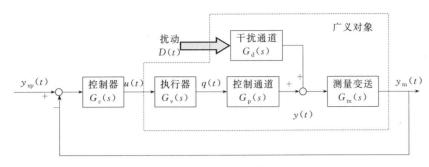

图 2-25　广义对象

2.5.2　经验建模的步骤

一般的经验建模方法是根据实测数据，按照某种性能指标从一组模型中选择一个最大化或最小化该性能指标的模型作为过程的经验模型，因此经验建模通常包括三个基本要素：输入输出数据、一组候选的模型（或者是某种指定的模型结构）、选择模型的某种性能指标。

由于经验建模方法不考虑过程机理，完全利用测量数据来获得过程的模型，因此在建模过程中往往需要进行反复调整，直到获得令人满意的模型为止。一般的经验建模过程包括以下步骤。

① 设计试验来获得用于建模的输入输出数据。

② 对输入输出数据进行预处理，如选择有用的数据段，剔除坏点以及遗漏的数据点，进行数据滤波等。

③ 指定模型结构或选择模型集，如线性模型或者非线性模型。

④ 确定一个性能指标作为模型选择的准则，常用均方差最小化作为模型选择的标准。

⑤ 根据输入输出数据和性能指标从指定的模型集中选择一个最佳的模型。

⑥ 对获得的模型进行测试，如果满意则结束；如果模型不满意则返回到步骤③，重新选择新的模型结构，也可以返回到步骤④或者步骤①或②。

注意，对模型进行测试时必须采用那些没有用于建模的数据来进行校验。如果模型的预测值与这些测试数据吻合则称模型是有效的。对于动态模型，还可以采用一些非统计标准来对模型进行评价，如响应速度、曲线形状、模型稳定性等。

2.5.3　广义对象的测试法建模

实验测试法通常只用于建立输入输出模型。它把被研究的工业过程视为一个黑匣子，完全从外特性上测试和描述它的动态性质。由于系统内部运动不得而知，故称为"黑箱模型"。

如果用一阶或二阶线性模型来近似所关注的动态过程，则可通过观察阶跃响应曲线来获得模型的参数。例如对于一个一阶对象

$$\frac{Y(s)}{U(s)}=\frac{K}{Ts+1} \tag{2-105}$$

若初始稳态为 $u(0)=0$，$y(0)=0$。假设在 $t=0$ 时刻输入 u 突然从 0 变化到 A，则输出 y 的阶跃响应为

$$y(t)=KA\left(1-\mathrm{e}^{-\frac{t}{T}}\right) \tag{2-106}$$

归一化的阶跃响应如图 2-26 所示。

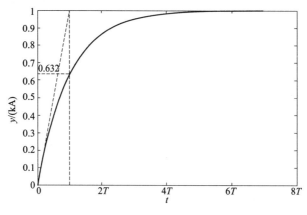

图 2-26 一阶系统的阶跃响应

响应 $y(t)$ 在 $t = T$ 时达到其终值的 63.2%，y 的稳态变化为 $\Delta y = KA$，且归一化的阶跃响应的初始斜率为

$$\frac{\mathrm{d}}{\mathrm{d}t}\left(\frac{y}{KA}\right)\bigg|_{t=0} = \frac{1}{T} \tag{2-107}$$

从图 2-26 中可以看到，$t = 0$ 时响应的切线在水平线 $\dfrac{y}{KA} = 1$ 上的截距发生在 $t = T$。作为替代，T 可以根据阶跃响应曲线，利用响应到达终值的 63.2% 时 t 的值来估计。不过实际的工业过程往往包含高阶动态，不能单纯地采用一阶过程来描述。常用的方法是加入纯滞后项，用一阶加纯滞后模型进行描述

$$G(s) = \frac{Y(s)}{U(s)} = \frac{K\mathrm{e}^{-\tau s}}{Ts+1} \tag{2-108}$$

对于一阶加纯滞后模型仍然可以利用阶跃响应曲线来估计模型参数，不过首先要做的事情是获得对象的阶跃响应。

2.5.3.1 阶跃响应的获取

通过手动操作使过程工作在测试所需的稳态条件下，稳定运行一段时间后，快速改变过程的输入量，并用记录仪或数据采集系统同时记录过程输入和输出的变化曲线。经过一段时间后，过程进入新的稳态，得到的记录曲线就是过程的阶跃响应，如图 2-27 所示。

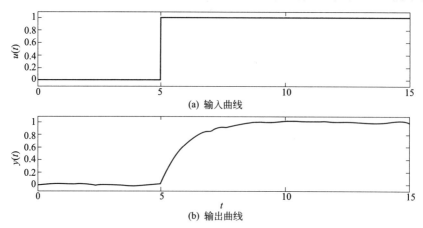

(a) 输入曲线

(b) 输出曲线

图 2-27 阶跃响应

　　测取阶跃响应的原理很简单，但在实际工业过程中进行这种测试会遇到许多实际问题。例如不能因测试使正常生产受到严重扰动，需要尽量设法减少其他随机扰动的影响，还要考虑系统中的非线性因素等。为了得到可靠的测试结果，应注意以下事项。

　　① 合理选择阶跃扰动信号的幅度。过小的阶跃扰动幅度不能保证测试结果的可靠性，而过大的扰动幅度则会使正常生产受到严重扰动甚至危及生产安全。一般取正常输入值的$5\%\sim15\%$。

　　② 试验开始前应确保被控对象处于某一选定的稳定工况，试验期间应设法避免发生偶然性的其他扰动。

　　③ 考虑到实际被控对象的非线性，应选取不同负荷，在被控变量的不同设定值下，进行多次测试。即使在同一负荷和被控变量的同一设定值下，也要在正向和反向扰动下重复测试，以求全面掌握对象的动态特性。

　　④ 实验结束，获得测试数据后，应进行数据处理，剔除明显不合理部分。

2.5.3.2　由阶跃响应确定近似传递函数

　　根据测定到的阶跃响应，可以拟合成近似的传递函数。为此，很多文献提出了很多方法，这些方法所采用的传递函数在形式上也是各式各样的。

　　用测试法建立被控对象的数学模型，首要的问题就是选定模型的结构。典型工业过程的传递函数可以取为各种形式，例如

　　① 一阶惯性加纯滞后模型

$$G(s)=\frac{K\mathrm{e}^{-\tau s}}{Ts+1} \tag{2-109}$$

　　② 二阶或 n 阶惯性加纯滞后模型

$$G(s)=\frac{K\mathrm{e}^{-\tau s}}{(T_1s+1)(T_2s+1)} \tag{2-110}$$

$$G(s)=\frac{K\mathrm{e}^{-\tau s}}{(Ts+1)^n} \tag{2-111}$$

　　③ 用有理分式表示的传递函数

$$G(s)=\frac{b_ms^m+\cdots+b_1s+b_0}{a_ns^n+\cdots+a_1s+a_0}\mathrm{e}^{-\tau s} \tag{2-112}$$

　　需注意的是，对于非自衡过程，其传递函数中应含有积分环节，传递函数可取为

$$G(s)=\frac{K}{Ts}\mathrm{e}^{-\tau s} \tag{2-113}$$

或

$$G(s)=\frac{K}{s(Ts+1)}\mathrm{e}^{-\tau s} \tag{2-114}$$

　　传递函数形式的选择取决于被控对象的先验知识以及建立数学模型的目的，由此可以对模型的准确性提出合理要求。

　　确定了传递函数的形式以后，下一步的问题就是如何确定其中的各个参数，使之能拟合测试得到的阶跃响应。各种不同形式传递函数中所包含的参数数目不同。一般说，参数越多，就可以拟合得越完美，但计算工作量也越大。考虑到传递函数的可靠性受其原始数据，即阶跃响应的可靠性的限制，而后者一般是难以测试准确的，因此没有必要过分追求拟合的完美程度。下面给出几种确定传递函数参数的方法。

　　（1）确定一阶惯性加纯滞后模型中参数 K,T 和 τ 的作图法

　　假设在 t_0 时刻加入幅值为 q 的阶跃输入，输出 $y(t)$ 从原来的稳态值 y_0 达到新的稳态值 $y(\infty)$，如果阶跃响应是一条如图 2-28 所示的 S 形单调曲线，就可以采用式（2-109）来

拟合。

增益 K 的计算为

$$K = \frac{y(\infty) - y_0}{q} \qquad (2\text{-}115)$$

式中，$y(\infty)$ 为广义对象输出（即被控变量测量值）的新稳态值；y_0 为广义对象输出的初始稳态值；q 为广义对象输入（即控制器输出）的阶跃变化幅度。

而时间常数 T 和滞后时间 τ 可以用作图法确定。为此，在曲线的拐点 p 处作切线，它与时间轴交于 A 点，与曲线的稳态渐近线交于 B 点，则有

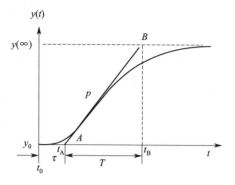

图 2-28 用作图法确定参数 T 和 τ

$$T = t_B - t_A, \qquad \tau = t_A - t_0 \qquad (2\text{-}116)$$

显然，这种作图法的拟合精度一般是比较差的。首先，与式(2-109) 所对应的阶跃响应是一条向后平移了 τ 时刻的指数曲线，它不可能完美地拟合一条 S 形曲线；其次，在作图中切线的画法也有较大的随意性，这直接关系到 T 和 τ 的取值。为此，可采用以下改进方法。

（2）两点法确定一阶惯性加纯滞后模型的参数

所谓两点法就是利用阶跃响应 $y(t)$ 上两个点的数据来计算 T 和 τ，增益 K 仍然采用式(2-115) 进行计算。

为了便于处理，首先需要把 $y(t)$ 转换成无量纲形式 $y^*(t)$，即

$$y^*(t) = \frac{y(t) - y_0}{y(\infty) - y_0} \qquad (2\text{-}117)$$

式中，y_0 为加入阶跃输入之前 $y(t)$ 的稳态值；$y(\infty)$ 为加入阶跃输入之后 $y(t)$ 的稳态值。与式(2-109) 相对应的阶跃响应无量纲形式为

$$y^*(t) = \begin{cases} 0, & t < (\tau + t_0) \\ 1 - e^{-\frac{t - \tau - t_0}{T}}, & t \geqslant (\tau + t_0) \end{cases} \qquad (2\text{-}118)$$

上式中只有两个参数 T 和 τ，因此可以根据两个点的测试数据进行拟合。假设选择两个时刻 t_1 和 t_2，其中 $t_2 > t_1 \geqslant \tau$，从测试结果中读出 $y^*(t_1)$ 和 $y^*(t_2)$ 并带入式(2-118) 中得到联立方程

$$\begin{cases} y^*(t_1) = 1 - e^{-\frac{t_1 - \tau - t_0}{T}} \\ y^*(t_2) = 1 - e^{-\frac{t_2 - \tau - t_0}{T}} \end{cases} \qquad (2\text{-}119)$$

由以上方程可以解出

$$T = \frac{t_2 - t_1}{\ln[1 - y^*(t_1)] - \ln[1 - y^*(t_2)]} \qquad (2\text{-}120)$$

$$\tau = \frac{(t_2 - t_0)\ln[1 - y^*(t_1)] - (t_1 - t_0)\ln[1 - y^*(t_2)]}{\ln[1 - y^*(t_1)] - \ln[1 - y^*(t_2)]} \qquad (2\text{-}121)$$

为了计算方便，常取 $y^*(t_1) = 0.283$，$y^*(t_2) = 0.632$，则可得

$$T = 1.5(t_2 - t_1) \qquad (2\text{-}122)$$

$$\tau = t_2 - t_0 - T \qquad (2\text{-}123)$$

两点法的特点是单凭两个孤立点的数据进行拟合，而不顾及整个测试曲线的形态，尽管比作图法精确，仍具有一定的误差，因此所得到的结果需要进行仿真验证，并与实验曲线进

行比较。

（3）确定二阶惯性加纯滞后模型的参数

如果阶跃响应是一条如图 2-28 所示的 S 形的单调曲线，它也可以用式（2-110）来拟合。由于式（2-110）中包含两个一阶惯性环节，因此拟合的效果可能会更好。

增益 K 的计算仍由式（2-115）计算得到。根据阶跃响应曲线脱离起始的没有响应的阶段，开始出现变化的时刻，就可以确定参数 τ。剩下的问题就是用下述传递函数去拟合已截去纯迟延部分并已化为无量纲形式的阶跃响应 $y^*(t)$

$$G(s)=\frac{1}{(T_1 s+1)(T_2 s+1)}\ ,\quad T_1\geqslant T_2 \tag{2-124}$$

与式（2-124）对应的阶跃响应为

$$y^*(t)=1-\frac{T_1}{T_1-T_2}\mathrm{e}^{-\frac{t}{T_1}}+\frac{T_2}{T_1-T_2}\mathrm{e}^{-\frac{t}{T_2}} \tag{2-125}$$

整理式（2-125）可得

$$1-y^*(t)=\frac{T_1}{T_1-T_2}\mathrm{e}^{-\frac{t}{T_1}}-\frac{T_2}{T_1-T_2}\mathrm{e}^{-\frac{t}{T_2}} \tag{2-126}$$

根据式（2-126），就可以利用阶跃响应上两个点的数据 $\left[t_1,y^*(t_1)\right]$ 和 $\left[t_2,y^*(t_2)\right]$ 确定参数 T_1 和 T_2。例如，可以取 $y^*(t)$ 分别等于 0.4 和 0.8，从曲线上定出 t_1 和 t_2，如图 2-29 所示，就可以得到下述联立方程

$$\begin{cases}\dfrac{T_1}{T_1-T_2}\mathrm{e}^{-\frac{t_1}{T_1}}-\dfrac{T_2}{T_1-T_2}\mathrm{e}^{-\frac{t_1}{T_2}}=0.6\\[3mm]\dfrac{T_1}{T_1-T_2}\mathrm{e}^{-\frac{t_2}{T_1}}-\dfrac{T_2}{T_1-T_2}\mathrm{e}^{-\frac{t_2}{T_2}}=0.2\end{cases} \tag{2-127}$$

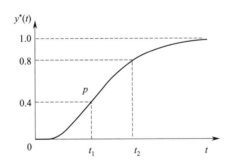

图 2-29　根据阶跃响应曲线上两个点的数据确定 T_1 和 T_2

式（2-127）的近似解为

$$T_1+T_2\approx\frac{1}{2.16}(t_1+t_2) \tag{2-128}$$

$$\frac{T_1 T_2}{(T_1+T_2)^2}\approx\left(1.74\frac{t_1}{t_2}-0.55\right) \tag{2-129}$$

对于用式（2-124）表示的二阶对象，有

$$0.32<\frac{t_1}{t_2}\leqslant 0.46 \tag{2-130}$$

对于上述结果，需对其正确性进行验证。当 $T_2 = 0$ 时，式（2-124）变为一阶对象，而对于一阶对象的阶跃响应有

$$\frac{t_1}{t_2} = 0.32, \quad t_1 + t_2 = 2.12T_1 \tag{2-131}$$

当 $T_2 = T_1$ 时，即式（2-124）中的两个时间常数相等时，根据它的阶跃响应解析式可知

$$\frac{t_1}{t_2} = 0.46, \quad t_1 + t_2 = 2.18 \times 2T_1 \tag{2-132}$$

如果 $t_1/t_2 > 0.46$，则说明该阶跃响应需要用更高阶的传递函数才能拟合得更好，例如可取为式（2-111）。此时，仍根据 $y^*(t)$ 等于 0.4 和 0.8 分别定出 t_1 和 t_2，然后再根据比值 t_1/t_2 利用表 2-2 查出 n 值，最后再用下式计算式（2-111）中的时间常数 T

$$nT \approx \frac{t_1 + t_2}{2.16} \tag{2-133}$$

表 2-2　高阶惯性对象 $1/(Ts+1)^n$ 的阶数与比值 t_1/t_2 的关系

n	t_1/t_2	n	t_1/t_2
1	0.32	8	0.685
2	0.46	9	
3	0.53	10	0.71
4	0.58	11	
5	0.62	12	0.735
6	0.65	13	
7	0.67	14	0.75

2.5.3.3　脉冲响应方法

为了能够施加比较大的扰动幅度，又不会严重干扰正常生产，可以用矩形脉冲输入代替通常的阶跃输入。该方法特别适合于非自衡的液位对象。即加入大幅度的阶跃扰动，经过一小段时间后立即将扰动切除。这样得到的矩形脉冲响应当然不同于正规的阶跃响应，但两者之间有密切关系，可以从中求出所需的阶跃响应，如图 2-30 所示。

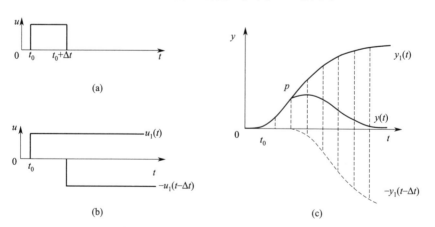

图 2-30　由矩形脉冲响应确定阶跃响应

图 2-30(a) 中的矩形脉冲输入可视为两个阶跃输入的叠加，如图 2-30(b) 所示。它们的幅度相等但方向相反，且开始作用的时间不同，因此

$$u(t) = u_1(t) - u_1(t - \Delta t) \tag{2-134}$$

假定对象无明显非线性，则矩形脉冲响应就是两个阶跃响应之和，如图 2-30(c) 所示，即

$$y(t)=y_1(t)-y_1(t-\Delta t) \tag{2-135}$$

所求的阶跃响应为

$$y_1(t)=y(t)+y_1(t-\Delta t) \tag{2-136}$$

根据上式可以用逐段递推的作图或计算方法得到阶跃响应 $y_1(t)$。

思考题与习题 2

2-1 工业过程中被控对象的动态特性有哪些特点？

2-2 如图 2-31 所示，液位过程的输入量为 Q_1，流出量为 Q_2,Q_3。液位 H 为被控变量，A 为截面积，并设 R_1,R_2,R_3 均为线性液阻。
① 列写过程的微分方程组；
② 画出过程的方框图；
③ 求过程的传递函数 $G(s)=\dfrac{H(s)}{Q_1(s)}$。

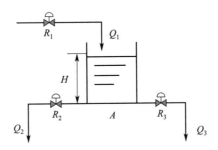

图 2-31 题 2-2 图

2-3 已知两只水箱串联工作（如图 2-32 所示），其输入量为 Q_1，流出量为 Q_2,Q_3。H_1,H_2 分别为两只水箱的水位，H_2 为被控变量，A_1,A_2 分别为两个水箱的截面积，假设 R_1,R_2,R_{12},R_3 为线性液阻。
① 列写过程的微分方程组；
② 画出过程的方框图；
③ 求液位过程的传递函数 $G(s)=\dfrac{H_2(s)}{Q_1(s)}$。

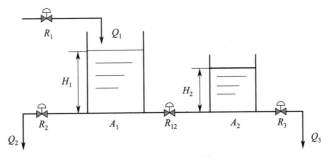

图 2-32 题 2-3 图

2-4 什么是线性化？为什么在过程控制中经常采用近似线性化模型？

2-5 A,B 两种物料在如图 2-33 所示的混合器中混合后，由进入夹套的
蒸汽加热。已知：混合器体积 $V=500\mathrm{L}$，加热蒸汽的汽化热 $\lambda=$
$2268\mathrm{kJ/kg}$。A 物料流量 $Q_A=20\mathrm{kg/min}$，入口温度 $\theta_A=20℃$；B
物料流量 $Q_B=80\mathrm{kg/min}$，入口温度 $\theta_B=(20\pm10)℃$。A,B 两物
料的密度相同，均为 $1\mathrm{kg/L}$。假设：

① 在温度变化不大范围内，A,B 物料的比热容与其混合物的比热
容相同，均为 $4.2\mathrm{kJ/(kg \cdot K)}$；

② 混合器壁薄，导热性能好，可忽略其蓄热能力和热传导阻力；

③ 蒸汽夹套绝热良好，可忽略其向外的散热损失。

试写出输出量为混合器出口温度 θ、输入量为蒸汽流量 D 和 θ_B 时
对象的动态方程，以及控制通道和扰动通道的传递函数。

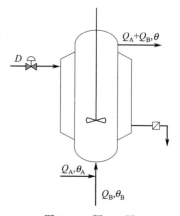

图 2-33 题 2-5 图

2-6 测量变送单元一般用一阶环节 $\dfrac{K_m}{T_m+1}$ 表示（在成分检测中还会加

入纯滞后环节 $e^{-\tau_m s}$）。K_m,T_m,τ_m 的物理含义是什么？测量变送
单元的非线性是否会影响这些参数？

2-7 如图 2-34 所示的蒸汽加热器温度控制系统，它的热平衡方程式为 $G_1 c_1(\theta_o-\theta_1)=G_2\lambda$，$c_1$ 为比热容，
λ 为冷凝潜热，G_1,G_2 分别为工艺介质与蒸汽的流量，θ_1,θ_o 分别为工艺介质的进出口温度。

① 若主要扰动为 θ_1 时，如何选择控制阀的流量特性？

② 若主要扰动为 G_1 时，如何选择控制阀的流量特性？

③ 若设定值变化为主要扰动时，如何选择控制阀的流量特性？

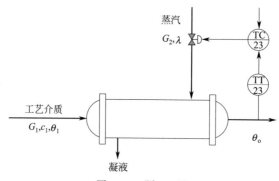

图 2-34 题 2-7 图

2-8 有一水槽，其截面积 A 为 $0.5\mathrm{m}^2$。流出侧阀门阻力实验结果为：当水位 H 变化 20cm 时，流出量变
化为 $1000\mathrm{cm}^3/\mathrm{s}$。试求流出侧阀门阻力 R，并计算该水槽的时间常数 T。

2-9 某水槽的阶跃响应实验数据如下，其中阶跃扰动量 $\Delta u=20\%$。

t/s	0	10	20	40	60	80	100	150	200	300	400	500
h/mm	0	9.5	18	33	45	55	63	78	86	95	98	99

① 画出水位的阶跃响应曲线；

② 若该水位对象用一阶惯性环节近似，试确定其增益 K 和时间常数 T。

2-10 某液位对象的阶跃响应实验结果如下，阶跃扰动量 $\Delta\mu=1\mathrm{t/h}$。

t/s	0	10	20	30	40	50	60	70	80	90	100	150
h/m	0	0.16	0.65	1.15	1.52	1.75	1.88	1.94	1.97	1.99	2.00	2.00

试用二阶或 n 阶惯性环节写出它的传递函数。

2-11 有一流量对象，当控制阀气压改变 0.01MPa 时，流量的变化如下表。

t/s	0	1	2	4	6	8	10	⋯	⋯
$\Delta Q/(\text{m}^3 \cdot \text{h}^{-1})$	0	40	72	100	124	140	152	⋯	180

若该对象用一阶惯性环节近似，试确定其传递函数。

2-12 某温度对象的矩形脉冲响应实验结果如下。

t/min	1	3	4	5	8	10	15	16.5	20	25	30	40	50	60	70	80
$T/℃$	0.46	1.7	3.7	9.0	19.0	26.4	36	37.5	33.5	27.2	21	10.4	5.1	2.8	1.1	0.5

矩形脉冲幅值为 2t/h，脉冲宽度为 10min，试转换为阶跃响应，并求出传递函数。

3 反馈控制

目前，最基本也是应用最广泛的控制系统是单回路反馈控制系统。它由被控对象、测量变送环节、反馈控制器以及末端执行机构组成，实现对被控变量的定值或跟踪控制。对于某个被控对象，选择好测量变送器和末端执行元件后，控制效果的好坏是由所选择的反馈控制器以及相应的控制器参数所决定的。因此反馈控制器的选择及其参数设置对于控制质量起着举足轻重的作用。

本章首先介绍几种不同的控制性能评价指标，然后详细讨论三种常规的反馈控制模式（比例 P、积分 I 和微分 D）以及工程上常用的参数整定方案。有关数字 PID 控制算法的内容将在计算机控制系统一章中详细介绍。

3.1 控制系统的性能指标

工业过程在运行中常常会受到外来扰动的影响或者改变设定值，使得原来的稳态遭到破坏，被控变量将偏离其设定值。经过一段时间的调整后，如果系统是稳定的，被控变量将会重新达到设定值或其附近，系统恢复稳定平衡工况。这种从一个稳态到达另一个稳态的过程称为过渡过程。

为了比较不同控制方案的优劣，或者对控制器参数进行最佳整定，必须首先规定出评价控制系统优劣的性能指标。即当设定值发生变化或系统受到扰动后，系统能否在控制器的作用下稳定下来，以及回到设定值的准确性、平稳性和快速性如何。通常主要采用两类性能指标：以阶跃响应曲线的几个特征参数作为性能指标和偏差积分性能指标。

3.1.1 以阶跃响应曲线的特征参数作为性能指标

在工业过程控制中经常以阶跃作用下的过渡过程为准，采用时域内的单项指标来评价控制的好坏。图 3-1(a)、(b) 分别是设定值阶跃变化和扰动作用阶跃变化时过渡过程的典型曲线。设被控变量的初始稳态值为 0，最终稳态值是 C，超出其最终稳态值的最大瞬态偏差为 B。

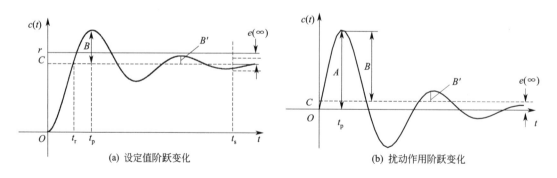

(a) 设定值阶跃变化　　　　　　　　　(b) 扰动作用阶跃变化

图 3-1　设定值和扰动作用阶跃变化时过渡过程的典型曲线

主要的时域指标包括衰减比、超调量与最大动态偏差、余差、调节时间和振荡频率、上升时间和峰值时间等。

(1) 衰减比

衰减比表示振荡过程的衰减程度，是衡量过渡过程稳定程度的动态指标。它等于曲线中前后两个相邻波峰值之比，即

$$n = \frac{B}{B'} \tag{3-1}$$

衰减比习惯上表示为 $n:1$。如果衰减比 $n<1$，则过渡过程是发散振荡的；如果衰减比 $n=1$，则过渡过程是等幅振荡的；如果衰减比 $n>1$，则过渡过程是衰减振荡的。n 越大，衰减越快，系统越接近非周期过程。为了保持足够的稳定裕度，衰减比一般取 $4:1 \sim 10:1$，这样大约经过两个周期，系统就趋于新的稳态值。对于少数不希望有振荡的过渡过程，则需要采用非周期的形式。

(2) 超调量与最大动态偏差

在随动控制系统中，超调量是一个反映超调情况和衡量稳定程度的指标。超调量定义为

$$\sigma = \frac{B}{C} \times 100\% \tag{3-2}$$

式中，C 为最终稳态值与其初值的差。

若整个闭环系统可看作二阶振荡环节，则超调量 σ 与衰减比 n 有着一一对应的关系

$$\sigma = \frac{1}{\sqrt{n}} \times 100\% \tag{3-3}$$

对定值控制系统来说，对于设定值阶跃变化，式(3-2) 表示的超调量仍适用。当最终稳态值是零或者很小的数值时，仍采用 σ 作为反映超调情况的指标就不合适了。通常改用最大动态偏差 A 作为指标，它指的是在单位阶跃扰动下，最大振幅 B 与最终稳态值 C 之和的绝对值

$$A = |B+C| \tag{3-4}$$

(3) 余差

余差 $e(\infty)$ 是系统的最终稳态偏差，即过渡过程终了时新稳态值与设定值之差

$$e(\infty) = r - c(\infty) = r - C \tag{3-5}$$

余差是反映控制精度的稳态指标，相当于生产中允许的被控变量与设定值之间长期存在的偏差。

(4) 调节时间和振荡频率

调节时间是从过渡过程开始到结束所需的时间。过渡过程要绝对地达到新的稳态，理论上需要无限长的时间。一般认为当被控变量进入新稳态值附近 $\pm 5\%$ 或 $\pm 2\%$ 以内的区域，并保持在该区域内时，过渡过程结束，此时所需要的时间称为调节时间 t_s。调节时间是反映控制系统快速性的一个指标。

对于设定值阶跃变化，假设初始稳态值为 y_0，而新稳态值为 y_∞，则该区域应为 $y_\infty \pm 0.05$(或 0.02)$|y_\infty - y_0|$。

过渡过程的振荡频率 β 是振荡周期 T 的倒数，记为

$$\beta = \frac{2\pi}{T} \tag{3-6}$$

在同样的振荡频率下，衰减比越大，则调节时间越短。而在同样的衰减比下，振荡频率越高，则调节时间越短。因此，振荡频率在一定程度上也可作为衡量控制系统快速性的指标。

(5) 峰值时间和上升时间

被控变量第一次达到最大值或最小值的时刻称为峰值时间 t_p。过渡过程开始到被控变

量第一次达到稳态值的时间称为上升时间 t_r。它们都是反映系统快速性的指标。

3.1.2　偏差积分性能指标

单项指标固然清晰明了，但人们往往希望用一个综合性的指标来全面反映控制过程的品质。常用的综合性能指标是偏差积分指标，它是过渡过程中偏差 e 和时间 t 的某种函数在时间轴上的积分，可表示为

$$J = \int_0^\infty f(e,t) \mathrm{d}t \tag{3-7}$$

从式（3-7）中可以看出，无论是偏差幅度或是偏差存在的时间都与指标有关，可以兼顾衰减比、超调量、调节时间等各方面因素，因此它是一类综合性指标。一般说来，过渡过程中的动态偏差越大，或是调节得越慢，则目标函数值将越大，表明控制品质越差。采用偏差积分性能指标可以进行控制器参数整定和系统优化。

偏差积分指标通常采用以下几种形式。

（1）偏差积分 IE（Integral of error）

$$IE = \int_0^\infty e \mathrm{d}t \tag{3-8}$$

（2）平方偏差积分 ISE（Integral of squared error）

$$ISE = \int_0^\infty e^2 \mathrm{d}t \tag{3-9}$$

（3）绝对偏差积分 IAE（Integral of absolute value of error）

$$IAE = \int_0^\infty |e| \mathrm{d}t \tag{3-10}$$

（4）时间与偏差绝对值乘积的积分 ITAE（Integral of time multiplied by the absolute value of error）

$$ITAE = \int_0^\infty t |e| \mathrm{d}t \tag{3-11}$$

对于存在余差的系统，偏差 e 不会最终趋于零，上述指标都趋于无穷大，无法进行比较。为此，可定义偏差为

$$e(t) = c(t) - c(\infty) \tag{3-12}$$

IE 的缺点是不能保证控制系统具有合适的衰减比。例如对于等幅振荡过程，IE 的值等于零，显然是不合理的，因此 IE 指标很少采用。

IAE 在图形上也就是偏差面积积分。这种指标，对出现在设定值附近的偏差与出现在远离设定值的偏差是同等看待的。根据这一指标设计的二阶或近似二阶系统，在单位阶跃输入情况下，具有较快的过渡过程和不大的超调量（约 5%），是一种常用的偏差性能指标。而 ISE 指标，用偏差的平方值来加大对大偏差的考虑程度，更着重于抑制过程中的大偏差。采用 ISE，数学处理上较为方便。

ITAE 指标实质上是把偏差积分面积用时间来加权。同样的偏差积分面积，由于在过渡过程中出现时间的前后差异，目标值 J 是不同的。出现时间越迟，J 值越大；出现越早，J 值越小。所以 ITAE 指标对初始偏差不敏感，而对后期偏差非常敏感。可以想象按这种指标调整控制器参数所得的控制结果，初始偏差较大，而随时间推移，偏差很快降低。它的阶跃响应曲线将会出现较大的最大偏差。

可见，采用不同的偏差积分性能指标意味着对过渡过程优良程度的侧重点不同。假若针对同一广义对象，采样同一种的控制器，使用不同的性能指标，会得到不同的控制器参数。

随着控制理论的发展，针对不同的控制要求，又提出了许多新的性能指标，相应地出现

了许多新的控制器和控制系统。如现代控制理论中二次型性能指标，它实际上是在 ISE 的基础上，考虑对控制作用的加权；又如最短时间和最小能量性能指标等。

对于控制系统性能指标，需根据具体的工艺和整体情况统筹兼顾，提出合理的控制要求。并不是对所有的回路都有很高的控制要求。例如，有些贮槽的液位控制，只要求不超出规定的上、下限就可以了，没有必要精益求精。有些性能指标相互之间还存在着矛盾，需要在它们之间折中处理，保证关键的指标。

3.2　三种常规的反馈控制模式

反馈控制器的作用是将测量信号与设定值相比较产生偏差信号，并按照一定的运算规律生成输出信号，用来操纵末端执行元件。下面介绍三种基本的控制模式：比例控制（P）、比例积分控制（PI）、比例积分微分控制（PID）。

3.2.1　比例控制

比例控制器的输出与偏差成比例

$$u(t) = K_c e(t) + u_0 = K_c \left[y_{sp}(t) - y_m(t) \right] + u_0 \tag{3-13}$$

式中，$u(t)$ 为控制器的输出信号；$e(t)$ 为设定值 $y_{sp}(t)$ 和测量值 $y_m(t)$ 之差；K_c 为控制器的增益，通常无量纲；偏置 u_0 是控制器的稳态输出，反映了比例控制的工作点。在很多工业控制器中都没有控制器增益设定，而是采用比例度 PB（%）来进行设定

$$PB = \frac{100\%}{K_c} \tag{3-14}$$

这个公式仅对 K_c 无量纲的情况适用，通常 $1 \leqslant PB \leqslant 500$。注意，小的比例度对应于大的控制器增益，而大的比例度对应于小的控制器增益。

图 3-2(a) 为理想比例控制器的输出特性，它对于控制器的输出没有物理限制。而实际的控制器是具有物理限制的，当输出达到上限 u_{max} 或下限 u_{min}，控制阀就饱和了，如图 3-2(b) 所示。

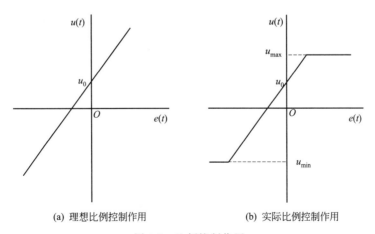

(a) 理想比例控制作用　　　　　(b) 实际比例控制作用

图 3-2　比例控制作用

比例控制器的传递函数表达式为

$$G_c(s) = K_c \quad \text{或} \quad G_c(j\omega) = K_c \tag{3-15}$$

显然比例控制器的振幅比（AR）和相角（ϕ）都是恒定的，分别为 K_c 和 $0°$。

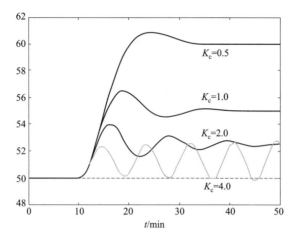

图 3-3　控制器放大倍数对过渡过程的影响

图 3-3 表示了采用比例控制时，K_c 大小对被控变量过渡过程的影响。随着 K_c 的变化，过渡过程各项指标的变化如表 3-1 所示。

表 3-1　K_c 变化对过渡过程各项指标的影响

控制器增益 K_c 由小变大	
衰减系数	大→小
衰减比 $\dfrac{B_1}{B_2}$	大→小
稳定程度	逐渐降低
最大偏差	大→小
余差	大→小

由表 3-1 可看到反馈控制器增益调整中的基本矛盾：稳定程度与控制精度（在表中体现为最大偏差和余差）的矛盾。K_c 增加能使控制精度提高，但稳定程度变差。K_c 参数的整定，就是对这两项指标在作权衡。

纯比例控制器有一个缺点就是当设定值改变后总是存在一定的余差。因此在实际使用中常采用带有积分作用的控制器。不过对于那些允许余差存在的应用，纯比例控制器往往由于它的简单而得到青睐。例如，对于某些贮罐的液位，只希望保持贮罐中的液体不会溢出且不会干涸，因此只需要将液位控制在某个上下限之间即可，这时采用纯比例控制器将是一个不错的选择。

3. 2. 2　比例积分控制

积分作用的输出是误差相对于时间的积分

$$u(t) = u_0(t) + \frac{1}{T_i} \int_0^t e(\tau) \mathrm{d}\tau \tag{3-16}$$

式中，T_i 为积分时间。积分作用的一个优点就是它能够消除余差。如图 3-4 所示，如果偏差为零，则积分控制器的输出不变。当偏差不为零时，偏差积分后使控制器的输出 $u(t)$ 向上或向下变化。

虽然积分作用能够有效消除系统的余差，但积分控制器很少单独使用。因为积分作用比较慢，需要误差的累积达到一定的程度才能产生较为明显的控制作用。因此通常是将积分作用和比例作用一起使用。图 3-5 所示为比例积分作用对偏差 $e(t)$ 的单位阶跃响应曲线。从图中可以看到增加了比例作用后，控制器对偏差变化的响应迅速了很多。

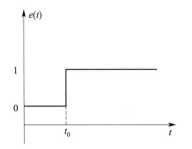
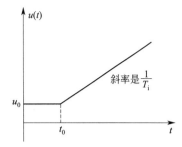

图 3-4　积分作用对偏差 $e(t)$ 的单位阶跃响应曲线

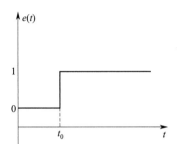
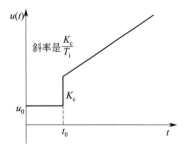

图 3-5　比例积分作用对偏差 $e(t)$ 的单位阶跃响应曲线

比例积分控制的算式为

$$u = K_c \left(e + \frac{1}{T_i} \int_0^t e \, \mathrm{d}t \right) + u_0 \tag{3-17}$$

比例积分控制的传递函数为

$$G_c(s) = K_c \left(1 + \frac{1}{T_i s} \right) \tag{3-18}$$

$$G_c(j\omega) = K_c \frac{T_i j\omega + 1}{T_i j\omega} \tag{3-19}$$

可见，比例积分作用可看成是一个积分环节和一个超前环节的组合，它的静态增益是无穷大，因而能够消除余差。同时积分作用会引起相角滞后，从而使系统的动态性能恶化。从图 3-6 中可看到随着积分作用的增强（积分时间变小），控制器的控制作用增强，而系统的稳定性却逐渐减弱。因此为了维持原有的稳定性，控制器的增益应该降低。

下面介绍积分饱和问题。

一般情况下，控制器的饱和输出限值要比执行机构的信号范围大，如气动控制阀的有效输入信号范围是 $0.02 \sim 0.1\text{MPa}$，而气动控制器的饱和上限约等于气源压力（$0.14 \sim 0.16\text{MPa}$），下限接近于大气压（即表压 0MPa）。对于一个具有积分功能的控制器，只要被控变量与设定值之间存在偏差，控制器的积分作用就会对偏差进行累积来改变控制器的

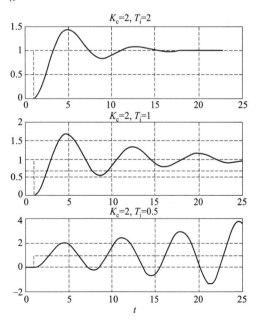

图 3-6　积分时间对控制性能的影响

输出。如果这时阀门已经达到饱和（已全开或已全关），而无法继续进行调节，那么偏差将无法消除。然而控制器还是要试图校正这个偏差，如果给予足够时间，积分作用将使控制器的输出达到某个限值并停留在该值，这种情况称为积分饱和。

积分饱和现象经常发生在间歇过程的控制中。如图 3-7 所示的间歇式化学反应器，从安全角度考虑选用气开式蒸汽加热控制阀，控制器为反作用。假设 t_0 时刻反应器进料完毕并开始进行升温。由于反应物料的温度大大低于预定的反应温度，控制器会操纵控制阀达到全开，如图 3-8 中 t_1 时刻的情况。虽然阀门已经全开，但温度持续偏低，积分作用会使得控制器的输出继续上升直到达到气源压力（如为 0.14MPa）。在 $t=t_2$ 时刻，温度达到设定值，以后偏差反向，积分作用和比例作用均使控制器输出减小，但在输出气压未降到 0.1MPa 之前，阀门仍是全开的。即在 $t_2 \sim t_3$ 这段时间内，控制器依然不能起到应有的作用。直到 $t>t_3$ 后，阀门才逐渐关小。这一时间上的推迟，使温度曲线的第一个偏差峰值会特别大，有时会危及安全。为避免出现这种情况，应采取措施防止由于积分作用而使信号超越"信号有效范围"，即所谓的"防积分饱和"。

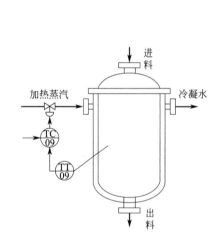

图 3-7　间歇式化学反应器

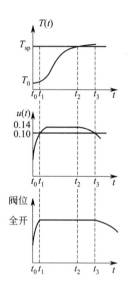

图 3-8　积分饱和的影响

目前，常用的一种防积分饱和方法是当发现控制器输出饱和时，就停止控制器的积分作用。当控制器输出不再饱和时再恢复积分作用。如图 3-9 所示，图 3-9(a) 是没有防积分饱和功能的 PI 控制器，可以看到积分作用实际上是一个正反馈过程。因此只要切断正反馈回路就停止了积分作用。图 3-9(b) 中在正反馈回路中增加一个限幅环节，当控制器的输出达到幅值后就无法再累加上去，即一旦输出达到限值积分作用就被切断。值得注意的是，限幅环节的上下限值的设定要与控制阀输入信号的有效范围相对应。

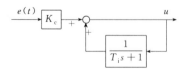

（a）常规 PI 控制器的方块图

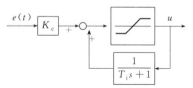

（b）具有防积分饱和功能的 PI 控制器

图 3-9　PI 控制器的方框图

3.2.3　比例积分微分控制

微分控制作用是通过误差的变化率来预报误差信号的未来变化趋势。理想的微分控制作用是

$$u(t) = T_d \frac{de(t)}{dt} + u_0 \tag{3-20}$$

式中，T_d 是微分时间。当误差是常数时，$\dfrac{de(t)}{dt} = 0$，微分控制器的输出就等于 u_0。因此微分作用不单独使用，总是与比例或比例积分作用同时使用。

一个理想的 PID 控制器为

$$U(s) = K_c \left(1 + \frac{1}{T_i s} + T_d s \right) \tag{3-21}$$

由于理想的微分作用 $T_d s$ 在物理上是不能实现的，所以一般用超前-滞后单元来产生近似的微分作用。它的传递函数为

$$G(s) = \frac{T_d s + 1}{a T_d s + 1} \tag{3-22}$$

式中，a 通常取 $\dfrac{1}{6} \sim \dfrac{1}{20}$。

微分作用通过提供超前作用使得被控过程趋于稳定，因此它常用来抵消积分作用带来的不稳定趋势，如图 3-10 所示。同时微分作用也能减小过渡过程时间，从而改善被控变量动态响应的品质。

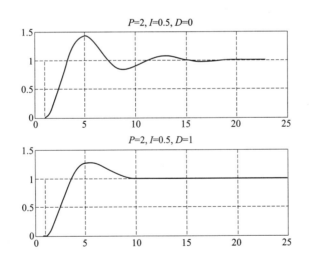

图 3-10　微分作用对控制性能的影响

不过微分作用在高频下有较大的振幅比。如果测量值含有很大的噪声，即含有高频或随机的变化，由于微分作用会对高频噪声起到了放大作用，小的噪声也会使控制阀产生很大的动作。因此存在高频噪声的地方不宜用微分，除非先对信号进行滤波。实际过程工业中，微分作用常用于滞后较大的广义对象，例如某些温度与成分控制回路。

3.3 PID 控制器的选取与整定

3.3.1 控制器的选型

（1）比例控制器

比例控制的优点是简单而且调整方便，但它会产生余差。余差的大小随开环增益的增加而减小。比例控制适用于低阶过程，对于一个具有大的时间常数的过程，因为过程的稳定裕度大，往往允许有很大的开环增益。另外，对于具有积分环节的对象，使用比例控制器不会产生余差，而采用 PI 控制器却会使系统的稳定性严重恶化，因此具有积分环节的对象特别适用比例控制器。

比例控制器多用于就地控制以及允许有余差存在的场合。例如大多数液位控制系统不必要严格控制，只要贮罐不出现满溢或抽干，因此比例控制器特别适用。

（2）比例积分控制器

积分能消除余差，所以当比例控制产生的余差超过限定值时，可使用比例积分控制器。在反馈控制器中，约有 75% 是采用 PI 控制器的。

一般液位或压力控制系统对于参数的要求不严，它追求的是对平均值的控制，所以可用比例控制。但是流量或快速压力系统，几乎总是采用 PI 控制。这些系统的广义对象时间常数比较小，稳定裕度小，因而所用比例度大，开环静态增益小，不用积分会产生很大余差。另外，由于滞后小，运行周期短，积分时间可以取得很小。比例作用随偏差的产生会瞬时变化，而积分作用总是有些滞后，所以有了积分作用并相应地将比例作用调弱，还有利于减少高频噪声的影响。

（3）比例积分微分控制器

PI 作用消除了余差，但降低了响应速度。对于多容过程，它的响应过程本身就很缓慢，加入 PI 控制器后，就变得更为缓慢。在这种情况下加入微分作用，用它来补偿对象滞后，使系统稳定性得到改善，从而允许使用高的增益，并提高了响应速度。

由于温度控制和成分控制属于缓慢和多容过程，所以常使用 PID 控制。不过在具有高频噪声的场合，不宜使用微分，除非先对噪声进行滤波。

（4）控制器正反作用的选择

控制器正反作用定义为：当被控变量的测量值增大时，控制器的输出也增大，则称该控制器为"正作用"控制器；当被控变量的测量值增大时，控制器的输出反而减小，则称该控制器为"反作用"控制器。通常通过设置控制器增益的正负来设定控制器的正反作用。当 $K_c > 0$ 时，随着测量信号的增大，偏差信号逐渐减小，控制器的输出也随之减小，因此这是一个反作用的控制器。同理，当 $K_c < 0$ 时控制器是正作用的。

对于一个单回路控制系统，需要通过正确设置控制器的正反作用来使得系统成为负反馈控制系统。例如图 3-11 所示的加热炉出口温度控制系统，从安全的角度考虑选择燃料控制阀为气开阀，因此燃料控制阀可看作是一个"正作用"的环节，如图 3-12 所示。对于加热炉来说，随着燃料流量的增大，加热炉内的温度升高，炉出口温度也相应地升高，因

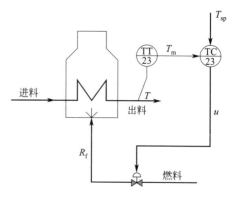

图 3-11 加热炉出口温度控制系统

此加热炉可看作是一个"正作用"的环节。同样的，随着炉出口温度上升，温度测量值也会增大，因此温度测量变送环节也是一个"正作用"环节。现在需要通过设置控制器的正反作用来使得加热炉出口温度控制系统成为负反馈控制系统。假设选择"正作用"的控制器，当温度测量值升高时控制器的输出增大，燃料控制阀的开度也增大，燃料流量增加。由此造成加热炉出口温度升高，温度的测量值会进一步升高，这是一个正反馈控制回路。因此必须选择"反作用"的控制器（即 $K_c > 0$）才能构成负反馈控制回路。

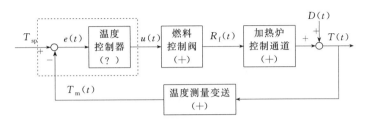

图 3-12 加热炉出口温度控制系统方框图

3.3.2 PID 参数整定

控制器参数有很多整定方法，如可以利用积分准则（ISE、IAE 或 ITAE 等）求取最佳参数。但这种方法必须知道对象模型，而且比较费时。下面介绍比较实用的工程整定方法。

（1）经验法

若将控制系统按液位、流量、温度和压力等参数来分类，属于同一类别的系统，其对象特性往往比较相近，因此无论是控制器的形式还是所整定的参数均可相互参考。经验法即是按被控变量的性质给出控制器参数的合适范围。

① 流量系统。流量系统是典型的快过程，往往具有噪声。对这种过程，宜用 PI 控制器，且比例度要大，积分时间可小。

② 液位系统。对只需要实现平均液位控制的地方，宜用纯比例，比例度也要大。

③ 压力系统。压力环路的运行有的很快，有的很慢。如图 3-13(a) 直接控制离开塔顶的气体量，过程非常迅速。它的性质接近流量系统。所以可仿照典型的流量系统来选择控制器的形式和参数。图 3-13(b) 是通过控制换热器的冷剂量来影响压力，热交换的动态滞后和流量滞后都会包含到压力系统中。因而，这是一个由多容对象组成的慢过程，它的参数应参照典型的温度系统来整定。

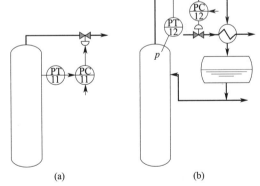

图 3-13 两个具有不同动态滞后的压力系统

④ 温度系统。对于间接加热的温度系统，因为它具有测量变送滞后和热传递滞后，所以显得很缓慢。比例度设置范围约为 20~60，具体还取决于温度变送范围和控制阀的尺寸。一般积分时间较大，微分时间约是积分时间的 1/4。

经验法整定参数可见表 3-2。应该说这种经验法是很有用的，工业生产上大多数系统只要用这种经验法即能满足要求。如果还需更精确调整的话，它起码提供了合适的初值。

需要注意的是，这里所给出的根据被控变量的类型来选择控制器参数的做法，是针对具有与典型过程相近的特性而言的。但生产上有时并非如此，如少数温度系统却具有流量系统的快速特性，这时控制器的选型和参数整定就应参照典型流量系统而不是典型温度系统。涤棉布热定型系统的温度控制就是一个例子。

表 3-2　经验法整定参数

系　　统	参　　数		
	PB/%	T_i/min	T_d/min
温度	20～60	3～10	0.5～3
流量	40～100	0.1～1	
压力	30～70	0.4～3	
液位	20～80		

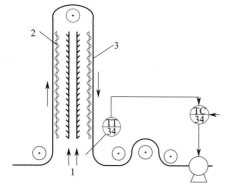

图 3-14　涤棉布热定型过程
1—煤气；2—金属网；3—涤棉布

在涤棉布生产过程中有一个工序叫"热定型"，目的是使涤棉布经过高温处理后变得平整。其工艺见图 3-14，煤气燃烧加热两侧的金属网，使它们处于火红的灼热状态。涤棉布在其前面快速通过，接受辐射热，一瞬间即从室温被加热到摄氏 100 多度。出来的涤棉布就显得平整了。控制的要求是刚离开高温区的布的温度维持在规定区间，如果温度太低，布不平整；温度太高，布会发黄、发脆。

应该说，温度的检测是个难点，这里采用非接触式的红外测温仪测温。该仪表反应速度很快。控制的手段采用调节电动机速度，通过改变涤棉布在高温区的停留时间来调整温度。这样组成的控制系统其动态特性酷似常见的流量系统，而与常见的温度系统差异极大。

（2）临界比例度法

临界比例度法又称 Ziegler-Nichols 方法，早在 1942 年就已提出。它便于使用，而且在大多数控制回路中能得到良好的控制品质。尽管还有一些另外的方法，但与临界比例度法相比看不出明显的改进，所以临界比例度法仍是常用的方法之一，而且人们往往将临界比例度法作为与其他整定方法的对比基准。

这种整定方法是在闭环的情况下进行的。首先将控制器的积分作用和微分作用全部切除，将比例增益 K_c 由小到大变化。对于每一个 K_c 值作小幅度的设定值阶跃变化，以获得临界情况下的等幅振荡，如图 3-15 所示。

此时，可获得临界振荡周期 P_u 和控制器临界比例增益 K_{cmax}。然后按照表 3-3 所列的经验算式求取控制器的最佳参数值。这种整定方法是以得到 4∶1 衰减，并且有合适的超调量（或最大偏差）为目标的。

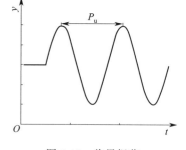

图 3-15　临界振荡

表 3-3　临界比例度法整定参数

控制规律	K_c	T_i	T_d
P	$0.5K_{cmax}$		
PI	$0.45K_{cmax}$	$0.83P_u$	
PID	$0.6K_{cmax}$	$0.5P_u$	$0.12P_u$

从表 3-3 可看到以下几条带有普遍意义的规律。

① 纯比例控制时，$K_c = 0.5 K_{cmax}$。这意味着 0.5 的幅稳定裕度是与 4:1 衰减基本对应的。

② 比例积分控制器的 K_c 值要比纯比例控制的 K_c 值小 10%，这是由于加入积分作用会使系统稳定性变差，为维持原有稳定性，必须将其减小的缘故。

③ 由于微分的相位超前作用能改善系统稳定性，所以 K_c 值可以提高。在表 3-3 中 PID 控制的 K_c 值是纯比例的 1.2 倍。

④ 积分时间约是微分时间的 4 倍。

对临界比例度法还应注意以下几点。

① 该方法的优点是应用简单方便，但有一定的限制。从工艺上看，要求被控变量允许承受等幅振荡的波动，其次是对象应为高阶或具有纯滞后，否则在比例作用下将不会出现等幅振荡。例如，对于一些时间常数较大的液位系统或压力系统，就较难获得临界振荡，因为系统在纯比例作用下会很稳定。

② 在获取等幅振荡曲线时，特别注意不应该使控制阀出现全开、全关的极端状态。否则由此获得的等幅振荡实际上是"极限循环"，从线性系统概念上说该系统已处于发散振荡了。

③ 从表格中反映的情况来看，微分作用对系统的改进不能算是很大的（K_c 值仅扩大为 1.2 倍）。对于具有几个时间常数的过程，微分所起作用要更大些，所以对这种情况，K_c 值可取得比表格上大。

(3) 衰减振荡法

在一些不允许或不能得到等幅振荡的地方，可考虑采用一种替代的方法——衰减振荡法。两者的差异是衰减振荡法是以在纯比例作用下得到的 4:1 衰减振荡曲线为参数整定的依据。衰减振荡的周期 P 比等幅振荡的周期 P_u 大。积分时间和微分时间的设置与 P 有关，对 PID 控制有

$$T_i = 0.4P, \qquad T_d = 0.1P$$

在设置好积分时间 T_i 和微分时间 T_d 后，比例增益 K_c 的设置可经过试验来决定。试验的标准是获取 4:1 衰减振荡曲线。

(4) 响应曲线法

响应曲线法是一种根据广义对象的时间特性来整定参数的方法，应用也很普遍。如图 3-16 所示，采用阶跃响应方法建立广义对象的一阶惯性加纯滞后模型

$$G_p(s) = \frac{K_p e^{-\tau s}}{T_p s + 1} \qquad (3-23)$$

注意广义对象的静态增益必须作无因次化处理，其关系式为

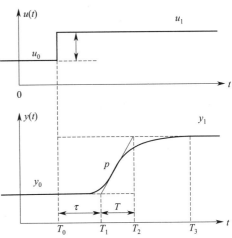

图 3-16 响应曲线法

$$K_p = \frac{\dfrac{y_1 - y_0}{y_{max} - y_{min}}}{\dfrac{u_1 - u_0}{u_{max} - u_{min}}} \qquad (3-24)$$

其中，$[u_{min}, u_{max}]$ 为控制信号的上下限；$[y_{min}, y_{max}]$ 为测量变送单元的量程上下限。

然后可按表 3-4 中的算式，求出控制器的最佳参数值。

表 3-4 响应曲线法整定参数

控制规律	K_c	T_i	T_d
P	$T_p/K_p\tau$		
PI	$0.9T_p/K_p\tau$	3.3τ	
PID	$1.2T_p/K_p\tau$	2τ	0.5τ

响应曲线法的整定目标与上面几种方法是一致的。在讨论临界比例度法时，从表 3-3 中得到的几条规律与表 3-4 的情况也是吻合的。表 3-4 仅适用于 $\tau \leqslant T_p$ 的情况。为进一步扩展适用范围，Martin 和 Cornipio 等提出了控制器综合整定法，也称 λ 整定法，见表 3-5。

表 3-5 控制器综合整定参数

控制规律	K_c	T_i	T_d
P	$\dfrac{1}{K_p}\times\dfrac{T_p}{\tau}$	∞	0
PI	$\dfrac{1}{2K_p}\times\dfrac{T_p}{\tau}$	T_p	0
PID	$\dfrac{1}{1.2K_p}\times\dfrac{T_p}{\tau}$	T_p	$\dfrac{\tau}{2}$

3.3.3 PID 参数自整定

前面介绍了三种常用的 PID 参数工程整定方法：临界比例度法、衰减振荡法以及响应曲线法。这几种方法各有优缺点，如响应曲线法对外部扰动比较敏感，而且这种方法的结果取决于开环试验。临界比例度法虽然采用闭环整定方式，但很多实际的控制系统由于振荡幅度不可控，不允许进行临界振荡试验，也有些对象根本无法产生临界振荡。基于继电反馈的 PID 参数自整定过程完全在闭环条件下完成，对扰动不灵敏。另一方面，由于振荡幅度可控，因而可广泛应用于大多数工业过程。

（1）基本思想和原理

基于继电反馈的 PID 参数自整定方法的基本思想是在继电反馈下观测过程的极限环振荡。根据极限环的特征数据确定过程的基本性质，然后计算得到 PID 控制器的参数。图 3-17 给出了采用继电反馈的自动整定器的框图。当需要整定参数时，把切换开关置于 T 侧，启动继电反馈，断开 PID 控制器。当系统建立起稳定极限环后，计算得到 PID 参数，然后把整定好的 PID 控制器投入自动控制。

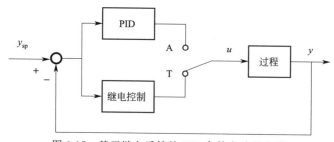

图 3-17 基于继电反馈的 PID 参数自动整定器

对于由具有传递函数 $G(s)$ 的过程和具有理想继电特性的继电控制部分组成的简单反馈系统，考虑 $y_{sp}=0$ 的情况。这个系统产生振荡的近似条件可这样确定：假设有一个周期为 T_u，频率为 $\omega_u=2\pi/T_u$ 的极限环使得继电器的输出为周期性的对称方波。如果继电输出的

幅度为 d，那么由傅里叶级数展开式可知，第一谐波分量的幅度为 $4d/\pi$。进一步假设对象动态变化过程具有低通滤波特性，且第一谐波分量在输出中占优势。这样，过程输出信号 y 的幅度为

$$a = \frac{4d}{\pi}\left|G(\mathrm{j}\omega_{\mathrm{u}})\right| \tag{3-25}$$

由于过程输出 y 返回到继电控制输入端之前需经过一个负号，因此，系统产生振荡的条件是

$$\arg G(\mathrm{j}\omega_{\mathrm{u}}) = -\pi, \quad K_{\mathrm{u}} = \frac{4d}{\pi a} = \frac{1}{\left|G(\mathrm{j}\omega_{\mathrm{u}})\right|} \tag{3-26}$$

式中，K_{u} 可看成是继电特性在传输幅值为 a 的正弦信号时的等价控制器增益。幅值 a 和振荡频率 ω_{u} 很容易由式(3-26)得出。因此，极限环的频率能自动调整到开环过程动力学具有 180° 相位滞后的那个频率 ω_{u} 处。在此，我们仍把相应的周期 T_{u} 称为临界周期，参数 K_{u} 称为临界增益。从物理意义上讲，在纯比例控制下，临界增益将使系统达到稳定边界。因此，利用继电反馈试验，就能得到过程开环传递函数在相位滞后 180° 的频率处的周期和幅度。还要注意，能量集中在 ω_{u} 处的输入信号在试验中是自动生成的。

另外，为控制极限环振荡的幅度，可在系统中加入能调整继电特性幅度的反馈系统。下面将说明如何由 T_{u} 和 K_{u} 来确定 PID 控制器的参数。

（2）Ziegler-Nichols 方法确定 PID 参数

选择 PID 控制器参数的一个十分简单的规则，是与继电反馈方法确定的 K_{u} 和 T_{u} 实现理想匹配。控制器的整定值列于表 3-6 中。这些参数给出了一个阻尼相当小的闭环系统，略微修正表中数值便能得到阻尼良好的闭环系统。

表 3-6　由 Ziegler-Nichols 闭环整定方法得到的控制器参数

控制器	K_{c}	T_{i}	T_{d}
P	$0.5K_{\mathrm{u}}$		
PI	$0.4K_{\mathrm{u}}$	$0.8T_{\mathrm{u}}$	
PID	$0.6K_{\mathrm{u}}$	$0.5T_{\mathrm{u}}$	$0.12T_{\mathrm{u}}$

至此，从继电反馈试验中仅提取了两个参数 K_{u} 和 T_{u}，实际上还可提取更多的信息。变更继电反馈试验中的设定值，便可确定过程的稳态增益 K_{p}。这样就可用乘积 $K_{\mathrm{p}}K_{\mathrm{u}}$ 来评价采用 Ziegler-Nichols 规则整定的 PID 控制参数的适用性。如果 $2 < K_{\mathrm{p}}K_{\mathrm{u}} < 20$，则 Ziegler-Nichols 方法可作为普遍整定规则；若 $K_{\mathrm{p}}K_{\mathrm{u}}$ 的值小于 2，说明必须采用能补偿时滞的控制律；若 $K_{\mathrm{p}}K_{\mathrm{u}}$ 值大于 20，表明采用更复杂的控制算法可望改善性能。

（3）仿真举例

为了进一步说明基于继电反馈的参数自整定方法及其实现，下面针对两类特性完全不同的被控对象进行仿真研究。

① 自衡对象　一个自衡的二阶惯性加纯滞后系统，其控制通道动态特性为

$$G_{\mathrm{p}}(s) = \frac{0.5}{(5s+1)(2s+1)}\mathrm{e}^{-2s} \tag{3-27}$$

假设继电器幅度 $d = \pm2.0$，基于该继电器的反馈系统输入输出响应如图 3-18 所示。系统在微量外部扰动的作用下，进入等幅振荡状态（称为非线性系统的"极限环"）。由于输出响应为稳定的振荡状态，因而在控制参数自整定过程中，很容易区分是否引入了大幅度的外部扰动。

由振荡曲线可知：振荡周期 $T_u = 11\text{min}$，振幅 $a = 0.3$。因而对应的临界控制增益

$$K_u = \frac{4d}{\pi a} = \frac{4 \times 2}{3.14 \times 0.3} \approx 8.5 \tag{3-28}$$

若选择 PI 控制器，则由 Ziegler-Nichols 闭环整定法可得控制器的参数为

$$K_c = 0.4 \times K_u = 3.4, T_i = 0.8 \times T_u = 9\text{min}$$

将上述控制器参数设置完毕后，再投入常规 PID 控制，图 3-19 反映了该闭环系统的设定值跟踪响应。由图 3-19 可知，设定值响应为标准的 4∶1 衰减振荡曲线，整定参数非常理想。

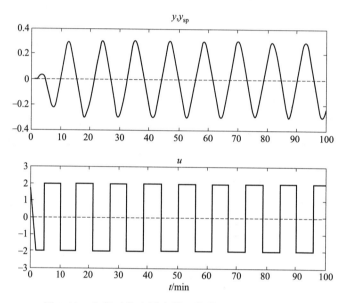

图 3-18　自衡对象在继电器反馈作用下的闭环响应

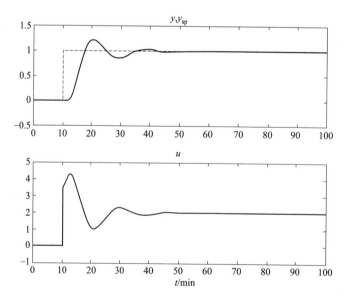

图 3-19　自整定 PID 控制系统的闭环响应（自衡对象）

② 非自衡对象 某非自衡对象的控制通道动态特性可用下式表示

$$G_p(s) = \frac{0.5}{s(4s+1)} e^{-2s} \tag{3-29}$$

仍假设继电器幅度为 $d = \pm 2.0$，基于该继电器的反馈系统输入输出响应如图 3-20 所示。

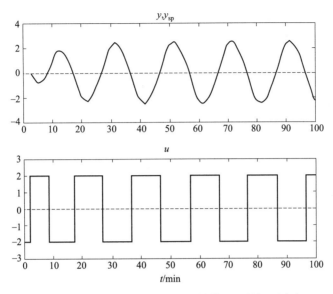

图 3-20 非自衡对象在继电器反馈作用下的闭环响应

由图 3-20 可知振荡周期 $T_u = 20\text{min}$，振幅 $a = 2.5$。因而临界增益为 $K_u = 1.02$。若选择 PI 控制器，根据 Ziegler-Nichols 整定法可得：$K_c = 0.4 \times K_u = 0.4$，$T_i = 0.8 \times T_u = 16\text{min}$。设置完上述参数后，再投入常规 PID 控制，图 3-21 反映了该系统的设定值响应。

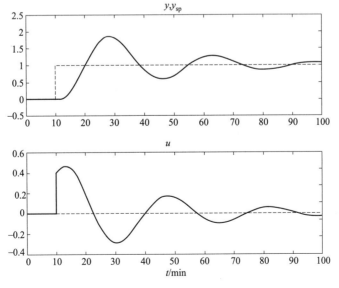

图 3-21 自整定 PID 控制系统的闭环响应（非自衡对象）

基于继电反馈的参数自整定方法原理简单、安全可靠，可广泛应用于各种工业过程，特别是非自衡系统或对象特性变化显著的过程。

3.4 单回路反馈控制系统的投运

经过控制系统设计、仪表调校、安装后，接下去的工作是控制系统投运，也就是将工艺生产从手操状态切入自动控制状态。这工作若做得不好，会给生产带来很大波动。由于在过程工业中普遍存在高温、高压、易燃、易爆、有毒等工艺场合，在这些地方投运控制系统，自控人员会担一定风险。因而控制系统投运工作往往是鉴别自控人员是否具有足够的实践经验和清晰的控制工程概念的一个重要标准。

在一些实际应用场合投运控制系统必须做到心细而胆大，应做的工作如下。

① 详细地了解工艺，对投运中可能出现的问题有所估计。

② 理解控制系统的设计意图。

③ 在现场，通过简单的操作对有关仪表（包括控制阀）的功能是否可靠且性能是否基本良好做出判断。

④ 设置好控制器正、反作用和 PID 参数。

⑤ 按无扰动切换（指手、自动切换时控制信号基本不变）的要求将控制器切入自动。

有关控制器无扰动切换的知识，本书将以串级控制系统为例进行阐述。

思考题与习题 3

3-1 PID 控制器的时间域算式中有一偏置 u_0，而在复频域（即在传递函数形式）算式中却没这一项，这是为什么？ u_0 的物理含义是什么？ u_0 的具体取值是怎样取得的？

3-2 单回路系统中其他参数不变，仅加强 PI 控制器的积分作用，试回答如下问题。

① 在相同的阶跃干扰情况下，最大偏差是否增大？振荡是否加剧？

② 为了获得与以前相同的系统稳定性，可适当调整 K_c。问 K_c 应调大还是调小？ K_c 调整后环路静态增益是否改变，是变大还是变小？

3-3 什么是积分饱和？产生积分饱和的条件是什么？它有何危害？对单回路系统，如何防积分饱和？

3-4 回答以下问题。

① 纯比例控制时 K_c 的合适整定值与临界值 K_{cmax} 大致上有什么定量关系？

② 比例积分控制时 K_c 整定值与纯比例控制时的 K_c 整定值，大致上有什么定量关系？

③ PID 控制时的 K_c 整定值与纯比例控制时的 K_c 整定值又有什么定量关系？

3-5 一加热炉出口温度控制系统，测取温度对象的过程为：当系统稳定时，在温度控制阀上作一 3% 的阶跃变化，输出温度记录如下表。

$t/\min$	0	2	4	6	8	10	12
$\theta/℃$	270.0	270.0	267.0	264.7	262.7	261.0	259.5
$t/\min$	14	16	18	20	22	24	26
$\theta/℃$	258.4	257.8	257.0	256.5	256.0	255.7	255.4
$t/\min$	28	30	32	34	36	38	40
$\theta/℃$	255.2	255.1	255.0	255.0	255.0	255.0	255.0

要求整定 PI 参数（假定变送器量程为 200～300℃）。

4 前馈控制和比值控制

反馈控制广泛应用于流程工业，它具有通用性强、鲁棒性好、可克服所有干扰、无需建立对象模型等特点。但反馈控制也存在着一些不足之处。反馈控制只有在被控变量产生偏差以后才能产生校正作用，因此它不能实现被控变量完全不受干扰影响的理想控制。反馈控制不能提供预测的功能，无法补偿已知的或可以测量的干扰的影响。而且当被控变量不能在线测量时，反馈控制是无法采用的。

对于那些采用反馈控制无法获得满意效果且干扰可在线测量的过程，加入前馈控制往往能显著改善控制品质。本章将讨论前馈控制的原理和设计，然后介绍一类特殊的前馈控制方法——比值控制。

4.1 前馈控制系统

4.1.1 前馈控制的基本原理

前馈控制的基本原理是测量进入过程的干扰量（包括外界干扰和设定值变化），并根据干扰的测量值产生合适的控制作用来改变控制量，使被控制变量维持在设定值上。如图 4-1 所示的一个换热器，需要维持物料出口温度 $y(t)$ 恒定。假设物料流量 $f(t)$ 是干扰，则可组成图 4-1(b) 所示的前馈控制方案，方案中选择加热蒸汽流量 y_s 作为操纵变量。为了便于比较，图 4-1(a) 给出了相应的反馈控制方案。图中 $r(t)$ 是物料出口温度的设定值。前馈控制的方框图如图 4-2 所示，这里假设测量变送环节以及控制阀的传递函数都为 1。

系统的传递函数可表示为

$$\frac{Y(s)}{F(s)} = G_{pd}(s) + G_{ff}(s)G_{pc}(s) \tag{4-1}$$

式中，$G_{pd}(s)$ 是干扰 $f(t)$ 对被控变量 $y(t)$ 的传递函数；$G_{pc}(s)$ 是操纵变量 y_s 对被

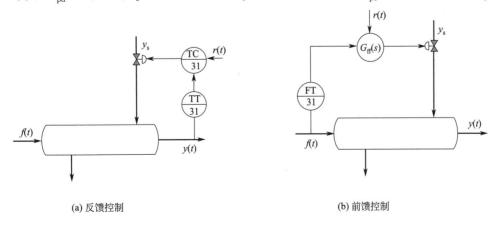

(a) 反馈控制   (b) 前馈控制

图 4-1 换热器控制

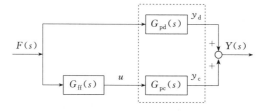

图 4-2　前馈控制方框图

控变量 $y(t)$ 的传递函数；$G_{ff}(s)$ 是前馈控制器（或称前馈补偿器）的传递函数。系统对扰动 $f(t)$ 实现全补偿的条件是

$$F(s) \neq 0 \text{ 时，要求 } Y(s) = 0 \tag{4-2}$$

将式(4-2)代入式(4-1)中可得

$$G_{ff}(s) = -\frac{G_{pd}(s)}{G_{pc}(s)} \tag{4-3}$$

满足式(4-3)的前馈补偿装置能使被控制变量 $y(t)$ 不受扰动量 $f(t)$ 变化的影响。图 4-3 表示了这种全补偿过程。

在 $f(t)$ 阶跃变化下，$y_c(t)$ 和 $y_d(t)$ 的响应曲线方向相反，幅值相同。所以它们的叠加结果使 $y(t)$ 达到理想的控制——连续地维持在恒定的设定值上。显然，这种理想的控制性能是反馈控制做不到的，因为反馈控制系统是按被控变量与设定值之间的偏差动作的。在干扰作用下，被控变量总要经历一个偏离设定值的过渡过程。前馈控制的另一突出优点是本身不形成闭合回路，不存在闭环稳定性问题，因而也就不存在控制精度与稳定性的矛盾。

不变性原理或称扰动补偿原理是前馈控制的理论基础。"不变性"是指控制系统的被控变量不

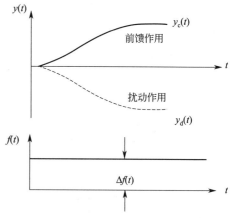

图 4-3　前馈控制系统的全补偿过程

受扰动变量变化的影响。进入控制系统中的扰动会通过被控对象的内部关联，使被控变量发生偏离其设定值的变化。不变性原理是通过前馈控制器的校正作用，消除扰动对被控变量的这种影响。

对于任何一个系统，总是希望被控变量受扰动的影响越小越好。对于图 4-1 所示的系统，不变性定义为

$$当 f(t) \neq 0 \text{ 时，} \Delta y(t) \equiv 0 \tag{4-4}$$

即被控变量 $y(t)$ 与扰动 $f(t)$ 无关。

一般情况下存在着以下几种类型的不变性。

① 绝对不变性　所谓绝对不变性是指在扰动 $f(t)$ 的作用下被控变量 $y(t)$ 在整个过渡过程中始终保持不变，即控制过程的动态和静态偏差均为零。

② 误差不变性　误差不变性又称为 ε 不变性，是指在扰动 $f(t)$ 的作用下，被控变量 $y(t)$ 的波动小于一个很小的 ε 值，即

$$|\Delta y(t)| \leqslant \varepsilon \tag{4-5}$$

误差不变性在工程上具有现实意义。对于大量工程上应用的前馈或前馈-反馈控制系统，由于实际补偿的模型与理想的补偿模型之间存在误差，以及测量变送装置精度的限制，通常

难以实现绝对不变性控制。因此，总是按照工艺上的要求提出一个允许的偏差 ε 值，依此进行误差不变性系统设计。这种误差不变性系统由于满足工程领域的实际要求，获得了迅速的发展和广泛的应用。

③ 稳态不变性　稳态不变性是指系统在稳态工况下被控变量与扰动无关。即系统在扰动 $f(t)$ 作用下，稳态时被控变量 $y(t)$ 的偏差为零，即

$$当 f(t) \neq 0 时，\lim_{t \to \infty} \Delta y(t) = 0 \tag{4-6}$$

静态前馈系统就属于这种稳态不变性系统，工程上常将 ε 不变性与稳态不变性结合起来应用，这样构成的系统既能消除静态偏差，又能满足工艺上对动态偏差的要求。

④ 选择不变性　被控变量往往受到若干个干扰的影响，若系统对其中几个主要的干扰实现不变性补偿，就称为选择不变性。

基于不变性原理组成的自动控制系统称为前馈控制系统，它实际上是根据不变性原理对干扰进行补偿的一种开环控制系统。

4.1.2　前馈控制系统的特点

① 前馈控制对于干扰的克服要比反馈控制及时　前馈控制是针对干扰作用进行控制的。当干扰一出现，前馈控制器就根据检测到的干扰，按一定规律进行控制。从理论上说，当干扰发生后，被控变量还未发生变化，前馈控制器就产生了控制作用把偏差彻底消除。因此前馈控制对于干扰的克服要比反馈控制及时得多，这也是前馈控制的一个主要优点。表 4-1 是前馈控制与反馈控制的比较。

表 4-1　前馈控制与反馈控制的比较

控制类型	控制的依据	检测的信号	控制作用的发生时间
反馈控制	被控变量的偏差	被控变量	偏差出现后
前馈控制	干扰量的大小	干扰量	偏差出现前

② 前馈控制属于开环控制系统　反馈控制系统是一个闭环控制系统，而前馈控制是一个开环控制系统。前馈控制器根据干扰产生控制作用对被控变量进行影响，而被控变量并不会反过来影响前馈控制器的输入信号（扰动量）。从某种意义上来讲，前馈控制系统是开环控制系统，这一点是前馈控制的不足之处。由于前馈控制不存在闭环，因而前馈控制的效果无法通过反馈加以检验。因此采用前馈控制时，对被控对象的了解必须比采用反馈控制时清楚得多，才能得到比较合适的前馈控制作用。

③ 前馈控制采用的是由对象特性确定的"专用"控制器　一般的反馈控制系统均采用通用的 PID 控制器，而前馈控制器是专用控制器。对于不同的对象特性，前馈控制器的形式将是不同的。

4.2　前馈控制系统的结构形式

4.2.1　静态前馈

式(4-3) 求得的前馈控制器，考虑了两个通道的动态特性，是一种动态前馈控制器。它追求的目标是被控变量的绝对不变性。而在实际生产过程中，通常并没有如此高的要求，有时只需要在稳态下实现对扰动的补偿。令式(4-3) 中的 s 为 0，就可得到静态前馈控制算式

$$G_{ff}(0) = -K_{ff} = -\frac{G_{pd}(0)}{G_{pc}(0)} = -\frac{K_{pd}}{K_{pc}} \tag{4-7}$$

式中，K_{pd} 和 K_{pc} 分别为干扰通道和控制通道的静态增益，可用实验的方法测量取得，

也可以通过列出对象的静态方程来确定。

利用物料（或能量）守恒算式，可方便地获取较完善的静态前馈算式。如图 4-1 所示的热交换过程，当物料流量 $f(t)$ 与物料进口温度 $y_0(t)$ 为系统的主要干扰时，假设忽略热损失，其热平衡关系可表述为

$$fc_p(y-y_0)=y_s H_s \tag{4-8}$$

式中，c_p 为物料比热容；H_s 为蒸汽汽化潜热；y_s 是加热蒸汽流量。由式（4-8）可解得

$$y_s=f\frac{c_p}{H_s}(y-y_0) \tag{4-9}$$

用物料出口温度的设定值 $r(t)$ 代替式（4-9）中的物料出口温度 $y(t)$，可得

$$y_{sp}=f\frac{c_p}{H_s}(r-y_0) \tag{4-10}$$

式（4-10）即为静态前馈控制算式，相应的控制系统见图 4-4。图中虚线方框表示了静态前馈控制装置。它是多输入前馈控制系统，能对物料的进口温度、流量和出口温度设定值进行静态前馈补偿。现场实施中，需要将进料温度、流量的测量信号转化为工程量；同时，需要将前馈控制算式（4-10）的计算结果转化为标准的控制信号。由于在式（4-10）中 $f(t)$ 与 $(r-y_0)$ 是相乘关系，所以这是一个非线性算式。由此构成的静态前馈控制器也是一种静态非线性控制器。

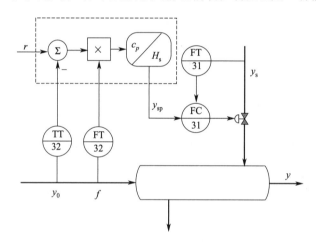

图 4-4　换热器的静态前馈控制

4.2.2　动态前馈

静态前馈系统的结构简单，容易实现，它可以保证在稳态时消除扰动的影响，但在动态过程中偏差依然存在。

当控制通道和干扰通道的动态特性差异很大时，必须考虑动态前馈补偿。动态前馈的实现是基于绝对不变性原理的。图 4-2 所示为单个扰动的动态前馈补偿的原理方框图，其作用在于力求在任何时刻均实现对干扰的补偿。通过合适的前馈控制规律的选择，使干扰经过前馈控制器到达被控变量这一通道的动态特性与对象干扰通道的动态特性完全一致，并使它们的符号相反，便可以达到控制作用完全补偿干扰对被控变量的影响。此时前馈控制器即为式（4-3）所示。动态前馈控制系统全补偿过程的时域响应曲线如图 4-3 所示。

比较式（4-3）和式（4-7）可见，静态前馈是动态前馈的一种特殊情况。动态前馈可以看作静态前馈和动态补偿两部分，它们结合在一起使用，可以进一步提高控制过程的动态品质。例如对图 4-4 中的换热器静态前馈控制系统，可考虑在其基础上对进料温度 y_0 和进料流量 f 进行动态补偿，则相应的动态前馈控制系统如图 4-5 所示。

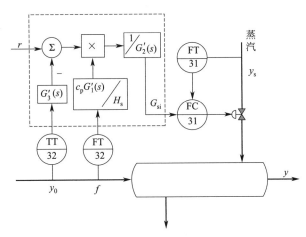

图 4-5　热交换器动态前馈控制系统

图 4-5 中，G_{si} 是蒸汽流量控制器的设定值；$G_1'(s)$，$G_2'(s)$，$G_3'(s)$ 分别是物料流量 f、加热蒸汽流量 y_s 和物料进口温度 y_0 对被控变量 y 的传递函数的"动态部分"。

显然，即使工作点转移，从稳态角度，图 4-5 的前馈控制器依然具有"全补偿"的性能，而在动态上也有较合适的响应。

4.2.3　前馈反馈控制

在理论上，前馈控制可以实现被控变量的不变性，但在工程实践中，由于下列原因前馈控制系统仍然会存在偏差。

① 实际的工业对象会存在多个扰动，若都设置前馈通道，势必增加控制系统投资费用和维护工作量。因而一般仅选择几个主要干扰加以前馈控制。这样设计的前馈控制器对其他干扰是没有丝毫校正作用的。

② 受前馈控制模型精度的限制。

③ 用仪表来实现前馈控制算式时，往往作了近似处理。尤其当综合得到的前馈控制算式中包含有纯超前环节（$e^{\tau s}$）或纯微分环节（$T_d s + 1$）时，它们在物理上是不能实现的。因此构建的前馈控制器只能是近似的，如将纯超前环节处理为静态环节，将纯微分环节处理为超前滞后环节。

前馈控制系统中，不存在被控变量的反馈，即对补偿的效果没有检验的手段。因此，如果控制的结果无法消除被控变量的偏差，系统将无法做进一步的校正。为了解决前馈控制的这一局限性，在工程上往往将前馈与反馈结合起来应用，构成前馈-反馈控制系统。这样既发挥了前馈作用及时的优点，又保持了反馈控制能克服多种扰动以及对被控变量进行检验的长处，是一种适合过程控制的好方法。换热器的前馈-反馈控制系统及其方框图分别表示在图 4-6 和图 4-7 中。

这里假设两个测量变送环节的传递函数都为 1，控制阀的传递函数也为 1，图 4-7 所示的前馈-反馈系统的传递函数为

$$\frac{Y(s)}{F(s)} = \frac{G_{pd}(s)}{1 + G_c(s)G_{pc}(s)} + \frac{G_{ff}(s)G_{pc}(s)}{1 + G_c(s)G_{pc}(s)} \tag{4-11}$$

将不变性条件式（4-2）代入式（4-11），可导出前馈控制器的传递函数为

$$G_{ff}(s) = -\frac{G_{pd}(s)}{G_{pc}(s)} \tag{4-12}$$

比较式（4-12）和式（4-3）可知，前馈-反馈控制中的前馈算式与实现"全补偿"的纯前

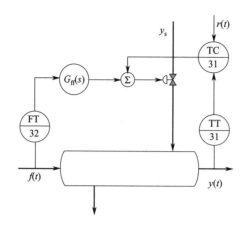

图 4-6　换热器的前馈-反馈控制系统

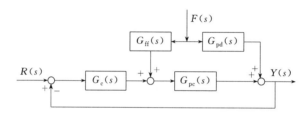

图 4-7　前馈-反馈系统的方框图

馈算式是相同的。前馈-反馈控制系统具有以下优点。

① 从前馈控制角度，由于增加了反馈控制，降低了对前馈控制模型精度的要求，并能对未选作前馈信号的干扰产生校正作用。

② 从反馈控制角度，由于前馈控制的存在，对干扰作了及时的粗调作用，大大减小了反馈控制的负担。

4.2.4　多变量前馈控制

前面所述的单输入单输出前馈控制系统的基本原理和分析方法也可以应用到多输入多输出前馈控制系统中，这里主要讨论线性多输入多输出前馈控制系统。

一个线性多输入多输出对象可用传递函数矩阵来表示其动态特性。例如一个线性定常多变量系统的动态方程可表示为

$$\boldsymbol{P}_{c\times d}\boldsymbol{D}_{d\times 1}+\boldsymbol{P}_{c\times m}\boldsymbol{M}_{m\times 1}=\boldsymbol{C}_{c\times 1} \tag{4-13}$$

式中，$\boldsymbol{C}_{c\times 1}$ 是对象的被控变量（c 维）；$\boldsymbol{M}_{m\times 1}$ 是对象的控制变量（m 维）；$\boldsymbol{D}_{d\times 1}$ 是对象的扰动变量（d 维）；$\boldsymbol{P}_{c\times d}$ 和 $\boldsymbol{P}_{c\times m}$ 分别为对象扰动通道和控制通道的传递函数矩阵。

假设多变量前馈控制器的传递函数矩阵为 $\boldsymbol{F}_{m\times d}$，则相应的输入输出关系为

$$\boldsymbol{M}_{m\times 1}=\boldsymbol{F}_{m\times d}\boldsymbol{D}_{d\times 1} \tag{4-14}$$

将式(4-14) 代入式(4-13) 得

$$\boldsymbol{C}_{c\times 1}=(\boldsymbol{P}_{c\times m}\boldsymbol{F}_{m\times d}+\boldsymbol{P}_{c\times d})\boldsymbol{D}_{d\times 1} \tag{4-15}$$

由式(4-15) 可知，为了达到对扰动的完全补偿，必须满足矩阵 $\boldsymbol{P}_{c\times m}\boldsymbol{F}_{m\times d}+\boldsymbol{P}_{c\times d}$ 中所有元素均等于零，由此来确定传递函数阵 $\boldsymbol{F}_{m\times d}$。当 $c=m$ 时，为了实现完全补偿，有

$$\boldsymbol{F}_{m\times d}=-\boldsymbol{P}_{c\times m}^{-1}\boldsymbol{P}_{c\times d} \tag{4-16}$$

多变量前馈控制系统的方框图如图 4-8 所示。与单变量前馈控制一样，多变量前馈控制也可与反馈控制结合起来，构成如图 4-9 所示的多变量前馈-反馈控制系统。假设多变量反

馈控制矩阵为$\boldsymbol{B}_{m \times c}$，这个传递函数矩阵中的每一个元素都是一个反馈控制传递函数。多变量前馈反馈控制方程为

$$\boldsymbol{M}_{m \times 1} = \boldsymbol{F}_{m \times d} \boldsymbol{D}_{d \times 1} + \boldsymbol{B}_{m \times c} \boldsymbol{C}_{c \times 1} \tag{4-17}$$

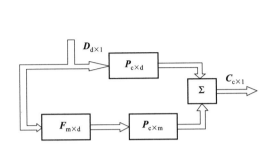 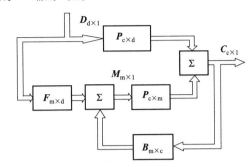

图 4-8 多变量前馈控制系统方框图   图 4-9 多变量前馈-反馈控制系统

现以一个三元精馏塔为例，说明多变量前馈控制的应用。图 4-10 所示是一个分离苯、甲苯、二甲苯的精馏塔，控制指标是塔顶馏出物中苯的含量 x_D 和塔底馏出物中二甲苯的含量 x_B。塔的主要扰动是进料量 F，进料温度 q 和进料中苯、甲苯和二甲苯的含量 z_1, z_2 和 z_3。为了保证控制品质，决定对扰动 F, q, z_1, z_3 进行前馈控制。选择塔顶回流量 R 和再沸器的蒸汽流量 V_B 为控制变量，构成一个多变量前馈系统。

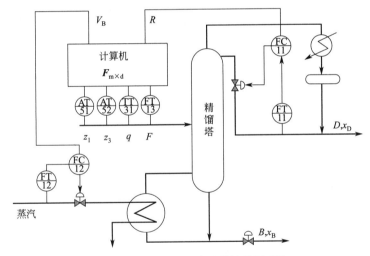

图 4-10 精馏塔的多变量前馈控制系统

用一个线性方程组来描述精馏塔的动态特性，即

$$x_D = p_{11} R + p_{12} V_B + p_{13} F + p_{14} q + p_{15} z_1 \tag{4-18}$$

$$x_B = p_{21} R + p_{22} V_B + p_{23} F + p_{24} q + p_{26} z_3 \tag{4-19}$$

式中，p_{ij} 是对象相关通道的传递函数。对上述线性方程组可用矩阵的形式来表示，记

$$\boldsymbol{C}_{2 \times 1} = \begin{bmatrix} x_D \\ x_B \end{bmatrix}, \quad \boldsymbol{D}_{4 \times 1} = \begin{bmatrix} F \\ q \\ z_1 \\ z_3 \end{bmatrix}, \quad \boldsymbol{M}_{2 \times 1} = \begin{bmatrix} R \\ V_B \end{bmatrix} \tag{4-20}$$

控制通道与扰动通道的传递函数矩阵为

$$\boldsymbol{P}_{2\times2}=\begin{bmatrix}p_{11}&p_{12}\\p_{21}&p_{22}\end{bmatrix},\quad\boldsymbol{P}_{2\times4}=\begin{bmatrix}p_{13}&p_{14}&p_{15}&0\\p_{23}&p_{24}&0&p_{26}\end{bmatrix} \tag{4-21}$$

则式(4-18) 和式(4-19) 可表示为

$$\begin{bmatrix}x_{\mathrm{D}}\\x_{\mathrm{B}}\end{bmatrix}=\begin{bmatrix}p_{11}&p_{12}\\p_{21}&p_{22}\end{bmatrix}\begin{bmatrix}R\\V_{\mathrm{B}}\end{bmatrix}+\begin{bmatrix}p_{13}&p_{14}&p_{15}&0\\p_{23}&p_{24}&0&p_{26}\end{bmatrix}\begin{bmatrix}F\\q\\z_1\\z_3\end{bmatrix} \tag{4-22}$$

将式(4-21) 代入式(4-16)，即可求得精馏塔的前馈控制算式

$$\boldsymbol{F}_{2\times4}=-\begin{bmatrix}p_{11}&p_{12}\\p_{21}&p_{22}\end{bmatrix}^{-1}\begin{bmatrix}p_{13}&p_{14}&p_{15}&0\\p_{23}&p_{24}&0&p_{26}\end{bmatrix}=\begin{bmatrix}F_{11}&F_{12}&F_{13}&F_{14}\\F_{21}&F_{22}&F_{23}&F_{24}\end{bmatrix} \tag{4-23}$$

通过动态测试，求取相关通道的传递函数 p_{ij}，然后应用式(4-23) 就可建立多变量前馈的控制矩阵了。将式(4-23) 和式(4-20) 代入式(4-14)，即可写出精馏塔的控制方程式

$$\begin{bmatrix}R\\V_{\mathrm{B}}\end{bmatrix}=\begin{bmatrix}F_{11}&F_{12}&F_{13}&F_{14}\\F_{21}&F_{22}&F_{23}&F_{24}\end{bmatrix}\begin{bmatrix}F\\q\\z_1\\z_2\end{bmatrix} \tag{4-24}$$

该精馏塔的控制流程已示于图 4-10。

4.2.5　用计算机实施前馈控制

由于工业对象各异，若严格按式(4-3) 计算前馈控制器，就会得到多种多样的前馈控制器。为了便于工业应用，力求控制器的模式具有一定的通用性，对于系统的设计、运行和维护都会带来方便。对于很多工业过程，可用一阶加纯滞后模型来近似

$$G_{\mathrm{pd}}(s)=\frac{K_2}{T_2s+1}\mathrm{e}^{-\tau_2s} \tag{4-25}$$

$$G_{\mathrm{pc}}(s)=\frac{K_1}{T_1s+1}\mathrm{e}^{-\tau_1s} \tag{4-26}$$

则
$$G_{\mathrm{ff}}(s)=-\frac{G_{\mathrm{pd}}(s)}{G_{\mathrm{pc}}(s)}=-K_{\mathrm{f}}\frac{T_1s+1}{T_2s+1}\mathrm{e}^{-\tau_{\mathrm{f}}s} \tag{4-27}$$

式中，$K_{\mathrm{f}}=K_2/K_1$，$\tau_{\mathrm{f}}=\tau_2-\tau_1$。

由式(4-27) 可见，多数工业对象可用一个带有纯滞后的"超前滞后"环节来实现前馈补偿。当 $\tau_2<\tau_1$ 时，有 $\tau_{\mathrm{f}}<0$，则 $\mathrm{e}^{-\tau_{\mathrm{f}}s}$ 为纯超前环节，无法实现的。这时只能令 $\mathrm{e}^{-\tau_{\mathrm{f}}s}=1$ 来设计前馈控制器。式(4-27) 是目前过程控制中应用最广泛的前馈控制算式，对它进行离散化就能得到适用于计算机控制的离散算式。

假设 $F(t)$ 和 $u_{\mathrm{f}}(t)$ 分别为前馈控制器的输入和输出，则式(4-27) 的微分方程式可表示为

$$T_2\frac{\mathrm{d}u_{\mathrm{f}}(t)}{\mathrm{d}t}+u_{\mathrm{f}}(t)=-K_{\mathrm{f}}\left[T_1\frac{\mathrm{d}F(t-\tau_{\mathrm{f}})}{\mathrm{d}t}+F(t-\tau_{\mathrm{f}})\right] \tag{4-28}$$

对微分方程的导数项，当采样周期 T_{s} 足够短的时候，可用近似差分来代替微分项

$$\frac{\mathrm{d}u_{\mathrm{f}}(t)}{\mathrm{d}t}\bigg|_{t=kT_{\mathrm{s}}}\approx\frac{u_{\mathrm{f}}(k+1)-u_{\mathrm{f}}(k)}{T_{\mathrm{s}}} \tag{4-29}$$

$$\frac{\mathrm{d}F(t-t_{\mathrm{f}})}{\mathrm{d}t}\bigg|_{t=kT_{\mathrm{s}}}=\frac{F(k+1-d_{\mathrm{f}})-F(k-d_{\mathrm{f}})}{T_{\mathrm{s}}} \tag{4-30}$$

式中，$d_{\mathrm{f}}=\left|\dfrac{\tau_{\mathrm{f}}}{T_{\mathrm{s}}}\right|$，即 $\tau_{\mathrm{f}}/T_{\mathrm{s}}$ 的取整运算。将式(4-29) 和式(4-30) 代入式(4-28) 中，可得

$$T_2 \frac{u_f(k+1)-u_f(k)}{T_s}+u_f(k)=-K_f\left[T_1 \frac{F(k+1-d_f)-F(k-d_f)}{T_s}+F(k-d_f)\right] \quad (4\text{-}31)$$

整理后可得前馈控制的差分算式

$$u_f(k+1)-a_2 u_f(k)=H[F(k+1-d_f)-a_1 F(k-d_f)] \quad (4\text{-}32)$$

式中，$H=-K_f \dfrac{T_1}{T_2}$；$a_2=1-\dfrac{T_s}{T_2}$；$a_1=1-\dfrac{T_s}{T_1}$；$d_f=\dfrac{\tau_f}{T_s}$。

除了对连续前馈算式进行离散化来得到离散前馈控制算式外，也可由各通道的离散算式，按被控变量的不变性来求得离散前馈控制算式。设扰动通道特性可用如下形式的差分方程表示

$$y_f(k+1)-a_f y_f(k)=b_f F(k-k_f) \quad (4\text{-}33)$$

相应的脉冲传递函数为

$$G_{fy}(z)=\frac{y_f(z)}{F(z)}=\frac{b_f z^{-k_f}}{z-a_f} \quad (4\text{-}34)$$

假设控制通道的差分方程是

$$y_u(k+1)-a_u y_u(k)=b_u u_f(k-k_u) \quad (4\text{-}35)$$

相应的脉冲传递函数为

$$G_{uf}(z)=\frac{y_u(z)}{u_f(z)}=\frac{b_u z^{-k_u}}{z-a_u} \quad (4\text{-}36)$$

根据完全补偿的条件（参见图 4-11），当 $F(z)\neq 0$ 时有 $y_f(z)+y_u(z)=y(z)=0$。可得前馈控制器的脉冲传递函数为

$$G_{ff}(z)=\left(-\frac{b_f}{b_u}\right)\frac{z-a_u}{z-a_f}\cdot z^{-(k_f-k_u)} \quad (4\text{-}37)$$

或

$$G_{ff}(z)=H_{ff}\frac{z-a_u}{z-a_f}z^{-k_{ff}} \quad (4\text{-}38)$$

式中，$H_{ff}=-b_f/b_u$，$k_{ff}=k_f-k_u$。

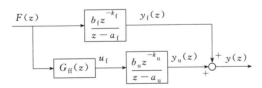

图 4-11　离散前馈控制方框图

4.3　比值控制系统

在现代工业生产过程中，经常需要两种或两种以上的物料按一定比例混合或进行化学反应。一旦比例失调，轻则会造成产品质量不合格，重则会造成生产事故或发生危险。例如聚乙烯醇生产中，树脂和氢氧化钠（NaOH）必须按一定比例进行混合，否则树脂将发生自聚而影响生产的正常进行。又如稀硝酸生产中的氧化炉，氨和空气应保持一定的比例，否则将使反应不能正常进行，而氨和空气比超过一定极限将会引起爆炸。比值控制的目的，就是为了使几种物料混合后符合一定比例关系，使生产能安全正常进行。

实现使两个或两个以上参数符合一定比例关系的控制系统称为比值控制系统。通常以保持两种或两种以上物料的流量为一定比例关系的系统，称为流量比值控制系统。在需要保持

比值关系的两种物料中，必有一种物料处于主导地位，称为主物料。表征这种物料的参数称为主动量，或主流量，用 Q_1 表示。而另一种物料按主物料进行配比，即在控制过程中随主物料而变化，因此称为从物料。表征这种物料的参数称为从动量，或副流量，用 Q_2 表示。

一般情况下，总是把生产中主要物料定为主物料。在有些场合，是将不可控物料作为主物料，用改变可控物料即从物料来实现它们之间的比值关系。比值控制就是要实现副流量 Q_2 与主流量 Q_1 成一定的比值关系

$$k = \frac{Q_2}{Q_1} \tag{4-39}$$

式中，k 为副流量与主流量的比值。为了进一步了解比值控制问题的实质，现举例说明。

【例4-1】 某厂生产中需连续使用 $6\% \sim 8\%$ NaOH 溶液，工艺上采用 30% NaOH 溶液加水稀释配制，如图4-12所示。一般，由电化厂提供的 30% 浓度的 NaOH 溶液比较稳定，引起混合器出口溶液浓度变化的主要原因是入口处的碱和水的流量变化。按反馈控制原理，为了保证出口浓度，可设计以出口浓度为被控变量，入口处的水（或碱）流量为操纵变量的反馈控制系统。但是，浓度信号的获取较为困难，即使可以获得浓度信号并组成控制系统，往往也因测量环节和对象控制通道的滞后较大，影响控制品质。根据前馈控制的不变性原理，若某一输入物料流量变化时，另一物料也能按比例跟随变化，则可以达到对出口浓度的完全补偿。对于上述混合问题，通过简单的化学计算可知，只要使入口的 30% 浓度的 NaOH 溶液和水的质量流量之比保持在 $1:4 \sim 1:2.75$ 之间，就可满足出口 NaOH 溶液浓度达到 $6\% \sim 8\%$。对于这样一个浓度控制问题，也就成为流量比值控制问题。

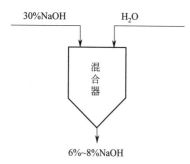

30%NaOH　　H₂O

混合器

6%~8%NaOH

图4-12　溶液配制

生产上这种类似的控制问题很多，都可以通过保持物料的流量比来保证最终质量。显然，保持流量比只是一种控制手段，保证最终质量才是控制目的。因此比值控制实质上是前馈控制的一种特例。

4.3.1　定比值控制

（1）开环比值控制

对于例4-1中的生产过程，为保证混合后的浓度，可设计如图4-13（a）所示的控制系统，其中FC21为纯比例控制器。当流量 Q_1 随高位槽液面变化时，控制器FC的输出按比例变化。若选线性控制阀，则 Q_2 也随着 Q_1 按比例变化。在保持流量间比例关系的两物料中，Q_1 处于主导地位，选择为主流量，Q_2 随着 Q_1 变化，选择为副流量。该系统中的控制器只起比例作用，可用比值器代替，改变控制器的比例度或比值器的比值系数，就可以改变两流量的比值 k。系统的方框图如图4-13（b）所示，因为系统是开环的，故称为开环比值控制系统。由于该系统的副流量 Q_2 无反馈校正，因此对于副流量本身无抗干扰能力。如本例中的水流量，若入口压力变化，就无法保证两流量的比值。因此对于开环比值方案，虽然结构简单，但一般很少采用，只有当副流量较平稳且流量比值要求不高的场合才可采用。

（2）单闭环比值控制系统

为了克服开环比值控制系统的弱点，可对副流量引入一个反馈回路，组成如图4-14（a）所示的控制系统。当主流量 Q_1 变化时，其流量信号经测量变送器送到比值器R中。比值器按预先设置好的比值系数使输出成比例变化，并作为副流量控制器的设定值。此时，副流量

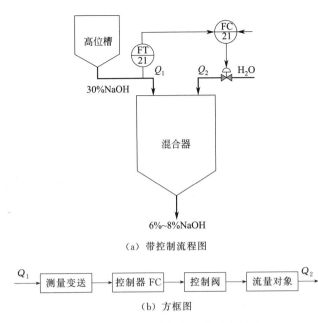

（a）带控制流程图

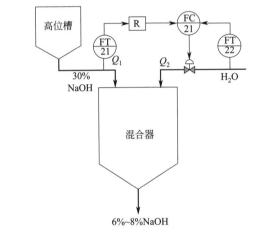

（b）方框图

图 4-13　开环比值控制系统及方框图

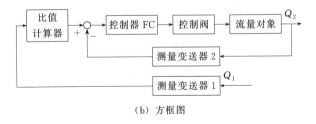

（a）单闭环比值控制流程图

（b）方框图

图 4-14　单闭环比值控制系统

控制是一个随动系统，Q_2 经反馈控制自动跟随 Q_1 变化，使其在新的工况下保持两流量比值 k 不变。当副流量由于自身的干扰而变化时，因为它是一个闭环系统，经反馈控制后可以克服自身的干扰。一般流量控制器都采用 PI 作用，能消除余差，使工艺要求的流量比 k 保持不变。从方框图可以看出，系统只包含一个闭合回路，故称为单闭环比值控制。

　　这类比值控制系统的优点是两种物料流量的比值较为精确，实施亦较方便，所以得到了广泛的应用。然而，两物料的流量比值虽然可以保持一定，但由于主流量 Q_1 是可变的，所以进入的总流量是不固定的。这对于直接去化学反应器的场合是不太合适的，因为负荷波动会对反应过程造成一定的影响，有可能使整个反应器的热平衡遭到破坏，甚至造成严重事故。这是单闭环比值控制系统无法克服的一个弱点。

（3）双闭环比值控制系统

为了既能实现两个流量的比值恒定，又能使进入系统的总负荷平稳，在单闭环比值控制的基础上又出现了双闭环比值控制。

例如，在以石脑油为原料的合成氨生产中，进入一段转化炉的石脑油要求与水蒸气成一定比例，同时还要求各自的流量比较稳定，所以设计了如图 4-15 所示的控制系统，图中 R_1 是流量 Q_1 的设定值。它与单闭环比值控制系统的差别就在于主流量也构成了闭合回路，故称为双闭环比值控制系统。由于有两个流量闭合回路，可以克服各自的外界干扰，使主、副流量都比较平稳，流量间的比值可通过比值器实现。这样，系统的总负荷也将是平稳的，克服了单闭环比值控制总流量不稳定的缺点。但该方案所用仪表较多，投资高，一般情况下，采用两个单回路定值控制系统分别稳定主流量和副流量，也可达到目的。

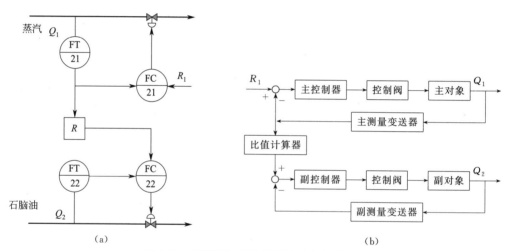

图 4-15 双闭环比值控制系统及方框图

上述三种比值控制方案的一个共同特点是它们都以保持两物料流量比值一定为目的，比值器的参数经计算设置好后不再变动，工艺要求的实际流量比值 k 也就固定不变，因此统称为定比值控制系统。

4.3.2 变比值控制

流量之间实现一定比例的目的仅仅是保证产品质量的一种手段，而定比值控制的各种方案只考虑如何来实现这种比值关系，而没有考虑成比例的两种物料混合或反应后最终质量是否符合工艺要求。因此，从最终质量来看这种定比值控制系统是开环的。由于工业生产过程的干扰因素很多，当系统中存在着除流量干扰以外的其他干扰（如温度、压力、成分以及反应器中催化剂老化等的干扰）时，原来设定的比值器参数就不能保证产品的最终质量，需进行重新设置。但是，这种干扰往往是随机的，且干扰幅度各不相同，无法用人工经常去修正比值系数，因此出现了按照某一工艺指标自动修正流量比值的变比值控制系统。它的一般结构形式如图 4-16 所示。

流量的检测是靠差压变送器，而差压变送器加上开方器后才能得到线性的流量信号。这里假设采用的流量测量变送器给出的信号都是线性流量信号。

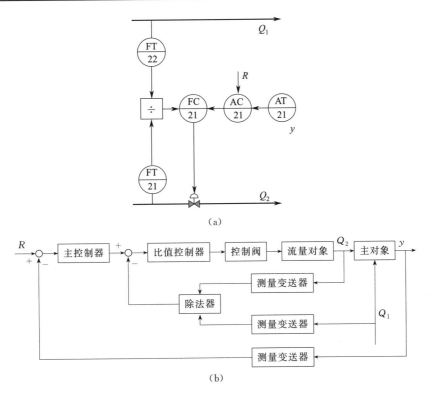

（a）

（b）

图 4-16 变比值控制系统的一般结构及方框图

在稳定状态下，主、副流量 Q_1 和 Q_2 恒定（即 $Q_2/Q_1=k$ 为一定值）。它们分别经测量变送器送除法器相除，其输出表征了它们的比值，同时作为比值控制器 FC 的测量信号。这时表征最终质量指标的主参数 y 也恒定，所以主控制器 AC 输出信号稳定，且和比值控制器的测量信号相等。比值控制器输出稳定，控制阀开度一定，产品质量合格。

当系统中出现除流量干扰外的其他干扰引起主参数 y 变化时，通过主反馈回路使主控制器输出变化，修改两流量的比值设定值，以保持主参数稳定。对于进入系统的主流量 Q_1 干扰，由于比值控制回路的快速随动跟踪，使副流量 $Q_2=kQ_1$ 相应变化，以保持主参数 y 稳定，它起了静态前馈的作用。对于副流量本身的干扰，同样可以通过自身的控制回路克服，它相当于串级控制系统的副回路。因此这种变比值控制系统实质上是一种静态前馈-串级控制系统。由于两流量比值是由表征最终质量的第三参数 y 给出的，因此也有人把这种变比值控制系统称为由第三参数给定的比值控制系统。

图 4-17 所示的硝酸生产中氧化炉温度对氨气/空气串级控制系统就是这类变比值控制系统的一个实例。

氨氧化生成一氧化氮的过程是放热反应，温度是反应过程的主要指标。而影响温度的主要因素是氨气和空气的比值，保证了混合器的氨、空气比值，基本上控制了氧化炉的温度。当温度受其他干扰（如触媒老化等）而发生变化时，则可通过主控制器（此处为温度控制器）改变氨量即改变氨、空气比来补偿，以满足工艺的要求。若把该系统画成方框图则与上述一般结构形式完全一致，只要将主参数 y 用温度 T 代替即可。

4.3.3 比值控制的实施

4.3.3.1 比值系数的折算

首先，有必要把流量比值 k 和设置于仪表的比值系数 K 区别开来，因为工艺上的比值 k 是指两流体的重量或体积流量之比，而通常所用的单元组合式仪表使用的是统一的标准信

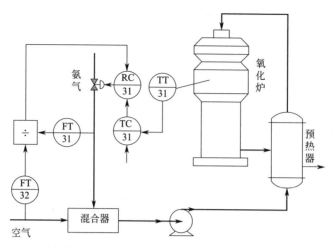

图 4-17　氧化炉温度对氨气/空气串级控制系统

号。显然，必须把工艺上的比值 k 折算成仪表上的比值系数 K，才能进行比值设定。比值系数的折算方法随流量与测量信号间是否成线性关系而不同。

（1）流量与测量信号成线性关系时的折算

当用转子流量计、涡轮流量计或差压变送器经开方器运算后的流量测量信号，均与流量信号成线性关系。现以 DDZ-Ⅲ型仪表为例，说明比值系数的折算方法。

当流量由零变为最大值 Q_{max} 时，变送器对应的输出为 $4\sim20mA$ 直流信号，则流量的任一中间流量 Q 所对应的输出电流为

$$I=\frac{Q}{Q_{max}}\times16+4 \tag{4-40}$$

则有

$$Q=\frac{(I-4)Q_{max}}{16} \tag{4-41}$$

由式(4-41)可得工艺要求的流量比值

$$k=\frac{Q_2}{Q_1}=\frac{(I_2-4)Q_{2max}}{(I_1-4)Q_{1max}} \tag{4-42}$$

由此可折算成仪表的比值系数

$$K=\frac{I_2-4}{I_1-4}=k\frac{Q_{1max}}{Q_{2max}} \tag{4-43}$$

式中，Q_{1max} 和 Q_{2max} 分别为主、副流量变送器的最大量程。

（2）流量与测量信号成非线性关系时的折算

采用差压法测量流量，未经开方器运算处理时，流量与压差的关系为

$$Q=c\sqrt{\Delta p} \tag{4-44}$$

式中，c 是节流装置的比例系数。

压差由零变到最大值 Δp_{max} 时，对应于 DDZ-Ⅲ型仪表的输出是 $4\sim20mA$，因此任一中间流量 Q 对应的输出电流为

$$I=\frac{Q^2}{Q_{max}^2}\times16+4 \tag{4-45}$$

则有

$$Q^2=\frac{(I-4)Q_{max}^2}{16} \tag{4-46}$$

由式(4-46)可得工艺要求的流量比值

$$k^2 = \frac{Q_2^2}{Q_1^2} = \frac{(I_2-4)}{(I_1-4)}\frac{Q_{2\max}^2}{Q_{1\max}^2} \tag{4-47}$$

可折算成仪表的比值系数

$$K = \frac{I_2-4}{I_1-4} = k^2\frac{Q_{1\max}^2}{Q_{2\max}^2} \tag{4-48}$$

可以证明比值系数的折算方法与仪表的结构型号无关，只和测量的方法有关。

4.3.3.2 比值控制的实施方法

比值控制系统有两种实现方案，依据 $Q_2 = kQ_1$ 就可以对 Q_1 的测量值乘以比值 k，作为 Q_2 流量控制器的设定值，称为相乘的方案。而依据 $\dfrac{Q_2}{Q_1} = k$ 就可以将 Q_2 与 Q_1 的测量值相除，作为比值控制器的测量值，称为相除的方案。

（1）相乘方案

图 4-18 是采用相乘方案实现单闭环比值控制，图中"×"（乘号）表示乘法器。比值系统的设计任务，是要按工艺要求的流量比值 k 来正确设置图中仪表的比值系数 K。图 4-18 中采用线性流量测量变送器，流量信号与测量信号成线性关系，所以仪表的比值系数 K 按式(4-43)计算。

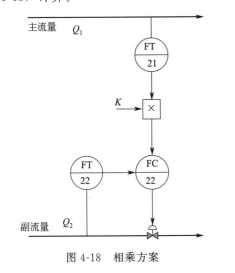

图 4-18　相乘方案

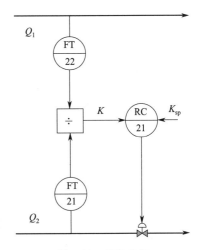

图 4-19　相除方案

（2）相除方案

相除方案如图 4-19 所示，图中"÷"（除号）表示除法器。显然它还是一个单回路控制系统，只是控制器的测量值和设定值都是流量信号的比值，而不是流量本身。

相除方案的优点是直观，并可直接读出比值，使用方便，其可调范围宽。但是，由于比值计算包括在控制回路中，对象的放大倍数在不同负荷下变化较大，在负荷小时，系统不易稳定。

假设除法器的输入变量是 Q_2，输出变量是 K，因此对象的静态增益是 $\mathrm{d}K/\mathrm{d}Q_2$。当流量与测量信号存在线性关系时，其比值 K 可表示为

$$K = \frac{Q_2}{Q_1}\frac{Q_{1\max}}{Q_{2\max}} \tag{4-49}$$

所以

$$\frac{\mathrm{d}K}{\mathrm{d}Q_2} = \frac{1}{Q_1}\frac{Q_{1\max}}{Q_{2\max}} = \frac{1}{Q_2}k\frac{Q_{1\max}}{Q_{2\max}} \tag{4-50}$$

由式(4-50)可知，负荷越小（即 Q_2 越小），对象的静态增益就越大。如果控制器的比例度

不放宽，控制系统的稳定性会变得很差，然而若用了很大的比例度，则在大负荷时，控制系统的响应又会显得很慢。

由于用除法器组成的比值控制系统，对象的放大倍数会随负荷变化，因此在比值控制系统中应尽量少采用除法器，一般可用相乘形式来代替它。

4.3.4　比值控制系统的设计与投运

（1）主、从动量的确定

设计比值控制系统时，需要先确定主、从动量。原则是：在生产过程中起主导作用、可测而不可控、较昂贵的物料流量一般为主动量。以主动量为准进行配比的物料流量为从动量。另外，当生产工艺有特殊要求时，主、从动量的确定应服从工艺需要。

（2）控制方案的选择

比值控制有多种控制方案，在具体选用时应分析各种方案的特点，根据不同的工艺情况、负荷变化、扰动性质和控制要求等进行合理选择。

（3）控制器控制规律的确定

比值控制控制器的控制规律是由不同控制方案和控制要求确定的。例如，单闭环控制中从动回路控制器选用 PI 控制规律，因为它将起比值控制和稳定从动量的作用；而双闭环控制中主、从动回路调节器均选用 PI 控制规律。因为它不仅要起到比值控制作用，而且要起稳定各自的物料流量的作用；变比值控制可仿效串级系统控制规律的选用原则。

（4）比值系数 K 的选取范围

在采用相乘形式时，K 值既不能太小也不能太大。如果 K 值太小，则从动量 Q_2 的流量设定值 KQ_1 也必然很小，仪表的量程不能充分利用，会影响控制精确度；如果 K 值过大，则设定值可能接近控制器的量程上限，遇到主动量流量 Q_1 值进一步上升时，将无法完成比值控制的功能，仪表超限是设计时必须检查与防止的问题。

在采用相除形式的方案时，K 值应取为 0.5～0.8 左右。在采用相乘形式的方案时，K 值应为 1 附近，通常在 0.5～2.0 之间。这样，控制器的测量值处在整个仪表量程的中间偏上，既能保证精确度，又有一定的调整余地。

（5）比值控制系统的投运

比值控制系统投运前的准备工作及投运步骤与单回路控制系统相同。

（6）比值控制系统的整定

在比值控制系统中，变比值控制系统因结构上是串级控制系统，因此主控制器按串级控制系统整定。双闭环比值控制系统的主流量回路可按单回路定值控制系统整定。下面对单闭环比值控制系统、双闭环以及变比值回路的副流量回路的参数整定作简单介绍。

比值控制系统中副流量回路是一个随动系统，工艺上希望副流量能迅速正确地跟随主流量变化，并且不宜有超调。由此可知，比值控制系统实际上是要达到振荡与不振荡的临界过程。一般整定步骤如下。

① 根据工艺要求的两流量比值，进行比值系数计算。若采用相乘形式，则需计算仪表的比值系数 K 值；若采用相除形式，则需计算比值控制器的设定值。在现场整定时，可根据计算的比值系数投运。在投运后，一般还需按实际情况进行适当调整，以满足工艺要求。

② 控制器需采用 PI 控制。整定时可先将积分时间置于最大，由大到小的调整比例度，直至系统达到振荡与不振荡的临界过程为止。

③ 在适当放宽比例度的情况下，一般放大 20%，然后慢慢把积分时间减少，直到出现振荡与不振荡的临界过程或微振荡的过程。

4.3.5 比值控制系统中的若干问题

（1）关于开方器的选用

由比值系数的计算可知，比值系数与流量大小无关。也就是说，不管流量变送器是否为线性，当负荷变化时，上面介绍的比值控制系统均能保持静态比值恒定。然而，流量测量变送环节的非线性对系统的动态特性是会有影响的。由前述可知，用差压法测流量时，测量信号与流量之间的关系是

$$I = \frac{Q^2}{Q_{\max}^2} \times 16 + 4 \tag{4-51}$$

它的静态增益是

$$K_{\mathrm{m}} = \left.\frac{\mathrm{d}I}{\mathrm{d}Q}\right|_{Q=Q_0} = \frac{16}{Q_{\max}^2} \times 2Q_0 \tag{4-52}$$

式中，Q_0 是 Q 的静态工作点。

由式(4-52)可知，采用差压法测量流量时，静态增益 K_{m} 正比于流量，即随负荷的增加而增大。这样一个环节，将影响系统的动态品质，即小负荷时系统稳定，大负荷时稳定性下降，甚至会不稳定。若将差压法测得的流量信号经过开方运算，使流量测量变送器环节（含开方器）成为线性环节，它的静态增益与负荷大小无关，从而使系统动态性能不再受负荷变化影响。因此在采用差压法测量流量的比值控制系统中，是否选用开方器，要根据对被控变量控制精度及负荷变化情况而定。当被控变量控制精度要求一般且负荷变化不大时，可以不采用开方器。反之，当被控变量控制精度要求较高，且负荷变化较大时，就必须设置开方器，以保证系统有较好的控制品质。

（2）比值控制中的动态跟踪问题

随着生产的发展，对自动化的要求越来越高，对比值控制提出了更高的要求。在有些场合，不仅稳态时要求物料间保持一定比值，还要求动态比值一定。动态跟踪就是研究两流量的动态特性，使它们在受到外界干扰时，能够接近同步变化。

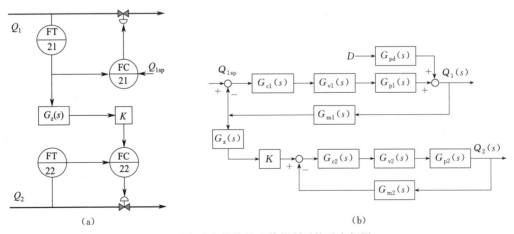

图 4-20 具有动态补偿的比值控制系统及方框图

图 4-20 所示是一个具有动态补偿环节 $G_{\mathrm{z}}(s)$ 的比值控制系统及方框图。主流量对副流量的传递函数为

$$\frac{Q_2(s)}{Q_1(s)} = \frac{G_{\mathrm{m1}}(s)G_{\mathrm{z}}(s)KG_{\mathrm{c2}}(s)G_{\mathrm{v2}}(s)G_{\mathrm{p2}}(s)}{1 + G_{\mathrm{c2}}(s)G_{\mathrm{v2}}(s)G_{\mathrm{p2}}(s)G_{\mathrm{m2}}(s)} \tag{4-53}$$

要求副流量跟踪主流量的变化，在同步情况下无相位差，即

$$Q_2(s) = kQ_1(s) \tag{4-54}$$

将式（4-54）代入式（4-53），得

$$k = \frac{G_{m1}(s)G_z(s)KG_{c2}(s)G_{v2}(s)G_{p2}(s)}{1 + G_{c2}(s)G_{v2}(s)G_{p2}(s)G_{m2}(s)} \tag{4-55}$$

因为 $K = k\dfrac{Q_{1max}}{Q_{2max}}$（假设流量与测量信号为线性关系），所以可得严格的补偿式为

$$G_z(s) = \frac{[1 + G_{c2}(s)G_{v2}(s)G_{p2}(s)G_{m2}(s)]Q_{2max}}{G_{m1}(s)G_{c2}(s)G_{v2}(s)G_{p2}(s)Q_{1max}} \tag{4-56}$$

在已知式（4-56）等号右边各环节的传递函数后，经换算可求得补偿环节的传递函数。在生产上应用时，可以用近似关系去逼近。由于副流量滞后于主流量，所以这类动态补偿环节应具有超前特性。

（3）主、副流量的逻辑提降关系

在比值控制系统中，有时两个流量提降的先后顺序需要满足某种逻辑关系。例如，在锅炉燃烧过程中，燃料量和空气量采用比值控制系统。为了使燃料完全燃烧，在提负荷时要求先提空气量，后提燃料量；在降负荷时要求先降燃料量，后降空气量。图 4-21 就是能满足这种逻辑提降要求的比值控制系统，其中 K 为比值器。

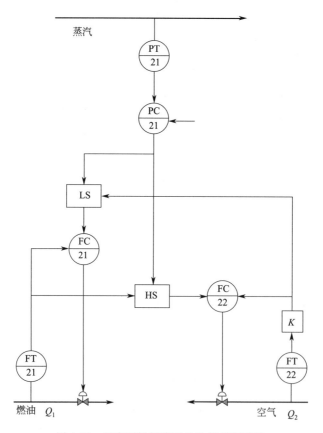

图 4-21　具有逻辑提降量的比值控制系统

正常工况下，这是出口蒸汽压力对燃油流量的串级控制系统和燃油流量与空气流量的比值控制系统。蒸汽压力控制器是反作用的，当蒸汽压力下降时（如因蒸汽耗量增加），压力

控制器输出增加，从而提高了燃油流量控制器的设定值。但是，如果空气量不足，将使燃烧不完全。为此设有低值选择器 LS，它只让两个信号中较小的一个通过，这样保证燃料量只在空气量足够的情况下才能加大。压力控制器的输出信号将先通过高值选择器 HS 来加大空气流量，保证在增加燃料流量之前先把空气量加大，使燃烧完全。当蒸汽压力上升时，压力控制器输出减小，降低了燃料量控制器的设定值，在减燃料量的同时，通过比值控制系统，逐步减少空气流量。上述控制系统满足了提量时先提空气量后提燃料量，减量时先减燃料量后减空气量的逻辑关系，保证了充分燃烧。

思考题与习题 4

4-1 已知过程的传递函数为 $G_{pc}(s) = \dfrac{Y(s)}{Y_s(s)} = \dfrac{(s+1)}{(s+2)(2s+3)}$，$G_{pd}(s) = \dfrac{Y(s)}{F(s)} = \dfrac{5}{(s+2)}$。试设计一个前馈控制系统，既能克服干扰 F 对系统的影响，又能跟踪设定值 R 的变化。

4-2 冷凝器温度前馈-反馈控制系统方框图如图 4-22 所示。已知扰动通道特性 $G_{pd}(s) = \dfrac{1.05e^{-6s}}{41s+1}$，控制通道特性 $G_{pc}(s) = \dfrac{0.94e^{-8s}}{55s+1}$，温度控制器使用 PI 规律。试求该前馈-反馈控制系统中的前馈控制器 $G_{ff}(s)$。

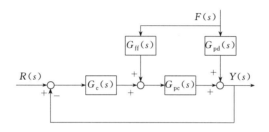

图 4-22 题 4-2 图

4-3 某前馈-串级控制系统如图 4-23 所示。已知主副控制器 $G_{c1}(s) = G_{c2}(s) = 9$，控制阀 $G_v(s) = 2$，主副测量变送 $G_{m1}(s) = G_{m2}(s) = 1$，主对象 $G_{p1}(s) = \dfrac{3}{2s+1}$，副对象 $G_{p2}(s) = \dfrac{2}{2s+1}$，干扰通道 $G_{pd}(s) = \dfrac{0.5}{2s+1}$。

① 绘出该系统方框图。
② 计算前馈控制器的数学模型。

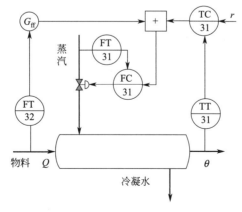

图 4-23 题 4-3 图

4-4 在某生产过程中，需要参与反应的甲、乙两种物料保持一定比值。若已知正常操作时，甲流量 $q_1 =$

$7m^3/h$，乙流量 $q_2=250L/h$。两个流量均采用孔板测量并配用开方器，甲流量的测量范围为 $0\sim10m^3/h$，乙流量的测量范围为 $0\sim300L/h$。根据要求设计保持 q_2/q_1 比值的控制系统，试求采用 DDZ-Ⅲ 型仪表组成系统时的比值系数 K。

4-5 生产工艺要求 A，B 两物料比值维持在 0.4。已知 $Q_{Amax}=3200kg/h$，$Q_{Bmax}=800kg/h$，流量采用孔板配差压变送器进行测量，并在变送器后加了开方器。试分析可否采用乘法器组成的比值控制方案？如果一定要用乘法器，在系统结构上应如何实现？

4-6 有一双闭环比值控制系统如图 4-24 所示。若采用 DDZ-Ⅲ 型仪表和相乘方案来实现。已知两流量测量变送器的低限均为 0，而 $Q_{1max}=7000kg/h$，$Q_{2max}=4000kg/h$。

① 画出系统方框图。

② 若已知 $I_0=18mA$，求该比值系统的比值 k 为多少？

③ 待该比值系统稳定时，测得 $I_1=10mA$，试计算此时 I_2 的大小。

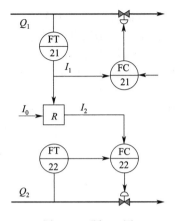

图 4-24 题 4-6 图

5 其他典型控制系统

为了提高效率减少成本，工艺过程以及装置设备变得越来越复杂。采用传统的单回路 PID 控制往往不能达到控制要求，因此就有一些改进的控制策略。这些控制策略大都是在单回路 PID 反馈控制的基础上进行了改进，成功应用于工业过程的控制，获得了广泛的认可。

本章将介绍一些有代表性的改进策略，这些策略可能采用更多的测量值或者操纵变量，包括串级控制、均匀控制、选择控制、分程控制以及非线性增益补偿控制等。

5.1 串级控制系统

5.1.1 串级控制的概念及方框图描述

传统的反馈控制是在被控变量和设定值之间产生偏差之后才起作用的，因此在第 4 章中介绍采用前馈控制来帮助克服干扰的影响。但是如果干扰不可测或者无法获得干扰与被控变量之间的模型时，就不能采用前馈控制策略。另外一种可以克服干扰的方法就是串级控制，它通过选择第二个测量点构成第二个反馈回路来克服干扰。第二个测量点应该比被控变量更快感知到干扰的影响，这样才能在干扰对被控变量产生很大影响之前通过第二个反馈回路迅速克服干扰的影响。

为了进一步认识串级控制系统，在这里先举一个实际例子。对于图 5-1 所示的连续搅拌反应釜，放热反应所产生的热量被流经夹套的冷却剂移走。假设反应釜液位稳定，而温度控制系统的控制目标是使反应混合物温度 θ 恒定在设定值，控制手段是调节冷剂流量 Q_C。扰动来自两方面：来自物料方面的有物料温度 θ_f 和流量 Q_f 的变化；来自冷剂方面的有冷源的压力 $p_{f,c}$ 和温度 $\theta_{f,c}$ 的变化。

由于来自物料温度 θ_f 和流量 Q_f 的变化将很快由 θ 反映出来，采用单回路控制足已克服

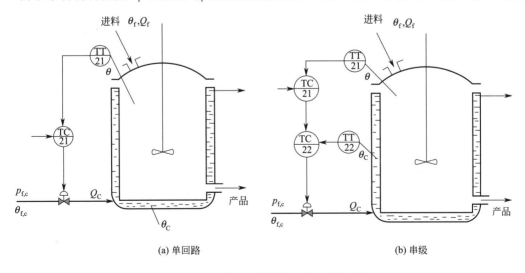

(a) 单回路　　　　　　　　　　　　　　　(b) 串级

图 5-1　夹套式连续搅拌反应釜的温度控制

该干扰。这里主要讨论来自冷剂方面的干扰。$p_{f,c}$ 和 $\theta_{f,c}$ 的变化首先反映为夹套内冷剂温度 θ_C 的变化，而后才反映为 θ 的变化，因而由 $\theta\text{-}Q_C$ 组成的单回路控制对克服来自冷剂方面的干扰不是很及时。假若改用 $\theta_C\text{-}Q_C$ 组成单回路，则能较快克服这些干扰，然而 $\theta_C\text{-}Q_C$ 组成的单回路不能克服进料方面干扰对 θ 的影响。为了兼顾这两者的作用，设计成图 5-1(b) 所示的串级控制。图中 $\theta_C\text{-}Q_C$ 回路主要用于快速克服冷剂方面的干扰，而 θ_C 控制器的设定值接受 θ 控制器的调整，用于克服其他干扰。

　　一个控制器的输出用来改变另一个控制器的设定值，这样连接起来的两个控制器称作"串级"控制。两个控制器都有各自的测量输入，但只有主控制器具有自己独立的设定值，只有副控制器的输出信号送给执行机构。这样组成的系统称为串级控制系统。图 5-1(b) 所示的系统，即是一个典型的串级控制系统。

　　图 5-2 表示的是通用的串级控制系统方框图。下面参照该图对串级控制系统的一些名词术语进行介绍。

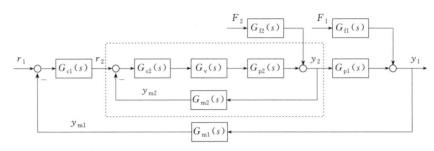

图 5-2　通用的串级控制系统方框图

　　主变量 y_1：保持其平稳是串级控制的主要目标。

　　副变量 y_2：被控过程中引出的中间变量。

　　副对象 $G_{p2}(s)$：反映了副变量与操纵变量之间的通道特性。

　　主对象 $G_{p1}(s)$：主变量与副变量之间的通道特性。

　　主控制器 $G_{c1}(s)$：接受的是主变量的偏差，其输出用来改变副控制器的设定值。

　　副控制器 $G_{c2}(s)$：接受的是副变量的偏差，其输出去操纵阀门。

　　副回路：处于串级控制系统内部的，由副变量测量变送器、副控制器、控制阀、副对象组成的回路。

　　主回路：若将副回路看成一个以主控制器输出 r_2 为输入，以副变量 y_2 为输出的等效环节（如图 5-2 中虚线所示），则串级系统转化为一个单回路，称这个单回路为主回路。必须注意的是主回路并不是指将副变量测量变送环节前（或后）断开后形成的单回路。

5.1.2　串级控制系统分析

　　串级控制系统从总体上看，仍然是一个定值控制系统。因此，主变量在干扰作用下的过渡过程和单回路定值控制系统的过渡过程具有相同的品质指标。但由于串级控制系统从对象中引出了一个中间变量构成了副回路，因此和单回路控制系统相比具有自己的特点。

　　（1）副回路具有快速调节作用，能有效地克服发生于副回路的扰动影响

　　对于图 5-2 所示的串级控制系统方框图，可将其副回路进行等效，如图 5-3 所示。

　　从图 5-3 中可以看到，经过副回路后干扰 F_2 对副变量 y_2 的影响变成了 F_2' 对副变量的影响，而且

$$\frac{F_2'(s)}{F_2(s)} = \frac{1}{1 + G_{c2}(s)G_v(s)G_{p2}(s)G_{m2}(s)} \tag{5-1}$$

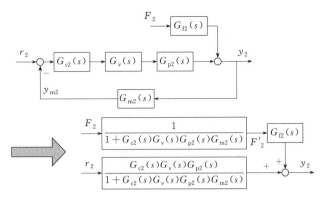

图 5-3 串级副回路等效方框图

假设副回路的动态滞后较小，对于低频干扰有

$$G_{c2}(s)G_v(s)G_{p2}(s)G_{m2}(s) \gg 1 \Rightarrow F_2' \ll F_2 \tag{5-2}$$

由此可见副回路能够有效减小二次干扰 F_2 对副变量的影响，对主变量的影响也相应降低。

（2）串级系统对副对象和控制阀特性的变化具有较好的鲁棒性

由于实际过程往往具有非线性和时变特性，当工艺变化时，对象特性会产生变化，从而使原来整定好的控制器参数不再是"最佳的"，系统性能就会变差。然而不同的控制系统，其控制品质对特性变化的敏感程度是不一样的，一般用"鲁棒性"来描述这种敏感程度。系统品质对对象特性变化越不敏感，则称该系统鲁棒性越好。

如图 5-3 所示，对于串级系统的副回路，经过等效变换后，可得

$$\frac{y_2(s)}{r_2(s)} = \frac{G_{c2}(s)G_v(s)G_{p2}(s)}{1 + G_{c2}(s)G_v(s)G_{p2}(s)G_{m2}(s)} \tag{5-3}$$

对于副回路等效对象的稳态增益为

$$K_{p2}' = \frac{K_{c2}K_vK_{p2}}{1 + K_{c2}K_vK_{p2}K_{m2}} \tag{5-4}$$

假设副回路的动态滞后较小，则可以通过调节控制器参数使

$$K_{c2}K_vK_{p2}K_{m2} \gg 1 \Rightarrow K_{p2}' \approx \frac{1}{K_{m2}} \tag{5-5}$$

可见，只要副回路具有较高的增益，副回路前向通道（这里主要指控制阀和副对象）特性的变化不大会影响副回路等效环节的特性。这也就使得串级系统对控制阀和副对象特性的变化具有鲁棒性。这里需要注意以下两点。

① 主回路对副对象及控制阀的特性变化具有鲁棒性，但副回路本身却并没有这种特性。副对象或控制阀特性的变化依然会较敏感地影响副回路的稳定性。

② 主回路对副回路测量反馈通道特性的变化没有鲁棒性。

5.1.3 串级控制系统设计

（1）串级控制系统的设计原则

一般来说串级控制有如下的设计原则。

① 在单回路控制不能满足要求的情况下可以考虑采用串级控制。串级控制系统虽然可以有效抑制副回路中的干扰，但是串级系统比单回路控制复杂。串级控制的调试、投运以及维护工作量都要大于单回路控制。因此只有在单回路控制不能达到满意控制精度时才考虑采用串级控制。

② 具有能够检测的副变量，且主要干扰应该包括在副回路中。能从对象中引出可以检测的副变量是设计串级系统的前提条件。由于串级系统对副回路中干扰的抑制作用明显，因

此需要将主要干扰或尽可能多的干扰包括在副回路中。

③ 副对象的滞后不能太大,以保持副回路的快速响应性能。根据前面对串级控制的分析可以看到,只有当副对象的滞后不大,副回路具有快速响应性能时,串级控制才能有效抑制副回路中的干扰。

④ 将对象中具有显著非线性或时变特性的部分归于副对象中。

应该指出,以上几条都是从某个局部角度来考虑的,如第③条是基于副回路的快速性,但是当副对象包含了太多的滞后时,势必会丧失这种快速性,所以它与第②条是矛盾的。当有多个副变量可供选择时需要兼顾各种因素进行权衡。

现举一个精馏塔提馏段温度控制的例子。图 5-4 表示了塔的提馏段和再沸器。提馏段某块板的温度定为主变量,控制阀安装在再沸器的加热蒸汽管线上。中间变量可以是加热蒸汽流量(即图中的方案 1),加热蒸汽压力(即图中方案 2),再沸器工艺介质一侧的气相流量(即图中方案 3)。如果选择蒸汽量作为副变量,它只能快速消除因蒸汽汽源压力或冷凝压力变化引起的干扰,对于克服其他干扰,串级控制的优点不明显。阀后加热蒸汽压力是冷凝温度的一种度量,在某种程度上,也是对壁温的一种度量。金属壁通常有几秒的时间常数,若将加热蒸汽压力选作副变量,则能把这个时间常数包含在副对象中。但是保持蒸汽压力恒定并不能保证工艺介质气相流量的恒定,而它是更为重要的变量。若将工艺介质气相流量作副变量,副对象又增加了再沸器液相侧的滞后。经过扩大副对象,包括再沸器液位、温度及传热系数等的变化都进入了副回路,因而能得到较快的校正,但是对加热蒸汽汽源压力波动的校正就不如前面两个方案快速了。

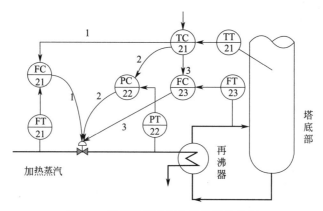

图 5-4　精馏塔提馏段和再沸器的控制

以上对副变量选择的讨论都是从控制质量角度来考虑的,但在实际应用时,还需考虑工艺上的合理性和经济性。如图 5-5(a)和(b)所示的是两个同类型的冷却器,均以被冷却物料的出口温度为主变量,但两者的副变量选择不同。从控制角度看,以蒸发压力为副变量的方案要比以液位为副变量的方案灵敏。但是,假定抽吸气态丙烯的冷冻机(图中没有表示出来)入口压力在两种情况下相等的话,那么图 5-5(b)方案中蒸发压力要比(a)方案要高些,这样才有一定控制范围,但是这样会使冷量利用不够充分。而且在(b)方案中需要多配置一套液位控制系统,增加了仪表投资。而另一方案虽然副回路比较迟钝些,但较经济,所以对于温度控制质量要求不太高的情况,宁可采用(a)方案。

(2)主、副控制器的选型

凡是设计串级控制系统的场合,对象特性总有较大的滞后,主控制器采用 PID 控制器是必要的。

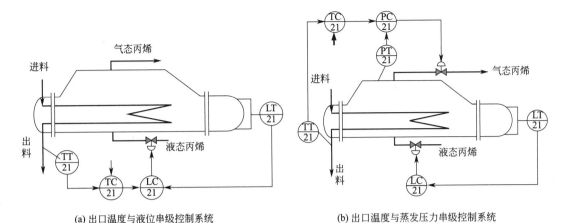

(a) 出口温度与液位串级控制系统   (b) 出口温度与蒸发压力串级控制系统

图 5-5 冷却器出口温度串级控制系统

副回路是随动回路，允许存在余差。从这个角度说，副控制器不需要积分作用。如选择温度作副变量时，副控制器不宜加积分。这样可以将副回路的开环静态增益调整得较大，以提高克服干扰的能力。但是当副回路是流量（或液体压力）系统时，它们的开环静态增益都比较小，若不加入积分作用，会产生很大余差。考虑到串级系统有时会断开主回路，让副回路单独运行，这样大的余差是不合适的。又因为流量副回路构成的等效环节比主对象的动态滞后要小得多，副控制器增加积分作用也不太影响主回路性能。所以在实际生产上，流量（或液体压力）副控制器常采用比例加积分作用。

在温度作副变量的系统中，副控制器可以具有微分作用。但要注意：因为副回路是个随动回路，设定值是经常变化的。对于设定值变化，微分作用会引起控制阀的大幅度跳动，并引起很大超调。所以在副控制器中，不宜设置微分作用。但是，为克服温度副对象的惯性滞后，副控制器可选用具有"微分先行"的控制器。

（3）主副控制器正、反作用选择

控制器正、反作用的选择原则是要使系统成为负反馈系统。假若已掌握单回路系统的选择方法，则很易推广到串级系统。副控制器正、反作用选择是为了使副回路成为负反馈；主控制器的选择是为了使主回路成为负反馈。按副回路和主回路的定义，它们均可转化为单回路，完全可参照单回路时的情况决定控制器的正、反作用。

（4）防积分饱和

当主、副控制器具有积分作用时，都可能会产生积分饱和。副控制器的防积分饱和与单回路时相同。而主控制器的防积分饱和，可采用图 5-6 的形式。

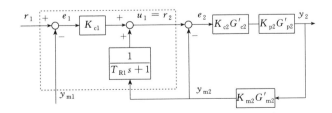

图 5-6 主控制器的防积分饱和

一般情况下，控制器的积分反馈是采用控制器自身的输出信号作反馈信号。对主控制器而言，就是用副控制器的设定值 r_2；而在图 5-6 中，却用副变量测量值 y_{m2} 作为积分反馈信号。若副回路不存在偏差，则 $y_{m2} = r_2$，主控制器实现的即是一般的比例积分控制。但如果系统经受大负荷扰动，即使阀门已全开（或全关）y_{m2} 依然不能达到 r_2 时，系统处于失控情况，y_{m2} 会不受 r_2 的指挥而成为一个不受控制的独立变量，从而使主控制器的积分反馈被断开，这时尽管主控制器长期存在同向偏差，但输出 u_1 不会因积分而趋向极端。

另外，当大负荷扰动去除后（即阀离开极端位置），主回路偏差回到零时，副回路偏差也会回到零。其原因，可参见下面说明。由图 5-6 可见

$$u_1 = r_2 = K_{c1} e_1 + \frac{1}{T_{R1} s + 1} y_{m2} \tag{5-6}$$

在稳定时，上式为

$$r_2 = K_{c1} e_1 + y_{m2} \tag{5-7}$$

即

$$e_2 = r_2 - y_{m2} = K_{c1} e_1 \tag{5-8}$$

为了对比，假定主控制器采用的是一般的积分反馈，即

$$u_1 = K_{c1} e_1 + \frac{1}{T_{R1} s + 1} u_1 \tag{5-9}$$

由上式可知，系统失控时，由于偏差 e_1 长期存在，u_1 会趋向极端。这时，即使外界特大负荷干扰已去除，e_1 已逐渐趋于 0，而 r_2 暂时还会处于极端值，阀门也会暂时维持全开（或全关）位置，这将推动 e_1 出现反向偏差。在这反向偏差作用下才使 r_2 和阀位离开极端位置。显然 e_1 的反向偏差会影响控制质量。

（5）串级系统投运及参数整定

和单回路控制系统的投运要求一样，串级控制系统的投运过程也必须保证无扰动切换。通常都采用先副回路后主回路的投运方式，具体步骤如下。

① 将主、副控制器切换开关都置于手动位置，副控制器处于外给定（主控制器始终为内给定）。

② 用副控制器操纵控制阀，使生产处于要求的工况（即主变量接近设定值，且工况较平稳）。这时可调整主控制器的输出，使副控制器的偏差为"零"，接着可将副控制器切换到自动位置。

③ 假定在主控制器切换到"自动"之前，主变量偏差已接近"零"，则可稍稍修正主控制器设定值，使偏差为"零"，并将主控制器切换到"自动"，然后逐渐改变设定值使它恢复到规定值；假定在主控制器切换到"自动"之前，主变量存在较大偏差，一般的做法是手操主控制器输出，使偏差减小后再进行上述操作。

另外，串级控制系统的参数整定也采用先副回路后主回路的方式。因为副回路整定要求较低，一般可参照单回路控制中的经验表格来设置。有时为更好发挥副回路快速性的作用，控制作用可整定得偏强一些。整定主控制器的方法与单回路控制相同。

5.1.4 串级控制系统举例

某精馏塔提馏段如图 5-7 所示，要求控制提馏段温度 T，操纵变量为蒸汽流量 Q。图中 u 为控制阀的开度，p_v 为蒸汽控制阀阀前压力（蒸汽回路的主要干扰），p 为蒸汽控制阀阀后压力，F 为进料量（温度回路的主要干扰），T_m 为 T 的测量值。

对于上述问题，常规的控制方案为如图 5-8 所示的单回路 PID 控制系统。尽管该方案简单，但对于蒸汽回路所受的外部干扰，如蒸汽控制阀阀前压力的变化，系统的抗干扰能力弱。另外，即使蒸汽流量对提馏段温度的通道特性为线性，并且蒸汽控制阀为线性阀，由于阀前压力的波动，并不能保证控制通道（控制阀开度对提馏段温度）的线性特性。为此，可

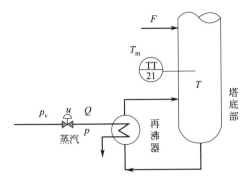

图 5-7　精馏塔提馏段工艺流程示意图

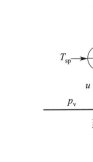

图 5-8　提馏段温度单回路控制方案

引入蒸汽流量或蒸汽阀阀后压力作为副参数，与主参数（提馏段温度）组成如图 5-9 或图 5-10 所示的串级控制系统，以提高控制系统的抗干扰性能。

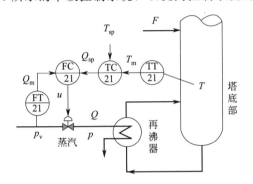

图 5-9　提馏段温度与蒸汽流量串级控制图

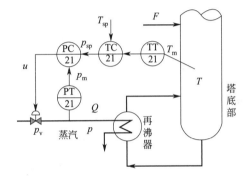

图 5-10　提馏段温度与蒸汽阀后压力串级控制

下面以提馏段温度与蒸汽流量所组成的串级控制方案为例，通过计算机仿真来进一步揭示串级控制系统的特点，并与温度单回路控制系统作比较。对于如图 5-9 所示的串级系统，其控制系统方框图如图 5-11 所示，其中 T_{sp} 为 T 的设定值，Q，Q_m 和 Q_{sp} 分别是蒸汽流量的实际值、测量值与设定值，f_v 为控制阀相对流通面积，%。下面分别讨论各环节仿真模型的建立问题。

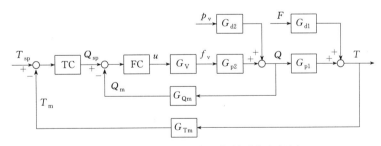

图 5-11　提馏段温度串级控制系统方框图

（1）测量变送单元

假设蒸汽流量测量仪表经开方处理后为线性单元，动态滞后可忽略，则有

$$\frac{Q_m(s)}{Q(s)} = G_{Qm}(s) = K_{Qm} \tag{5-10}$$

而温度测量环节可用以下的一阶环节来近似

$$\frac{T_m(s)}{T(s)} = G_{Tm}(s) = \frac{K_{Tm}}{T_1 s + 1} \tag{5-11}$$

式中，K_{Qm} 和 K_{Tm} 分别与测量仪表的量程有关；$T_1 \geqslant 0$ 为温度测量环节的时间常数，单位为分钟，min。在实际过程中这些参数基本不变。这里假设蒸汽测量仪表的量程为 $0 \sim$ 10t/h，提馏段温度仪表量程为 $100 \sim 200℃$，测量环节的时间常数 $T_1 = 1$min。而各仪表输出经归一化后均为 $0 \sim 100\%$，因而有

$$K_{Qm} = \frac{Q_{m,max} - Q_{m,min}}{Q_{max} - Q_{min}} = 10\%/(t/h)，K_{Tm} = 1\%/℃。 \tag{5-12}$$

式中，$Q_{m,max}$ 和 $Q_{m,min}$ 分别为测量仪表输出信号的上下限；Q_{max} 和 Q_{min} 分别为测量仪表量程的上下限。

（2）执行器/控制阀

假设控制阀为近似线性阀，其动态滞后忽略不计，而且

$$G_v(s) = \frac{f_v(s)}{u(s)} = K_v \tag{5-13}$$

式中，f_v 为控制阀的流通面积，K_v 通常在一定范围内变化。这里假设 $K_v = (0.5 \sim 1.0)\%/\%$（即控制器的输出变化 1%，控制阀的相对流通面积变化 $0.5\% \sim 1.0\%$）。

（3）被控对象

对于蒸汽流量对象，假设控制通道与扰动通道的动态特性可表示为

$$G_{p2}(s) = \frac{Q(s)}{f_V(s)} = \frac{K_2}{T_2 s + 1}，G_{d2}(s) = \frac{Q(s)}{p_V(s)} = K_{d2} \tag{5-14}$$

式中，$T_2 \geqslant 0$ 基本不变，而 K_2 和 K_{d2} 通常在一定范围内变化。这里假设 $K_2 = 0.05 \sim 0.20(t/h)/\%$，$T_2 = 1.5$min，$K_{d2} = 5 \sim 12(t/h)/MPa$。而蒸汽控制阀阀前压力 p_v 的变化范围为 ± 0.1MPa。

对于提馏段温度对象，假设控制通道与扰动通道的动态特性可表示为

$$G_{p1}(s) = \frac{T(s)}{Q(s)} = \frac{K_{p1} e^{-\tau_p s}}{(T_{p1} s + 1)(T_{p2} s + 1)} \tag{5-15}$$

$$G_{d1}(s) = \frac{T(s)}{F(s)} = \frac{K_{d1} e^{-\tau_d s}}{(T_{d1} s + 1)} \tag{5-16}$$

并假设 $K_{p1} = 5 \sim 10℃/(t/h)$，$T_{p1} = 3 \sim 6$min，$T_{p2} = 0 \sim 2$min，$\tau_p = 2 \sim 4$min，$K_{d1} = -2 \sim -0.5℃/(t/h)$，$T_{d1} = 2 \sim 4$min，$\tau_d = 2 \sim 3$min。而进料量的变化范围为 ± 20t/h。

由上述模块所组成的 SimuLink 模型如图 5-12 所示，其中蒸汽流量控制器 FC 采用 PI

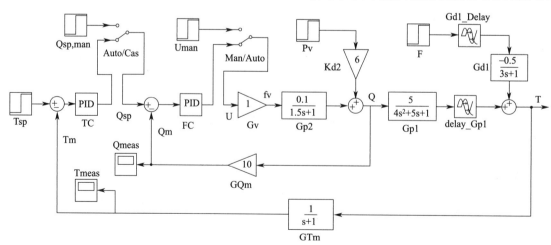

图 5-12　提馏段温度串级控制系统 SimuLink 模型

调节器，温度控制器 TC 采用 PID 调节器。对应的对象模型参数分别取值为

$$K_v = 1\%/\%，K_2 = 0.1(t/h)/\%，K_{d2} = 6(t/h)/MPa$$

$$K_{p1} = 5℃/(t/h)，T_{p1} = 4min，T_{p2} = 1min，\tau_p = 3min$$

$$K_{d1} = -0.5℃/(t/h)，T_{d1} = 3min，\tau_d = 2min$$

另外，为了便于说明串级系统 PID 参数的整定方法，这里模仿实际工业过程引入了两个"手动/自动"切换环节，可表示 Man（手操）/Auto（自动，即流量单回路）/Cas（串级）三种工作方式。

串级系统 PID 参数的整定过程为：先进行副控制器的参数整定，再在副回路闭合的前提下，进行主控制器的参数整定。

对于上述系统中的副回路控制器 FC，其广义对象没有明显的纯滞后，无法用响应曲线法或临界比例度法来整定 PID，这里采用经验整定方法。

步骤 1　首先设定流量控制器 PID 参数的初始值为

$$K_c = \frac{1}{K_p} = 1，T_i = T_p = 1.5min，T_d = 0min$$

式中，K_p 为副回路广义对象的稳态增益；T_p 为副回路广义对象的一阶时间常数。

步骤 2　再根据设定值跟踪速度的快慢，调整控制器增益 K_c 直至满意为止。

本例中，蒸汽流量控制器的 PID 参数最后选取为：$K_c = 4，T_i = 1.5min，T_d = 0min$。对于副回路设定值的变化（在 $t = 10min$ 处，Q_{sp} 阶跃变化 10%），其跟踪响应如图 5-13（a）所示，图中点线为 Q_{sp}，实线为 Q_m。而由响应曲线图 5-13（b），可获得主回路广义对象（$Q_{sp} \rightarrow T_m$）的特征参数分别为

$$\tau_p = 4.4min，T_p = 8.8min，K_p = 0.5$$

应用标准的动态响应曲线法来整定 PID 参数，得到主控制器 TC 的 PID 参数分别为

$$K_c = 1.2 \times \frac{1}{K_p} \times \frac{T_p}{\tau_p} = 4.8，T_i = 2 \times \tau_p = 8.8min，T_d = 0.5 \times \tau_p = 2.2min$$

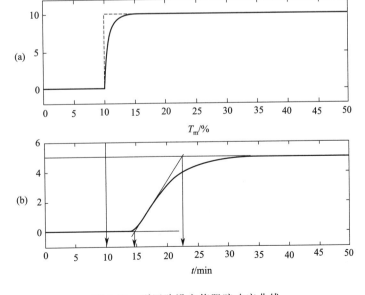

图 5-13　副回路设定值跟踪响应曲线

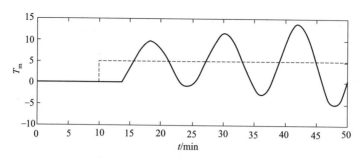

图 5-14　温度串级控制系统设定值跟踪响应（$K_c = 4.8$）

　　将上述控制系统投入"串级"运行，对应的提馏段温度设定值跟踪响应如图 5-14 所示。由图可见，闭环系统不稳定，显示出发散振荡趋势。为此，将主控制器增益 K_c 减少一半至 2.4，提馏段温度设定值跟踪响应如图 5-15 所示，响应曲线呈 4∶1 衰减振荡，结果令人满意。

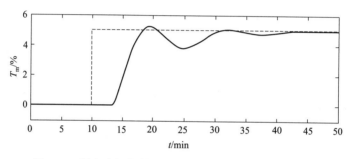

图 5-15　温度串级控制系统设定值跟踪响应（$K_c = 2.4$）

　　对于上述过程，若采用温度单回路 PID 控制，对应的 SimuLink 模型如图 5-16 所示。为了便于比较，令单回路控制器 TC 的 PID 参数与串级系统主控制器的 PID 参数完全相同，即同样为

$$K_c = 2.4, \quad T_i = 2 \times \tau_p = 8.8\text{min}, \quad T_d = 0.5 \times \tau_p = 2.2\text{min}$$

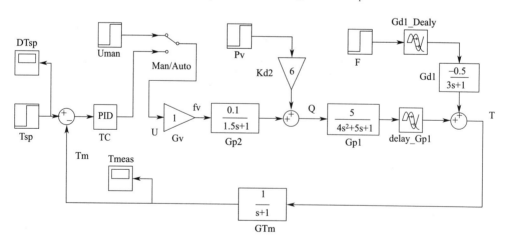

图 5-16　提馏段温度单回路控制系统 SimuLink 模型

（1）设定值跟踪性能

　　对于提馏段温度设定值的变化，串级系统与单回路系统的跟踪响应如图 5-17 所示，图中点线表示温度设定值的变化，实线表示串级系统输出 T_m 的变化，点划线表示温度单回路

系统输出 T_m 的变化（以下各响应曲线图的意义相同）。由图 5-17 可知，由于串级系统所包含的副对象动态滞后较小，与单回路系统相比，串级系统的控制性能并没有取得显著的提高。

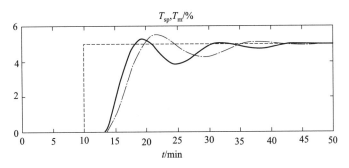

图 5-17　串级与单回路控制系统设定值跟踪性能的比较

（2）系统抗干扰性能

对于串级系统而言，干扰进入的位置与系统的抗干扰性能密切相关。对于进入副回路的干扰，如本例中蒸汽压力 p_v 的变化，串级系统具有很强的抗干扰能力。如图 5-18 所示，在蒸汽压力同样幅度的干扰作用下，串级系统的超调量只有单回路系统的十分之一。

与进入副回路的干扰完全不同，对于进料量 F 的变化，串级系统的抗干扰能力并没有得到显著的改善，对应的响应曲线如图 5-19 所示。其原因在于进料量 F 的变化直接作用于主对象，只有当主对象输出 T_m 发生变化时，主控制器才能改变操纵变量。而由于控制通道存在较大的滞后，容易造成超调量较大。作为改进方案，可考虑引入前馈作用或尽可能减少 F 的变化，例如对进料量 F 进行单回路定值控制。

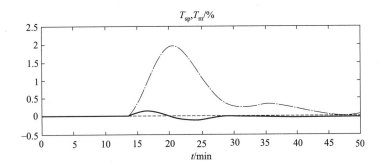

图 5-18　串级与单回路控制系统抗干扰性能的比较（p_v 增大 0.1MPa）

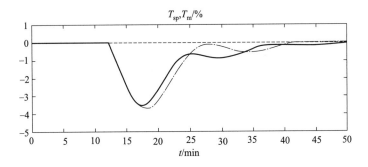

图 5-19　串级与单回路控制系统抗干扰性能的比较（F 增大 10t/h）

（3）控制系统的鲁棒性

串级系统除了对进入内回路的干扰具有很强的抑制能力以外，对于副对象特性的变化表现出非常显著的鲁棒性，具体结果如图 5-20 所示，其中实线为串级系统的响应曲线，点划线为单回路系统的响应曲线。当流量对象增益 K_2 增大一倍或减少一半，单回路系统的闭环响应非常灵敏，而串级系统的稳定性并没有发生显著的变化。

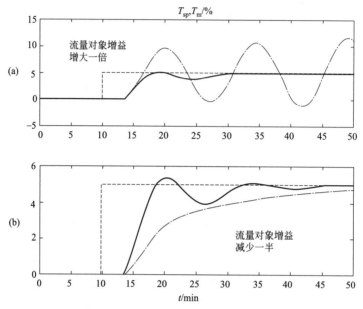

图 5-20　串级与单回路系统对流量对象增益变化的鲁棒性比较

上述例子进一步揭示了串级控制系统的主要优势：可快速克服进入副回路的各种干扰，对副回路对象特性变化具有很强的鲁棒性，可克服副对象的非线性与其他特性变化。

5.2　均匀控制

5.2.1　均匀控制的由来

过程工业中生产过程往往有一个"流程"。按物料流经各生产环节的先后，分成前工序和后工序。前工序的出料即是后工序的进料，而后者的出料又源源不断地输送给其他后续设备作为进料。均匀控制是针对"流程"工业中协调前后工序的物料流量而提出来的。

以连续精馏的多塔分离过程为例，如图 5-21 所示。前塔塔底的出料作为后塔的进料。前塔出料多，后塔进料也必然多；前塔出料少，后塔进料也必然少，两者是息息相关的。然而，由于两个塔都力求自己操作平稳，这将引起两塔之间的矛盾：对前塔来说，当它经受干扰而使操作平稳被破坏时，它就要通过调整物料量来克服，这样就会引起出料量的波动，也就是说出料量的波动是适应前塔

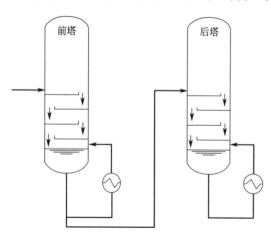

图 5-21　前后精馏塔的供求关系

操作所必需的；而对后塔来说，为了本塔操作平稳，它总是希望进料量越平稳越好。这就给我们提出了这样的课题：怎样将一个变化较剧烈的流量变换成一个变化平稳缓慢的流量？

要使一个变化剧烈的流量变成一个变化较平缓的流量，一种方法是在前后工序之间增加一个缓冲罐。但这会增加设备投资和扩大装置占地面积，并且有些化工中间产品，增加停留时间可能产生副反应，所以增加缓冲罐可能不是理想办法。为了兼顾流量平稳，同时液位在允许区间波动这两个因素，应该配以控制系统。均匀控制的出现就是为了满足这一要求的。因而均匀控制之称是指控制目的而言，而不是指控制系统的结构。

在均匀控制中涉及两个指标：

① 贮罐的输出流量要求平稳或变化缓慢；

② 在最大干扰时，液位仍在允许的上、下限间波动。

为了将均匀控制与通常的液位控制相区别，在本节称仅以维持液面平稳为指标的控制为"纯液位控制"。

5.2.2　均匀控制的实现

实现"液位-流量"均匀控制一般采用单回路或串级控制，如图 5-22 和图 5-23 所示。由图可见，它们的系统结构与纯液位控制相同，单从控制系统流程图是无法判断系统到底是按均匀控制运行还是在作纯液位控制。二者的差异主要反映在液位控制器参数的整定上。

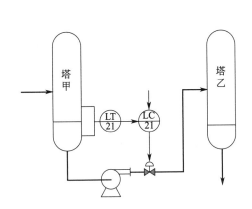

图 5-22　单回路均匀控制系统简图

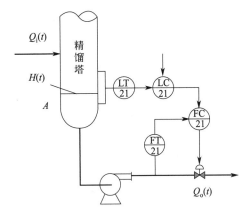

图 5-23　串级均匀控制系统简图

对于纯液位控制，因为它的操作仅要求液位平稳，所以当液位受干扰而偏离设定值时，就要求通过强有力的调节作用使液位返回设定值。而所谓强有力的调节作用，反映在调节器参数整定上，就要求有窄的比例度或小的积分时间。在现场，往往使用 $30\% \sim 40\%$ 的比例度，有的甚至仅有 10% 的比例度。这种所谓强有力的调节作用，必然导致作为操纵变量的输出流量 Q_o 波动很剧烈。

均匀调节则与其相反，因为它的主要要求是操纵变量 Q_o 平稳，而作为被控变量的液位 H 倒可以在允许范围内波动。也就是当被控变量有较大偏离时，才要求操纵变量作一定的调整，所以均匀控制要求控制作用"弱"。所谓控制作用"弱"，反映在控制器参数整定上，要求宽的比例度和大的积分时间。因此可以说，均匀控制是通过将液位控制器调整至宽比例度和大的积分时间来实现的。下面以串级均匀控制为例对均匀控制进行分析。

对于如图 5-23 所示的串级均匀控制系统，假设流量回路调节迅速，对液位对象而言其动态滞后可忽略；并且不考虑液位测量滞后。则广义对象特性可表示为

$$A\frac{\mathrm{d}H}{\mathrm{d}t}=Q_i(t)-Q_o(t) \tag{5-17}$$

式中，A 为塔底截面积。进一步假设液位测量最大值为 H_{max}，进出流量的测量最大值均为 Q_{max}，则广义对象特性可表示为

$$T_h \frac{\mathrm{d}h(t)}{\mathrm{d}t} = q_i(t) - q_o(t), \quad T_h = \frac{AH_{max}}{Q_{max}} \tag{5-18}$$

式中，$h(t), q_i(t)$ 和 $q_o(t)$ 分别为液位与进出流量的归一化值。画出控制系统的方框图如图 5-24 所示。

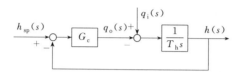

图 5-24　串级均匀控制系统的方框图

对于纯比例控制器 $G_c = -K_c$，可得到系统的闭环特性

$$\frac{h(s)}{q_i(s)} = \frac{1}{T_h s + K_c} = \frac{\dfrac{1}{K_c}}{\dfrac{T_h}{K_c}s + 1}, \quad \frac{q_o(s)}{q_i(s)} = \frac{K_c}{T_h s + K_c} = \frac{1}{\dfrac{T_h}{K_c}s + 1} \tag{5-19}$$

从式(5-19) 可以看出，图 5-23 所采用的串级控制可以实现进出物料的自动平衡。当物料的平均停留时间 T_h 一定时，控制器增益 K_c 的减少（即比例度增大）可使出料更加平缓，但使液位的波动范围和余差同时增大，因此为减少液位的调节余差，主控制器需要引入少量的积分作用。

图 5-25 所示是纯液位串级控制与均匀串级控制下出口流量以及液位相对入口流量阶跃干扰的响应曲线。从图中可以看到，相对于液位控制，均匀控制的响应平稳许多，同时响应的速度更慢，余差也更大。这是由于均匀控制的控制器作用调整得很弱，$K_c = -2.5$，只有纯液位控制时的 20%。

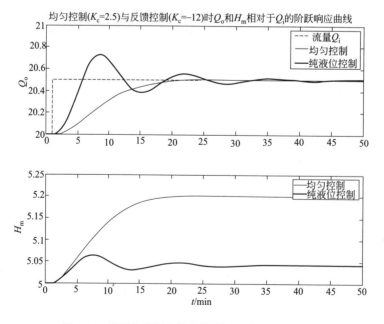

图 5-25　纯液位控制与均匀控制对干扰的响应曲线

5.2.3 均匀控制的控制器参数整定

串级均匀控制的副环流量控制器的参数整定与普通流量控制器整定原则相同，即选用大的比例度和小的积分时间，所以不再进一步叙述。这里主要讨论液位控制器的参数整定，使用的是"看曲线，整参数"的方法。

根据液位和流量记录曲线整定液位控制器参数的方法，基于以下两个原则。

① 先以保证液位不会超过允许波动范围的角度来设置控制器参数。

② 修正控制器参数，使液位最大波动接近允许范围，其目的是充分利用贮罐的缓冲作用，使输出流量尽量平稳。

（1）对纯比例控制

① 先将比例度放置在估计不会引起液位超越的数值，例如比例度 PB＝100％左右。

② 观察记录曲线，若液位的最大波动小于允许范围，则可增加 PB 值，其结果必然是液位"控制品质"降低，而使流量更为平稳。

③ 当发现液位的最大波动可能会超过允许范围时，则应减小 PB 值。

④ 这样反复调整 PB 值，直到液位最大波动接近允许范围为止。

（2）对比例积分控制

① 按纯比例控制进行整定，得到液位最大波动接近允许范围时的 PB 值。

② 适当增加 PB 值后，加积分作用。逐渐减少积分时间，使液位在每次干扰过后，都有回复到设定值的趋势。

③ 积分时间的减小，直到流量记录曲线将要出现缓慢的周期性衰减振荡过程为止。

5.3 选择性控制系统

一般来说，凡是在控制回路中引入选择器的系统都可称为选择性控制（也称约束控制或超驰控制）系统。随着自动控制技术的发展，采用计算机逻辑控制算法实现选择性控制十分方便。在这里，主要讨论用于设备软保护的一类选择性控制，这类系统在应用原理上有一定的共性，在具体实施中又会碰到一个共同的问题——防积分饱和。

5.3.1 用于设备软保护的选择性控制

从整个生产过程控制的角度来看，所有控制系统可分为三类：物料平衡（或能量平衡）控制、质量控制和极限控制。用于设备保护的选择性控制属于极限控制一类，它们一般是从生产安全的角度提出来的，如要求温度、压力、流量、液位等参数不能超限。

极限控制的特点是：在正常工况下，该参数不会超限，所以不考虑对它进行控制；在非正常工况下，该参数会达到极限值，这时就要求采取强有力的控制手段，避免超限。

在生产上需防超限的场合很多，一般可采取以下两种做法。

① 参数达到第一极限时报警→设法排除故障→若没有及时排除故障，参数值会达到更严重的第二极限，经联锁装置动作，自动停车。这种做法称为硬保护。

② 参数达到极限时报警→设法排除故障→同时改变操作方式，按使该参数脱离极限值为主要控制目标进行控制，以防该参数进一步超限。这种操作方式一般会使原有控制质量降低，但能维持生产的持续运转，避免了停车。这种做法称为软保护。

选择性控制就是为实现软保护而设计的控制系统。图 5-26(a)、(b) 两图，可用来说明液氨蒸发器是如何从一个满足正常生产情况的控制方案，演变成为同时考虑极限情况的选择性控制的实例。

液氨蒸发器是一个换热设备，在工业上应用极其广泛。它是利用液氨的汽化需要吸收大量热量来冷却流经管内的被冷却物料。在生产上，往往要求被冷却物料的出口温度稳定，这就构成了以被冷却物料出口温度为被控变量，以液氨流量为操纵变量的控制方案，见图 5-26(a)。这个控制方案用的是改变传热面积来调节传热量的方法。蒸发器内的液位高度会影响热交换器的浸润传热面积，因此液位高度间接反映了传热面积的变化情况。由此可见，液氨流量既会影响温度，也会影响液位，温度和液位有一种粗略的对应关系。通过工艺的合适设计，在正常工况下当温度得到控制后，液位也应该在允许区间内。

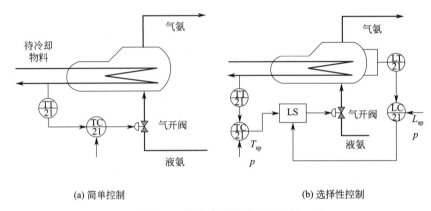

(a) 简单控制   (b) 选择性控制

图 5-26　液氨蒸发器的控制方案

超限现象总是因为出现了非正常工况的缘故。在这里，不妨假设有杂质油漏入被冷物料管线，使传热系数猛降。为了取走同样的热量，需要大大增加传热面积。但是，当液位淹没了换热器的所有列管时，传热面积的增加已达极限。此时继续增加液氨蒸发器内的液氨量，并不会提高传热量。但是液位的继续升高，却可能带来生产事故。由于汽化的氨是需要回收利用的，若氨气带液，进入压缩机后液滴会损坏压缩机叶片。因此液氨蒸发器的上部必须留有足够的汽化空间，以保证良好的汽化条件。为了保证有足够的汽化空间，就要限制氨液位不得高于某一限值。为此，需在原有温度控制基础上，增加一个防止液位超限的控制系统。

根据上述分析，这两个控制器工作的逻辑规律如下：在正常工况下，由温度控制器操纵阀门进行温度控制；当出现异常工况使得引起氨的液位达到高限时，被冷却物料的出口温度即使仍然偏高，但此时温度的偏离暂时成为次要因素，而保护氨压缩机不被损坏已上升为主要矛盾，于是液位控制器应取代温度控制器工作（即操纵阀门）。等引起生产不正常的因素消失，液位恢复到正常区域，此时又应恢复温度控制器的闭环运行。

实现上述功能的防超限控制方案，如图 5-26（b）所示。它具有两台控制器，通过选择器对两个输出的控制信号进行选择来实现对控制阀的调节。在正常工况下，应选温度控制器输出信号，而当液位到达极限值时，则应选液位控制器的输出。

选择性控制系统设计的一个内容是确定选择器的性质，是使用低值选择器（LS），还是使用高值选择器（HS）。确定选择器性质的前提是预先确定控制阀的气开、气关特性以及控制器的正、反作用。对上述例子，当气源中断时，为使液氨蒸发器的液位不致因过高而满溢，应选用气开阀。相应地，温度控制器应选正作用特性，液位控制器选反作用特性。选择器的性质只取决于起安全保护作用的控制器。由于液位控制器为反作用，当测量值超过设定值时，控制器输出信号会减小。该信号减小后，要求在选择器中被选中，显然该选择器应为低值选择器。

正常工况下工作的温度控制器，其控制算式选择和参数整定均与常规情况相同。而对安全保护功能的液位控制器，为了取代及时，它的参数整定应使控制作用较常规情况强烈，一一般采用较窄的比例度。

图 5-27 是上述选择性控制系统的方框图。从结构上看，这是具有两个被控变量，而仅有一个操纵变量的过程控制问题。

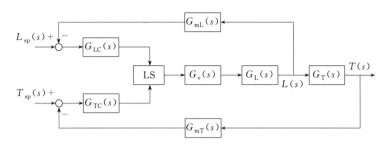

图 5-27　温度和液位选择性控制系统方框图

在选择性控制系统中，总有一台控制器处于开环状态。若这台控制器具有积分作用，则会产生积分饱和。目前防积分饱和主要有如下三种方法。

① 限幅法　用高低值限幅器，使控制器积分反馈信号限制在某个区间。

② 外反馈法　控制器在开环情况下，不再使用它自身的信号作积分反馈，而是采用合适的外部信号作为积分反馈信号，从而切断了积分正反馈，防止了进一步的偏差积分作用。

③ 积分切除法　控制器积分作用在开环情况下会暂时自动切除，使之仅具有比例功能。所以这类控制器称为 PI-P 控制器。

对于选择控制系统的防积分饱和，应采用外反馈法。其积分反馈信号取自选择器的输出信号，如图 5-28 所示。当控制器 1 处于工作状态时，选择器输出信号等于它自身的输出信号，而对控制器 2 来说，这信号就变成外部积分反馈信号了。反之亦然。控制器 1、2 的内部结构如图 5-6 左侧所示。

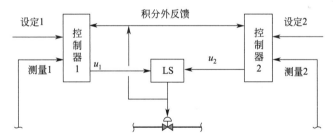

图 5-28　具有外积分反馈的选择性控制

5.3.2　其他选择性控制系统

选择性控制系统除了用于软保护外，还有很多用途，兹举例说明。

（1）用于被控变量测量值的选择

固定床反应器中热点温度的控制就是一个例子。热点温度（即最高温度点）的位置可能会随催化剂的老化、变质和流动等原因而有所移动。反应器各处温度都应参加比较，择其高者用于温度控制。其控制方案见图 5-29。

类似的一种情况是使用成分检测仪表时的控制问题。成分分析仪一般比其他仪表的可靠性差。在图 5-30 所示的系统中，采用了两台分析仪，假设分析仪故障时，其输出接近零，因此用高值选择器来决定仪表信号的选取，所以万一哪一台分析仪出现故障时，仍然可以维持正常的控制作用。

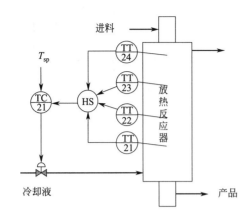

图 5-29　高选器用于控制反应器热点温度

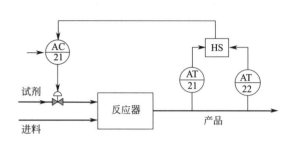

图 5-30　用选择性对成分仪表检测信号进行选择

（2）用于"变结构控制"

有时在系统达到某一约束区间后，需要将控制器的输出从一个阀门切换到另一个阀上去，图 5-31 的冷凝器控制系统即属于这种情况。

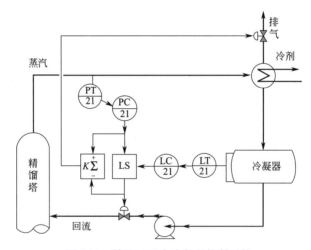

图 5-31　精馏过程中冷凝器控制系统

图中系统是精馏塔控制的一部分。来自精馏塔塔顶的物料蒸汽在进入冷凝器后被冷凝为液体。冷凝液流入冷凝液贮罐，并用泵输送回塔。

在正常运行条件下，全部蒸汽都是可凝的。塔顶蒸汽的压力可以通过改变回流量来进行控制。这里改变回流量的目的是为了调整冷凝器中的冷凝液位。如回流量减小→液位增高→缩小了冷凝器中暴露于蒸汽中的传热表面积→使冷凝量减小→蒸气压力上升。在此期间，回流罐液位升高，液位控制器产生高输出信号，但这个信号不会被低值选择器选中，此时，送给减法器的两个信号相等，减法器输出至排气阀的信号为零，相应地排气阀应处于全关状态。

如有不凝气体在冷凝器中累积，压力就会升高。压力控制器将加大回流量，但可能冷凝器中的液体抽完，压力仍然降不下来。这时，为了避免抽空冷凝贮罐和气蚀回流泵，液位控制器必须接替压力控制器控制回流量。对于已经空了的冷凝器，只能依靠排出不凝气体来降低压力。

在图 5-31 系统中，当选择液位控制器控制回流量时，压力控制就被平稳地切换到排气阀上。在切换点，送给减法器的两个输入信号开始有所不同，产生一个打开排气阀的信号。压力控制器的输出以控制排气阀代替了控制回流阀。压力控制器参数应当在它控制回流量时进行整定。当它控制排气阀时，可以通过调整减法器通道系数 K 的办法加以调整。

液位控制器需要采用外部反馈以防止积分饱和，但压力控制器没有这个必要，因为不论通过哪一个阀门进行控制，它的回路总是闭合的。

5.4　分程控制系统和阀位控制系统

5.4.1　分程控制系统

一般来说，一台控制器的输出仅操纵一只控制阀。若一台控制器去操纵几只阀门，并且是按输出信号的不同区间操作不同阀门，这种控制方式习惯上称为分程控制。

图 5-32 为分程控制系统的简图，图中表示一台控制器去操纵两只阀门。为了分程目的，需借助于附设在每只控制阀上的阀门定位器，借助于它对信号的转换功能。例如对图中 A、B 两阀，要求 A 阀在控制器输出信号压力在 $0.02\sim0.06$MPa 变化时，做阀的全行程动作，则要求附在 A 阀上的阀门定位器，对输入信号在 $0.02\sim0.06$MPa 时，相应输出为 $0.02\sim0.1$MPa。而 B 阀上的定位器，应调整成在输入信号为 $0.06\sim0.1$MPa 时，相应输出为 $0.02\sim0.1$MPa。按照这些条件，当控制器（包括电/气转换器）输出信号小于 0.06MPa 时 A 阀动作，B 阀不动；当信号大于 0.6MPa 时，则 A 阀动至极限，B 阀动作。由此实现分程控制。

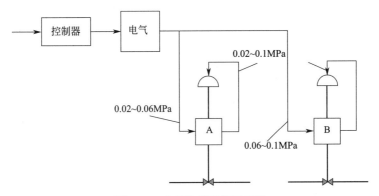

图 5-32　分程控制系统示意图

分程控制方案中，阀的开闭形式，可分同向和异向两种，见图 5-33 和图 5-34。同向或异向规律的选择，全由工艺的需要而定。

设计分程控制有两方面的目的，一是扩大控制阀的可调范围，改善控制系统的品质；二是满足工艺操作的特殊要求。

（1）用于扩大控制阀可调范围的情况

控制阀有一个重要指标，即阀的可调范围 R。它是一项静态指标，表明控制阀执行规定特性（线性特性或等百分比特性）运行的有效范围。可调范围可用下式表示

$$R = \frac{C_{\max}}{C_{\min}} \tag{5-20}$$

式中，$C_{\max}$ 是阀的最大流通能力，流量单位；$C_{\min}$ 是阀的最小流通能力，流量单位；国产柱塞型阀固有可调范围为 $R=30$，所以有

$$C_{\min} = 3.3\% C_{\max} \tag{5-21}$$

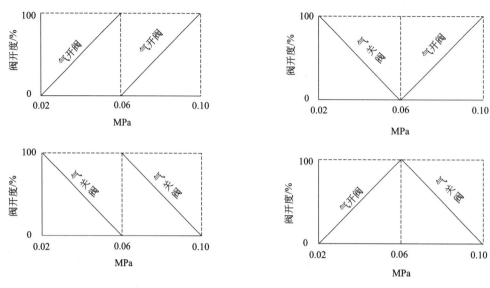

图 5-33　控制阀分程动作（同向）　　　　图 5-34　控制阀分程动作（异向）

需指出，阀的最小流通能力不等于阀关闭时的泄漏量。一般柱塞阀的泄漏量 C_S 仅为最大流通能力的 $0.1\% \sim 0.01\%$。

对于化工生产过程的绝大部分场合，采用 $R = 30$ 的控制阀已足够满足生产要求了。但有极少数场合，可调范围要求特别大，如废水处理中的 pH 值控制。工厂的废液来自下水道、污水沉淀池、洗涤器等处，其流量变化可达 $4 \sim 5$ 倍，酸碱含量可以变化几十倍以上；废液中酸或碱的类型各异，其含量变化使 pH 值也产生变化，因而这种场合需要的可调范围会超过 1000。如果不能提供足够的可调范围，其结果是要么在高负荷下中和剂供应不足，要么在低负荷下低于可调范围时产生极限环。

分程控制用于扩展控制阀可调范围时，总是采用两只同向动作的控制阀并联地安装在同一流体管道上，如图 5-35 所示的 A、B 两阀。

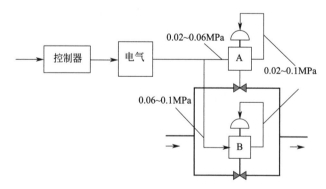

图 5-35　用于扩展范围的分程控制

若 $C_{\text{Amax}} = 4$，$C_{\text{Bmax}} = 100$，且两阀的可调范围相等，即

$$R = R_A = R_B = 30 \tag{5-22}$$

并设 B 阀的泄漏量为最大流通能力的 0.02%，即

$$C_{\text{BS}} = 0.02\% C_{\text{Bmax}} \tag{5-23}$$

当采用分程控制后，最小流通能力和最大流通能力分别为

$$C_{\min} = C_{A\min} + C_{BS} = \frac{4}{30} + 0.02 = 0.153 \tag{5-24}$$

$$C_{\max} = C_{A\max} + C_{B\max} = 4 + 100 = 104 \tag{5-25}$$

因此两阀组合在一起的可调范围将扩大到

$$R = \frac{104}{0.153} \approx 680 \gg 30 \tag{5-26}$$

分程控制阀的分程范围，一般取 0.02～0.06MPa 及 0.06～0.1MPa 两段进行均分。但实际划分时，要结合阀的特性及工艺要求来决定。

用分程控制，可获得扩展可调范围的效果，但是从流量特性来看，还存在着从 A 阀到 B 阀流量变化要平滑过渡的问题。

为了说明问题，设前述两只控制阀为线性阀，且采用均分的分程信号。假设两阀为气开阀，于是可得总的流量特性如图 5-36 所示。

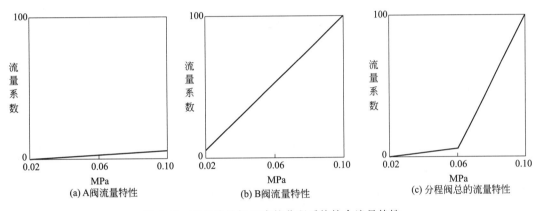

图 5-36 两只线性阀组成的分程系统综合流量特性

图 5-36(a)、(b) 分别为 A，B 阀的流量特性，(c) 为总的流量特性。由图可见，原本都为线性的阀门，组合在一起后，总的流量特性在 0.06MPa 气压处出现了大的转折，呈严重的非线性。

为了实现平滑的过渡，可采用两只等百分比特性的分程阀，以实现总的流量特性为等百分比特性。假若系统要求阀的流量特性为线性，则可通过添加非线性补偿环节的方法将等百分比特性校正为线性。

(2) 用于满足工艺操作的特殊要求

先看一个例子，图 5-37 所示是间歇式聚合反应器的控制。当配置好反应物料后，开始需经历加热升温过程，以引发反应；待反应开始后，由于放出大量反应热，若不及时移走热量，会使反应越来越剧烈，温度越来越高引起事故。所以还得经历降温（或保温）移走热量的过程。

为了满足这种有时需加热，有时需取走热量的要求，一方面需配置两种传热介质——蒸汽和冷水，并分别安装上控制阀；另一方面需设计一套分程控制系统，用温度控制器输出信号的不同区间来控制这两只阀门。下面来讨论分程控制系统的设计思路。

① 确定阀的气开、气关特性 从安全角度上讲，为了避免气源故障时引起反应器温度过高，所以要求无气时输入热量处于最小的情况，因而蒸汽阀选择为气开式，冷水阀选气关式。显然，相应地温度控制器应选反作用控制器。

② 决定分程区间 根据节能要求，当温度偏高时，总是先关小蒸汽再开大冷水。而由

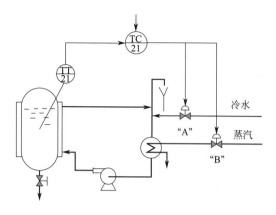

图 5-37 反应器温度分程控制

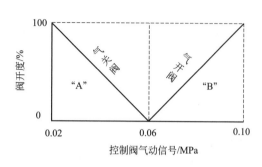

图 5-38 控制阀分程动作关系

于温度控制器为反作用，温度增高时其输出信号下降。两者综合起来，要求在信号下降时先关小蒸汽，再开大冷水。这就意味着蒸汽阀的分程区间在高信号区（如 0.06～0.1MPa），冷水阀的分程区间在低信号区（0.02～0.06MPa），其分程动作关系表示在图 5-38 中。

反应器温度分程控制系统的工作过程如下：当反应釜备料工作完成后，温度控制系统投入运行。因为起始温度低于设定值，所以具有反作用的温度控制器输出信号将增大，使 B 阀打开，用蒸汽加热以获得热水，再通过夹套对反应釜加热，升温，引发化学反应。一旦化学反应进行下去，至反应温度升高并超过设定值后，控制器输出信号下降，将渐渐关闭 B 阀，接着打开 A 阀通入冷水移走反应热，从而把反应温度控制在设定值上。

另一个例子是图 5-39 所示的罐顶氮封分程控制。在炼油厂或石油化工厂中，有许多贮罐存放着各种油品或石油化工产品。这些贮罐建造在室外，为使这些油品或产品不与空气中的氧气接触而被氧化变质，或引起爆炸危险，常采用罐顶充氮气的办法，使储存物与外界空气隔绝。

实行氮封的技术要求是，要始终保持贮罐内的氮气压微量正压。贮罐内储存物料量增减时，将引起罐顶压力的升降，应及时进行控制，否则将使贮罐变形，更有甚者，会将贮罐吸扁。因此，当贮罐内液面上升时，应停止继续补充氮气，并将压缩的氮气适量排出。反之，当液面下降时应停止放出氮气，并适量补充氮气。只有这样才能达到既隔绝空气，又保证容器不变形的目的。这一充氮分程控制方案，已表示在图 5-39 中。

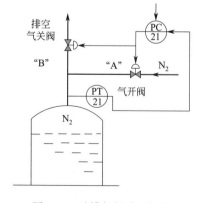

图 5-39 贮罐氮封分程控制

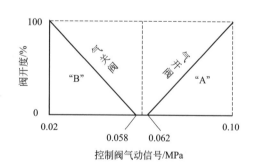

图 5-40 控制阀分程动作关系

构成这一氮气压力分程控制方案所用的仪表皆为气动仪表。控制器具有反作用，采用 PI 控制规律，进入贮罐的氮气阀门 A 具有气开特性，而排放氮气的阀门 B 具有气关特性，两阀的分程动作关系，见图 5-40。

由图 5-40 可见，B 阀接受控制器的输出信号为 $0.02\sim0.058$MPa，而 A 阀接收的信号为 $0.062\sim0.1$MPa。因此，在两个控制阀之间存在着一个间歇区（$\Delta=0.004$MPa）或称不灵敏区。针对一般贮罐顶部空隙较大，压力对象时间常数大，而氮的压力控制精度要求不高的实际情况，存在一个间歇区是允许的。设计间歇区的好处是避免两只阀的频繁开闭，以有效地节省氮气。

从控制系统结构上看，以上两例讨论的都是对多输入（两输入）单输出过程的控制问题。不过这几个控制变量的调整在工艺上存在某种逻辑要求，它要求几个控制变量的接替变化。这类分程控制系统的设计，除需考虑阀的气开、气关特性选择和分程区间的选择外，还应对控制系统的性能作进一步分析。

5.4.2 阀位控制系统

在生产上存在这种情况，有两个（或多个）变量均能影响同一个被控变量，但具有良好动态性能的变量，其静态性能（指工艺上的某些性能）却是低劣的。因而从提高控制品质的角度来看应采用使动态性能好的变量，但从稳态优化的角度却是不合适的。因此，为了协调矛盾，可采用包括阀位控制（VPC）系统在内的复合系统。

现举一个加热炉温度控制的例子，见图 5-41。加热炉的物料出口温度 θ 是被控变量。物料旁路阀 V_A 和燃料阀 V_B，对 θ 均有控制作用。从动态上分析，采用旁路阀控制，通道滞后小，控制及时。因此若仅考虑控制品质，则只需控制 V_A，构成单回路控制系统。然而从节能的角度，因为两种冷热不同流体的混合过程是不可逆过程，会造成㶲损失，所以设置旁路本身是不合理的，旁路阀全关才是最节能的。

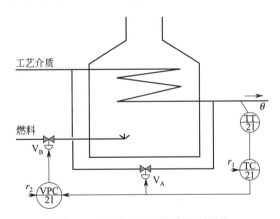

图 5-41　加热炉温度复合控制系统

为了协调上述矛盾，设计了图 5-41 所示的复合控制系统，假设 V_A，V_B 均为气开阀。它可看成两个控制回路：由温度变送器、温度控制器和旁路阀 V_A 及对象构成的主回路，由于以旁路流量作为操纵变量，所以能使该回路具有良好的动态品质；将 V_A 阀位信号作为被控变量，由阀位控制器（VPC）和 V_B 阀及对象构成另外一个控制回路。其设定值对应 V_A 的较小开度（如 10%），通过控制器的参数整定（采用宽比例度和大的积分时间），使它具有缓慢的控制动作，当系统稳定时，它能保证控制阀 V_A 处于小开度。

复合控制系统的方框图，如图 5-42 所示。在作粗略的分析时，由于两回路工作频率差异很大，在讨论主回路时可将次回路看成开路；而在讨论次回路时，又可将主回路中的某些快速环节的动态滞后忽略掉。

在节能控制中，需要协调矛盾的情况是很多的，因而上述的复合控制被广泛采用。

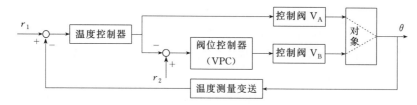

图 5-42　复合控制系统方框图

【例 5-1】　反应釜的温度控制，见图 5-43。冷冻盐水和冷水都能影响温度，两者相比较，冷冻盐水的影响滞后很小，有良好的动态性能。但它的价格比冷水昂贵。在正常工况下，要求通过阀位控制器的调整使它处于小流量，而当受到干扰使温度突然升高时，又能快速打开盐水阀。

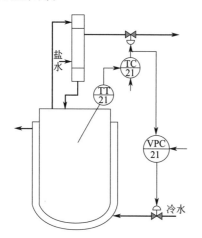

图 5-43　反应釜温度复合控制

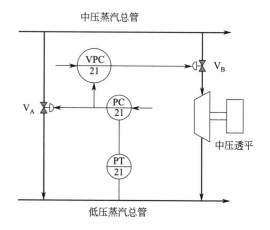

图 5-44　低压蒸汽总管压力复合控制

【例 5-2】　蒸汽透平控制见图 5-44。透平利用中压蒸汽驱动，做了功的蒸汽排入低压蒸汽管网。控制的要求是低压管网压力恒定。这既可以控制进入透平的中压蒸汽流量，也可以控制中压蒸汽直接进入低压蒸汽的控制阀 V_A 来达到。由于透平不可以变速太快，所以为了控制及时，调节 V_A 是合理的。但从节能角度看，在正常工况下，却应该使 V_A 处于小开度，以尽量减少中压蒸汽无谓地向低压蒸汽转化，因为这种转化将引起㶲退化。为了协调二者的矛盾，因而也设计了如图 5-44 所示的复合控制系统。

讨论　从结构上看，分程控制系统和阀位控制系统都是具有多个控制变量和单个被控变量的过程。分程控制要求各个控制变量接替工作，而阀位控制是要求被选作辅助变量的阀位在稳态时处于某个较小（或较大）值上，以满足另外指标优化的要求。

5.5　非线性过程增益补偿

5.5.1　非线性过程的特点

前面所讨论的都是线性系统，但是真实的系统往往不完全是线性的。在一些假定条件下，可以把这些实际系统当成一个线性系统来处理，但是这种方法并不总是适用的。例如一个按线性化理论设计、整定的控制系统，在付诸实现时，有时会出现一些无法用线性理论解释的现象，例如有时系统的动态品质会变坏，过渡过程的时间会拖长；有时系统是稳定的，但在某种情况下，系统突然从稳定变成不稳定，或者出现等幅振荡现象等。出现这些现象往往是由于实际系统中存在着不容忽视的非线性因素造成的。

对于真实对象中存在的非线性因素，就单回路控制而言，主要存在于两个部分。一部分是用于实现控制的测量仪表或执行机构中所包含的非线性，例如调节器中的限幅特性，阀门的等百分比、抛物线和快开等特性。它们一般属于典型的非线性特性。另一部分存在于对象本身，如对象的增益在很多情况下不是常数而是负荷等因素的非线性函数，通常称之为对象的变增益特性，又如有些对象动态特性的描述本身就用非线性方程来表示。关于非线性系统的分析与控制问题有专门的理论来研究，本节主要针对变增益对象特性，探讨常用的非线性补偿方法。

在构成自动控制系统的许多环节中，当环节的输入输出静态特性呈现非线性关系时，称为非线性环节。此时环节的输出 y 与输入 x 有如下关系

$$y = f(x) \tag{5-27}$$

式中，$f(x)$ 表示 x 的某种非线性函数。

非线性环节的输入输出特性如图 5-45 所示，曲线上各点的斜率是不相同的，亦即非线性环节的静态增益是变化的，其增益是环节输入的函数。在构成自动控制系统的环节中，有一个或一个以上的环节具有非线性特性时，这样的系统便是一个非线性控制系统。

因为组成控制系统的对象、测量变送装置、调节器、控制阀等都不可避免地、或多或少地具有一定的非线性特性，所以严格地说，几乎所有的实际控制系统都是非线性控制系统。当控制系统中的非线性特性在系统工作区域内

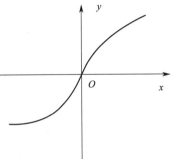

图 5-45　非线性环节输入
输出特性曲线

近似于线性特性时，为了研究与应用上的方便，一般可将系统近似地看成线性系统，用线性控制理论与方法进行分析设计。但是，当控制系统的非线性特性不可忽视时，若再用线性控制理论与方法进行分析设计，往往会得出不恰当的或者完全相反的结论。这时，为了进一步提高控制品质，研究非线性控制与补偿方法将是十分重要的。

在实际的控制系统中，除了实际存在的不可避免的非线性特性外，有时，为了提高系统的控制质量，人为地在系统中引进一些非线性环节。例如，在时间最优控制系统中，尽管被控过程本身可能是线性的，但是，所采用的控制器却具有非线性特性；又如，变增益的控制器，有时可以大大地改善系统性能，以满足生产上的某些特殊要求。

由于非线性控制系统的大量存在，更由于非线性控制系统具有线性系统所没有的许多特点，所以有必要对非线性系统加以深入的研究分析，以便在设计自动控制系统时，有效地克服非线性的有害影响，并充分地利用非线性改善控制系统的性能。

这里首先以常用的换热器为例，讨论对象特性的非线性以及对控制性能的影响。某蒸汽换热器如图 5-46 所示，通入换热器壳体的蒸汽，用来加热从列管中通过的工艺介质，工艺介质出口温度 T_2 采用蒸汽管路上的控制阀来加以控制。

如果忽略壳体的热损失，并假设蒸汽完全被冷却成同温度下的冷凝液，而工艺介质无相变，则换热器的热量平衡关系可表示为

$$c_p G_f (T_2 - T_1) = \lambda_v G_v \tag{5-28}$$

式中，T_1 和 T_2 分别为工艺介质进出换热器的温度，K；G_v 和 G_f 分别为加热蒸汽与工艺介质的质量流量，kg/min；c_p 为工艺介质的定压热容，J/(kg·K)；λ_v 为蒸汽的汽化潜热，J/kg。

由式(5-28)可得到被控变量 T_2 与其操纵变量 G_v 之间的关系

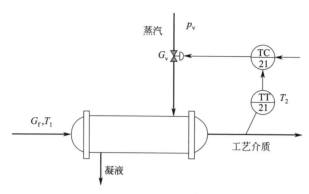

图 5-46　蒸汽换热器单回路控制系统

$$T_2 = T_1 + \frac{\lambda_v}{c_p G_f} G_v \tag{5-29}$$

因而控制通道的静态增益为

$$K_p = \frac{\partial T_2}{\partial G_v} = \frac{\lambda_v}{c_p G_f} \tag{5-30}$$

　　式(5-30)表明，蒸汽换热器控制通道的静态增益与被加热工艺介质的流量成反比。假设控制系统中除被控对象以外的各个环节均为线性，如果控制器参数整定是在正常负荷下进行的，那么当工艺介质的流量发生变化时，就会有不同的响应曲线。如图 5-47 所示，在正常负荷下，采用常规的 PID 参数整定法（如动态响应曲线法、临界比例度法等），可得到理想的动态响应。当设定值在 $t=10\min$ 从 50 ％下降至 40 ％时，控制系统的跟踪响应曲线接近于标准的 4∶1 衰减振荡；当工艺介质流量在 $t=60\min$ 增大至正常负荷的 1.5 倍时，系统的抗干扰响应接近于临界振荡，无明显超调；而当工艺介质流量在 $t=110\min$ 下降至正常负荷的 0.5 倍时，系统输出响应曲线出现等幅振荡。

　　上述现象表明：由于对象非线性的存在，当介质流量增大时，因过程增益变小，在已整

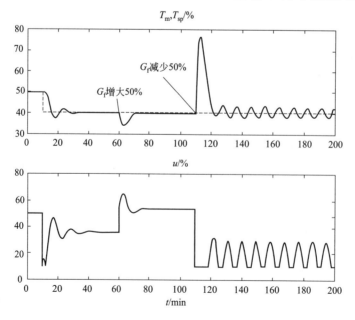

图 5-47　对象非线性对闭环控制系统性能的影响

定好的比例增益作用下，过渡过程呈现过阻尼；而在小流量下，因过程增益增大，系统可能出现等幅振荡甚至不稳定。为了保证控制回路能正常工作，就必须根据最坏的操作条件，即根据预计的最小流量来整定控制器参数。当然这种整定方法是以降低回路控制性能为代价的。如果生产过程对控制的要求较高，不允许降低控制性能，就需要采取其他措施。

5.5.2　非线性增益补偿方法

大多数的控制过程都存在着一定的非线性，只是在程度上有所差异。有的过程可以作线性化处理，应用常规线性控制器就能获得满意的控制品质；有的过程非线性尚不严重，仍可采用常规的线性控制器，只是在参数整定上需考虑控制系统稳定性和适宜的动态响应之间的折中；有些过程的非线性比较严重，此时在系统方案设计中必须加以考虑，否则难以达到预期的控制要求。

对于实际过程中所存在的非线性，常用的补偿方法如下。

① 控制阀特性补偿　通过合理选择控制阀的流量特性，实现广义对象增益的近似线性。

② 串级控制方式　将过程的主要非线性包含在副回路中，利用串级控制系统的鲁棒特性实现对象非线性的补偿。

③ 引入比值等中间参数　使主回路广义对象的增益为近似线性。

④ 变增益控制器　通过引入对象增益的反函数以使系统的回路增益为线性。

⑤ 自适应控制器　根据控制系统的性能自动调整控制器的增益，以使系统的回路增益为近似线性。

（1）控制阀流量特性的正确选择

控制过程的非线性往往表现为随着负荷等因素的变化，过程特性也发生变化，其中常见的是在操作范围内静态增益的变化。这种变化可能是连续的，也可能是断续的。对于断续的非线性，例如由于传动装置的间隙、装置的死区或放大器的饱和，通常作为特殊情况来研究，它们有独特的补偿问题，这里不再深入讨论。

非线性控制过程的实例较多，例如图 5-46 所示的蒸汽换热器，其控制通道的静态增益与工艺介质的流量成反比。对于这些非线性过程，一个较为简单的方案是应用控制阀的流量特性，去补偿过程的非线性。补偿的原理说明如下。

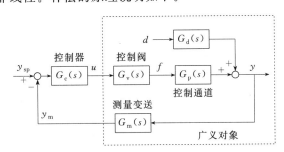

图 5-48　控制阀流量特性的选择与对象非线性的补偿原理

单回路控制系统的方框图如图 5-48 所示，其中 u 和 f 分别为控制器输出以及控制阀的相对流通面积，y,y_m 和 y_{sp} 分别是被控变量的实际值、测量值以及对应的设定值，d 为影响系统输出的外部干扰。广义对象的特性可表示为

$$G'_p(s)=G_m(s)G_p(s)G_v(s) \tag{5-31}$$

现在采用控制阀的流量特性来补偿过程的非线性，以使广义对象的特性不随负荷而变化。但是鉴于控制阀本身特性的限制，通常是在某一条件下实现补偿。最简单且最常用的情形是在静态条件下的补偿，即使 $G_m(s)G_p(s)G_v(s)|_{s=0}$ 为恒定值，不随负荷而变化。这种

静态补偿对于过程静态增益随负荷连续变化的情况，是适用的。

　　常用的控制阀流量特性有快开、线性和等百分比等几种，于是可以根据过程特性随负荷变化的规律来选择合适的流量特性，从而补偿过程的非线性。例如，对于如图 5-46 所示的蒸汽换热器，可选用等百分比特性的控制阀。在此基础上，经 PID 参数整定后所获得的闭环响应如图 5-49 所示。比较图 5-47 可以看出，等百分比控制阀的引入，使广义对象的静态增益在整个负荷变化范围内近似不变，因而即使 PID 控制器参数不变，也能使控制系统在整个操作范围内均为稳定。

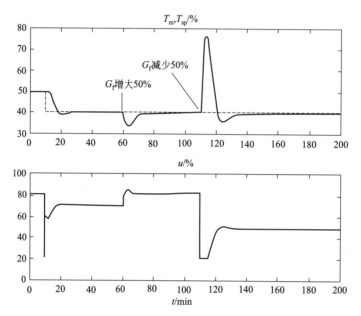

图 5-49　引用等百分比阀后非线性过程控制系统的闭环响应

　　正确选择控制阀流量特性的方法有两类，一类是理论分析法，即通过理论分析或作必要的计算，可以获得过程特性随负荷等因素变化的规律，然后考虑进行补偿需采用哪种流量特性的控制阀。这类方法，从道理上讲是可行的，也是精确的。但是对于较为复杂的过程，进行上述分析是有困难的。所以在实际使用中也可采用经验准则，根据不同的控制对象，选用合适的控制阀流量特性。这些经验准则可以参阅有关资料。

　　在进行控制阀流量特性选择时，还需注意下面几个问题。

　　① 对过程的非线性补偿，可以只考虑静态补偿，但有时也需从动态上加以考虑，这要看具体过程而定。

　　② 在多种扰动因素下，过程特性可能有不同规律的变化。此时，选用控制阀应考虑在主要扰动因素下，对过程特性进行补偿。

　　③ 控制阀的流量特性，在实际管路中可能由于阀两端差压的变化而发生畸变。因此，最后确定的流量特性，应考虑对管路特性所造成畸变的修正。

　　④ 装有阀门定位器的控制阀，可以采用改变定位器反馈凸轮的特性来获得所需的流量特性。

　　（2）串级控制方式克服副回路的非线性

　　串级控制系统方框图的一般形式可用图 5-50 来表示。在系统分析时，往往把副回路看成是一个等效环节，用 $G'_{p2}(s)$ 表示，这样串级控制系统就可以简化为图 5-51 所示的单回路控制系统。

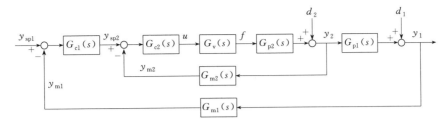

图 5-50 串级控制系统的方框图

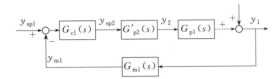

图 5-51 串级控制系统方框图的简化

现在来分析等效环节 $G'_{p2}(s)$。由图 5-50 可知

$$G'_{p2}(s) = \frac{G_{c2}(s)G_v(s)G_{p2}(s)}{1+G_{c2}(s)G_v(s)G_{p2}(s)G_{m2}(s)} \tag{5-32}$$

对副回路中各环节的特性作如下假设：副对象 $G_{p2}(s)=\dfrac{K_{p2}}{T_{p2}s+1}$，副控制器 $G_{c2}(s)=K_{c2}$，控制阀 $G_v(s)=K_v$，副参数测量变送器 $G_{m2}(s)=K_{m2}$。将这些假设代入式(5-32)，整理可得

$$G'_{p2}(s) = \frac{K'_{p2}}{T'_{p2}s+1} \tag{5-33}$$

$$K'_{p2} = \frac{K_{c2}K_vK_{p2}}{1+K_{c2}K_vK_{p2}K_{m2}}, \quad T'_{p2} = \frac{T_{p2}}{1+K_{c2}K_vK_{p2}K_{m2}} \tag{5-34}$$

从式(5-33)可以看出，等效环节的特性仍为一阶惯性环节，它的静态增益表达式如式(5-34)所示。从静态角度看，负荷（扰动）变化会引起副对象放大系数 K_{p2} 的变化，但一般情况下由于 $K_{c2}K_vK_{p2}K_{m2}\gg 1$，$K_{p2}$ 的变化对等效环节 K'_{p2} 的影响很小。或者可以说，副回路本身是一个反馈系统，当前向环节放大系数足够大时，系统的传递函数等于反馈回路传递函数的倒数，即等效环节的放大系数主要由反馈回路放大系数 K_{m2} 决定，随负荷变化的 K_{p2} 对 K'_{p2} 影响很小。

等效环节的这一特点，在实际系统中可用于克服被控过程的非线性。在系统设计时，只要把被控过程中随负荷变化的那一部分特性包括到副回路中去，就可起到对非线性的校正作用。这里仍以图 5-46 所示的蒸汽换热器为例，蒸汽流量不仅与蒸汽阀的开度有关，而且与蒸汽阀的阀前压力有关。若选择的蒸汽阀为线性阀，则蒸汽流量 G_v 可表示为

$$G_v = \alpha_v u \sqrt{\Delta p_v} \tag{5-35}$$

式中，α_v，u 和 Δp_v 分别为蒸汽控制阀的流量系数、相对开度以及阀两端的差压。

由式(5-35)可知，控制阀的静态增益与阀两端差压 Δp_v 的开方成正比。若采用单回路控制系统，则当阀两端差压 Δp_v 增大时，回路开环增益随之增大，闭环系统容易出现不稳定；而当 Δp_v 减小时，回路开环增益随之减小，闭环系统因稳定裕度过大而造成过渡过程延长。与此相反，若采用如图 5-52 所示的串级控制系统，将阀两端差压 Δp_v 变化对蒸汽流量的影响包含于蒸汽流量副回路中，则对主回路而言，阀两端差压 Δp_v 变化对整个控制系统的影响可忽略不计。串级控制系统中副回路的非线性校正作用如图 5-53 所示，上图中的点线表示换热器出口温度设定值，实线为串级系统所对应的换热器出口温度的测量值，短划线为单回路系统所对应的换热器出口温度的测量值。由此可见，串级控制方式的引入，可基

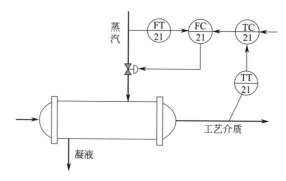

图 5-52　蒸汽换热器串级控制系统

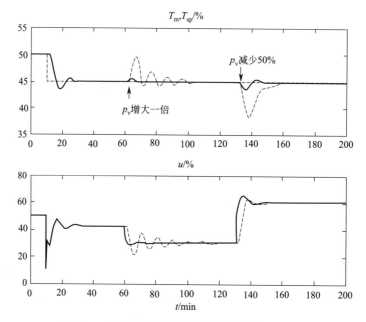

图 5-53　串级控制系统中副回路的非线性校正作用

本上消除蒸汽阀前压力变化所引起的过程非线性，同时，可快速消除这一主要扰动对换热器出口温度的影响。

（3）引入比值等中间变量，使主对象近似为线性系统

前面所讨论的串级控制系统可有效地克服副对象所存在的非线性，并能快速消除进入副回路的外部扰动，例如前述换热器中蒸汽阀前压力的波动。然而，主对象的非线性依然存在，即蒸汽流量对换热器出口温度的静态增益随工艺介质的流量而变化，具体关系如式（5-30）所示。能否进一步克服主对象的非线性？显然，由于副回路的引入，选用等百分比阀对主对象非线性的补偿而言无任何益处。此时，一种实用的补偿主对象非线性的方法是引入中间变量，使被控变量与该中间变量成线性关系，即对主控制器而言，使广义对象成为线性系统。

下面仍以图 5-46 所示的蒸汽换热器为例讨论中间变量的引入问题。由式（5-29）可知，被控变量 T_2 与其操纵变量 G_v 之间的关系为

$$T_2 = T_1 + \frac{\lambda_v}{c_p G_f} G_v \tag{5-36}$$

若令 $u=\dfrac{G_v}{G_f}$，则

$$T_2 = T_1 + K_1 u \qquad (5\text{-}37)$$

式中，$K_1 = \dfrac{\lambda_v}{c_p}$ 仅与蒸汽汽化潜热、工艺介质的比热容有关，而与负荷无关。这样，对主控制器而言，其控制变量 u 与换热器出口温度 T_2 之间为近似线性关系。

由式(5-37)所构成的控制方案如图 5-54 所示，实质上为典型的变比值串级控制系统。该方案不仅具有前述串级控制系统的全部优点，而且可克服负荷变化对控制系统稳定性的影响，并可迅速消除工艺介质流量对换热器出口温度的干扰（其效果即为静态前馈作用）。图 5-55 反映了变比值串级控制系统对工艺介质流量变化的闭环响应，由此可见，该系统具有很强的鲁棒性。

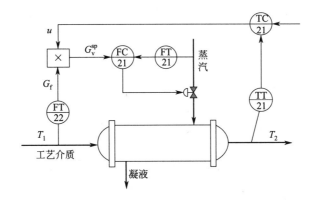

图 5-54　蒸汽换热器变比值串级控制方案

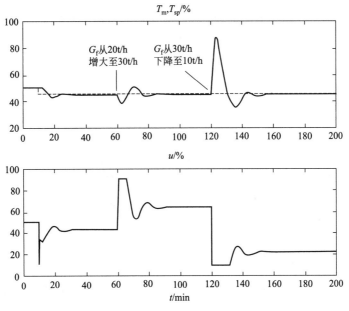

图 5-55　变比值串级控制系统以消除过程非线性

（4）测量变送中非线性的处置

前面主要讨论被控过程的非线性补偿问题。事实上，控制系统中的测量变送部分，应用多种物理或化学效应的传感元件，其特性同样有可能是非线性的。从理论上讲，如果这种非

线性特性刚好与过程的非线性相互补偿，则对保证控制系统的质量是有益的。但是，测量变送的非线性往往较多地给系统带来不利的影响，因此在控制系统设计时，必须考虑这一点。这里仅讨论节流式流量测量的非线性问题。

在化工、石油等生产过程中，流量的测量广泛采用节流装置。管道内流体通过节流装置后，在测量装置上产生与通过流体的流量有对应关系的差压。测出差压的大小，便可知流量的大小。

根据节流原理，流量和差压间具有非线性的平方根关系，$F = K\sqrt{\Delta p}$。这种非线性特性对控制系统的质量是有影响的。为了根本解决节流式流量测量的非线性问题，通常在差压变送器的输出端加上开方器，使输出信号与流量之间成线性关系。在有些定型仪表里，差压变送器带有开方装置，并专称为流量变送器，使用这种变送器与节流装置配套，就能直接得到与流量成线性关系的测量信号。

5.5.3 pH 中和过程控制

在过程工业中往往要求含有一定酸度（或碱度）的溶液去参加化学反应。另外，在污水处理过程中要求确保处理后污水的 pH 值在允许的范围内，以免污染环境。因此，不少场合需要进行溶液 pH 值的控制。

对于化学溶液的酸度和碱度，通常可用氢离子浓度来表示。由于氢离子浓度的绝对值很小，为了使用方便，就用 pH 值来表示溶液的氢离子浓度。pH 值定义为以当量浓度（单位：mol/L）表示的氢离子浓度的负对数：$pH = -\lg[H^+]$ 或 $[H^+] = 10^{-pH}$。因此，当溶液 pH 值改变 ± 1，就相当于溶液的氢离子浓度改变了 10 倍。

水分子按化学式：$H_2O \Leftrightarrow H^+ + OH^-$ 离解成氢离子与氢氧根离子。在化学平衡状态下，氢离子 H^+ 与氢氧根离 OH^- 的浓度由下列化学平衡式

$$\frac{[H^+][OH^-]}{[H_2O]} = \text{const} \tag{5-38}$$

给定。水中仅有一小部分水分子离解为离子，水的摩尔浓度为常数，因此有

$$[H^+][OH^-] = K_W \tag{5-39}$$

式中，K_W 为平衡常数，在 25℃ 时，其值为 10^{-14} $(mol/L)^2$。下面首先讨论 pH 中和过程的非线性特性。

5.5.3.1 pH 中和过程的滴定曲线

考虑在水溶液中用 m_B 摩尔的氢氧化钠 NaOH 和 m_A 摩尔的盐酸 HCl 的中和问题。此时，发生以下反应。

$$HCl + NaOH \longrightarrow H^+ + OH^- + Na^+ + Cl^- \tag{5-40}$$

设总反应容积为 V，由于酸和碱完全离解，所以氯离子的浓度为 $x_A = m_A/V$；而钠离子的浓度为 $x_B = m_B/V$（x_A, x_B 同时也为中和反应前氢离子 H^+ 与氢氧根离 OH^- 的浓度）。由于正负离子数相等，所以有

$$x_A + [OH^-] = x_B + [H^+] \tag{5-41}$$

利用式(5-39)，可得到以下关系

$$x = x_B - x_A = [OH^-] - [H^+] = \frac{K_W}{[H^+]} - [H^+] = 10^{pH-14} - 10^{-pH} \tag{5-42}$$

由此可求解得到

$$[H^+] = \sqrt{\frac{x^2}{4} + K_W} - \frac{x}{2}, \quad [OH^-] = \sqrt{\frac{x^2}{4} + K_W} + \frac{x}{2} \tag{5-43}$$

进而推导出

$$pH = f(x) = -\lg\left(\sqrt{\frac{x^2}{4} + K_W} - \frac{x}{2}\right) \tag{5-44}$$

函数 f 随 x 的变化曲线称为滴定曲线，在中和问题中，它是一条典型的非线性曲线。滴定曲线的形状如图 5-56 所示，图中横坐标为浓度差，x 轴也可用中和剂量重新刻度。函数 f 的导数为

$$f'(x) = \frac{\lg e}{2\sqrt{\frac{x^2}{4} + K_W}} = \frac{\lg e}{[H^+] + [OH^-]} = \frac{\lg e}{10^{-pH} + 10^{pH-14}} \circ \tag{5-45}$$

该导数在 pH=7 时达到最大值，即为 $f' = 2.2 \times 10^6$。对于较大的和较小的 pH 值，该导数将急剧下降。当 pH=4 或 10 时，$f' = 4.3 \times 10^3$。因此，对象增益可能变化几个数量级。由 pH 滴定曲线可知，中和过程具有严重的非线性特性，从而给控制系统的设计带来了困难。

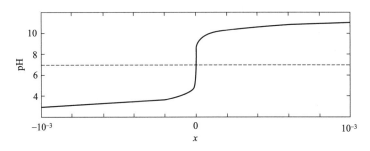

图 5-56　中和过程的滴定曲线

5.5.3.2　pH中和过程的动态模型

下面以图 5-57 所示的溢流式中和反应池为例来深入分析其对象动态特性。

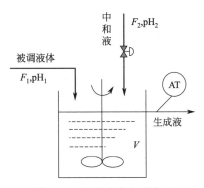

图 5-57　溢流式中和反应池

假设被调液体呈酸性，流量为 F_1，L/min，pH 值为 pH_1，氢离子浓度为 c_A，mol/L；中和液呈碱性，流量为 F_2，L/min，pH 值为 pH_2，氢氧根离子浓度为 c_B，mol/L。假设反应池的容积为 V，并设想被调液与中和液先经搅拌调匀，后发生中和反应。令 x_A 和 x_B 分别为未发生化学反应时中和池内的酸与碱浓度（分别用离解后的氢离子与氢氧根离子浓度来描述），则由质量平衡关系，得到

$$V\frac{dx_A}{dt} = F_1 c_A - (F_1 + F_2)x_A$$

$$\tag{5-46}$$

$$V\frac{dx_B}{dt} = F_2 c_B - (F_1 + F_2)x_B$$

pH 值由式(5-44)确定。为方便起见，假设中和池停留时间

$$T_{\mathrm{m}} = \frac{V}{F_1 + F_2} \tag{5-47}$$

基本不变，则式(5-46) 等价于

$$T_{\mathrm{m}} \frac{\mathrm{d}x_{\mathrm{A}}}{\mathrm{d}t} + x_{\mathrm{A}} = \frac{F_1}{F_1 + F_2} c_{\mathrm{A}}$$
$$T_{\mathrm{m}} \frac{\mathrm{d}x_{\mathrm{B}}}{\mathrm{d}t} + x_{\mathrm{B}} = \frac{F_2}{F_1 + F_2} c_{\mathrm{B}} \tag{5-48}$$

另外，假设 pH 测量变送器的动态特性可用传递函数

$$G_{\mathrm{m}}(s) = \frac{\mathrm{e}^{-\tau_1 s}}{T_1 s + 1} \tag{5-49}$$

近似，其中 τ_1 为测量延时，T_1 为 pH 测量变送单元的时间常数。

由式(5-48)、式(5-49) 和式(5-44) 可得到中和反应池广义对象的动态数学模型，具体如图 5-58 所示。当被调液的流量与 pH 值及中和液的 pH 值不变时，反应池混合液 pH 值相对中和剂流量的阶跃响应如图 5-59 所示。

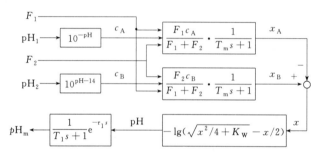

图 5-58　中和反应池广义对象的动态数学模型

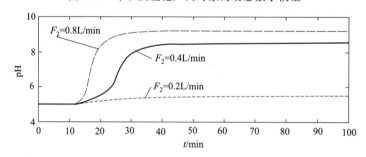

图 5-59　中和剂流量对反应池混合液 pH 值的阶跃响应

无论是中和滴定曲线，还是被控变量（反应池混合液的 pH 值）对操纵变量（中和剂流量）的动态阶跃响应，从不同侧面反映了 pH 过程严重的非线性。同时，因 pH 测量变送器存在较大的纯延迟与一阶滞后，使得 pH 值的控制系统要比压力、流量、液位、温度等参数的控制系统复杂得多。

5.5.3.3　pH 过程的典型控制系统

（1）单回路 PID 控制

对于 pH 中和过程，最简单的控制方案即为如图 5-60 所示的单回路 PID 控制。它是根据 pH 值来改变中和液的流量来实现 pH 值的控制。该方案仅适用于被调液与中和液 pH 值变化范围不大，中和器具有充分混合并配有很灵敏的 pH 值测量系统的场合。由于中和曲线通常在 pH＝7 附近具有最大的灵敏度，即中和液对 pH 值的通道增益最大，因而控制系统极易在 pH＝7 附近产生等幅振荡。图 5-61 描述了单回路控制系统的闭环响应。为避免出现

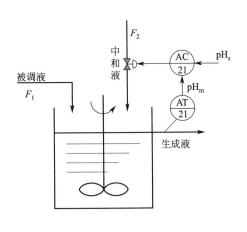

图 5-60　pH 值单回路控制系统

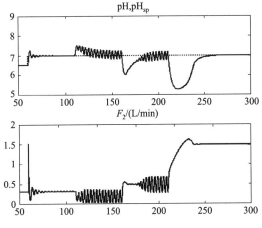

图 5-61　pH 值单回路控制系统的闭环响应

等幅振荡，可引入调节死区，即在 pH＝7 附近不改变中和液的流量。但带来的问题是控制系统的调节精度下降，中和液消耗增大。

对于上述单回路控制系统，当中和液控制阀阀前压力变化较大时，可引入中和液流量的副回路控制以提高控制性能。另外，在本节所有仿真实验中，均采用图 5-58 所示的动态模型，并取初始工作点为：$F_{10}＝30\text{L/min}$，$\text{pH}_{10}＝5$，$F_{20}＝0\text{L/min}$，$\text{pH}_{20}＝11$，$T_m＝10\text{min}$，$T_1＝2\text{min}$，$\tau_1＝0.5\text{min}$。实验过程依次为：

① 在 $t＝10\text{min}$，pH 控制器投入自动，并将 pH 的设定值从 5 提高至 6.5；

② 在 $t＝60\text{min}$，将 pH 的设定值从 6.5 提高至 7.0；

③ 在 $t＝110\text{min}$，将被调液的流量 F_1 从 30L/min 下降至 15L/min；

④ 在 $t＝160\text{min}$，将被调液的 pH 值从 5 下降至 4.5；

⑤ 在 $t＝210\text{min}$，将中和液的 pH 值从 11 下降至 10.5。

（2）变比值串级 PID 控制

当被调液的流量变化较大，对中和反应后生成液的 pH 值控制干扰严重时，可通过引入前馈控制来改善控制系统质量。前馈控制是改善反馈控制不及时的一种控制方法，它是根据"扰动补偿"原理工作的，即直接测量出干扰，通过前馈控制器，按照干扰大小产生与干扰相当的校正作用，及时克服干扰对被控变量的影响。引入前馈作用后的 pH 值前馈-反馈控制系统如图 5-62 所示。实质上，它是一个变比值串级控制系统，它能有效地克服被调液流量变化对中和反应器内 pH 值的影响。这里，前馈控制器采用常规的乘法器，当被调液流量变化时，中和液流量控制器的设定值立即按比例变化。由于其实施和调整都比较简便，因此在实际过程中获得了较为广泛的应用。图 5-63 反映了该变比值串级控制系统的闭环响应。尽管对被调液流量变化具有较强的抗干扰能力，但对于被调液的 pH 值变化仍缺乏有效的调节手段。同时，由于过程严重的非线性，仍不能保证在整个操作范围内控制系统均稳定。

（3）带有不灵敏区的非线性 PID 控制

前面已经提到，pH 过程滴定曲线的非线性主要表现为 pH 值在 7 附近滴定曲线的斜率很大。也就是说，此时添加的中和液有少量的变化，就引起 pH 值较大幅度的波动。而当 pH 值远离中和点时，滴定曲线斜率变小，只有较大的中和剂量的变化，才能造成 pH 值的少量的变化。因此，采用上述的 pH 值线性控制系统，由于控制器的增益是始终不变的，必将造成中和点附近的严重超调，而其他地方调节作用不够的现象，难以保证系统的控制品质。

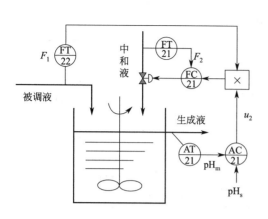

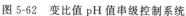

图 5-62 变比值 pH 值串级控制系统

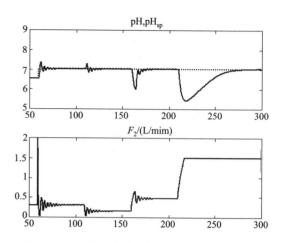

图 5-63 pH 值变比值串级控制系统的闭环响应

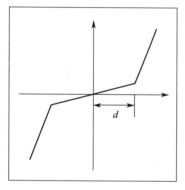

图 5-64 带不灵敏区的 PID 控制器

为了解决被控对象的严重非线性问题，一种有效的方法是采用非线性控制器，补偿对象的非线性。在 pH 值控制中，经常采用带不灵敏区的非线性控制器。该控制器的特点是，当被控变量的控制偏差 e 在不灵敏区内时，控制器的增益很小；而当偏差 e 超出不灵敏区时，控制器增益增加数十倍或更多，如图 5-64 所示。用带不灵敏区的非线性控制器取代一般的线性控制器，就有可能用控制器的非线性来补偿被控对象非线性，最终组成一个近似的线性控制系统。引入不灵敏区非线性控制器的单回路系统方框图如图 5-65 所示。这样在非线性控制器参数（不灵敏区的宽度、不灵敏区内外的增益）整定适当的前提下，就能保证系统的控制品质基本不变。

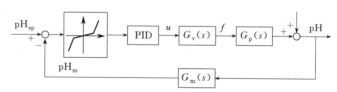

图 5-65 引入不灵敏区的单回路非线性 PID 控制系统方框图

在中和过程中，带不灵敏区的非线性控制器参数整定问题主要解决如何合理设置不灵敏区宽度及不灵敏区内的增益。至于不灵敏区外的增益可确定为 1，由此引起的回路增益变化可归属至 PID 控制器增益中，因而 PID 参数（控制增益、积分时间等）可仍按一般线性系统的参数整定来确定。不灵敏区宽度的整定，是 pH 值控制回路是否稳定的关键。增加这个宽度能够抑制在不灵敏区外的临界振荡；减少宽度则能缩小控制偏差。因为事先估算不灵敏区的宽度是较为困难的，一般由尝试法来整定。首先设定不灵敏区为零，观察系统临界振荡的出现，并以临界振荡的幅值作为不灵敏区的宽度。然后，宽度可从这个值开始逐步地增长，直至振荡停止。不灵敏区内的增益也要适当，如果过高，易引起不灵敏区内的振荡；当然过低也是不利的，pH 值将在设定点附近徘徊，迟迟不能调回到设定点。对于上述 pH 仿真模型，这里选择不灵敏区半宽 $d=0.5$，不灵敏区内的增益为不灵敏区外增益的 10%，经常规 PID 参数整定后得到的闭环响应如图 5-66 所示。对比图 5-62 可以看出，对于 pH 过程，

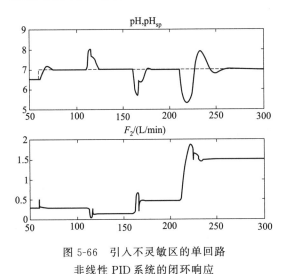

图 5-66 引入不灵敏区的单回路
非线性 PID 系统的闭环响应

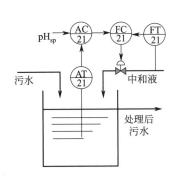

图 5-67 pH 值的非线性串级控制

变增益 PID 控制器不仅原理简单，而且具有令人满意的控制性能。

带不灵敏区的非线性控制器，已经成功地应用于工业污水处理的 pH 控制中。为了进一步提高系统的控制质量，还可在非线性控制的同时，加上串级控制，组成如图 5-67 所示的非线性串级控制系统。其中主控制器（pH 值控制）采用带不灵敏区的非线性控制器，副控制器（中和液流量控制）仍为常规线性控制器。

（4）引入非线性变换的线性化 PID 控制

上述带不灵敏区的非线性 PID 控制器在实际工业系统中获得了广泛的应用，但其仍有一定的局限性。一个主要的限制是要求 pH 值设定在 7 附近，否则，其控制回路非线性补偿环节的有效性不再存在。

为了进一步增强控制系统的稳定性与适用性，从根本上克服广义对象的非线性，需要对该过程的非线性进行深入分析。基于如图 5-58 所示的反应器动态模型，当被调液流量 F_1 与 pH 值（即氢离子浓度 c_A）及中和液 pH 值（即氢氧根离子浓度 c_B）基本不变时，若中和液流量 F_2 远小于被调液流量 F_1，则可以认为广义对象的非线性主要由 pH 滴定曲线引起。若采用酸碱平衡浓度 x 而不采用 pH 值作为被控输出，则由对象的动态模型可知，能基本上克服控制回路的非线性。基于上述思想构造的控制结构如图 5-68 所示，其中 D 表示所有影响混合液 pH 值的扰动，如被调液流量 F_1 与 pH 值、中和液 pH 值等。u 为控制器输出，对单回路控制而言，即为控制阀控制信号；而对包含有中和液流量副回路的串级控制系统而言，即为中和液流量设定信号。x_m 和 x_{sp} 分别为 pH_m 和 pH_{sp} 所对应的平衡浓度，均由下列变换式计算得到

$$x = f^{-1}(pH) = 10^{pH-14} - 10^{-pH} \tag{5-50}$$

对于混合液平衡浓度 x 而言，一方面与 pH 值存在严格的对应关系：x 为 0 时，酸碱平衡，$pH=7$；若 $x<0$，则混合液呈酸性，$pH<7$；若 $x>0$，则混合液呈碱性，$pH>7$。另一方面，与中和液流量近似成比例，从而使上述控制回路成为一个线性系统，而且与工作点无关（这一点与带有不灵敏区的非线性控制器完全不同）。图 5-69 给出了该系统的仿真实验结果。由此可见，该控制方案可广泛适合于各种 pH 中和过程，既适用于需要对混合液 pH 值进行定值控制的场合；也适用于对混合液 pH 值实行宽范围控制的场所。

前面以 pH 中和过程为例，详细讨论了广义对象非线性的补偿措施，其中包括流量比值的引入、变增益控制器、基于对象模型的非线性变换等，以最终使控制回路成为近似的线性

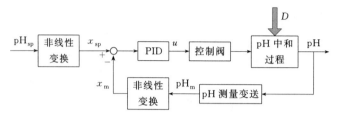

图 5-68　非线性变换串级控制系统方框图

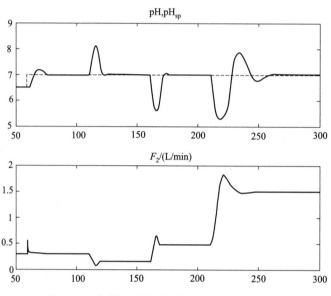

图 5-69　非线性变换串级控制系统的闭环响应

系统。不过，不少情况下很难找到合适的实现控制回路线性化的方法，此时，当控制精度要求较高时，可考虑采用自适应控制、完全的非线性控制等先进控制策略，以进一步提高控制系统的性能。

思考题与习题 5

5-1　在一个串级控制系统中，原来选用口径为 20mm 的气开阀，后来改为口径为 32mm 的气关阀。
　　① 主、副控制器正反作用要否改变？为什么？
　　② 主、副控制器的比例度和积分时间要否改变？是变大还是变小？为什么？

5-2　考虑图 5-70 中的 4 个串联贮罐，工艺介质的出口温度 θ_4 为被控变量，加热量 Q 是操纵变量，F_1 和 θ_{12} 为干扰。
　　① 在设计串级控制时，最合适的副变量应选择在何处？试与选择向前和向后一个罐的情况相比较。
　　② 在工艺图上表示该串级系统，并画出相应的方框图。
　　③ 确定控制器的正反作用。

5-3　图 5-71 表示了二个动态过程的方框图。为了改善闭环品质（d_1 干扰时），哪一个过程应该采用串级控制？为什么？对应该采用串级控制的系统，试画出相应的方框图〔假设 $G_v(s) = G_m(s) = 1$〕。

5-4　如图 5-72 所示的串级系统，分别在 u_1, u_2 阶跃干扰下从一个稳态过渡到另一个稳态，试回答以下问题。
　　① G_{c1} 为 PI，G_{c2} 为 P，能否保证 $y_1(\infty) \Rightarrow r_1$，$y_2(\infty) \Rightarrow r_2$？
　　② G_{c1}, G_{c2} 都为 PI，能否保证 $y_1(\infty) \Rightarrow r_1$，$y_2(\infty) \Rightarrow r_2$？

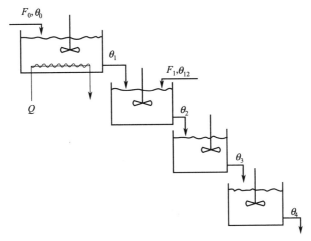

图 5-70 题 5-2 图

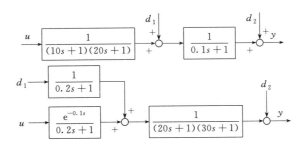

图 5-71 题 5-3 图

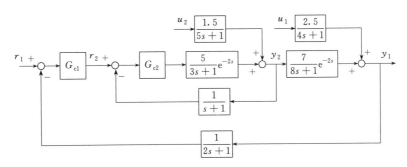

图 5-72 题 5-4 图

5-5 有时前馈-反馈控制系统从其结构上看与串级控制系统十分相似。试问如何来区分它们？试分析判断图 5-73 所示的两个系统各属于什么系统？说明其理由。

5-6 有一均匀控制系统（缓冲罐直径为 2m，控制器为纯比例 P=100％）输入流量为正弦变化，变化范围为 $240\sim480\mathrm{m}^3/\mathrm{h}$，周期为 2min。由此引起的液位变化幅度为 0.3m。

① 试求相应输出流量的变化幅度；

② 若将该贮罐直径增加到 2.8m，求液位变化幅度和输出流量变化幅度。

5-7 有一放热反应的化学反应釜需要移走热量。在一般情况下用自来水作冷剂，但在热天需补充深井水作冷剂。控制的要求是当自来水阀全开还感到去热不足时，才开启深井水阀。现设计了一套分程控制系统，如图 5-74 所示。试确定：

① 阀的气开、气关形式；

② 控制器的正、反作用；

③ 分程区间。

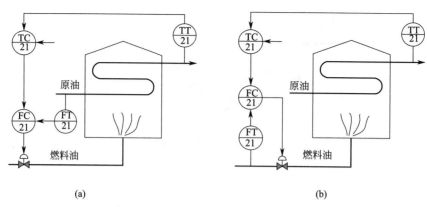

(a)

(b)

图 5-73 题 5-5 图

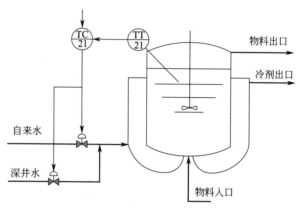

图 5-74 题 5-7 图

6 计算机控制系统

6.1 计算机控制系统概述

在第 1 章中已概括地介绍了工业生产过程中计算机控制的发展过程。DCS（集散型控制系统）已成为现代工业生产过程控制的主要自动化工具，同时 DCS 本身随着计算机和通信网络技术的发展也在不断改进。一般所用的 DCS 系统结构如图 6-1 所示，包括与生产过程紧密相连的测量、变送和执行器，控制站和操作站三层结构形式。但是随着 Web 技术的发展并引入到 DCS 系统，原有的 DCS 系统发展成更加开放的计算机控制系统，形成如图 6-2 所示的系统结构形式。这种 WebField 的体系结构实现了网络化、信息化与自动化的有机结合。通过 Web 服务器可对现场生产过程进行实时监控，实现工业生产过程管理与控制的一体化，为企业的综合自动化提供了信息化综合集成的基础。

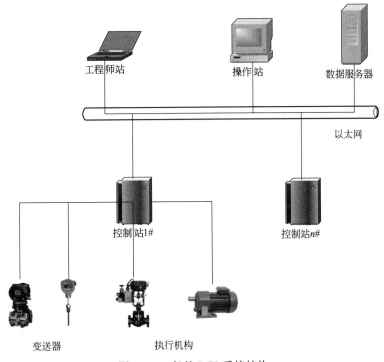

图 6-1　一般的 DCS 系统结构

尽管计算机控制硬件和软件发展迅速，但是作为计算机控制系统基本组成是相同的。在本节将用一个温度控制系统作例子介绍计算机控制系统的基本组成和有关技术问题。图 6-3 是一台电烤箱的温度控制系统，由热电偶测量箱内温度，再用一台微机通过调整供电输入来控制烤箱内的温度。

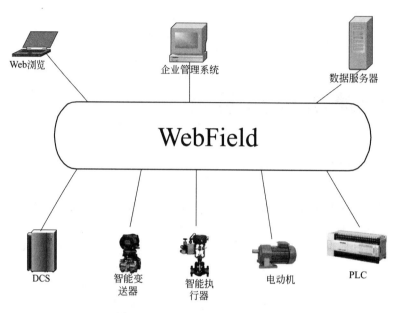

图 6-2　WebField DCS 系统结构

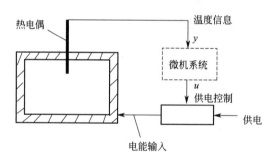

图 6-3　电烤箱的微机控制问题

　　因为微机处理的是数字量信号，而烤箱的温度和供电输入控制是连续的信号，所以必须设计有关的接口设备，以构成微机控制系统。整个控制功能可分成以下几方面的内容。

　　① 以合适的速率采样温度测量信号。

　　② 通过变换技术将连续的温度测量信号转变成数字信号，即模数（A/D）变换后送入微机。

　　③ 将测量到的温度信号与储存在微机内的烤箱温度给定值相比较，产生偏差信号。

　　④ 以合适的算法对偏差信号进行运算，得到一个数字式的输出信号。

　　⑤ 将输出的数字信号传送到数模（D/A）变换单元，变成连续的信号控制供电单元，使烤箱的温度维持在给定值上。

　　实现上述功能的电烤箱微机控制系统如图 6-4 所示。如果我们对图 6-4 的功能作一般化的描述，即把热电偶、冷端补偿、热电偶断路保护和放大器，用测量变送环节来表示，对 PC 机在这一温度控制中的功能再作进一步描述，如显示记录烤箱的温度变化、对温度超限进行报警，以及与外部系统通信和存储有关控制过程信息等，这样就可用图 6-5 来表示该温度控制系统的功能。这种控制方式通常叫直接数字控制（DDC）。由图 6-5 可知，其中测量变送

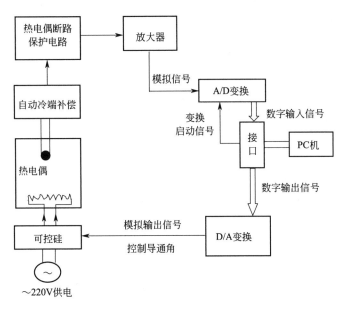

图 6-4 电烤箱微机温度控制系统硬件配置图

和执行器是属于自动控制中测量和执行器技术中介绍的内容；显示记录、报警等实际上是在 CRT 上显示；打印、存储则是属于微机的外围设备；而通信是由标准的通信接口或接口卡组成。因此，作为直接数字控制，其关键部分是与过程的接口（A/D,D/A 转换），对测量与控制信号的处理以及控制软件。为了提高计算机控制系统的可靠性、可使用性以及可维护性，在 1975 年首先由 Honeywell 公司推出了适用于工业生产过程的集散型计算机控制系统（DCS）。随着 DCS 系统的功能不断发展与完善，其中直接数字控制中的有关接口、操作功能及有关软件等都已做成标准的卡件、模块化构件和程序模块。用户可根据各自工业生产过程的特点进行方便的选用和组装，详细内容见本章第 4 节。现就信号采集与变换以及采样信号的处理问题进行讨论。

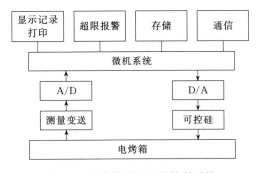

图 6-5 电烤箱微机温度控制系统

6.2 信号采集与处理

6.2.1 信号采集与变换

以微机处理器为基础的数字控制系统不仅广泛应用于工业生产过程控制，而且有许多智能化的仪器、仪表都采用微处理器来处理测量信息。因为计算机处理的是二进制的数字信号，而工业生产过程的各种测量信号，如温度、压力、流量、液位和成分等，是连续变化的模拟信号，因此必须以一定的采样速率采集这些模拟信号。要保证这些信号不失真，同时又不因为过密的采样而加重计算机的处理负荷。

（1）采样速率的选择

测量信号的采样速率必须足够快，方能保证测量信息不失真。假设有一正弦变化信号如图 6-6(a) 所示，对其采样的速率为每周期 4/3 次，那么得到的信号是如图 6-6(b) 所示的比原信号频率低的信号。若采样速率为每周期 2 次，则得到的结果为如图 6-6(c) 所示的不振荡信号。根据香农采样定理，对一个具有频谱范围为 $-\omega_{max} < \omega < \omega_{max}$ 的连续信号进行采样，其采样频率必须大于或等于信号所含最高频率的两倍，即 $\omega_0 \geqslant 2\omega_{max}$，或 $T_{so} \leqslant \dfrac{T}{2}$，其中 T 为信号所含的最短周期，以 T_{so} 对信号进行采样所得到的一连串数值可以完全复现原来的信号。

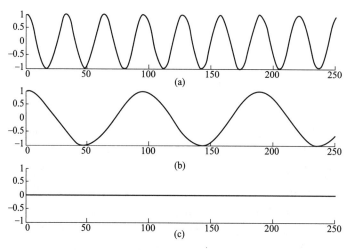

图 6-6　由于采样速率太慢而造成信号失真

从闭环反馈控制系统来分析，若采样速率太低，则将大大降低反馈控制的作用，特别是抗扰动的性能会变差。若从极端例子来考虑，即采样周期比过程的动态响应还慢，那么，对于扰动作用，控制系统就来不及响应。但是，另一方面若采样速率很快，则随着采样间隔（Δt）的减小，计算机所需处理的采样点数将大大增加。所以优化采样周期是件很有意义的工作。然而，这一优化工作比较困难，因为这依赖于对过程动态特性的了解。

因此，采样周期的选择有很大的技巧性。一般根据工程经验选取采样周期如表 6-1 所示。早期直接数字控制系统采样周期的选择是按被控变量的类型来选取的，即表 6-1 中的第（1）类。如果过程变量响应快，则采样频率选的快，反之，则采样频率选的慢一些。但是实际应用时，应注意该过程变量的实际动态特性，例如有些温度系统其热容量很小，响应速度很快，采样周期就应该比 20s 要缩短一点。

表 6-1 所介绍的各种采样周期的选择方法，只能提供一个粗略的值或范围，因为选用的方法不一样，所得到的结果是不一样的。

工业上广泛应用的 DCS 系统，提供最小的采样周期通常为 0.2s，甚至更快。对于工业生产过程，这个采样速率已足够快了。在实际使用时，可根据被控过程的特性自由选定采样周期。

表 6-1　PID 控制器采样周期经验选取

选取方法	推荐值	说　明	推　荐　者
(1)根据过程变量	①流量：$\Delta t=1s$ ②液面和压力：$\Delta t=5s$ ③温度：$\Delta t=20s$		Williams
(2)根据开环系统特性	①$\Delta t<0.1T_{max}$	T_{max} 是主极点时间常数	Kalman
	②$0.2<\Delta t/\tau<1.0$	τ 是过程纯滞后时间	Astrom
	③$0.01<\Delta t/T<0.05$	T 是过程时间常数	
	④$T_回/15<\Delta t<T_回/6$	$T_回$ 是过程回复时间	Isermann
	⑤$0.25<\Delta t/t_r<0.5$	T_r 是开环系统上升时间	Astrom
	⑥$0.15<(\Delta t)\omega_c<0.5$	ω_c 是连续系统临界振荡频率	
	⑦$0.050<(\Delta t)\omega_c<0.107$		Shinskey
(3)其他	①$\Delta t>T_i/100$	T_i 是控制器积分时间	Fertik
	②$0.1<\Delta t/T_d<0.5$	T_d 是控制器微分时间	Astrom
	③$0.05<\Delta t/T_d<0.1$		Shinskey

（2）模拟信号数字化表示

工业生产过程所处理的过程变量信息都是模拟量形式，如表 6-2 所示。模拟信号的精确度是由测量装置决定的。

表 6-2　过程模拟变量例子

变　量	测量范围与单位	变　量	测量范围与单位
压力	$500\sim5000kPa$	液位	$0\sim5m$
气动信号	$20\sim100kPa$	电动仪表信号	$4\sim20mA$
温度	$20\sim300℃$		

数字信号是用有限的元件或状态个数来表示，例如 $0\sim99$ 的整数是用两位十进制数来表示的。在计算机中所用的都是二进制，所有的数据都用二进制来表示。因此，过程模拟变量都要转换成二进制数。当然有些过程变量如泵（或电动机）的开与关本来就是可用二进制来表示的数字信号。

过程控制中的大多数测量信号不仅是模拟量形式，而且随时间变化。因此，若用计算机来表示，则需要采用两种离散化形式，即模拟信号测量幅值的离散化和时间的离散化。模拟量的幅值存储在计算机存储器中的一个或几个存储单元中。如果有一个 $0\sim10V$ 的模拟信号，假设用三个存储位来保存该模拟量，则只有 8 种不同的数字状态可用来表示 $0\sim10V$ 的模拟量信号。这种表示的结果如表 6-3 所示。由这一例子可知，如果所采用的二进制位数少，离散化所表示的模拟量近似程度很差。显然，要想得到高的表示精度（或称分辨率），则要采用更多的二进制位数。一般分辨率与二进制位数的关系如式(6-1)所示。

表 6-3　$0\sim10V$ 用三位二进制字长表示的结果

二进制	十进制数	模拟量表示	二进制	十进制数	模拟量表示
0 0 0	0	$0\sim\frac{10}{14}$	1 0 0	4	$\frac{70}{14}\sim\frac{90}{14}$
0 0 1	1	$\frac{10}{14}\sim\frac{30}{14}$	1 0 1	5	$\frac{90}{14}\sim\frac{110}{14}$
0 1 0	2	$\frac{30}{14}\sim\frac{50}{14}$	1 1 0	6	$\frac{110}{14}\sim\frac{130}{14}$
0 1 1	3	$\frac{50}{14}\sim\frac{70}{14}$	1 1 1	7	$\frac{130}{14}\sim10$

$$分辨率＝量程范围\times\frac{1}{2^N-1} \tag{6-1}$$

式中，N 是二进制位数。由式（6-1）可知，位数越多，分辨率的值越小，相应的精度也越高；反之，则分辨率的值大，精度低。

若从另一种离散化描述方式来讨论，对于模拟量用数字量来表示，可定义量化单位

$$q=\frac{M}{2^N} \tag{6-2}$$

式中，q 称为量化单位；M 是模拟量信号的量程；N 为二进制位数。假设模拟量为 y_n，对应的二进制值 y_N 可用式（6-3）表示。

$$y_N=K_m\frac{y_n}{q} \tag{6-3}$$

式中，K_m 为测量变送器的输出与输入之比。

【例 6-1】　有一温度变送器的量程范围为 $50\sim150℃$，其对应的输出是 $0\sim10mA$。现用六位二进制数来表示这一模拟量信号，当温度为 $100℃$ 时，其对应的二进制值是多少？

由式（6-2）可得

$$q=\frac{M}{2^N}=\frac{10-0}{2^6}=\frac{10}{64} \tag{6-4}$$

且

$$K_m=\frac{10-0}{150-50}=\frac{10}{100} \tag{6-5}$$

将 q，K_m 和 $y_n=100-50=50$（℃）代入式（6-3）可得

$$y_N=K_m\frac{y_n}{q}=0.1\times\frac{64}{10}\times50=32_{(10)}=100000_{(2)} \tag{6-6}$$

如同分辨率，量化单位 q 越小，精度就越高，需要的二进制位数也越多。

由电烤箱温度控制例子可见，在进行数据采集和控制时，物理信号首先要转换成电压或电流信号，然后由模数（A/D）变换器（或称 ADC）转换成二进制数字信号。反过来，计算机的数字信号需转换成模拟信号方能控制连续变化的模拟量信号。大多数现有工业过程控制用的 A/D 和 D/A 变换器都用 12 位或 16 位字长的二进制，因此，具有很高的分辨率和转换精度。

关于过程模拟变量时间的离散化问题，实际上在本节前面已经作了介绍，即按一定采样周期来采集模拟量信号。这一采样过程都记录在计算机的存储器中，也就是说依采样顺序存放采样数据。

6.2.2　信号处理与数据滤波

在工业生产过程控制中，所测量的模拟信号都带有噪声，这些噪声来源于测量装置、电气设备或过程自身。电气设备与测量装置的噪声大多数是由于接地不良或电缆屏蔽等原因造成，而过程自身的噪声是由于混合不均匀、湍流以及非均相流等引起。因此，对于测量信号有效性检查及去除噪声，成为计算机控制首先要进行的工作。

（1）信号处理

① 数据有效性检查　在实际工业生产过程控制中，由于测量变送器失灵或故障，如电烤箱计算机控制中热电偶断路等原因，使采样得到的数据超出变送器的量程范围，这些数据显然是无效的。因此，对采样数据首先进行有效性检查，其检查方法是核对采样数据有否超出量程范围，若超过范围则在显示屏上发出故障报警，并登记这一故障。

② 信号补偿和线性化处理　工业生产过程控制中，有些变量如热电偶需要进行冷端温度补偿，有些流量测量要进行温度和压力修正补偿。这些信号补偿和线性化处理在用模拟仪

表测量时比较麻烦，而用计算机处理则比较方便。特别是 DCS 系统，只要在系统控制组态时，加上这一功能要求，就可实现相应的功能。

另外，有些测量信号与真实的物理量不是成线性关系，如代表流量的差压变送器输出信号与真实的流量信号是开方的关系，各种热电偶输出的热电势信号与温度在较低温度范围内不是线性关系，因此要进行分段折线线性化处理。

例如从差压变送器来的信号 y，与实际流量 Q 之间成平方根关系，即

$$Q = k\sqrt{y} \tag{6-7}$$

式中，k 是流量系数。

又如各种热电偶的热电势与所测温度之间也是非线性关系，测量得到的热电势必须进行线性化处理。例如铂铑-铂热电偶，温度和热电势的关系为

$$T = a_3 E^3 + a_2 E^2 + a_1 E + a_0 \tag{6-8}$$

式中，T 是被测温度；E 是热电势；$a_0 = -2.6418007025 \times 10^{-1}$；$a_1 = 8.0468680740 \times 10^{-3}$；$a_2 = 2.9892293723 \times 10^{-6}$；$a_3 = -1.9338477638 \times 10^{-8}$。

（2）数字滤波

测量信号中的噪声可以采用各种滤波的方法加以去除。在模拟测量系统中，常用 RC 电路进行模拟滤波，在计算机控制系统中，可用数字滤波去除噪声。

所谓数字滤波，其实是通过编制计算滤波程序来提高信号的真实性。同时还可以对信号进行平滑处理，以保证控制系统的可靠运行。下面介绍几种常用的数字滤波方法。

① 程序判断滤波　在控制系统中，由于现场采样，大的随机干扰或由变送器故障所造成的失真，将引起输入信号的大幅度跳变，从而导致计算机控制系统的误动作。对于这类干扰，通常采用编写判断程序的方法来去伪存真。具体方法是通过比较相邻的两个采样值，假若它们的差值过大，即超出了可能的变化范围，则认为后一次采样值是虚假的，仍以上一次采样值送入计算机。相应的判断程序式为

$$y(k) = \begin{cases} y(k), & |y(k) - y(k-1)| \leqslant b \\ y(k-1), & |y(k) - y(k-1)| > b \end{cases} \tag{6-9}$$

在应用这种方法时，关键在于 b 值的选择。过程的动态特性决定了其输出变量的变化速度，例如一个加热炉温度的变化速度总比一般的压力、流量变化缓慢，因此，通常按照变量可能的最大变化速度及采样周期 T_s，决定两次相邻采样值的可能的最大变化范围，即

$$b = V_y T_s \tag{6-10}$$

式中，V_y 是变量可能的最大变化速度。

② 中位值滤波　中位值滤波是对某个被测变量进行采样时，连续采样三次（或三次以上），从中选择大小居中的那个值作为有效测量信号，即作为控制算式或模型的输入信号。中位值滤波对消除脉冲干扰和机器不稳定造成的跳码现象相当有效，但对流量这种快速过程不宜采用。

③ 递推平均滤波　管道中的流量、压力及沸腾状的液位等参数往往呈现出上下波动的情况，如图 6-7 所示。这种信号变化有一个特点，即都在平均值附近变化。显然，仅依靠一次采样值作控制依据是不妥当的，它会引起控制算式输出的紊乱，执行器动作频繁，严重影响系统的控制品质，同时控制阀还会因动作频繁而磨损。对于这类信号的滤波通常采用递推平均的方法，即第 k 次采样的 N 项递推平均值是 $k, (k-1), \cdots, (k-N+1)$ 次采样值的

算术平均。相应的递推平均算式为

$$\bar{y}(k) = \frac{1}{N} \sum_{i=0}^{N-1} y(k-i) \qquad (6-11)$$

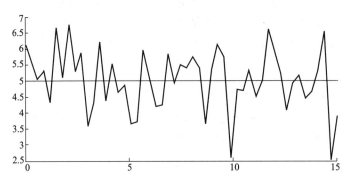

图 6-7　输入信号的算术平均

N 值的选择对采样平均值的平滑程度与反应灵敏度均有密切关系。如 N 值取的大，平均后的输出平滑，滤波效果良好，但参数变化得不到及时的反映，滞后严重，也会影响控制质量。反之，如 N 值取的小，则滤波效果变差。在实际使用中可通过观察不同 N 值下，递推平均的输出响应来决定 N 值的大小。目前在工程上，流量常用十二项平均、压力取四项平均，温度如没有显著的噪声可以不加平均。

④ 加权递推平均滤波　式(6-11) 所示的递推平均式，对于 N 项中的所有采样值，其重视程度是相同的。为了增加新的采样数据在递推平均中的地位，以提高采样平均值的灵敏度，可以采用加权平均的方法。一个 N 项加权递推平均算式可表示为

$$\bar{y}(k) = C_0 y(k) + C_1 y(k-1) + \cdots + C_{N-1} y(k-N+1) \qquad (6-12)$$

式中，$C_0, C_1, \cdots, C_{N-1}$ 为常系数，它们应满足

$$C_0 + C_1 + \cdots + C_{N-1} = 1, C_0 > C_1 > \cdots > C_{N-1} \qquad (6-13)$$

⑤ 一阶滞后数字滤波　一阶滞后数字滤波实质上是利用算式来实现模拟电路的 RC 滤波。RC 模拟滤波电路的传递函数为

$$\frac{Y(s)}{X(s)} = \frac{1}{T_f s + 1} \qquad (6-14)$$

式中，T_f 为滤波器时间常数，且 $T_f = RC$。设 $\bar{y}(k)$ 和 $y(k)$ 分别为滤波器的输出和输入，将式(6-14) 离散化，可得

$$\bar{y}(k) = \alpha \bar{y}(k-1) + (1-\alpha) y(k) \qquad (6-15)$$

式中，$\alpha = e^{-T_s/T_f}$，且 $0 \leqslant \alpha \leqslant 1$。

由式(6-15) 表明，测量信号的滤波值为现在的测量值 $y(k)$ 和前一次的滤波值 $\bar{y}(k-1)$ 的加权和。因而在计算时只需储存前一次的滤波值。式(6-15) 表示的滤波器又称指数平滑滤波器。当 $\alpha = 0$ 时，没有滤波作用，即 $\bar{y}(k-1) = \bar{y}(k)$，当 $\alpha = 1$ 时，测量值不起作用，$\bar{y}(k) = \bar{y}(k-1)$。因此，应根据实际情况选用 α 值。

在工程上有时还应用两级指数平滑滤波，具体做法是将式(6-15) 中的输出作为另一个一阶滞后滤波器的输入。

上述几种数字滤波方法的应用，往往先对采样信号进行程序判断滤波或中位值滤波，然后再用递推平均或一阶滞后等滤波方法处理，以保证采样值的真实性和平滑度。

6.3　数字 PID 控制算法

虽然现代工业生产过程大量采用计算机控制，但传统的 PID 控制算法仍在广泛使用，80%～90% 的控制回路仍旧采用 PID 控制算法。因为这种控制算法历史悠久，简单实用，工业界比较熟悉而且能满足工业生产过程稳定控制的要求。在本节将介绍数字式（离散）PID 控制算法及其计算机实现问题。

6.3.1　数字 PID 控制算式

（1）位置算式

模拟 PID 控制算式为

$$u(t) = K_c \left[e(t) + \frac{1}{T_i} \int_0^t e(t)\mathrm{d}t + T_d \frac{\mathrm{d}e(t)}{\mathrm{d}t} \right] + u_0 \tag{6-16}$$

式中，K_c，T_i 和 T_d 分别是模拟控制器的比例增益（放大系数）、积分时间和微分时间；u_0 是模拟控制器的初始输出；$u(t)$ 是模拟控制器在 t 时刻的输出；$e(t)$ 是 t 时刻设定值与测量值之间的差值，即偏差值。因为计算机处理的是数字信号，需要对式(6-16)进行离散化，令

$$\int_0^t e(t)\mathrm{d}t \approx T_s \sum_{i=0}^{k} e(i) \tag{6-17}$$

$$\frac{\mathrm{d}e(t)}{\mathrm{d}t} \approx \frac{e(k) - e(k-1)}{T_s} \tag{6-18}$$

式中，T_s 为计算机采样周期。将式(6-17)和式(6-18)代入式(6-16)，可得数字 PID 控制算式在 k 采样时刻的输出为

$$u(k) = K_c \left\{ e(k) + \frac{T_s}{T_i} \sum_{i=0}^{k} e(i) + \frac{T_d}{T_s} [e(k) - e(k-1)] \right\} + u_0 \tag{6-19}$$

由于式(6-19)计算得到的值对应于执行机构的实际位置，所以此式称为位置算式。

式(6-19)在运算时不仅要计算当前偏差 $e(k)$，同时要计算以前所有偏差的和，这种算法的计算量大，而且要有很大的偏差存储空间。因此，工程上更多使用的是增量式 PID 控制算式。

（2）增量算式

根据式(6-19)可计算出 $(k-1)$ 时刻的输出

$$u(k-1) = K_c \left\{ e(k-1) + \frac{T_s}{T_i} \sum_{i=0}^{k-1} e(i) + \frac{T_d}{T_s} [e(k-1) - e(k-2)] \right\} + u_0 \tag{6-20}$$

将式(6-19)减去式(6-20)，可得

$$\Delta u(k) = u(k) - u(k-1)$$

$$= K_c \left\{ [e(k) - e(k-1)] + \frac{T_s}{T_i} e(k) + \frac{T_d}{T_s} [e(k) - 2e(k-1) + e(k-2)] \right\} \tag{6-21}$$

而　$u(k) = u(k-1) + \Delta u(k)$

式(6-21)称为增量算式,该式的输出不是执行机构的实际位置,而是它的改变量。将式(6-21)进一步整理,可得

$$\Delta u(k) = K_c[e(k) - e(k-1)] + K_i e(k) + K_d[e(k) - 2e(k-1) + e(k-2)] \quad (6\text{-}22)$$

式中, $K_i = K_c \dfrac{T_s}{T_i}$ 和 $K_d = K_c \dfrac{T_d}{T_s}$ 分别表示积分和微分系数。此式的特点是比例、积分和微分作用互相独立,当分别改变控制器参数 (K_c, K_i, K_d) 时,就可以清楚知道各种控制作用对输出的影响。

将上述位置式和增量式 PID 控制算式进行比较,可以看到增量式比位置式有下述优点。

① 增量式的输出是执行机构位置的改变量,只有偏差出现时,才产生输出增量值。

② 增量式算式很容易从手动位置切换到自动位置,无需进行控制器输出的初始化。

上面介绍的是理想的 PID 控制算式,在实际应用时,根据被控过程和执行器的不同特性,工程上常采用 PID 改进算式。

6.3.2　数字 PID 改进算式

(1) 不完全微分的 PID 算式

由于微分对高频噪声有放大作用,所以在具体实现时一般不用理想微分,而是在 PID 算式中加一个一阶低通滤波器(惯性环节)。如图 6-8 所示,这样可构成不完全微分 PID 控制算式。

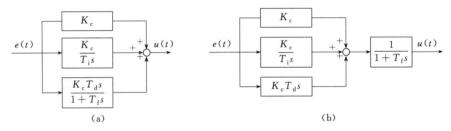

图 6-8　不完全微分 PID 控制算式结构图

在图 6-8(a) 中,低通滤波器直接加在微分环节上,而图 6-8(b) 是将低通滤波器加在整个控制器之后。现以图 6-8(a) 为例,说明不完全微分 PID 控制算式如何改进了一般 PID 控制算式的性能。

由图 6-8(a) 可知,控制器的输入输出关系为

$$u(t) = \left(K_c + \frac{K_c}{T_i s} + \frac{K_c T_d s}{1 + T_f s}\right)e(t) + u_0 = u_c(t) + u_i(t) + u_d(t) + u_0 \quad (6\text{-}23)$$

上式的离散化形式为

$$u(k) = u_c(k) + u_i(k) + u_d(k) + u_s \quad (6\text{-}24)$$

由以上两式可知, $u_c(k)$ 和 $u_i(k)$ 与普通的 PID 算法完全相同,只是微分作用项改变了。由式(6-23) 可知

$$u_d(t) = \frac{K_c T_d s}{1 + T_f s}e(t) \quad (6\text{-}25)$$

写成微分方程形式为

$$u_d(t) + T_f \frac{\mathrm{d}u_d(t)}{\mathrm{d}t} = K_c T_d \frac{\mathrm{d}e(t)}{\mathrm{d}t} \quad (6\text{-}26)$$

将式(6-26) 离散化，可得

$$u_\mathrm{d}(k)+T_\mathrm{f}\frac{u_\mathrm{d}(k)-u_\mathrm{d}(k-1)}{T_\mathrm{s}}=K_\mathrm{c}T_\mathrm{d}\frac{e(k)-e(k-1)}{T_\mathrm{s}} \tag{6-27}$$

整理后可得

$$u_\mathrm{d}(k)=\frac{T_\mathrm{f}}{T_\mathrm{f}+T_\mathrm{s}}u_\mathrm{d}(k-1)+\frac{K_\mathrm{c}T_\mathrm{d}}{T_\mathrm{f}+T_\mathrm{s}}[e(k)-e(k-1)] \tag{6-28}$$

令 $\alpha=T_\mathrm{f}/(T_\mathrm{f}+T_\mathrm{s})$，则 $T_\mathrm{s}/(T_\mathrm{f}+T_\mathrm{s})=1-\alpha$，显然 $0<\alpha<1$，则式(6-28) 可简化成

$$u_\mathrm{d}(k)=K_\mathrm{d}(1-\alpha)[e(k)-e(k-1)]+\alpha u_\mathrm{d}(k-1) \tag{6-29}$$

式中，$K_\mathrm{d}=K_\mathrm{c}T_\mathrm{d}/T_\mathrm{s}$。

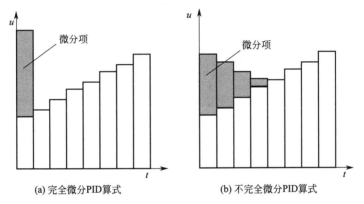

(a) 完全微分PID算式　　　　(b) 不完全微分PID算式

图 6-9　完全微分 PID 与不完全微分 PID 的阶跃响应

由式(6-29) 可知，不完全微分算式改变了理想微分的作用。图 6-9 比较了完全微分 PID 和不完全微分 PID 对于单位阶跃偏差信号的输出响应。由图可见，完全微分 PID 是一次微分作用，而不完全微分 PID 是分几次输出微分作用。我们知道，微分是一种重要的控制作用，对容量滞后为主的受控过程，可以较明显地改善闭环系统的控制性能。假若偏差的阶跃幅值较大，在完全微分时，一次输出的微分作用幅值会很大，很可能会因输出限幅而丧失应有的微分作用。而不完全微分，因为微分作用分几次输出，而每次输出幅值较小，所以能较好地保存应有的微分作用。因而在实际工业过程控制中，较普遍采用不完全微分 PID 控制算式。

（2）微分先行 PID 算式

在控制系统的实际运行中，操作工对设定值的调整大多是阶跃变化的。这将使微分输出产生极大的突跳（比例输出也会突跳，但没有微分输出严重）。这个突跳一方面使操纵变量产生很大变化，对有些生产过程（如化学反应、燃烧等过程）是不允许的，另一方面也会使被控变量产生很大超调。为了避免设定值变化引起的微分突跳，提出了微分先行的概念。所谓微分先行，是指将控制器的微分部分前移至测量通道中，如图 6-10 所示。

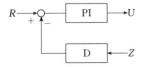

图 6-10　具有微分先行作用的 PID 框图

图 6-11 针对微分动作加在偏差通道和加在测量通道这两种情况，比较了它们在设定值

阶跃变化下的响应。

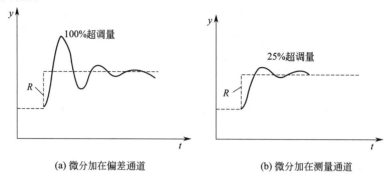

(a) 微分加在偏差通道　　　　　　　　　　(b) 微分加在测量通道

图 6-11　微分加在偏差通道和加在测量通道的差异

对离散 PID 算式，微分先行的实现非常简单，只要将微分作用项中的偏差信号 $e(k)$ 的定义由原来的 $e(k)=R(k)-Y(k)$ 改为

$$e(k)=R-Y(k) \tag{6-30}$$

即可。式(6-30) 中的 R 表示某个恒定值。这样增量式(6-22) 可写为

$$\Delta u(k)=K_c[e(k)-e(k-1)]+K_i e(k)+K_d[-Y(k)+2Y(k-1)-Y(k-2)] \tag{6-31}$$

若希望比例部分引起的突跳也给予去除，则有

$$\Delta u(k)=K_c[-Y(k)+Y(k-1)]+K_i e(k)+K_d[-Y(k)+2Y(k-1)-Y(k-2)] \tag{6-32}$$

（3）积分分离 PID 算式

在开停工或大幅度提降设定值时，由于偏差积累较大，故在积分项的作用下会产生一个很大的超调，并产生振荡。特别对于温度、液面等变化缓慢的过程，这一现象更为严重。为了改进控制性能，可采用积分分离的方法，在受控变量开始跟踪时，取消积分作用，偏差小于某一设定值 A 时，才产生积分作用，即 $|e(k)|>A$ 取消积分作用，$|e(k)|\leqslant A$ 引入积分作用。

图 6-12 表示一般的 PID 算式与具有积分分离 PID 算式的控制结果。图中曲线表明，应用了积分分离方法，显著地降低了被控变量的超调并缩短了稳定时间。

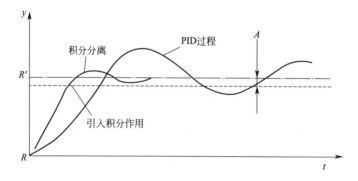

图 6-12　具有积分分离的 PID 控制过程

（4）带有不灵敏区的 PID 算式

对于有些工业生产过程，其被控变量不一定要求严格控制在设定值上，而允许在规定的范围内变化。另外有些系统为避免执行机构频繁动作而造成损坏等原因，在实际工业应用

中，采用带有不灵敏区的 PID 算式，即

$$\Delta u(k) = \begin{cases} \Delta u(k), & |e(k)| > B \\ 0, & |e(k)| \leqslant B \end{cases} \tag{6-33}$$

式中，B 为不灵敏区，当偏差绝对值 $|e(k)| \leqslant B$ 时，控制器的增量输出为零；当 $|e(k)| > B$ 时，则按增量式 PID 算式计算 $\Delta u(k)$，并输出计算结果。其中不灵敏区 B 的大小，由实际需求来定，B 值过大，系统控制迟缓；B 值过小，执行机构将动作频繁。当 $B = 0$ 时，即为通常的 PID 算式。

6.3.3 数字 PID 控制的实现

用数字计算机的软件来实现各种 PID 控制算式以及其他各种控制算式是比较容易的。但是控制算式只是控制系统的一个部分。要使一种算式在工业实际中应用，需要考虑许多算法以外的实际操作功能和需求。例如，控制系统的手动与自动的切换，采样输入信号和偏差信号的报警，控制算式中设定值的设置方式，控制输出的限幅等。也就是说必须将控制算式工程化，才能有好的可使用性、可操作性、可靠性以及可维护性。接下来我们将讨论 PID 算式在 DCS 中的实现问题。

(1) 单回路 PID 控制

工业上大量采用的单回路 PID 控制系统，其结构如图 6-13 所示。图中，SV 是设定值；PV 是过程变量，也即测量值；DV 是偏差值，即 DV=SV-PV；MV 是控制器的输出。

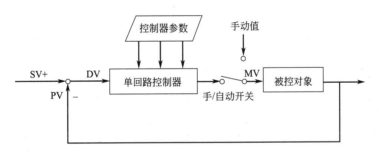

图 6-13　单回路控制原理图

在 DCS 中实现这一单回路 PID 控制的模块逻辑功能如图 6-14 所示。图中将一个单回路 PID 控制系统在工业生产过程中实际应用的操作要求都包含在其中。首先通过计算机接口，将测量值 PV 采样进来，并对采样值进行超限检查。若该 PV 值超过了工艺上所要求的上限（或下限）值，则要发出报警信息给控制信息 Flag，进行声光报警并记录在案；若该 PV 值属于正常范围，则没有报警信息产生。然后，PV 值与设定值进行偏差计算，在此，设定值可以有两种方式来源，一是由内部直接设定，另一是由外部来设定，例如进行串级控制时，副回路的设定值由主回路控制器来给定，一旦选定给定方式后，要输出显示出该设定值，对于计算所得到的偏差进行超限检查（若没有要求，可跳过这一步），若超过了规定的限制值，则进行报警。对偏差信号若要进行补偿，则进行补偿处理，然后进入 PID 控制算式的运算。对于 PID 运算的结果若要进行补偿，则加上补偿量，作为控制计算结果输出。该输出结果只有在控制系统是在自动状态下才输出来并进行输出幅值的高、低限检查，即超过高限（或低限）按高限（或低限）值输出，送给执行机构，如控制阀。在输出过程中，若系统在手动操作位置时，执行机构位置由人工操作给定。另外，若执行机构位置需要直接跟踪某一值 TV 的话，则执行机构与输出跟踪相连，PID 控制算式输出对执行机构不起作用。

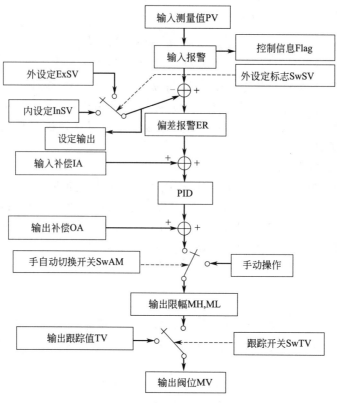

图 6-14　PID 控制模块逻辑功能图

（2）串级 PID 控制

串级 PID 控制是工业生产过程中经常采用而且十分有效的控制策略之一，它也是均匀控制的结构形式。串级 PID 控制的结构如图 6-15 所示，图中的符号说明见表 6-4。

在 DCS 中，串级 PID 控制的模块逻辑功能如图 6-16 所示。图中的逻辑和所实现的功能与单回路 PID 控制模块逻辑功能图相同。只是多了一个串级/自动开关 SwCas 将两个 PID 控制模块串联在一起。

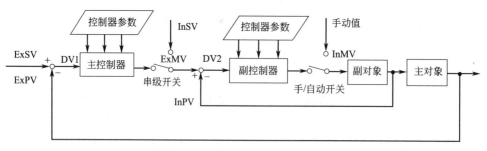

图 6-15　串级 PID 控制原理图

表 6-4　串级 PID 控制符号说明

符　号	说　明	符　号	说　明
ExSV	外环给定值	ExMV	外环操纵变量
ExPV	外环测量值	InPV	内环测量值
DV1	外环偏差值	DV2	内环偏差值
InSV	内部给定值	InMV	内环操纵变量

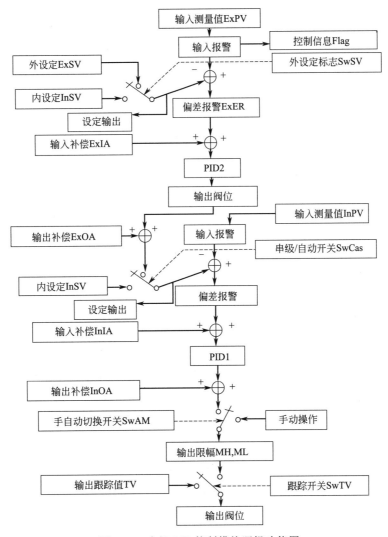

图 6-16　串级 PID 控制模块逻辑功能图

6.4　数字控制系统举例

6.4.1　DCS（Distributed Control System）**概念**

DCS 控制系统的基本结构如图 6-17 所示，其内部结构包括操作站、控制站和通信网络系统三大部分。操作站用来采集生产过程操作数据，同时显示和处理这些数据。控制站的功能是对生产过程进行各种控制，例如直接数字控制（DDC）。根据被控制过程的类型和规模大小不同，可以采用多个控制站和操作站，一般可根据控制回路的多少来决定操作站和控制站的个数。通信网络系统是实现操作站、控制站和其他站的高速数据交换。

DCS 系统还包括四种接口。过程接口实现 DCS 系统与工业生产过程的连接，即 DCS 与测量传感器和执行环节的连接。控制站接收从传感器来的测量信号，如温度、压力、流量、液位等，同时根据测量信号与给定值的偏差进行控制运算，然后将运算结果送到执行器上，以实现校正作用。人机接口是 DCS 系统与操作员之间的界面连接，它是工厂的监控中心而且允许操作员通过该界面对工厂进行操作。操作员界面是由功能很强的微处理器、显示器和键盘等组成，通过操作员界面可进行各种不同要求的操作和切换。工程接口实现 DCS 与控制工程师之间的通信，通过这一接口，工程师用来建立控制软件系统，对控制系统进行组态、维护等。其他系统接口是通过 DCS 通信网络系统的网桥与其他系统或与其他子系统相连，例如，与上位机相连，进行优化设定控制及其他监督操作命令的传送；或者与别的计算机系统相连，进行不同系统之间的信息交换。

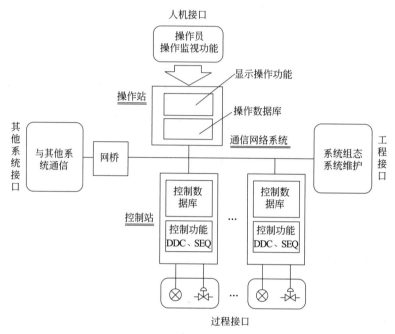

图 6-17　DCS 系统结构与四种接口

　　典型的 DCS 系统如表 6-5 所示。现以浙江中控 Supcon JX-300X 为例介绍 DCS 的组成及各种功能。

表 6-5　典型 DCS 系统

	生 产 厂 家	型　　号
国内	浙江中控 北京和利时 上海新华 天津中环	JX-100,JX-300,JX-300X,JX-500 HS-1000,HS-2000,MACS,FOCS XDPS-100,XDPS-300,XDPS-400 DCS-2001
国外	美国 Honywell 公司 美国 Foxboro 公司 日本横河公司 美国贝利公司	TDC-2000, TDC-3000,S-9000 I/A 系列 CENTUM 系列 Infi-90

6.4.2　JX-300X 系统结构

　　JX-300X 系统的整体结构如图 6-18 所示。它的硬件系统主要包括通信网络、控制站和操作站三部分。

　　（1）通信网络

　　JX-300X DCS 的通信网络分三层，如图 6-19 所示。第一层网络是信息管理网（用户可选），第二层网络是过程控制网，称为 SCnet Ⅱ，第三层网络是控制站内部 I/O 控制总线，称为 SBus。现对这三层通信网络分别介绍如下。

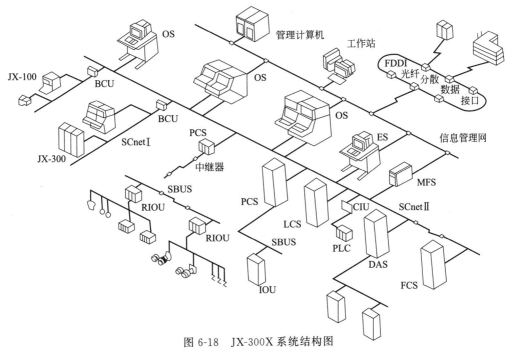

图 6-18　JX-300X 系统结构图

OS—操作站；ES—工程师站；MFS—多功能计算站；BCU—总线变换单元；
CIU—通信接口单元；PCS—过程控制站；LCS—逻辑控制站；DAS—数据采集站；
SBUS—系统 I/O 总线；IOU—IO 单元；RIOU—远程 IO 单元

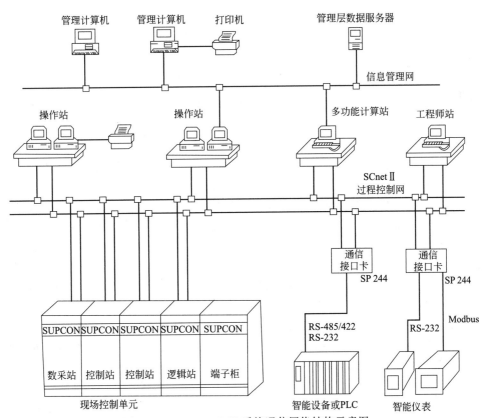

图 6-19　JX-300X DCS 系统通信网络结构示意图

① 信息管理网（Ethernet） 信息管理网采用以太网络，用于工厂级的信息传送和管理，是实现全厂综合管理的信息通道。该网络通过在多功能站（MFS）上安装双重网络接口转接的方法，实现企业信息管理网与 SCnet Ⅱ 过程控制网络之间的网间桥接，以获取 JX-300X 集散控制系统中过程参数和系统的运行信息，同时也向下传送上层管理计算机的调度指令和生产指导信息。管理网采用大型网络数据库，实现信息共享，并可将各个装置的控制系统连入企业信息管理网，实现工厂级的综合管理、调度、统计、决策等。

② 过程控制网络（SCnet Ⅱ 网） JX-300X 系统采用了双高速冗余工业以太网 SCnet Ⅱ 作为其过程控制网络。它直接连接了系统的控制站、操作站、工程师站、通信接口单元等，是传送过程控制实时信息的通道，具有很高的实时性和可靠性，通过挂接网桥，SCnet Ⅱ 可以与上层的信息管理网或其他厂家设备连接。

过程控制网络 SCnet Ⅱ 是在 10Base Ethernet 基础上开发的网络系统，各节点的通信接口均采用了专用的以太网控制器，数据传输遵循 TCP/IP 和 UDP/IP 协议。

JX-300X SCnet Ⅱ 网络采用双重化冗余结构，如图 6-20 所示。在其中任一条通信线发生故障的情况下，通信网络仍保持正常的数据传输。

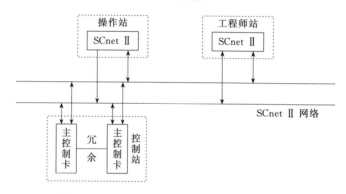

图 6-20 SCnet Ⅱ 网络双重化冗余结构示意图

SCnet Ⅱ 的通信介质、网络控制器、驱动接口等均可冗余配置。在冗余配置的情况下，发送站点（源）对传输数据包（报文）进行时间标识，接收站点（目标）进行出错检验和信息通道故障判断、拥挤情况判断等处理；若校验结果正确，按时间顺序等方法择优获取冗余的两个数据包中的一个，而滤去重复和错误的数据包。当某一条信息通道出现故障，另一条信息通道将负责整个系统通信任务，使通信仍然畅通。

③ SBus 总线 SBus 总线是控制站内部 I/O 控制总线，主控制卡、数据转发卡、I/O 卡通过 SBus 进行信息交换，如图 6-21 所示。SBus 总线分为两层，第一层为双重化总线 SBus-S2，是系统的现场总线，物理上位于控制站所管辖的 I/O 机笼之间，连接了主控制卡和数据转发卡，用于它们之间的信息交换。第二层为 SBus-S1 网络，物理上位于各 I/O 机笼内，连接了数据转发卡和各块 I/O 卡件，用于数据转发卡与各块 I/O 卡件间的信息交换。

（2）控制站

控制站是系统中直接与工业生产过程相连接的 I/O 处理单元，完成整个工业生产过程的实时监控功能。通过软件设置和硬件的不同配置可构成不同功能的控制结构，如过程控制站（PCS）、逻辑控制站（LCS）、数据采集站（DAS）。

控制站主要由机柜、机笼、供电单元和各类卡件（如模入模出卡件）组成，其核心是主控制卡。主控制卡通常插在过程控制站最上部机笼内，通过系统内高速数据网络——SBus 扩充各种功能，实现现场信号的输入输出，同时完成过程控制中的数据采集、回路控制、顺

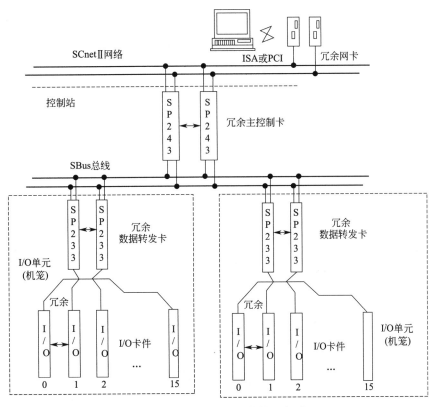

图 6-21　控制站 SBus 结构示意图

序控制以及包括优化控制等各种控制算法。控制站
的结构如图 6-22 所示。

　　所有卡件都具有带电插拔的功能，在系统运行
过程中可进行卡件的在线修理或更换，而不影响系
统的正常运行。

　　（3）操作站

　　JX-300X DCS 操作站的硬件基本组成包括：工
控 PC 机（IPC）、彩色显示器、鼠标、键盘、SCnet
Ⅱ网卡、专用操作员键盘、操作台、打印机等。JX-
300X DCS 的工程师站的硬件配置与操作站的硬件
配置基本一致，无特殊要求，而它们的区别在于系
统软件的配置不同，工程师站除了安装有操作、监
视等基本功能的软件外，还装有相应的系统组态、
维护等工程师应用的工具软件。

　　操作站的硬件以高性能的工业控制计算机为核
心，具有超大容量的内部存储器和外部存储器，可
以根据用户的需要选择 21 英寸/17 英寸显示器。通
过配置两个冗余的 10Mbps SCnet Ⅱ 网络适配器，
实现与系统过程控制网连接。操作员可以是一机多
显示器，也可以配置操作员键盘、鼠标、轨迹球等

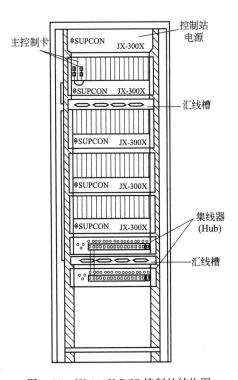

图 6-22　JX-300X DCS 控制站结构图

外部设备。

6.4.3　JX-300X 系统软件

JX-300X 系统软件（AdvanTrol）基于中文 Windows NT 开发，所有命令都用形象直观的功能图标，只需用鼠标即可完成操作，再加上 SP032 操作员键盘的配合，控制系统设计实现和生产过程实时监控快捷方便。其系统软件如图 6-23 所示。

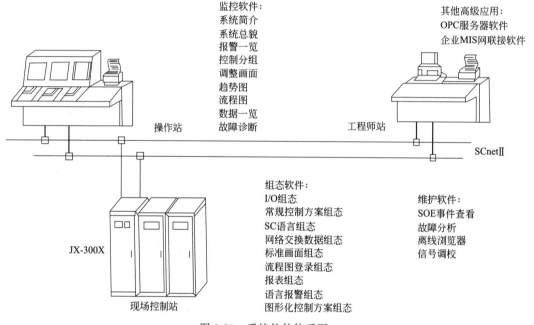

图 6-23　系统软件体系图

JX-300X Advan Trol 软件包装在一张 CD 内，软件主要由 AdvanTrol 实时监控软件、SCKey 系统组态软件、SCLang 语言编辑软件、SCControl 图形组态软件、SCDraw 流程图制作软件和 SCForm 报表制作软件组成。另外可选的软件还有 SCSOE 设置和操作软件、SCConnect OPC Server 软件、SCViewer 离线查看器软件、SCNetDiag 网络检查软件以及 SCSignal 信号调校软件。现对组态软件和监控软件分别进行介绍。

（1）组态软件

JX-300X 系统组态软件包括括基本组态软件 SCKey、流程图制作软件 SCDraw、报表制作软件 SCForm、用于控制站编程的编程语言 SCLang、图形组态软件 SCControl 等。各功能软件之间通过对象链接与嵌入技术，动态地实现模块间各种数据信息的通信、控制和管理。该软件包以 SCKey 系统组态软件为核心，各模块彼此配合，相互协调，共同构成了一个全面支持 JX-300X 系统结构及功能组态的软件平台。系统组态软件包在系统的工程师站上运行，在未设工程师站的系统中亦可在操作站上运行。

① 基本组态软件 SCKey　系统基本组态指完成对系统硬件构成的软件设置，如设置系统网络节点、冗余状况、控制周期；I/O 卡件的数量、地址、冗余状况、类型；设置每个 I/O 点的类型、处理方法、报警选项和其他特殊的设置；选择控制方案；定义操作画面。

● 主机设置。主机设置是对系统各主控卡和操作站在系统中的位置进行组态，是系统组态的第一步，也是进一步组态的基础。当启动软件后，选中［总体信息］/＜主机设置＞，打开主机设置窗口，就可以开始主机的组态了。

● 系统 I/O 组态。系统 I/O 组态是对某一控制站内部的硬件进行分层组态。主机设置完毕后进行控制组态，选中［控制站］/＜I/O 组态＞，即启动系统的 I/O 组态环境。系统 I/O 组态分层进行，从挂接在主控制卡上的数据转发卡组态开始，然后进行 I/O 卡件组态、信号点组态，最后为信号点设置组态（包括模入 AI、模出 AO、开入 DI、开出 DO、脉冲量输入 PI、位置信号输入 PAT、SOE 输入组态）。

对信号单元的组态，除了需设定信号的位号、描述以及报警状态外，根据信号类型的不同，分别有不同的内容。用户只需按照对话框内的提示，根据现场实际要求，逐项填写即可。

● 系统控制方案组态。完成系统 I/O 组态后，进行系统控制方案组态。控制方案组态分为常规控制方案组态和自定义控制方案组态。在组态软件的主菜单中，选中［控制站］/＜常规控制方案＞，即可启动系统的常规控制方案组态；选中［控制站］/＜自定义控制方案＞，即可启动系统的自定义控制方案组态。

对一般要求的常规控制，系统提供的控制方案基本都能满足要求。对于无特殊要求的常规控制，建议采用系统提供的控制方案：手操器、单回路 PID、串级 PID、单回路前馈（二冲量）、串级前馈（三冲量）、单回路比值、串级变比值-乘法器、采样控制等。

对一些有特殊要求的控制，必须根据实际需要，自己定义控制方案，通过 SCLang 语言编程和图形编程来实现。

② 报表制作软件　SCForm 报表制作软件是基于中文 Windows 98/NT 操作系统设计开发的全中文界面软件，采用窗口式交互界面、所见即所得的数据显示方式。该软件提供了比较完备的实时报表制作功能，具有良好的用户操作界面。由于报表制作功能的设计采用了商用电子表格软件 Excel 类似的组织形式和功能分割，具有与 Excel 类似的表格界面并提供了较为齐全的表格编辑操作功能（功能定义均与 Excel 类似），用户能够方便、快捷地制作出各种类型格式的表格。同时，报表制作软件还提供了全中文的详细在线 F1 帮助。

③ 流程图制作软件　SCDraw 是基于 Windows NT Workstation 4.0（中文版）操作系统设计开发的全中文界面的绘图软件。流程图制作软件绘图功能齐全，支持多种编辑功能并提供标准图形库，可满足大多数用户的需求。制作软件还支持在画面的基础上的各类动态参数的直接数据组态，这些动态参数在实时监控软件的流程图画面中可以进行实时观察和操作。同时，流程图制作软件提供了详细的在线帮助，使用户可以随时得到帮助提示。

④ SCLang 编程语言软件　SCLang 编程语言软件是 JX-300X DCS 系统组态软件的重要组成部分，是在工程师站上为控制站开发复杂控制算法的平台。用户可以利用该软件，以类 C 语言的风格编写程序实现所设计的控制算法。

SCLang 编程语言软件提供的 SCLang 语言在词法和语法上符合高级语言的特征，并在控制功能上作了大量的扩充。软件提供了编辑编译实时自定义语言的功能，编译生成的目标代码由实时监控软件下装到控制站指定地址后，调度执行，可完成复杂的控制任务。该软件由组态软件在控制算法组态过程中调用，提供灵活的语言编辑环境和编译功能。

该软件除了提供类似 C 语言的基本语言元素，如表达式、选择语句、循环语句、多维数组、结构类型外，还提供丰富的函数库、专门的控制功能模块、位号数据类型等。

（2）实时监控软件

实时监控软件操作画面包括报警一览、系统总貌、控制分组、调整画面、趋势图、流程图、数据一览等。

① 报警一览　报警一览画面是重要的监控画面之一，根据组态信息和工艺运行情况动态查找新产生的报警信息并显示符合显示条件的信息。报警一览画面可显示最近产生的1000 条报警信息，每条信息可显示报警时间、位号、描述、动态数据、类型、优先级、确

认时间、消除时间等。用户可根据需要修改、组合报警信息的显示内容。

② 系统总貌 系统总貌画面由用户在组态软件中产生，是各个实时监控操作画面的总目录。它主要用于显示重要的过程信息，或作为索引画面用。可作为相应画面的操作入口，也可以根据需要设计成特殊菜单页。每页画面最多显示 32 块信息，每块信息可以为过程信息点（位号）、标准画面（系统总貌、控制分组、趋势图、流程图、数据一览等）或描述。

③ 控制分组 控制分组画面可根据组态信息和工艺运行情况动态更新每个仪表的参数和状态。每页可显示 8 个位号的内部仪表，可修改内部仪表的数据或状态，单击位号按钮，则可调出该位号的调整画面。

④ 趋势图 趋势图画面由用户在组态软件中产生，趋势图画面根据组态信息和工艺运行情况，以一定的时间间隔（组态软件中设定）记录一个数据点，动态更新历史趋势图，并显示时间轴所在时刻的数据（时间轴不会自动随着曲线的移动而移动）。每页最多可显示 8 个位号的趋势曲线，每个数据存储时间的间隔在 $1 \sim 3600s$ 间任选，存储点数在 $1920 \sim 2592000$ 点之间任选。每页的显示时间范围可动态选择，通过滚动条可察看历史趋势记录，并可选择打印历史趋势曲线图。每个位号有一详细描述的信息块，双击该信息块可调出相应位号的调整画面。

思考题与习题 6

6-1 现有一温度模拟量信号，测量范围是 $100 \sim 250℃$，为了保证测量分辨率小于 $0.5℃$，请问要用几位字长以上的 A/D 转换器？

6-2 现有采样数据如表 6-6 所示，若已知 $\tilde{y}(k-1) = 205℃$，采用一阶滤波器滤波，且滤波系数 $\alpha = 0.618$ 和 $\alpha = 0.382$，请分别计算出他们滤波后的值。

表 6-6 题 6-2 表

	$y(k)$	$y(k+1)$	$y(k+2)$	$y(k+3)$	$y(k+4)$	$y(k+5)$
	208	204	207	205	210	201
$\alpha = 0.618$						
$\alpha = 0.382$						

6-3 请默写数字 PID 控制算式，并说出增量 PID 控制算式的优点。

6-4 试画出不完全微分 PID 控制算式的程序框图。

6-5 试述 DCS 的基本结构。

6-6 试画出 DCS 中实现串级控制的原理框图。

6-7 试述 DCS 中的通信网络结构。

6-8 DCS 中组态软件包括哪些功能？

7 多回路控制系统分析与设计

直到现在为止，讨论还局限于单输入单输出（Single Input Single Output，SISO）系统，这种系统只允许同时独立地控制一个被控变量。对选择控制而言，被控变量与辅助约束变量根据情况进行切换，独立受控的变量只有一个；分程控制包括两个操纵变量但仅含一个被控变量；串级控制包含了两个控制回路，但独立受控的变量也只有一个。然而，大多数生产过程属典型的多输入多输出（Multi Input Multi Output，MIMO）系统，包括多个操纵变量与多个被控变量。此时就会产生这样的问题：哪个阀门应该由哪个测量值来控制？对于有的工艺过程，答案是明显的。但是有时却不然，必须有某种依据才能作出正确的决定。值得指出的是，这些被控变量与操纵变量之间往往存在着某种程度的相互影响，妨碍着各个单回路系统的独立运行，有时甚至会破坏各个系统的正常工作，使之不能投入运行。这种关联性质完全取决于被调对象。因此如果对工艺生产不了解，那么设计的控制方案不可能是完善的和有效的。

对于 MIMO 系统各个回路之间的耦合，有些可以采用被控变量和操纵变量之间的适当匹配和调节器参数的重新整定来克服。这类方法在实际生产中得到了广泛的应用。至于那些关联严重，上述方法已无法奏效的情况，目前一般采用附加补偿装置，用以消除或减弱系统中各回路之间的耦合关系。这种方法在生产过程中也有很成功的案例。当然，如果应用多变量控制技术，从生产过程的全局出发，直接进行多变量系统的设计，不仅可以避免或减弱各个被控变量之间的耦合，而且还能达到一定的优化指标，使系统达到更高的控制水平。在这方面，以预测控制为代表的先进过程控制（Advanced Process Control，APC）技术近年来得到了广泛的重视，并取得了不少应用成果。关于 APC 的详细内容参见第 8 章。

本章以"相对增益"概念为基础，分别就被控变量与控制变量的配对、耦合系统中控制器参数的整定、解耦器的设计与实施等方面展开讨论。最后，以一个简单的调和问题为例，介绍上述方法的工程应用。

7.1 相对增益

对单回路控制系统进行分析或参数整定，首先要计算其开环增益。同样，在多变量系统中也是如此，但是要更复杂一些。对于具有两个被控变量和两个操纵变量的过程，需要考虑四个开环增益。尽管从外表上看只有两个增益闭合在回路中，但是必须就如何匹配作出选择。显然，对于一个具有三对输入输出变量的过程，设计就更加困难。因此必须在设计之前，对过程中的耦合性质及耦合程度有充分的了解。下面介绍一种简单易用的"相对增益"关联分析法。该方法最早由 Bristol 与 Shinskey 于 1966 年提出，因其概念清晰、计算简便已在工程上得到了广泛应用。

7.1.1　相对增益的概念

相对增益用于刻画多变量系统中各控制回路之间的关联大小。为方便起见，首先针对 2×2 过程（两输入两输出系统）进行讨论。典型的双回路控制系统如图 7-1 所示，图中传递函数 $K_{ij}g_{ij}(s)$ 表示了通道 u_j-y_i 的对象特性，其中 K_{ij} 为开环增益，而 $g_{ij}(s)$ 只描述其动态特性（其开环增益为 1）。为讨论方便，将由 G_{c1} 与 $K_{11}g_{11}(s)$ 组成的回路称为"回路 1"；而将由 G_{c2} 与 $K_{22}g_{22}(s)$ 组成的回路称为"回路 2"。

现在来分析回路 2 对回路 1 的影响。当回路 2 未投入"自动"运行时，假设控制器 2 的输出不变，则对回路 1 而言，其广义对象即为 $K_{11}g_{11}(s)$，其静态增益为 K_{11}。当回路 2 投入"自动"时，假设控制回路 2 系统稳定，则对回路 1 而言，其广义对象即为

$$\frac{y_1(s)}{u_1(s)} = K_{11}g_{11}(s) - \frac{K_{12}g_{12}(s)G_{c2}(s)K_{21}g_{21}(s)}{1 + G_{c2}(s)K_{22}g_{22}(s)} \tag{7-1}$$

假设控制器 2 含有积分作用，则其静态增益趋向无穷大，而对回路 1 而言，对应的广义对象静态增益即为 $K'_{11} = K_{11} - \dfrac{K_{12}K_{21}}{K_{22}}$。

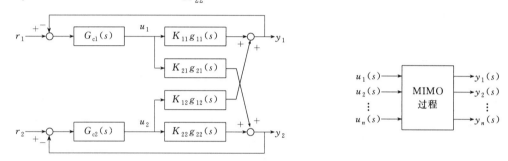

图 7-1　双回路控制系统方框图　　　　　图 7-2　多变量被控过程

现定义通道 u_1-y_1 的相对增益为

$$\lambda_{11} = \frac{K_{11}}{K'_{11}} = \frac{K_{11}}{K_{11} - \dfrac{K_{12}K_{21}}{K_{22}}} = \frac{1}{1 - \dfrac{K_{12}K_{21}}{K_{11}K_{22}}} \tag{7-2}$$

由式(7-2)可知，相对增益 λ_{11} 为开环增益 K_{11}（指回路 2"开环"）与闭环增益 K'_{11}（指回路 2 处于"闭环"）之比，直接反映了回路 2 对回路 1 的影响；此外，相对增益完全取决于多变量系统的对象特性，而与回路 2 的控制器无关（只要求含有积分作用）；另外，只要回路 1 与回路 2 的关联通道中有一个对应的静态增益 K_{12} 或 K_{21} 为 0，则相对增益即为 1。

现在将"相对增益"的概念推广应用于如图 7-2 所示的 $n \times n$ 被控过程，其中操纵变量与被控变量的数目均为 n。

对于通道 u_j-y_i，先定义开环增益

$$K_{ij} = \left. \frac{\partial y_i}{\partial u_j} \right|_{\Delta u_e = 0} \tag{7-3}$$

式中，$\Delta u_e = 0$ 表示除 u_j 外的其他操纵变量均不变。

再定义闭环增益

$$K'_{ij} = \left. \frac{\partial y_i}{\partial u_j} \right|_{\Delta y_e = 0} \tag{7-4}$$

式中，$\Delta y_e = 0$ 表示除 y_i 外的其他被控变量均不变，它表示除通道 u_j-y_i 外，其他通道

均投入闭环运行，系统稳定，且除 y_i 外的其他被控变量均不存在余差。

由式(7-3) 与式(7-4)，定义通道 u_j-y_i 的相对增益为

$$\lambda_{ij}=\frac{K_{ij}}{K_{ij}'}=\frac{\left.\dfrac{\partial y_i}{\partial u_j}\right|_{\Delta u_e=0}}{\left.\dfrac{\partial y_i}{\partial u_j}\right|_{\Delta y_e=0}} \tag{7-5}$$

而相对增益矩阵定义为

$$\boldsymbol{\Lambda}=\begin{array}{c} \\ y_1 \\ y_2 \\ \vdots \\ y_i \\ \vdots \\ y_n \end{array}\begin{array}{cccccc} u_1 & u_2 & \cdots & u_j & \cdots & u_n \\ \left[\begin{array}{cccccc} \lambda_{11} & \lambda_{12} & \cdots & \lambda_{1j} & \cdots & \lambda_{1n} \\ \lambda_{21} & \lambda_{22} & \cdots & \lambda_{2j} & \cdots & \lambda_{2n} \\ \vdots & \vdots & \ddots & \vdots & \ddots & \vdots \\ \lambda_{i1} & \lambda_{i2} & \cdots & \lambda_{ij} & \cdots & \lambda_{in} \\ \vdots & \vdots & \ddots & \vdots & \ddots & \vdots \\ \lambda_{n1} & \lambda_{n2} & \cdots & \lambda_{nj} & \cdots & \lambda_{nn} \end{array}\right] \end{array} \tag{7-6}$$

7.1.2 相对增益矩阵的计算

对于低维的多变量系统，可直接根据相对增益的定义进行计算。以 2×2 系统为例，假设对象的稳态模型为

$$\begin{pmatrix} y_1 \\ y_2 \end{pmatrix}=\begin{pmatrix} K_{11} & K_{12} \\ K_{21} & K_{22} \end{pmatrix}\begin{pmatrix} u_1 \\ u_2 \end{pmatrix} \tag{7-7}$$

先计算通道 u_1-y_1 的相对增益 λ_{11}，由定义可知其开环增益即为 K_{11}，下面计算其闭环增益 $K_{11}'=\left.\dfrac{\partial y_1}{\partial u_1}\right|_{\Delta y_2=0}$。由 $\Delta y_2=0$，得到 $K_{21}\Delta u_1+K_{22}\Delta u_2=0$，或 $\Delta u_2=-\dfrac{K_{21}}{K_{22}}\Delta u_1$。因此，$\Delta y_1=K_{11}\Delta u_1+K_{12}\Delta u_2=\left(K_{11}-\dfrac{K_{12}K_{21}}{K_{22}}\right)\Delta u_1$。因而

$$\lambda_{11}=\frac{K_{11}}{K_{11}'}=\frac{K_{11}}{K_{11}-\dfrac{K_{12}K_{21}}{K_{22}}}=\frac{1}{1-\dfrac{K_{12}K_{21}}{K_{11}K_{22}}} \tag{7-8a}$$

同理可得

$$\lambda_{12}=\frac{K_{12}}{K_{12}'}=\frac{K_{12}}{K_{12}-\dfrac{K_{11}K_{22}}{K_{21}}}=\frac{1}{1-\dfrac{K_{11}K_{22}}{K_{12}K_{21}}} \tag{7-8b}$$

$$\lambda_{21}=\frac{K_{21}}{K_{21}'}=\frac{K_{21}}{K_{21}-\dfrac{K_{11}K_{22}}{K_{12}}}=\frac{1}{1-\dfrac{K_{11}K_{22}}{K_{12}K_{21}}} \tag{7-8c}$$

$$\lambda_{22}=\frac{K_{22}}{K_{22}'}=\frac{K_{22}}{K_{22}-\dfrac{K_{12}K_{21}}{K_{11}}}=\frac{1}{1-\dfrac{K_{12}K_{21}}{K_{11}K_{22}}} \tag{7-8d}$$

由此可见，只要知道多变量系统的开环增益矩阵，就可以计算其闭环增益，进而得到相对增益矩阵。然而，上述计算方法并不适用于高维的 MIMO 系统。为此，下面针对一般的多变量系统，讨论相对增益矩阵的计算方法。

对于 $n\times n$ 多变量被控系统，假设其稳态模型为

$$\begin{bmatrix} y_1 \\ y_2 \\ \vdots \\ y_n \end{bmatrix}=\begin{bmatrix} K_{11} & K_{12} & \cdots & K_{1n} \\ K_{21} & K_{22} & \cdots & K_{2n} \\ \vdots & \vdots & \ddots & \vdots \\ K_{n1} & K_{n2} & \cdots & K_{nn} \end{bmatrix}\begin{bmatrix} u_1 \\ u_2 \\ \vdots \\ u_n \end{bmatrix} \tag{7-9}$$

对通道 u_j-y_i 而言，其开环增益即为 K_{ij}。为计算闭环增益，假设稳态增益阵 $\boldsymbol{K} = \{K_{ij} \mid i,j=1,\cdots,n\}$ 可逆，则由式(7-9)可得到

$$
\begin{bmatrix} u_1 \\ u_2 \\ \vdots \\ u_n \end{bmatrix} = \begin{bmatrix} H_{11} & H_{12} & \cdots & H_{1n} \\ H_{21} & H_{22} & \cdots & H_{2n} \\ \vdots & \vdots & \ddots & \vdots \\ H_{n1} & H_{n2} & \cdots & H_{nn} \end{bmatrix} \begin{bmatrix} y_1 \\ y_2 \\ \vdots \\ y_n \end{bmatrix} \tag{7-10}
$$

式中，$\boldsymbol{H} = \boldsymbol{K}^{-1}$，其元素的物理意义为

$$
H_{ji} = \left.\frac{\partial u_j}{\partial y_i}\right|_{\Delta y_e=0} = \frac{1}{\left.\dfrac{\partial y_i}{\partial u_j}\right|_{\Delta y_e=0}} = \frac{1}{K'_{ij}} \tag{7-11}
$$

由相对增益的定义式(7-5)，可得到

$$
\lambda_{ij} = \frac{K_{ij}}{K'_{ij}} = K_{ij} \cdot H_{ji} \tag{7-12}
$$

由此可见，相对增益矩阵 $\boldsymbol{\Lambda}$ 可表示成增益矩阵 $\boldsymbol{K}$ 中每个元素与逆矩阵 $\boldsymbol{H} = \boldsymbol{K}^{-1}$ 的转置矩阵中相应元素的乘积（点积），即

$$
\boldsymbol{\Lambda} = \boldsymbol{K} \cdot (\boldsymbol{K}^{-1})^{\mathrm{T}} \tag{7-13}
$$

【例 7-1】 某一 3×3 多变量系统，假设其开环增益矩阵为

$$
\boldsymbol{K} = \begin{pmatrix} 0.58 & -0.36 & -0.36 \\ 0.073 & -0.061 & 0 \\ 1 & 1 & 1 \end{pmatrix}, \text{则 } \boldsymbol{H} = \boldsymbol{K}^{-1} = \begin{pmatrix} 1.0638 & 0 & 0.3830 \\ 1.2731 & -16.3934 & 0.4583 \\ -2.3369 & -16.3934 & 0.1587 \end{pmatrix}
$$

而相对增益矩阵为

$$
\boldsymbol{\Lambda} = \boldsymbol{K} \cdot \boldsymbol{H}^{\mathrm{T}} = \begin{pmatrix} 0.617 & -0.4583 & 0.8413 \\ 0 & 1 & 0 \\ 0.383 & 0.4583 & 0.1587 \end{pmatrix}
$$

由上述算例可知：相对增益矩阵行列的代数和均为 1。事实上这一性质适合于一般的 $n \times n$ 多变量系统。

基于这一性质，为求出整个矩阵所需要计算的元素就可相应减少。例如：对一个 2×2 系统，只需求出 λ_{11}，因为 $\lambda_{11} = \lambda_{22}$，而其余元素可利用上述性质求取；而对 3×3 系统，只需计算出其中的四个相对增益系数，其余元素可以利用上述性质来求取。

此外，这个性质表明：相对增益各元素之间存在着一定的组合关系，例如在一个给定的行或列中，若不存在负数，则所有的元素都将在 0 和 1 之间；反之，如果出现一个比 1 大的元素，则在同一行或列中必有一个负数。由此可见，相对增益可以在一个很大范围内变化。显然，不同的相对增益正好反映了系统中不同的耦合程度。

由相对增益定义式 $\lambda_{ij} = \dfrac{K_{ij}}{K'_{ij}}$，可知

$$
K'_{ij} = K_{ij} \times \frac{1}{\lambda_{ij}} \tag{7-14}
$$

上式表明：当其他回路均为"手动"时，假设通道 u_j-y_i 的静态增益为 K_{ij}；而当其他回路均投入"自动"运行时，该通道的静态增益为原来的 $\dfrac{1}{\lambda_{ij}}$ 倍。

若选择 u_j 作为被控变量 y_i 的操纵变量，关于相对增益有如下几点结论。

① 当相对增益接近于 1，则表明其他通道对该通道的综合关联作用较小。

② 当相对增益小于零时，说明使用本通道的控制回路无法得到良好的控制效果，假设

当其他回路均为"手动"时，该回路为负反馈；而当其他回路投入"自动"时，该回路即将成为正反馈系统。换句话说，这个通道的变量配对不适当，应重新选择。

③ 当相对增益在 $0\sim0.5$ 之间或大于 2.0 时，则表明其他通道对该通道的关联作用较大，需要重新进行变量配对或引入解耦措施。

7.2　耦合系统的变量配对与控制参数整定

一个多变量耦合系统在进行控制系统设计之前，必须首先决定哪个被控变量应该由哪个操纵变量来控制，这就是控制系统中的变量配对问题。有时会发生这样的情况，每个控制回路的设计、调试都是正确的，可是当它们都投入运行时，由于回路间耦合严重，系统不能正常工作。此时如将变量重新配对、调试，整个系统就能工作了。这说明正确的变量配对是进行有效控制的必要条件。此外还应看到，有时系统之间互相耦合还可能隐藏着使系统不稳定的反馈回路。尽管每个回路本身的控制性能合格，但当所有的控制器都投入"自动"时，整个系统可能完全失去控制。如果把其中的一个或同时把几个控制器重新加以整定，就有可能使系统恢复稳定，虽然这需要以降低控制性能为代价。下面将讨论，如何根据系统变量间耦合的情况，应用被控变量和操纵变量之间的匹配和重新整定调节器的方法来克服或削弱这种耦合作用。

7.2.1　耦合系统的变量配对

【例 7-2】　下面先以图 7-3 所示的料液混合系统为例，来详细分析多回路控制对象的变量配对问题。图 7-3 中两种料液经调和罐均匀混合后送出，要求对混合液的流量 F 和有效成分浓度 C 进行控制；而控制变量为两输入料液的流量，主要干扰为输入料液的有效成分含量。

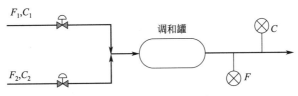

图 7-3　料液混合系统示意图

假设两物流均为液相，流量分别为 F_1，F_2，有效成分浓度分别为 C_1，C_2。各物流的流量单位均为 T/h，有效成分浓度均为质量百分比。令

$$\begin{pmatrix} y_1 \\ y_2 \end{pmatrix} = \begin{pmatrix} F \\ C \end{pmatrix}, \qquad \begin{pmatrix} u_1 \\ u_2 \end{pmatrix} = \begin{pmatrix} F_1 \\ F_2 \end{pmatrix}$$

由物料平衡关系，可得到以下稳态平衡方程

$$y_1 = u_1 + u_2$$
$$y_2 = \frac{C_1 u_1 + C_2 u_2}{u_1 + u_2} \tag{7-15}$$

为了得到合适的变量配对，需要对该对象进行相对增益分析。由式(7-15) 可知，上述 MIMO 控制对象为典型的非线性系统，因而首先需要在某稳态工作点附近进行线性化，再应用相对增益的概念对其进行关联分析。下面分步骤来分析讨论这些问题。

步骤 1　假设某稳态工作点为 $Q_0(u_{10}, u_{20}, y_{10}, y_{20})$，其中 u_{10}, u_{20} 为 F_1, F_2 的稳态值；y_{10}, y_{20} 为 F, C 的稳态值；稳态输入变量与稳态输出变量满足

$$y_{10} = u_{10} + u_{20}$$

$$y_{20} = \frac{C_{10}u_{10} + C_{20}u_{20}}{u_{10} + u_{20}} \tag{7-16}$$

或

$$u_{10} = \frac{y_{20} - C_{20}}{C_{10} - C_{20}} y_{10}, \quad u_{20} = \frac{C_{10} - y_{20}}{C_{10} - C_{20}} y_{10} \tag{7-17}$$

式中，C_{10}，C_{20} 为稳态工作点处输入料液的有效成分含量，并假设 $C_{10} > C_{20}$，即料液 F_1 中的有效成分含量高于 F_2 中的有效成分含量。

步骤 2　在稳态工作点 Q_0 附近进行输入输出变量的偏差化。令

$$\begin{cases} \Delta y_1 = y_1 - y_{10} \\ \Delta y_2 = y_2 - y_{20} \end{cases} \begin{cases} \Delta u_1 = u_1 - u_{10} \\ \Delta u_2 = u_2 - u_{20} \end{cases} \tag{7-18}$$

式中，Δu_1，Δu_2，Δy_1，Δy_2 为输入输出相对于稳态工作点 $Q_0(u_{10}, u_{20}, y_{10}, y_{20})$ 的偏差量。

步骤 3　在工作点 Q_0 附近进行线性化。记

$$\begin{cases} \Delta y_1 = K_{11} \Delta u_1 + K_{12} \Delta u_2 \\ \Delta y_2 = K_{21} \Delta u_1 + K_{22} \Delta u_2 \end{cases} \tag{7-19}$$

其中

$$K_{11} = \frac{\partial y_1}{\partial u_1} \bigg|_{Q_0} = 1, \quad K_{12} = \frac{\partial y_1}{\partial u_2} \bigg|_{Q_0} = 1$$

$$K_{21} = \frac{\partial y_2}{\partial u_1} \bigg|_{Q_0} = \frac{\partial}{\partial u_1} \left(\frac{C_1 u_1 + C_2 u_2}{u_1 + u_2} \right) \bigg|_{Q_0} = \left| \frac{(C_1 - C_2) u_2}{(u_1 + u_2)^2} \right|_{Q_0} = \frac{(C_{10} - C_{20}) u_{20}}{(u_{10} + u_{20})^2}$$

$$K_{22} = \frac{\partial y_2}{\partial u_2} \bigg|_{Q_0} = \frac{\partial}{\partial u_2} \left(\frac{C_1 u_1 + C_2 u_2}{u_1 + u_2} \right) \bigg|_{Q_0} = -\left. \frac{(C_1 - C_2) u_1}{(u_1 + u_2)^2} \right|_{Q_0} = -\frac{(C_{10} - C_{20}) u_{10}}{(u_{10} + u_{20})^2}$$

步骤 4　对于稳态工作点 Q_0 计算某一相对增益。例如

$$\lambda_{11} = \frac{\dfrac{\partial \Delta y_1}{\partial \Delta u_1} \bigg|_{\Delta u_2 = 0}}{\dfrac{\partial \Delta y_1}{\partial \Delta u_1} \bigg|_{\Delta y_2 = 0}} = \frac{K_{11}}{K_{11} - \dfrac{K_{12} K_{21}}{K_{22}}} = \frac{1}{1 - \Delta}$$

其中

$$\Delta = \frac{K_{12} K_{21}}{K_{11} K_{22}} = \frac{K_{21}}{K_{22}} = -\frac{u_{20}}{u_{10}} = -\frac{C_{10} - y_{20}}{y_{20} - C_{20}} \quad 或 \quad \lambda_{11} = \frac{y_{20} - C_{20}}{C_{10} - C_{20}}$$

步骤 5　利用相对增益矩阵的性质（行、列代数和均为 1），可得到如下的相对增益矩阵

$$\boldsymbol{\Lambda} = \begin{pmatrix} \lambda_{11} & 1 - \lambda_{11} \\ 1 - \lambda_{11} & \lambda_{11} \end{pmatrix} = \begin{pmatrix} \dfrac{y_{20} - C_{20}}{C_{10} - C_{20}} & \dfrac{C_{10} - y_{20}}{C_{10} - C_{20}} \\ \dfrac{C_{10} - y_{20}}{C_{10} - C_{20}} & \dfrac{y_{20} - C_{20}}{C_{10} - C_{20}} \end{pmatrix} = \begin{pmatrix} \dfrac{u_{10}}{y_{10}} & \dfrac{u_{20}}{y_{10}} \\ \dfrac{u_{20}}{y_{10}} & \dfrac{u_{10}}{y_{10}} \end{pmatrix} \tag{7-20}$$

现在来考虑变量的配对问题。上述计算过程表明：非线性多变量系统输入输出的相应关联与稳态工作点密切相关。由于该对象的相对增益均属于 0～1，因而可得到以下结论。

① 变量配对：用量大的操纵变量控制总流量，用量小的操纵变量控制浓度。

② 若用量大的操纵变量占总流量 75% 以上，则只要用常规多回路就可以；否则，若两种进料量接近，可考虑采用解耦设计。

为了进一步揭示相对增益与变量匹配之间的本质，下面考察例 7-1 所给出的 3×3 多变量系统。由于其开环增益矩阵为

$$\boldsymbol{K} = \begin{pmatrix} 0.58 & -0.36 & -0.36 \\ 0.073 & -0.061 & 0 \\ 1 & 1 & 1 \end{pmatrix} \tag{7-21}$$

而相对增益阵为
$$\boldsymbol{\Lambda} = \begin{pmatrix} 0.617 & -0.4583 & 0.8413 \\ 0 & 1 & 0 \\ 0.383 & 0.4583 & 0.1587 \end{pmatrix} \tag{7-22}$$

基于相对增益的物理意义，可知：对被控变量 y_2 而言，u_2 是唯一的选择；剩余问题是如何选择子系统 $\begin{pmatrix} y_1 \\ y_3 \end{pmatrix}$ 与 $\begin{pmatrix} u_1 \\ u_3 \end{pmatrix}$ 之间的配对。当回路 u_2-y_2 断开时，该子系统对应的增益阵为 $\boldsymbol{K}_{\text{sub1}} = \begin{pmatrix} 0.58 & -0.36 \\ 1 & 1 \end{pmatrix}$，相对增益阵为 $\boldsymbol{\Lambda}_{\text{sub1}} = \begin{pmatrix} 0.617 & 0.383 \\ 0.383 & 0.617 \end{pmatrix}$；而当回路 u_2-y_2 闭合时，对应的增益阵变为 $K_{\text{sub2}} = \begin{pmatrix} 0.15 & -0.36 \\ 2.20 & 1 \end{pmatrix}$，相对增益阵为 $\boldsymbol{\Lambda}_{\text{sub2}} = \begin{pmatrix} 0.159 & 0.841 \\ 0.841 & 0.159 \end{pmatrix}$。综合考虑最合适的配对为：$u_3$-$y_1$，$u_2$-$y_2$，$u_1$-$y_3$，对应的控制结构如图 7-4 所示，其中 C1，C2，C3 分别表示三个单回路控制器，对应回路分别称为 Loop1，Loop2，Loop3。

下面以控制回路 Loop1 为例，来说明其他回路对回路 Loop1 静态增益的影响。

① 回路 Loop2、Loop3 均断开时，回路 Loop1 的静态增益为 -0.36。

② 回路 Loop2 断开、Loop3 闭合时，回路 Loop1 的静态增益为 $-0.36/0.383 = -0.94$。

③ 回路 Loop2 闭合、Loop3 断开时，回路 Loop1 的静态增益为 -0.36。

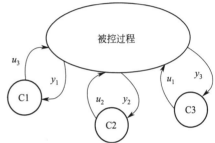

图 7-4 多回路控制系统结构

④ 回路 Loop2、Loop3 均闭合时，回路 Loop1 的静态增益为 $-0.36/0.841 = -0.43$。

读者可同样分析其他回路对回路 Loop2 或 Loop3 静态增益的影响。由此可见，就多回路控制系统而言，任一控制回路都可能受到其他回路的影响。这种影响不仅包括广义对象动态特性的变化，甚至包括广义对象的静态增益，都可能因其他回路"手动/自动"状态的不同而发生很大的突变。

由上述算例可知，对于多变量系统，要进行正确的变量配对并不容易。一方面，要利用相对增益分析法对系统进行深入分析；另一方面，更需要结合具体的工业过程，进行工艺机理分析，并尽可能将被控系统分解成若干个相对独立的子系统，以便于控制系统的变量配对、控制器设计与参数整定。

7.2.2 耦合多回路系统的控制参数整定

对于多回路系统，在进行合适的变量配对后，第一步应确定各个回路的相对响应速度或工作频率。假设某一回路在其他回路断开的情况下，通过 PID 参数整定使其输出响应达到典型的 4:1 衰减振荡，则相对响应速度可用其振荡周期来表示。振荡周期越小，表明其相对响应速度越快，工作频率越高。下面以双回路系统为例，讨论控制参数整定策略。

① 若其中一个回路的响应速度比另一个回路快得多（工作频率于 5 倍以上），则先整定该快速回路，而另一回路处于"手动"；然后，在快速回路投入"自动"运行的情况下，再整定另一个慢速回路。两步骤的整定方法与单回路相同。

② 若两个回路的响应速度相近，但其中一个回路的被控变量比另一个重要，则先各自在另一回路为"手动"的前提下，按单回路方式整定相应的控制参数；然后，将次要回路的控制作用减弱（如减少控制增益）后投入双回路运行。

③ 若两个回路的响应速度相近、被控变量也同等重要，则先各自在另一回路为"手动"

的前提下，按单回路方式整定相应的控制参数；再按以下原则重新整定两控制器的增益（回路所对应的相对增益系数应 $\lambda_{ii} \geqslant 0$）

$$K'_{ci} \Leftarrow K_{ci} \times \min\{1, \lambda_{ii}\}$$

这里以例 7-2 为研究对象，具体讨论耦合系统的控制参数整定方法。

该系统静态模型由式(7-15) 描述，为便于仿真研究，假设对象的动态特性分别为

$$\frac{Y_1(s)}{U_1(s)} = \frac{K_{11}}{s+1}, \quad \frac{Y_1(s)}{U_2(s)} = \frac{K_{12}}{s+1}, \quad \frac{Y_2(s)}{U_1(s)} = \frac{K_{21}}{(s+1)(4s+1)}, \quad \frac{Y_2(s)}{U_2(s)} = \frac{K_{22}}{(s+1)(4s+1)}$$

式中，稳态增益 $K_{11}=1$，$K_{12}=1$；而 K_{21}，K_{22} 与稳态工作点有关。

情形 1 假设该调和过程的稳态工作点为 $Q_0(u_{10}, u_{20}, y_{10}, y_{20})$，其中 $u_{10}=80$，$u_{20}=20$，$y_{10}=100$，$y_{20}=64\%$；而 $C_{10}=75\%$，$C_{20}=20\%$。则相对增益矩阵为

$$\boldsymbol{\Lambda} = \begin{pmatrix} 0.80 & 0.20 \\ 0.20 & 0.80 \end{pmatrix} \tag{7-23}$$

因而合适的变量配对为：u_1-y_1，u_2-y_2。由此构成的多回路 PID 控制方案如图 7-5 所示，对应的 SimuLink 仿真模型如图 7-6 所示。图 7-6 中，非线性函数 $f(u)$ 用于实现计算 $y_2 = (C_1 u_1 + C_2 u_2)/(u_1 + u_2)$，控制器均采用 PI 调节器；对于控制方案中的流量副回路，流量测量值相对于其设定值的动态特性均用 $1/(s+1)$ 来近似。

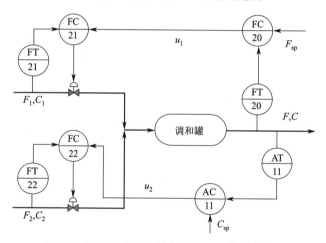

图 7-5 料液混合系统的多回路 PID 控制方案 1

在两个 PID 调节器均为"手动"的条件下，分别对操纵变量 F_1，F_2 作阶跃变化，以得到各回路控制通道的动态响应曲线；再依照单回路 PID 参数整定方法来确定控制器参数（即整定 PID1 时要求 PID2 为"手动"，而且 F_2 保持恒定）。由此得到的 PID 参数分别为

PID1：$K_c=2$，$T_i=1\text{min}$，$T_d=0\text{min}$。PID2：$K_c=-5$，$T_i=3\text{min}$，$T_d=0\text{min}$

在此基础上，将两控制回路同时投入"自动"运行，并改变控制器的设定值 F_{sp}，C_{sp}；由此得到如图 7-7 所示的闭环响应曲线。图中，实线为系统输出，虚线表示对应的设定值，其中 C_{sp} 在 $t=10\text{min}$ 处从 64% 阶跃变化至 68%；F_{sp} 在 $t=100\text{min}$ 处从 100T/hr 阶跃变化至 105T/hr（以下各响应曲线的意义相类似）。

作为对比，对于上述同一受控过程，若选择变量配对：u_1-y_2，u_2-y_1；并仍采用 PI 调节规律，由此构成的双回路控制方案如图 7-8 所示。在两控制器中仅有一个投入"自动"

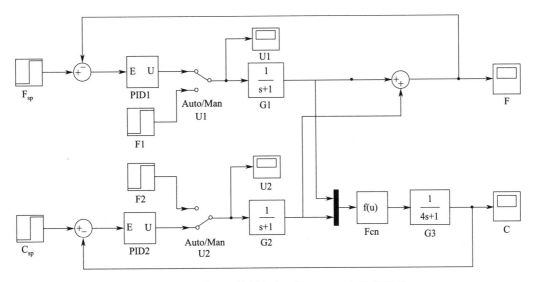

图 7-6　多回路 PID 控制方案 1 的 SimuLink 仿真模型

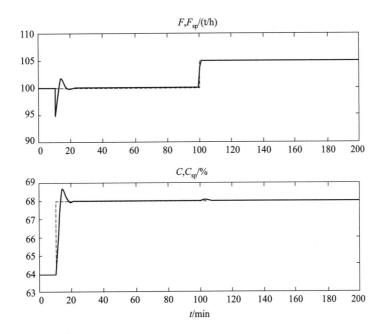

图 7-7　多回路 PID 控制方案 1 的闭环响应（对于情形 1）

时，依照单回路 PID 参数的整定方法可获得以下较理想的 PID 参数

PID1：$K_c = 2$，$T_i = 1\,\text{min}$，$T_d = 0\,\text{min}$。PID2：$K_c = 20$，$T_i = 3\,\text{min}$，$T_d = 0\,\text{min}$

当两回路同时投入"自动"时，控制系统的闭环响应如图 7-9 所示。比较闭环响应图 7-7 与图 7-9 可知，对于 MIMO 系统，正确的变量配对可显著减少多回路之间的关联。即使采用简单的 PID 调节器，也完全可能取得令人满意的控制性能。

情形 2　假设上述调和过程的稳态工作点改变成 $Q_0(u_{10}, u_{20}, y_{10}, y_{20})$，其中 $u_{10} = 55$，$u_{20} = 45$，$y_{10} = 100$，$y_{20} = 53\%$；而 $C_{10} = 80\%$，$C_{20} = 20\%$。经分析计算可得到如下的相对增益矩阵

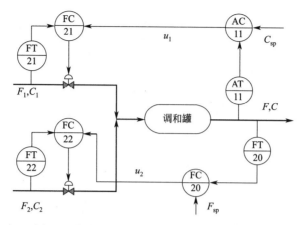

图 7-8　料液混合系统的多回路 PID 控制方案 2

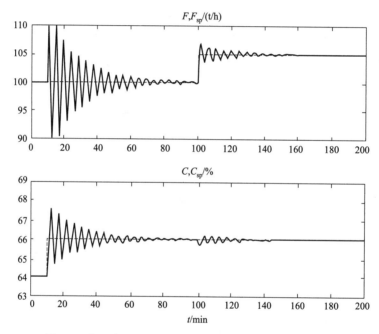

图 7-9　多回路 PID 控制方案 2 的闭环响应（对于情形 1）

$$\boldsymbol{\Lambda} = \begin{pmatrix} 0.55 & 0.45 \\ 0.45 & 0.55 \end{pmatrix} \tag{7-24}$$

合适的变量配对为：u_1-y_1，u_2-y_2；因而可采用如图 7-5 所示的多回路控制方案 1。依照单回路 PID 参数的整定方法，分别可获得以下较理想的 PID 参数

PID1：$K_c = 2$，$T_i = 1\text{min}$，$T_d = 0\text{min}$。PID2：$K_c = -4$，$T_i = 3\text{min}$，$T_d = 0\text{min}$

将两回路同时投入"自动"时，控制系统的闭环响应曲线如图 7-10(a) 所示。

与图 7-7 的响应曲线比较可知，由于两回路之间的耦合加强，使控制系统的稳定性有所下降，衰减比变小。根据相对增益的物理意义，当两回路均投入"自动"时，系统稳定性下降的原因主要在于：控制通道对象静态增益均增大了近 1 倍。为此，可重新整定控制器增益为：PID1，$K_c = 1$；PID2，$K_c = -2$。相应的闭环响应曲线如图 7-10(b) 所示。

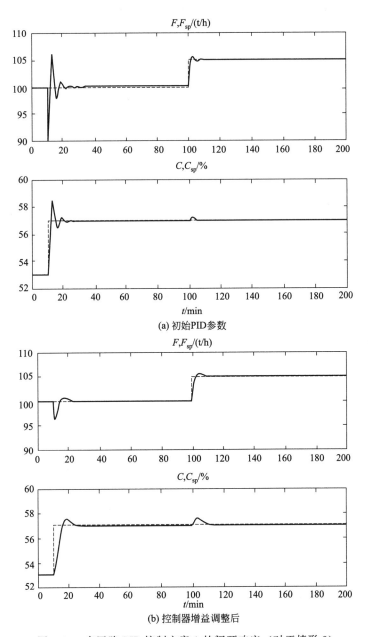

图 7-10 多回路 PID 控制方案 1 的闭环响应（对于情形 2）

7.3 多回路系统的解耦设计

当多回路系统关联严重时，即使采用最合理的回路匹配也可能得不到满意的控制效果。特别对于静态关联严重且动态特性相近的系统，因为它们之间具有共振的动态响应。如果都是快速回路（如流量回路），把一个或更多的调节器加以特殊的整定就可以克服相互影响；但这并不适用于都是慢速回路（如成分回路）的情况。因此，对于关联严重的系统需要进行解耦，否则系统不可能稳定。

解耦的本质在于设置一个计算网络，用它去抵消过程中的关联，以保证各个单回路控制系统能独立地工作。对多变量耦合系统的解耦方法大体上可分为两类：基于方块图的线性解耦与基于工艺机理的非线性解耦。为讨论方便，下面仅考虑双回路系统。

7.3.1　基于方块图的线性解耦器

（1）串级解耦

对于如图 7-1 所示的双回路控制系统，最容易设想的解耦器为如图 7-11 所示的串级解耦网络。图中 $G_{11}(s)$，$G_{21}(s)$，$G_{12}(s)$，$G_{22}(s)$ 分别表示 $K_{11}g_{11}$，$K_{21}g_{21}$，$K_{12}g_{12}$，$K_{22}g_{22}$；而 $D_{11}(s)$，$D_{21}(s)$，$D_{12}(s)$，$D_{22}(s)$ 均为解耦器。

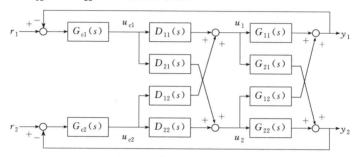

图 7-11　串级解耦控制系统

为了计算出解耦器的数学模型，先写出该系统的传递矩阵。被控变量和操纵变量之间的矩阵为

$$\begin{bmatrix} y_1 \\ y_2 \end{bmatrix} = \begin{bmatrix} G_{11}(s) & G_{12}(s) \\ G_{21}(s) & G_{22}(s) \end{bmatrix} \begin{bmatrix} u_1 \\ u_2 \end{bmatrix} \tag{7-25}$$

而操纵变量与控制器输出之间的矩阵为

$$\begin{bmatrix} u_1 \\ u_2 \end{bmatrix} = \begin{bmatrix} D_{11}(s) & D_{12}(s) \\ D_{21}(s) & D_{22}(s) \end{bmatrix} \begin{bmatrix} u_{c1} \\ u_{c2} \end{bmatrix} \tag{7-26}$$

由此得到系统的传递矩阵为

$$\begin{bmatrix} y_1 \\ y_2 \end{bmatrix} = \begin{bmatrix} G_{11}(s) & G_{12}(s) \\ G_{21}(s) & G_{22}(s) \end{bmatrix} \begin{bmatrix} D_{11}(s) & D_{12}(s) \\ D_{21}(s) & D_{22}(s) \end{bmatrix} \begin{bmatrix} u_{c1} \\ u_{c2} \end{bmatrix} \tag{7-27}$$

为实现解耦，应使系统传递矩阵具体如下形式

$$\begin{bmatrix} y_1 \\ y_2 \end{bmatrix} = \begin{bmatrix} \hat{G}_{11}(s) & 0 \\ 0 & \hat{G}_{22}(s) \end{bmatrix} \begin{bmatrix} u_{c1} \\ u_{c2} \end{bmatrix} \tag{7-28}$$

假设对象传递矩阵的逆存在，则由式(7-27) 与式(7-28)，可得到解耦器的数学模型为

$$\begin{bmatrix} D_{11}(s) & D_{12}(s) \\ D_{21}(s) & D_{22}(s) \end{bmatrix} = \begin{bmatrix} G_{11}(s) & G_{12}(s) \\ G_{21}(s) & G_{22}(s) \end{bmatrix}^{-1} \begin{bmatrix} \hat{G}_{11}(s) & 0 \\ 0 & \hat{G}_{22}(s) \end{bmatrix}$$

$$= \frac{1}{G_{11}(s)G_{22}(s) - G_{12}(s)G_{21}(s)} \begin{bmatrix} G_{22}(s) & -G_{12}(s) \\ -G_{21}(s) & G_{11}(s) \end{bmatrix} \begin{bmatrix} \hat{G}_{11}(s) & 0 \\ 0 & \hat{G}_{22}(s) \end{bmatrix}$$

$$= \frac{1}{G_{11}(s)G_{22}(s) - G_{12}(s)G_{21}(s)} \begin{bmatrix} G_{22}(s)\hat{G}_{11}(s) & -G_{12}(s)\hat{G}_{22}(s) \\ -G_{21}(s)\hat{G}_{11}(s) & G_{11}(s)\hat{G}_{22}(s) \end{bmatrix} \tag{7-29}$$

显然，用式(7-29)所得到的解耦器进行解耦，将使两个控制回路完全独立。此时，u_{c2} 对 y_1 的影响为

$$y_1(s) = [G_{11}(s)D_{12}(s) + G_{12}(s)D_{22}(s)]u_{c2}(s)$$

将式(7-29)中 $D_{12}(s)$ 和 $D_{22}(s)$ 代入，可以看到上式中这两项数值相等，而符号相反。同样，u_{c1} 对 y_2 的影响亦是如此。所以可以将图 7-11 所示的系统等效为图 7-12 所示的形式，从而达到解耦的目的。

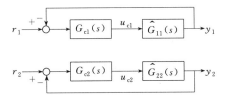

图 7-12　串级解耦后得到的独立子系统

从原理上讲，对于两个变量以上的多变量系统，经过矩阵运算都可以方便地求得解耦器的数学模型，只是解耦器越来越复杂，如果不予以简化就难以实现。

关于 $\hat{G}_{11}(s)$，$\hat{G}_{22}(s)$ 的取值，主要包括以下情况。

① 对角矩阵法　令 $\hat{G}_{11}(s) = G_{11}(s)$，$\hat{G}_{22}(s) = G_{22}(s)$，此时，解耦后的子系统完全等价于无耦合的独立回路，参数整定可与独立单回路完全相同，但解耦器结构复杂。

② 单位矩阵法　令 $\hat{G}_{11}(s) = 1$，$\hat{G}_{22}(s) = 1$，解耦后的子系统具有稳定性好、抗扰动能力强等优点，但要实现它的解耦器也将会比其他方法更为困难。例如对于具有单容特性的相互关联过程，利用单位矩阵法求解所得的解耦器将是一阶微分环节，而应用其他方法却得到具有比例特性的解耦器。如耦合过程具有更复杂的动态特性时，单位矩阵法求出的解耦器可能比用其他方法求出的解耦器更难以实现。

③ 简化对角矩阵法　为简化解耦器结构，使 $D_{11}(s) = 1$，$D_{22}(s) = 1$。由式(7-29)可知

$$G_{22}(s)\hat{G}_{11}(s) = \Delta(s), \quad G_{11}(s)\hat{G}_{22}(s) = \Delta(s)$$

而

$$D_{12}(s) = -\frac{G_{12}(s)\hat{G}_{22}(s)}{\Delta(s)} = -\frac{G_{12}(s)}{G_{11}(s)}, \quad D_{21}(s) = -\frac{G_{21}(s)\hat{G}_{11}(s)}{\Delta(s)} = -\frac{G_{21}(s)}{G_{22}(s)}$$

式中，$\Delta(s) = G_{11}(s)G_{22}(s) - G_{12}(s)G_{21}(s)$。简化对角矩阵法所对应的解耦器见式(7-30)，对应的解耦控制系统如图 7-13 所示。

$$D_{11}(s) = 1, D_{12}(s) = -\frac{G_{12}(s)}{G_{11}(s)}, \quad D_{21}(s) = -\frac{G_{21}(s)}{G_{22}(s)}, \quad D_{22}(s) = 1 \qquad (7\text{-}30)$$

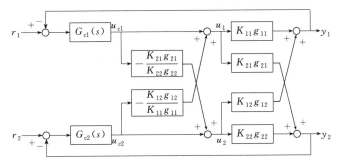

图 7-13　简化的串级解耦控制系统

对于图 7-13 所示的方案，存在着两个问题：控制器输出的初始化和操纵变量的约束运行。所谓控制器输出的初始化就是要找到两个控制器的初始值 u_{c1} 和 u_{c2}，以便控制系统能够无扰动地从"手动"投入至"自动"。假设投用前系统处于稳态，为实现无扰动切换，需要满足以下线性方程

$$u_1 = u_{c1} - \frac{K_{12}}{K_{11}} u_{c2} , \quad u_2 = -\frac{K_{21}}{K_{22}} u_{c1} + u_{c2} \tag{7-31}$$

或者说，应根据投用前操纵变量的值 u_1 和 u_2，按式(7-31) 求解出 u_{c1} 和 u_{c2} 后再投用。

初始化问题能够通过一定的程序加以解决，而操纵变量的约束运行问题就很难解决了。假如操纵变量 u_1、u_2 中有一个受到约束（即达到控制阀的上限或下限），则被控变量 y_1、y_2 两者都不能得到有效的控制，因为此时两个控制器都试图操纵剩下的尚未受到约束的操纵变量来进行控制。但由于仅有一个有效的操纵变量，而有两个被控变量要求进行定值控制，结果造成未受约束的操纵变量也会被驱赶到极限值。

（2）前馈解耦

为解决串级解耦方案中存在的初始化和约束运行问题，工业过程中常采用如图 7-14 所示的前馈解耦方案。在此，可以由已知的 u_1 和 u_2 来计算 u_{c1} 和 u_{c2}，从而简化了初始化过程。此外，当某一操纵变量受到约束时，会使对应的控制回路等价于开环，而受到约束的操纵变量就作为前馈补偿输入继续被送至另一回路。由于此时仅有一个控制回路在工作，因而完全避免了约束运行问题。

可是，前馈解耦方案含有一个可能不稳定的回路，它由两个解耦器构成，其增益为两个解耦器增益之积。若 λ_{11} 在 $0 \sim 1$ 之间，那么解耦器的符号是相反的，并且该回路为负反馈回路。当 $0.5 < \lambda_{11} < 1.0$ 时，则反馈回路的静态增益小于 1.0，因而它是稳定的。若 $\lambda_{11} > 1.0$，则该回路为正反馈回路，但由于其静态增益小于 1.0，因此稳定性要求在所有周期下满足

$$\frac{K_{21} K_{12}}{K_{11} K_{22}} \left| \frac{g_{21}(\mathrm{j}\omega) g_{12}(\mathrm{j}\omega)}{g_{11}(\mathrm{j}\omega) g_{22}(\mathrm{j}\omega)} \right| < 1.0$$

若 $\lambda_{11} < 0$，则在任何情况下解耦回路都不会稳定。

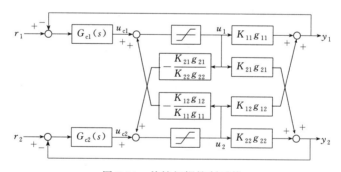

图 7-14　前馈解耦控制系统

这里仍以例 7-2 为研究对象，具体讨论解耦器的设计问题。该系统静态模型由式(7-15) 描述，而对象的动态特性更改为

$$\begin{pmatrix} Y_1(s) \\ Y_2(s) \end{pmatrix} = \begin{pmatrix} \dfrac{1}{2s+1} & \dfrac{1}{3s+1} \\ \dfrac{K_{21}\mathrm{e}^{-5s}}{(2s+1)(10s+1)} & \dfrac{K_{22}\mathrm{e}^{-5s}}{(3s+1)(10s+1)} \end{pmatrix} \begin{pmatrix} U_1(s) \\ U_2(s) \end{pmatrix} \tag{7-32}$$

其中浓度检测单元引入了纯滞后，静态增益阵 K_{21}, K_{22} 与过程的稳态工作点有关，分别为

$$K_{21} = \frac{\partial y_2}{\partial u_1}\bigg|_{Q_0} = \frac{(C_{10}-C_{20})u_{20}}{(u_{10}+u_{20})^2} = 0.25 , \quad K_{22} = \frac{\partial y_2}{\partial u_2}\bigg|_{Q_0} = -\frac{(C_{10}-C_{20})u_{10}}{(u_{10}+u_{20})^2} = -0.33$$

情形 3　假设采用如图 7-5 所示的多回路 PID 控制方案，依照单回路 PID 参数整定方法可获得如下的 PID 参数

PID1：$K_c = 2$，$T_i = 1\text{min}$，$T_d = 0\text{min}$。PID2：$K_c = -2$，$T_i = 12\text{min}$，$T_d = 0\text{min}$

当两回路同时投入"自动"时，控制系统的闭环响应如图 7-15 所示。

分析该多回路 PID 控制系统的闭环响应可知：两回路之间存在一定程度的关联。事实上，若纯粹从静态相对增益矩阵来分析，控制回路的耦合非常严重，但因两回路的动态特性存在较大的差别而最终使相互关联有所减弱。为了进一步提高控制系统的性能，通过解耦设计消除或减少两回路之间的关联，是一条行之有效的途径。

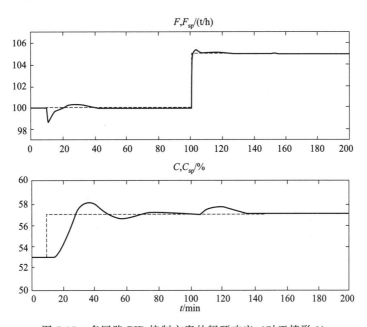

图 7-15　多回路 PID 控制方案的闭环响应（对于情形 3）

解耦方案 1：动态线性前馈解耦

由对象在稳态工作点附近的线性化动态模型式(7-32)，可直接得到前馈形式的解耦器如下

$$D_{12} = -\frac{G_{12}}{G_{11}} = -\frac{2s+1}{3s+1} , \quad D_{21} = -\frac{G_{21}}{G_{22}} = 0.75 \times \frac{3s+1}{2s+1}$$

由此构成的解耦控制系统的闭环响应如图 7-16 所示。

与图 7-15 相比，可以看出：通过引入解耦设计，使两回路之间几乎不存在相互关联，控制性能显著改善。

（3）解耦系统的简化

① 稳态解耦　为进一步简化解耦器结构，可忽略动态调节过程中的关联作用，而仅考虑稳态条件下的解耦。以图 7-14 所示的前馈解耦控制系统为例，稳态解耦器为

$$D_{21} = -\frac{K_{21}}{K_{22}} , \quad D_{12} = -\frac{K_{12}}{K_{11}} \tag{7-33}$$

解耦方案 2：静态线性前馈解耦

在前述解耦方案 1 的基础上进行简化设计，将前馈环节 FF1 与 FF2 用比值器近似，即

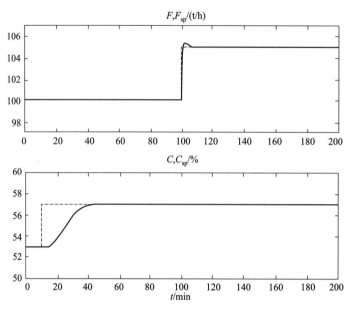

图 7-16　动态前馈解耦控制方案的闭环响应

得到静态前馈解耦器如下

$$D_{12} = -\left.\frac{G_{12}}{G_{11}}\right|_{s=0} = -1, \ D_{21} = -\left.\frac{G_{21}}{G_{22}}\right|_{s=0} = 0.75$$

　　由此构成的解耦控制系统的闭环响应如图 7-17 所示。与图 7-16 的结果比较表明：采用静态前馈解耦方式仍能取得很好的效果，而且实现方便。

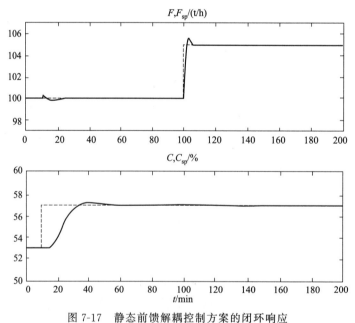

图 7-17　静态前馈解耦控制方案的闭环响应

　　② 部分解耦　仍以图 7-14 所示的前馈解耦控制系统为例，若 $\lambda_{11} > 1.0$，则解耦器回路可能不稳定。此时，若采用部分解耦，即两个前馈解耦器只安装其中一个，这样不仅切断了解耦器回路，还可以方便有效地切断由两个控制器构成的反馈回路。此外，还可以防止第一

回路的干扰进入第二个回路，虽然第二个回路的干扰仍然可以传到第一个回路，但是决不会再返回到第二个回路。

由于部分解耦具有以下优点：切断了经过两个解耦器的第三个回路，从而避免此反馈回路出现不稳定；阻止干扰进入解耦回路；避免解耦器误差所引起的不稳定。部分解耦比完全解耦更易于设计和调整。因此，部分解耦得到了较广泛的应用，例如已成功地应用于精馏塔的成分控制。

解耦方案 3：稳态部分线性解耦

对于解耦方案 2，当该混合过程两输入料液的有效成分含量发生变化时，静态前馈补偿环节的比值系数应随之改变；否则，达不到解耦的效果，甚至出现更严重的情况。为提高解耦系统的鲁棒性，人为设置 $D_{12}=-1$，$D_{21}=0$，由此构成了部分稳态前馈解耦器，相应的闭环响应如图 7-18 所示。

与完全静态解耦方式相比较，本例所引入的部分解耦方案能有效地克服出口浓度控制回路对流量回路的影响；而当流量回路设定值改变时，将对出口浓度产生较大影响。

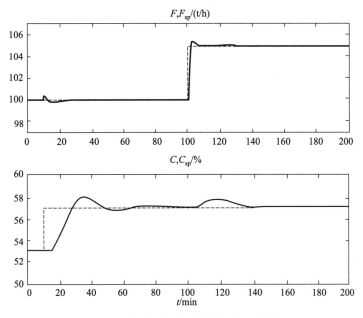

图 7-18　部分解耦控制方案的闭环响应

7.3.2　基于过程机理的非线性解耦器

前面所讨论的解耦方案均采用线性模型，而对于非线性受控过程，自然可引入非线性解耦器。类似于线性串级解耦补偿器，针对双输入双输出受控过程的静态非线性串级补偿解耦原理如图 7-19 所示。

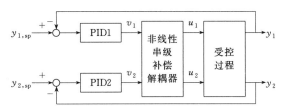

图 7-19　非线性串级补偿解耦原理

对于静态解耦而言，通过引入解耦中间变量 v_1,v_2，使 $u_1=f_1(v_1,v_2)$，$u_2=f_2(v_1,v_2)$；

而所谓"非线性静态解耦"是指实现以下稳态函数关系

$$\bar{y}_1 = g_1(\bar{v}_1), \quad \bar{y}_2 = g_2(\bar{v}_2) \tag{7-34}$$

即输入 y_1 的稳态值 $\bar{y}_1$ 仅与 PID1 输出 v_1 的稳态值 $\bar{v}_1$ 有关,而与 PID2 输出 v_2 的稳态值无关;同样,要求 y_2 的稳态值 $\bar{y}_2$ 仅与 PID2 输出 v_2 的稳态值 $\bar{v}_2$ 有关。

为使稳态解耦后的控制回路具有较强的鲁棒性,更理想的非线性静态解耦环节应使控制回路的输出与控制变量之间呈线性关系,即要求

$$\bar{y}_1 = \bar{K}_1 \bar{v}_1 + \bar{B}_1, \quad \bar{y}_2 = \bar{K}_2 \bar{v}_2 + \bar{B}_2 \tag{7-35}$$

式中,线性系数 $\bar{K}_1, \bar{B}_1, \bar{K}_2, \bar{B}_2$ 均与 $\bar{v}_1, \bar{v}_2$ 无关。

解耦方案 4:静态非线性完全解耦

下面针对图 7-3 所示的料液混合系统,来讨论非线性静态解耦的实现问题。由稳态平衡方程式(7-15),可得到

$$y_1 = u_1 + u_2$$

$$y_2 = \frac{C_1 u_1 + C_2 u_2}{u_1 + u_2} = C_1 \left(\frac{u_1}{u_1 + u_2} \right) + C_2 \left(1 - \frac{u_1}{u_1 + u_2} \right)$$

若令

$$v_1 = u_1 + u_2, \quad v_2 = \frac{u_1}{u_1 + u_2} \tag{7-36}$$

则

$$y_1 = v_1, \ y_2 = C_1 v_2 + C_2 (1 - v_2) = (C_1 - C_2) v_2 + C_2 \tag{7-37}$$

上式表明,经非线性变换后,输出 y_1, y_2 与控制器输入 v_1, v_2 实现了理想的稳态解耦。不仅两控制回路间不存在稳态耦合;而且对控制器而言,各回路的广义对象均为线性对象。

由式(7-36),可得到非线性解耦器的具体函数关系为

$$\begin{cases} u_1 = v_1 \cdot v_2 \\ u_2 = v_1 (1 - v_2) = v_1 - v_1 \cdot v_2 \end{cases} \tag{7-38}$$

引入非线性串级补偿器式(7-38)所构成的非线性静态完全解耦控制方案如图 7-20 所示。对于混合液流量与浓度设定值 F_{sp}, C_{sp} 的阶跃变化,控制系统的闭环响应如图 7-21 所示。由此可见,结合对象静态模型引入非线性解耦补偿器同样可以达到很好的解耦效果,而且实现也并不复杂。

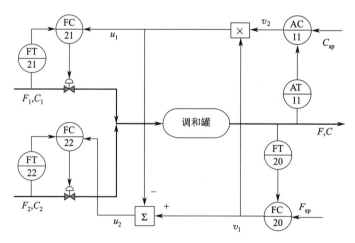

图 7-20　非线性静态完全解耦控制方案

综合上述讨论,对于工业过程常见的 MIMO 关联系统,应首先进行关联分析并选择合适的变量配对;在此基础上设计相应的多回路控制系统。仅当各回路间关联严重且动态特性

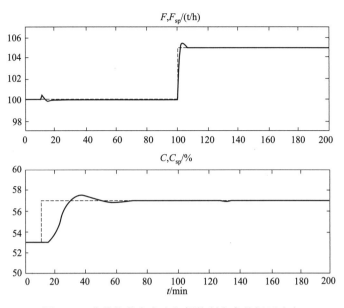

图 7-21　非线性静态完全解耦控制方案的闭环响应

接近时，才需要考虑进行解耦设计。具体解耦设计方式与对象特性有关，但应以原理简单、实现方便为原则。

思考题与习题 7

7-1　对于多输入多输出系统，为什么工业过程中常采用多回路控制，而很少采用直接的多变量控制？

7-2　在多回路控制方案中，为什么要合理选择被控变量与操纵变量的配对？

7-3　叙述相对增益 λ_{ij} 的物理意义，并指出相对增益矩阵的实用意义。

7-4　多回路控制系统实现解耦的条件是什么？有哪些解耦器设计方法？

7-5　叙述动态解耦、静态解耦、部分解耦、非线性解耦、串级解耦与前馈解耦的异同，并解释为什么理想的串级解耦器难以获得实际应用。

7-6　某一 3×3 过程的开环增益矩阵为

$$\boldsymbol{K}=\begin{pmatrix} 0.58 & -0.36 & -0.36 \\ 0.73 & -0.61 & 0 \\ 1 & 1 & 1 \end{pmatrix}$$

试计算其相对增益矩阵，进行被控变量与操纵变量的配对，并分析该多回路控制系统中各控制通道的静态增益变化情况。

7-7　对于图 7-22 所示的二元精馏塔两端产品质量控制系统，若选择被控变量为 $y_1 = T_R$（精馏段灵敏板温度），$y_2 = T_S$（提馏段灵敏板温度）；而控制变量为 $u_1 = L/F$，$u_2 = V/F$。经阶跃响应测试得到的对象特性为

$$\begin{pmatrix} T_R \\ T_S \end{pmatrix}=\begin{pmatrix} -\dfrac{3.5}{3s+1} & \dfrac{1.2}{4s+1}\mathrm{e}^{-4s} \\ -\dfrac{2.5}{4s+1}\mathrm{e}^{-2s} & \dfrac{2.0}{2s+1}\mathrm{e}^{-2s} \end{pmatrix}\begin{pmatrix} L/F \\ V/F \end{pmatrix}$$

① 计算两个质量控制回路之间的静态相对增益矩阵，并分析上述配对是否合适。

② 设计静态前馈解耦控制系统，并在流程图上予以表示。

③ 画出相应的完整控制系统方框图。

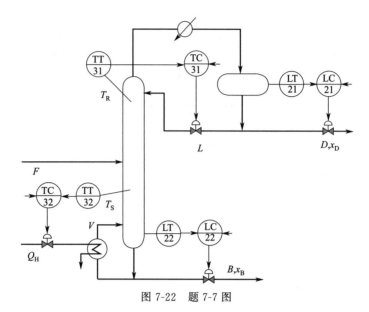

图 7-22　题 7-7 图

8 基于模型的控制方法

8.1 史密斯预估控制

在工业生产过程中，被控对象除了具有容积滞后外，往往不同程度地存在着纯滞后。例如在热交换器中，被控变量为被加热物料的出口温度，而操纵变量为载热介质的流量，当改变载热介质流量后，对物料出口温度的影响必然要滞后一段时间，即介质经管道所需的时间。此外，如反应器、管道混合、皮带传输、多容量、多个设备串联以及用分析仪表测量流体的成分等过程都存在着较大的纯滞后。在这些过程中，由于纯滞后的存在，使得被控变量不能及时反映系统所受的扰动，即使测量信号到达控制器，执行机构接受调节信号后立即动作，也需要一段纯滞后以后，才会影响被控变量，使之受到控制。因此，这样的过程必然会产生较明显的超调量和较长的调节时间。所以，具有纯滞后的过程被公认为是较难控制的过程，其难度将随着纯滞后时间占整个过程动态时间份额的增加而增加。一般认为，若纯滞后时间 τ 与过程的时间常数 T 之比大于 1.0，则称该过程为具有大纯滞后的工艺过程。当 τ/T 增加，过程中的相位滞后增加，使上述现象更为突出，有时甚至会因为超调严重而出现聚爆、结焦等停产事故；有时则可能引起系统的不稳定，被调量超过安全限，从而危及设备与人身安全。因此大纯滞后过程一直受到人们的关注，成为重要的研究课题之一。

解决纯滞后影响的方法很多，最简单的则是利用常规 PID 调节器适应性强、调整方便的特点，经过仔细的参数整定，在控制要求不太苛刻的情况下，可以满足生产过程的要求。图 8-1 为常规反馈控制方案，其中"广义对象"包括除控制器外的所有环节，通常由执行机构、被控对象、传感变送单元等部分组成。这里为了突出对象包含了纯滞后，本节中凡涉及对象特性均用 $K_p g_p(s) e^{-\tau s}$ 表示，其中 K_p 表示对象的静态增益，$g_p(s)$ 表示除去纯滞后环节和静态增益后剩下的动态特性。对于 $K_p = 2$，$T_p = 4\text{min}$，$\tau = 4\text{min}$ 的一阶加纯滞后对象，若采用常规 PID 进行反馈控制，其最佳 PID 整定参数为：$K_c = 0.6$，$T_i = 8\text{min}$，$T_d = 0\text{min}$；对应的设定值跟踪响应如图 8-2 所示。

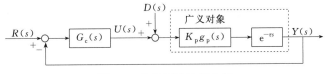

图 8-1 常规反馈控制方案

由此可见，由于纯滞后环节的存在，使被调量存在较大的超调，且响应速度很慢，如果在控制精度要求很高的场合，则需要采取其他控制手段，例如补偿控制、采样控制等。本节仅就预估补偿方法进行详细的讨论。

8.1.1 史密斯补偿原理

在纯滞后系统中采用的补偿方法不同于前馈补偿，它是按照过程的特性设想出一种模型加入原来的反馈控制系统中，以补偿过程的动态特性。这种补偿反馈也因其构成模型的方法

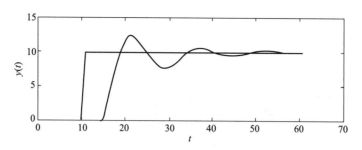

图 8-2 PID 控制系统的设定值跟踪响应

不同而形成不同的方案。史密斯（Smith，1958）预估补偿器是最早提出的纯滞后补偿方案之一。其特点是预先估计出过程在基本控制输入下的动态特性，然后由预估器进行补偿，力图使被迟延了的被调量超前反映到调节器，使调节器提前动作，从而减小超调量和加速调节过程。

史密斯的预估补偿原理如图 8-3 所示，其基本思想是将纯滞后环节移至控制回路外，一方面由于控制回路不包括纯滞后环节，其控制频率可大幅度提高，控制性能也将显著改善；另一方面，由于新的控制回路的输出与实际对象的输出仅包括一个纯滞后环节，稳态特性完全相同，动态特性也相似。然而，广义对象作为一个整体，无法进行动态特性的分解。为此，可用广义对象的数学模型来近似描述实际对象，而该模型自然是动态特性可分解的，由此可得到如图 8-4 所示的实现原理图。

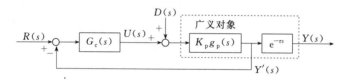

图 8-3 史密斯预估补偿控制原理图

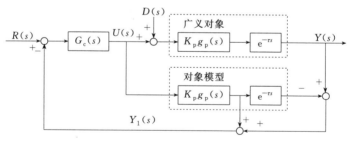

图 8-4 史密斯预估补偿器的实现原理图

为讨论方便，先假设对象模型与实际对象的动态特性一致，则由图 8-4 可知

$$Y_1(s) = K_p g_p(s) U(s) + K_p g_p(s) e^{-\tau s} D(s) \tag{8-1}$$

当模型无误差时，预估器输出 $Y_1(s)$ 完全等价于图 8-3 的理论输出 $Y'(s)$。由于外部干扰通常不可测，又 $Y_1(s)$ 可表示为

$$Y_1(s) = Y(s) + K_p g_p(s)(1 - e^{-\tau s}) U(s) \tag{8-2}$$

一般称式(8-2)表示的预估器为史密斯预估器，其实施框图如图 8-5 所示。只要一个与被控对象除去纯滞后环节后的传递函数 $K_p g_p(s)$ 相同的环节和一个纯滞后时间等于 τ 的纯滞后环节就可以组成史密斯预估器，它将消除大纯滞后对系统过渡过程的影响，使调节过程的品质与过程无纯滞后环节时的情况一样，只是在时间坐标上向后推迟了时间 τ。从图 8-5

可以推导出系统的闭环传递函数为

$$\frac{Y(s)}{R(s)}=\frac{K_p G_c(s) g_p(s) \mathrm{e}^{-\tau s}}{1+K_p G_c(s) g_p(s)}=\frac{K_p G_c(s) g_p(s)}{1+K_p G_c(s) g_p(s)} \mathrm{e}^{-\tau s} \tag{8-3}$$

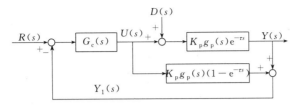

图 8-5　史密斯补偿器系统实施方框图

很显然，此时在系统的特征方程中，已不包含 $\mathrm{e}^{-\tau s}$ 项。这就是说，这个系统已经消除了纯滞后对系统控制品质的影响。当然闭环传递函数分子上的 $\mathrm{e}^{-\tau s}$ 说明被调量 $y(t)$ 的响应还比设定值迟延 τ 时间。

【例 8-1】　对一阶惯性加纯滞后对象进行单回路控制和加入史密斯预估器进行控制的数字仿真。设对象参数 $K_p=2$，$T_p=4\mathrm{min}$，$\tau=4\mathrm{min}$，当调节器参数为 $K_c=10$，$T_i=1\mathrm{min}$ 时，系统在设定值扰动 （$r=10$） 下的响应曲线如图 8-6 所示。采用史密斯预估补偿器后，系统的超调量显著下降，调节时间大幅度缩短，与单回路 PID 控制曲线相比，效果十分显著。

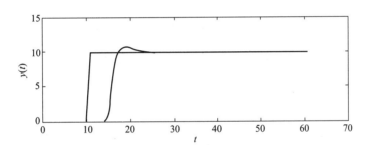

图 8-6　史密斯预估控制系统在设定值扰动下的过渡过程

遗憾的是，史密斯预估器对于克服外部扰动的效果不明显。针对例 8-1 的系统，假定调节器的整定参数不变，在干扰 $D=10$ 的情况下进行数字仿真，其仿真结果如图 8-7 所示，其中实线是史密斯预估控制系统的响应曲线，虚线是常规 PID 系统的响应曲线。

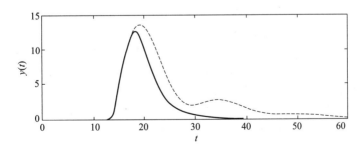

图 8-7　控制系统在外部阶跃扰动下的过渡过程

应当指出，从史密斯补偿原理来看，其预估控制系统的闭环性能与预估模型的精度或者运行条件的变化密切相关。为了分析模型精度对控制系统的影响，分别对 PID 控制系统和带有史密斯预估器的控制系统进行数字仿真。假设系统中对象的传递函数为

$$G_p(s) = \frac{K_p e^{-\tau_p s}}{(T_p s + 1)^2} = \frac{1 e^{-20s}}{(10s+1)^2}$$

可以求得史密斯预估器为

$$Y_1(s) = Y(s) + \frac{K_m(1-e^{-\tau_m s})}{(T_m s+1)^2}U(s) = Y(s) + \frac{1}{(10s+1)^2}(1-e^{-20s})U(s)$$

图 8-8 给出了对象特性变化时，史密斯预估控制系统在设定值阶跃扰动下的响应曲线。图中虚线为设定值阶跃变化曲线；实线为预估器模型准确时的响应曲线；点线为同时改变对象参数（K_p 从 1 增加到 1.2，T_p 从 10 改变为 8，τ_p 从 20 减小到 10）时的响应曲线。

可以看到改变对象参数时，系统出现了不稳定的发散振荡。从这些仿真结果可以发现：史密斯预估补偿控制方案对过程动态模型的精度要求很高，因而，限制了其实际应用范围。与此相反，常规 PID 控制系统在同样条件下的响应曲线如图 8-9 所示，尽管调节过程相当缓慢，却具有很强的鲁棒性，即当对象特性发生较大的变化时，控制系统仍具有相当强的稳定性。

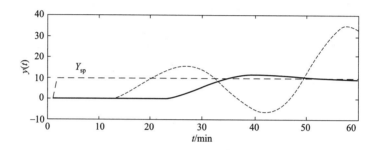

图 8-8　对象特性变化对史密斯预估控制系统的影响

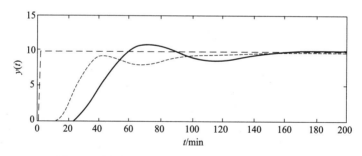

图 8-9　对象特性变化对常规 PID 控制系统的影响

8.1.2　史密斯预估器的几种改进方案

由于史密斯预估器对模型的误差十分敏感，因而难于在工业中广泛应用。对于如何改善史密斯预估器的性能至今仍是研究的课题之一。下面介绍一种有效的改进方案。

由 Hang 等提出的改进型史密斯预估器（Hang，1980）其等效的方框图如图 8-10 所示。从图中可以看到，它与史密斯补偿器方案的区别在于主反馈回路，其反馈通道传递函数不是 1 而是 $G_f(s)$。可以证明，为使控制系统在设定值扰动下无余差，要求满足 $G_f(0)=1$。通常，可选择 $G_f(s)$ 为以下一阶滤波环节

$$G_f(s) = \frac{1}{T_f s + 1}$$

通过理论分析可以证明改进型方案的稳定性优于原史密斯补偿方案，且其对模型精度的要求明显降低，有利于改善系统的控制性能。

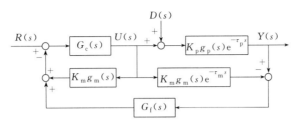

图 8-10 改进型史密斯预估器方框图

尽管改进型史密斯预估器方案中多了一个可调参数，其参数整定还比较简单。调节器可采用 PI 调节器，其参数只需按模型完全准确的情况进行整定，这样就仅剩一个整定参数 T_f 需要整定。为了进一步了解 T_f 的整定及其对系统控制性能的影响，对上述改进型方案进行数字仿真。假设对象的传递函数和模型的传递函数为

$$G_p(s) = \frac{2}{4s+1} e^{-4s}, \quad G_m(s) = \frac{2.4}{3s+1} e^{-2s}$$

即模型的纯滞后小于对象的纯滞后。此时分别用原史密斯预估器和改进型方案进行控制，仿真结果如图 8-11 所示，其中设定值在 $t=0$ 时刻从 0% 上升至 10%，而在 $t=100$ 时刻外部扰动从 0% 上升至 10%。图中实线为改进型预估控制系统的响应曲线；点线为原史密斯预估控制系统的响应曲线。可见无论在设定值扰动或在负荷扰动下，史密斯预估器对模型精度十分敏感，而改进型方案却有相当好的适应能力，是一种很有效的史密斯改进方案。

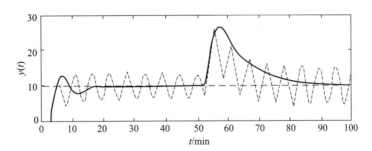

图 8-11 史密斯预估控制方案与改进型的比较

8.2 内模控制

内模控制在结构上与史密斯预估控制很相似，它有一个被称为内模的过程模型，控制器设计可由过程模型直接求取。它与史密斯预估控制一样，能明显改进对纯滞后过程的控制，又由于在设计上它考虑了对系统鲁棒性的要求，从而大大提高了内模控制的实用价值。

8.2.1 内模控制系统的结构与性质

图 8-12 分别表示了内模控制与常规反馈控制的结构。与常规反馈控制不同的是，内模控制器的被控对象为实际对象 G_p 与预估模型 G_m 之差。当预估模型精确时，反馈信息直接反映了外部干扰的大小，而内模控制器此时等效于前馈控制器，不仅如此，内模控制系统具有许多优越的性质。

由基本的内模控制结构图 8-12(b)，可得到

$$U(s) = \frac{G_c^*(s)}{1 + G_c^*(s)[G_p(s) - G_m(s)]}[R(s) - D(s)] \tag{8-4}$$

$$Y(s) = D(s) + \frac{G_c^*(s)G_p(s)}{1+G_c^*(s)[G_p(s)-G_m(s)]}[R(s)-D(s)] \qquad (8\text{-}5)$$

由式(8-4)、式(8-5)，可得到内模控制的以下性质。

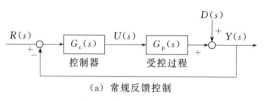

（a）常规反馈控制

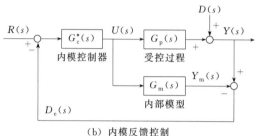

（b）内模反馈控制

图 8-12　内模控制与常规反馈控制的结构比较

性质 1（稳定性）　当 $G_p(s)=G_m(s)$ 时，内模控制系统闭环稳定的充分条件是控制器与过程本身均为稳定。由此可知，当模型精确时，内模控制系统的闭环稳定性等价于开环稳定性，因而，与常规反馈控制相比，其稳定性分析非常简单。

由性质 1 可知，内模控制不能直接应用于开环不稳定的被控过程。对于不稳定的被控过程，可考虑先用常规反馈控制（如纯比例控制）使其成为稳定对象，再应用内模控制；而对于开环稳定的被控过程，内模控制系统闭环稳定的充分必要条件为控制器稳定。由于控制器完全由人工设计，因而，"控制器稳定"这一要求很容易实现。

性质 2（无余差性）　若被控过程开环稳定，而且控制器的稳态增益 $G_c^*(0)$ 与内部模型的稳态增益 $G_m(0)$ 满足 $G_c^*(0)G_m(0)=1$；则闭环控制系统对设定值与外部扰动的阶跃变化均无调节余差。

性质 2 完全可由式(8-5)推导得到。由性质 2 可知，对于开环稳定的被控过程，稳态无余差的实现仅与控制器、内部模型有关，并不依赖于内部模型是否准确。这给实际应用带来了便利。

8.2.2　内模控制器的设计方法

基本的内模控制结构图如图 8-12(b)，假设被控过程开环稳定，而且模型精确，即 $G_m(s)=G_p(s)=Q(s)/P(s)\times e^{-\tau s}$；则存在以下的理想控制器

$$G_c^*(s) = \frac{P(s)}{Q_-(s)} \times \frac{1}{(T_c s+1)^{nc}} \qquad (8\text{-}6)$$

式中，nc 为极点补偿多项式的阶次；$Q_-(s)$ 由 $Q(s)$ 中的稳定零点部分组成，而多项式 $(T_c s+1)^{nc}$ 用于保证传递函数分母多项式的阶次不小于分子多项式的阶次。

以过程控制中常用的对象模型 $\dfrac{K_p}{T_p s+1}\times e^{-\tau_p s}$ 为例，理想的内模控制器可设计为

$$G_c^*(s) = \frac{T_p s+1}{K_p} \times \frac{1}{T_c s+1} = \frac{1}{K_p} \times \frac{T_p s+1}{T_c s+1} \qquad (8\text{-}7)$$

　　下面以一阶加纯滞后环节为被控对象，对内模控制系统进行仿真研究。图 8-13 反映了模型准确时，控制器参数 T_c 对内模控制系统性能的影响，本例中

$$G_m(s)=G_p(s)=\frac{0.5}{10s+1}e^{-15s}, \ G_c^*(s)=\frac{1}{0.5}\times\frac{10s+1}{T_c s+1}$$

由此可见，当模型准确时，内模控制系统的设定值跟踪性能与抗干扰能力均令人满意，而且控制器参数 T_c 对控制系统性能的影响并不大。为此，可令式(8-7) 的 $T_c=T_p$，由此可得到最简单形式的内模控制器 $G_c^*(s)=1/K_p$。

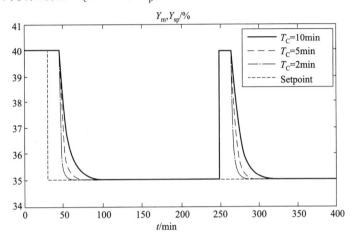

图 8-13　内模控制系统输出响应(模型准确时)

　　现在考察内模控制系统的鲁棒性问题。本例中，$G_m(s)=\dfrac{0.5}{10s+1}e^{-15s}$，$G_c^*(s)=2.0$，

$G_p(s)=\dfrac{K_p}{10s+1}e^{-\tau s}$。图 8-14、图 8-15 分别反映了对象特性参数 τ 与 K_p 取值不同对控制系统性能的影响。由此可见，基本的内模控制系统尽管当模型准确时具有很好的动态特性，然而对被控对象特性缺乏较强的鲁棒性。

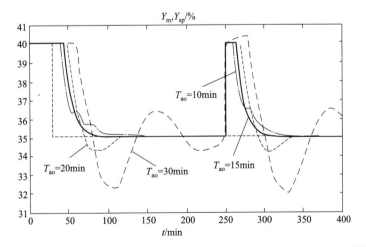

图 8-14　对象纯滞后时间变化对内模控制性能的影响 ($K_p=0.5$，T_{ao} 为对象纯滞后时间)

8.2.3　改进型内模控制系统

　　为增强内模控制系统的鲁棒性，人们提出了各种改进型内模控制方案，其中最有代表性

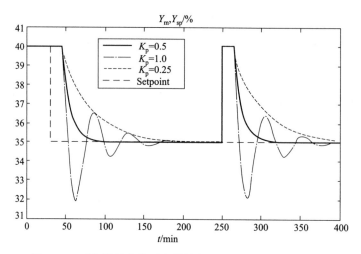

图 8-15　对象增益变化对内模控制性能的影响（$\tau=15\text{min}$）

的方案如图 8-16 所示。与基本内模控制结构相比，该改进方案引入了两个滤波器：面向外部干扰的滤波器 $G_f(s)$ 与面向设定值变化的参考轨迹模型 $G_r(s)$。

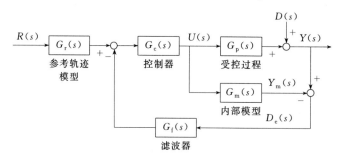

图 8-16　改进型内模控制系统结构

由内模控制结构图 8-16，可计算得到

$$U(s)=\frac{G_c}{1+G_cG_f(G_p-G_m)}[G_rR(s)-G_fD(s)] \tag{8-8}$$

$$Y(s)=\frac{G_cG_pG_r}{1+G_cG_f(G_p-G_m)}R(s)+\frac{1-G_cG_fG_m}{1+G_cG_f(G_p-G_m)}D(s) \tag{8-9}$$

由式(8-9) 可得到稳态无余差的条件为

$$G_c(s)G_f(s)G_m(s)\big|_{s=0}=1,\ G_f(s)\big|_{s=0}=G_r(s)\big|_{s=0}=1 \tag{8-10}$$

若选择滤波器为一阶滤波器，则由稳态无余差的要求可得到

$$G_f(s)=\frac{1}{T_fs+1},\ G_r(s)=\frac{1}{T_rs+1},\ G_c(0)G_m(0)=1 \tag{8-11}$$

为考察改进内模控制系统的鲁棒性，这里专门搭建了如图 8-17 所示的仿真系统，图中

$$G_m(s)=\frac{2}{4s+1}e^{-8s},\ G_c(s)=0.5,\ G_f(s)=\frac{1}{4s+1},\ G_r(s)=\frac{1}{2s+1},\ G_p(s)=\frac{K_p}{T_ps+1}e^{-\tau s}$$

为讨论方便，仅考虑对象特性单参数变化对系统动态性能的影响，而假设对象特性的其他参数与模型一致。图 8-18～图 8-20 分别反映了对象特性参数取值不同对控制系

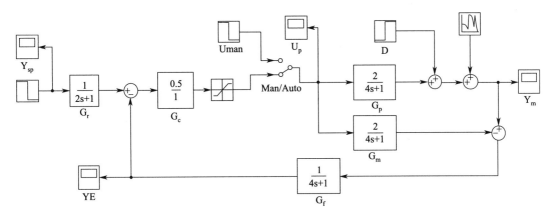

图 8-17 改进型内模控制 SimuLink 仿真系统

统性能的影响。由此可见，改进型内模控制系统不仅当模型准确时具有很好的动态特性，而且对被控对象特性的变化也具有较强的鲁棒性，因此，可广泛应用于纯滞后时间较长的被控过程。

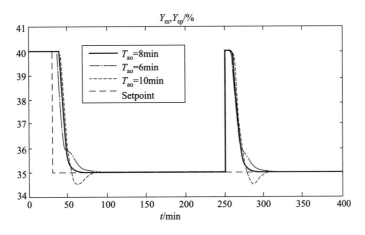

图 8-18　对象纯滞后时间对改进型内模控制系统性能的影响

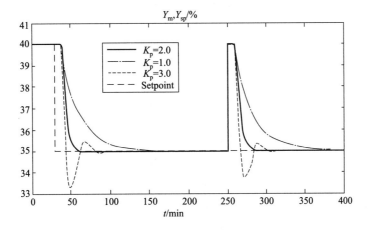

图 8-19　对象增益变化对改进型内模控制系统性能的影响

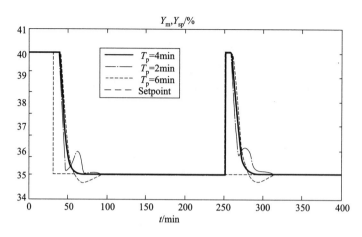

图 8-20 　对象一阶时间常数变化对改进型内模控制系统性能的影响

8.3　模型预测控制

自 20 世纪 90 年代以来，模型预测控制（Model Predictive Control，MPC）在炼油、化工和电力等领域获得了广泛的应用，并形成了相当规模的先进控制产业。国外许多著名的控制工程公司，如 ABB、AspenTech、Honeywell 等公司都开发了各自的商品化模型预测控制软件包，并已广泛应用于众多的大型工业过程，如原油常减压蒸馏装置、催化裂化装置、乙烯装置和合成氨过程等。预测控制的成功应用除了得到飞速发展的计算机产业的支持外，还因为这种方法本身来源于工程实践，而且推动它发展的控制专家们大都有较强的工程背景，从而形成了它独具一格的工程应用特色。

回顾历史，早在 20 世纪 60 年代，卡尔曼等人系统地发展了基于状态方程的线性系统理论，并用线性二次型方法从理论上完美地解决了无约束线性系统的控制和优化问题。但是，这种方法难于描述和处理约束，对模型的不确定性过于敏感且不易处理多种类型的性能指标要求。现代工业过程通常是极其复杂的，不仅各通道之间存在着关联，还具有时变和非最小相位等特性，对过程输入输出变量存在诸多约束，而且很难建立起精确的数学模型。这些特点要求使用的控制方法必须对模型要求不高、鲁棒性强而且综合控制质量较好。

预测控制就是在这种背景下开始发展起来的一类计算机优化控制算法。1978 年 Richalet 等提出了启发式模型预测控制（Model Predictive Heuristic Control，MPHC），1980 年 Cutler 和 Ramaker 提出了动态矩阵控制（Dynamic Matrix Control，DMC），Garcia 等在 1986 年提出了带二次规划的动态矩阵控制（Quadratic Dynamic Matrix Control，QDMC），1987 年 Clarke 等提出了广义预测控制（Generalized Predictive Control，GPC）。此后，各种预测控制方法异彩纷呈，不少控制学者和专家结合各自不同的应用领域提出了各具特色的方法，预测控制理论得到很大的发展；同时，关于各种预测控制方法应用的报道也不绝于耳，预测控制成为控制领域尤其是应用专家们关注的热点。

本节将以应用最为广泛的动态矩阵控制（DMC）为例，详细分析讨论预测控制的主要特征、基本原理以及如何应用于多变量受约束过程，最后通过应用示例来进一步说明预测控制算法的优越性。

8.3.1　模型预测控制的基本原理

在介绍具体的模型预测控制算法之前，这里首先对这类算法的一般轮廓作一描绘，以使读者了解什么样的控制算法可称为模型预测控制算法。顾名思义，模型预测控制算法应是以模型为基础的，同时包含了预测的原理；另外，作为一种优化控制算法，它还应具有最优控制的基本特征。就一般意义来说，模型预测控制不管其算法形式如何不同，都具有以下三个基本特征：预测模型、滚动优化和反馈校正。

（1）预测模型

在预测控制中需要一个描述系统动态行为的基础模型，称为预测模型。这个预测模型应具有预测的功能，即能够根据系统输入输出的历史信息和未来输入，预测其未来输出值。预测模型有多种描述形式：阶跃响应模型、脉冲响应模型、移动平均自回归模型、状态空间模型等。这些模型只是采用不同的数学形式，从根本上讲都是为了定量地描述过程输出对输入变化的响应特性。在预测模型中，阶跃响应和脉冲响应模型就可以直接来自工业过程，获取方便且模型系数的冗余性会带来控制器对模型失配的鲁棒性，因而工业应用最为广泛。

（2）滚动优化

预测控制也是一种优化控制算法，但它与通常的最优控制算法不同，即采用了滚动式的有限时域输出优化。这种优化方式具有下述特点。

① 优化目标是随时间推移的。即在每一个采样时刻，优化性能指标只涉及从该时刻起至未来某时刻之间所包含的有限时间。这一时间段称为预测时域或优化时域，到下一个采样时刻，这一优化时域同时向前推移。在不同时刻，预测控制器都面向一个立足于该时刻的局部优化目标，而不是采用不变的全局优化目标，因此，优化过程是反复在线进行的。这种滚动优化目标的局部性，虽然使其在理想情况下只能得到全局最优解的次优解；然而，当模型失配或有时变、非线性或其他干扰因素时，却能顾及这种不确定性，及时进行弥补，减小偏差，保持实际上的最优。

② 由于采用了有限时域输出优化，结合模型的输入输出功能，易于得到简便的在线控制律，能适应在线反复进行优化的需要。此外，由于在优化目标中出现的参数直接与系统的外部表现有关，物理意义明确，便于离线设计与在线调整。

（3）反馈校正

预测控制算法的基本结构中还包括对模型误差和过程干扰的补偿环节。将过去对“现在”时刻输出的估计值和“现在”时刻的实际输出测量值相比较，得到一个预测误差，它可能是由于模型失配或者过程干扰引起。预测控制器假设在下一时刻影响因素不变，即“更正确”的预测结果应该是现有模型输出再加上现在的预测偏差。对于模型增益误差和持续干扰（如阶跃干扰）来说，这种方法可以基本上消除它们的影响；而对其他形式的干扰，这种处理方法也不会使预测结果变得更坏。综合来看，预测控制就是依靠这种反馈校正机制在一定范围内适应了模型偏差或者模型的漂移，并适应了实际过程中存在的不可测干扰。

预测控制原理如图 8-21 所示，它描述了预测控制器对单输入单输出（SISO）系统的一次优化控制过程。假设在当前时刻过程已经达到一种稳态，此时将输出设定值提高，控制目标是要求输出变量尽可能快而准确地达到设定值。现在来观察预测控制器进行设定值跟踪的全过程：当前时刻由于设定值提高，存在输出偏差。按模型描述假设 u 对 y 作用方向为正，预测控制器会迅速计算出控制作用 u 需要往上调节多少才能使输出达到设定值，但因为同时要满足“尽可能快”的控制要求，算法会在控制时域（Control Horizon）内得到一组连续的控制序列，它们不仅要使输出跟踪到设定值，还需要尽量减少预测时域内输出预测值与设定值轨迹之间的误差。尽管当前时刻只是将第一步控制作用 $u(k)$ 加到过程输入端，同时计算一个控制序列还是很有必要，它保证了输出变量具有较好的动态性能。

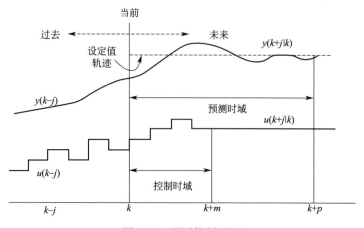

图 8-21 预测控制原理

现在以过程工业中应用最为广泛的动态矩阵控制（DMC）为例，讨论其预测模型、反馈校正与滚动优化等基本要素。

8.3.2 SISO 无约束动态矩阵控制

动态矩阵控制的最早应用报道是在 1980 年，由壳牌石油公司工程师 Culter 和 Ramaker 提出，它是一种适合于多变量且不带约束的优化控制算法，Garcia 等人将其推广应用于输入输出受约束系统。这里为说明其基本特点，以单输入单输出无约束线性系统为例加以介绍。

（1）阶跃响应模型

对于 SISO 过程，当输入发生阶跃变化时过程输出的动态响应如图 8-22 所示，其中 $y(k)$ 为过程输出，$u(k)$ 为过程输入；这里，假设 $\Delta u(k)=1$，且 $u(k+i)=u(k)$，$i=1,2,\cdots,N$；s_p 为阶跃响应系数，$p=1,2,\cdots,N$；N 为截断步长，通常 N 应不小于通道响应过渡过程结束所需的采样周期数。输入输出动态关系可用以下阶跃响应模型来表示

$$y(k)=\sum_{j=1}^{N-1}s_j\Delta u(k-j)+s_N u(k-N)+d(k) \tag{8-12}$$

式中，$d(k)$ 为过程输出所受的外部扰动。

对于上式，完全可从线性系统的可迭加性来解释：若输入均为常数，则系统输出的稳态值

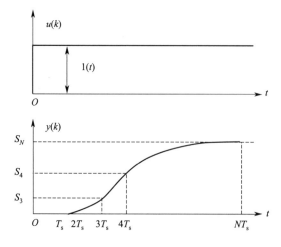

图 8-22 阶跃响应模型

为 $s_N u(k-N)$，其中 s_N 为稳态增益；而对输入在过去某一时间的阶跃变化 $\Delta u(k-j)$，对当前时刻 k 而言，对应输出变化即为 $s_j \Delta u(k-j)$，而由线性系统的迭加性可直接得到式(8-12)。

由式(8-12) 可得到过程输出在未来 $k+p$ 时刻的预测值

$$y(k+p) = \sum_{j=1}^{N-1} s_j \Delta u(k+p-j) + s_N u(k+p-N) + d(k+p)$$

或

$$y(k+p) = \sum_{j=1}^{p} s_j \Delta u(k+p-j) + \sum_{j=p+1}^{N-1} s_j \Delta u(k+p-j) + s_N u(k+p-N) + d(k+p)$$

即

$$y(k+p) = \sum_{j=0}^{p-1} s_{p-j} \Delta u(k+j) + y_0(k+p) + d(k+p) \tag{8-13}$$

式中，$y_0(k+p)$ 为未来控制输入不变时过程输出的预测值

$$y_0(k+p) = \sum_{j=1}^{N-p-1} s_{p+j} \Delta u(k-j) + s_N u(k+p-N) \tag{8-14}$$

由于外部扰动无法预测，这里假设扰动均为阶跃变化，而且

$$d(k+p) = d(k) = y_m(k) - y_0(k) \tag{8-15}$$

式中，$y_m(k)$ 为过程输出在 k 时刻的实际测量值。式(8-13)～式(8-15)以最简单直接的形式表示了反馈校正机制，通过预测模型的自动零位校正，以确保系统稳态输出的正确性。

（2）滚动优化

动态矩阵控制的优化目标是使以下性能指标函数极小化

$$J(k) = \sum_{j=1}^{P} \left[y_{sp}(k) - y(k+j) \right]^2 + \lambda \sum_{j=1}^{m} \Delta u^2(k+j-1) \tag{8-16}$$

式中，m 为控制步长，P 为预测步长，通常要求 $P > m$；$y_{sp}(k)$ 为过程输出的参考设定值；λ 为输入变化的加权系数。目标函数 $J(k)$ 一方面驱使未来输出序列接近理想的设定值，同时又希望控制输入的改变量尽可能小。

假设控制输入自 m 步后保持不变，即 $u(k+m+j) = u(k+m-1)$，$j \geqslant 0$；或者 $\Delta u(k+m+j) = 0$，$j \geqslant 0$。若令

$$\mathbf{Y}(k) = \begin{Bmatrix} y(k+1) \\ y(k+2) \\ \vdots \\ y(k+P) \end{Bmatrix}, \ \mathbf{Y}_0(k) = \begin{Bmatrix} y_0(k+1) \\ y_0(k+2) \\ \vdots \\ y_0(k+P) \end{Bmatrix}, \ \mathbf{D}(k) = \begin{Bmatrix} y_m(k) - y_0(k) \\ y_m(k) - y_0(k) \\ \vdots \\ y_m(k) - y_0(k) \end{Bmatrix}$$

$$\Delta \mathbf{U}(k) = \begin{Bmatrix} \Delta u(k) \\ \Delta u(k+1) \\ \vdots \\ \Delta u(k+m-1) \end{Bmatrix}, \ \mathbf{A} = \begin{bmatrix} s_1 & 0 & \cdots & 0 \\ s_2 & s_1 & \ddots & \vdots \\ \vdots & \vdots & \ddots & 0 \\ s_m & s_{m-1} & \cdots & s_1 \\ \vdots & \vdots & \vdots & \vdots \\ s_P & s_{P-1} & \cdots & s_{P-m+1} \end{bmatrix}, \ \mathbf{Y}_{sp}(k) = \begin{Bmatrix} y_{sp}(k) \\ y_{sp}(k) \\ \vdots \\ y_{sp}(k) \end{Bmatrix}$$

则由预测模型式(8-13) 可得到

$$\mathbf{Y}(k) = \mathbf{A} \Delta \mathbf{U}(k) + \mathbf{Y}_0(k) + \mathbf{D}(k) \tag{8-17}$$

其中系数矩阵 $\mathbf{A}$ 通常被称为"动态矩阵"，它反映了未来控制作用对过程输出的影响。

而优化目标式(8-16) 可表示成

$$J(k) = [Y_{sp}(k) - Y(k)]^T [Y_{sp}(k) - Y(k)] + \lambda \Delta U^T(k) \Delta U(k) \quad (8-18)$$

将式(8-17) 代入式(8-18)，得

$$J(k) = \Delta U^T H \Delta U + 2B^T \Delta U + C \quad (8-19)$$

其中

$$H = A^T A + \lambda I, \quad B = -A^T(Y_{sp} - Y_0 - D)$$

$$C = (Y_{sp} - Y_0 - D)^T (Y_{sp} - Y_0 - D)$$

若采用最小二乘法来求解最优控制输出 ΔU，令 $\dfrac{\partial J(k)}{\partial \Delta U} = 0$，即可得

$$\Delta U = -H^{-1}B = (A^T A + \lambda I)^{-1} A^T (Y_{sp} - Y_0 - D) \quad (8-20)$$

根据滚动优化的策略，仅实施当前时刻的控制作用 $\Delta u(k)$，所以只需取式(8-20) 的第一个元素构成当前时刻的控制作用，即

$$\Delta u(k) = c^T \Delta U = K^T (Y_{sp} - Y_0 - D) \quad (8-21)$$

$$u(k) = u(k-1) + \Delta u(k)$$

其中

$$c^T = [1 \quad 0 \quad \cdots \quad 0], \quad K^T = c^T (A^T A + \lambda I)^{-1} A^T$$

因为 K^T 可离线预先算出，所以若不考虑约束，优化问题的在线求解就只是进行系统输出的预测与校正，然后进行向量差与点积运算，因而，在线计算量很小。

（3）参数选择

动态矩阵控制系统的动态性能不仅与受控过程的动态特性有关，还与控制器参数选择相关。对于 SISO 动态矩阵控制而言，其关键控制参数包括：预测步长 P、控制步长 m 与输入变化的加权系数 λ。这些参数的选取将对控制性能产生重要的影响，下面给出这些参数的一般性选取原则。

① 预测步长 P 为了使滚动优化真正有意义，应使预测时域覆盖被控对象的动态过渡过程。一般可选择 P，使其满足 $PT_s \geqslant t_s$，其中 t_s 为被控对象的过渡过程时间（也称过渡过程的恢复时间），T_s 为控制系统的采样周期。

② 控制步长 m 控制步长是预测控制器中最重要的参数之一，控制步长的增大可提高系统的跟踪性能，但使系统的鲁棒性与稳定性下降，对控制对象的特性变化就越敏感。因而，对于对象特性变化较大的场合，应选择较小的控制步长。对于工业过程常见的开环稳定的非最小相位系统，可取 $m = 1 \sim 2$。

③ 加权系数 λ 加权系数 λ 的作用是用于限制控制增量的剧烈变化，以减少对被控对象的过大冲击。增大加权系数 λ 可提高系统的稳定性与鲁棒性，但系统的调节作用减弱。考虑到输入输出量纲对动态矩阵数值大小的影响，可作以下变换

$$\lambda = \lambda_0 |A^T A|$$

式中，$|X|$ 为方阵 X 的模。

加权系数 λ 的取值范围为：$\lambda_0 = 0.0 \sim 1.0$。在实际应用中，可先令 $\lambda_0 = 0$，若此时控制量变化、调节较大，则可适当增大 λ_0，直到取得满意的控制效果。

（4）计算举例

某一单输入单输出受控过程如图 8-23 所示，假设初始的对象动态特性为

$$G_p(s) = \frac{2}{4s+1} e^{-4s}, \quad G_d(s) = \frac{1}{2s+1}$$

而 DMC 中的预测模型也为 $G_m(s) = \dfrac{2}{4s+1} e^{-4s}$，并取控制步长 $m = 1$，预测步长为 $P = 60$，控制作用变化加权系数 $\lambda_0 = 0.1$，则对应的闭环系统动态响应如图 8-24 所示。

若控制器参数与预测模型均不变，而被控过程的控制通道动态特性由 $G_p(s)$ 改变为 $G'_p(s) = \dfrac{2.4}{3s+1} e^{-6s}$，对应的闭环系统动态响应如图 8-25 所示。由此可见，对单变量系统而言，预测控制可取得很好的控制性能，并具有较强的鲁棒性。此外，控制器预测性能的引入也能克服纯滞后对控制性能的影响。

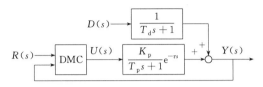

图 8-23　SISO 被控过程的动态矩阵控制

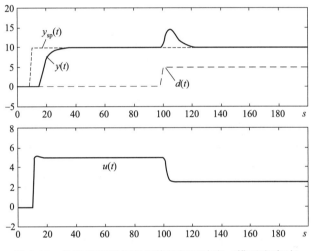

图 8-24　单变量预测控制系统的闭环响应（模型准确时）

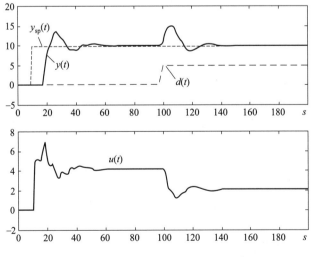

图 8-25　单变量预测控制系统的闭环响应（模型失配时）

8.3.3　MIMO 受约束动态矩阵控制

随着工业过程日趋复杂和计算机技术的不断发展，人们对控制系统总体性能的要求也在不断提高，在过程中必须考虑多种约束、满足多种目标；工业过程的优化控制已成为一个有约束多目标多自由度的优化问题。按先进控制的思路来考虑现代工业过程的控制要求，主要可综合表现为以下目标。

① 适应多变量、强关联、大时滞、不确定时滞等复杂特性。

② 改善控制系统性能，包括跟踪特性、抗干扰特性。

③ 满足对控制变量、被控变量和中间变量的约束，包括波动范围约束、变化速度约束和位置约束。

④ 降低操作成本，追求产量最高、能耗最小等效益指标。

⑤ 在上述基础上能处理各种不同类型的随市场变化的经济指标，具体表现为过程变量的各种不同形式的函数。

在预测控制中的约束概念包括了性能指标和过程变量物理或人为限制等不同层次的要求，按优先级别不同可做如下划分。

① 由于执行机构、测量机构的物理性质或出于安全考虑，要求变量必须满足某条件，否则不能实现或不允许，这称为"硬约束"（Hard Constraints）。

② 为保证工艺要求，力求变量跟踪设定值但同时允许变量在一定范围内波动，或者不要求变量跟踪设定值但要求不超越某一范围，称为"软约束"（Soft Constraints）。

③ 为追求最大经济效益，要求某性能指标达到某个极值要求，或某个控制变量尽量接近某一边界值，也是一种"软约束"。

为描述方便，这里把过程可测变量分为控制变量（MVs）、可测干扰变量（DVs）、被控变量（CVs）和辅助变量（AVs）。其中控制变量的值可由控制器在约束范围内设定；可测干扰变量存在于过程输入端，不允许控制器改变；被控变量是过程的直接控制目标，要求达到某一设定值附近；辅助变量可以是过程输出或中间变量，要求满足一定约束范围，在重要性上比被控变量弱。

过程控制常用的控制目标是在满足以下约束条件的前提下，尽可能地降低操作成本。当约束条件之间存在矛盾时，可适当放宽对被控输出或辅助输出的控制要求，即对控制变量的约束为"硬约束"，对系统输出的控制要求为"软约束"。

$$\Delta u_{i,\min}(k) \leqslant \Delta u_i(k+p) \leqslant \Delta u_{i,\max}(k), \ i \in [1, \ nu], \ p=0,1,\cdots,NU-1 \quad (8\text{-}22)$$

$$u_{i,\min}(k) \leqslant u_i(k+p) \leqslant u_{i,\max}(k), \ i \in [1, \ nu], \ p=0,1,\cdots,NU-1 \quad (8\text{-}23)$$

$$y_{j,\min}(k) \leqslant y_j(k+p|k) \leqslant y_{j,\max}(k), \ j \in [1, \ ny], \ p=N_1,\cdots,N_2 \quad (8\text{-}24)$$

式中，nu 为系统控制变量数；ny 为系统被控变量数；NU 为控制器的控制时域；$[N_1, \ N_2]$ 为被控输出的考虑区域；$u_{i,\min}$，$u_{i,\max}$ 表示第 i 个控制输入的下限和上限约束；$\Delta u_{i,\min}$，$\Delta u_{i,\max}$ 表示第 i 个输入的变化率下限和上限约束；$y_{j,\min}$，$y_{j,\max}$ 为第 j 个被控变量的控制范围，而对于那些跟踪设定值轨迹的被控变量，可认为是以下特例

$$y_{j,\min}(k)=y_{j,\max}(k)=y_{j,\mathrm{sp}}(k)$$

式中，$y_{j,\mathrm{sp}}(k)$ 为这些变量的设定轨迹。

浙江大学工业自动化国家工程研究中心在充分了解分析国外先进控制软件的基础上，自主开发了多变量受约束动态矩阵控制器（Multivariable Dynamic Matrix Controller with Linear Programming，MDMC_LP）。MDMC_LP 控制器将输入输出约束与操作成本的最小化转化为一个线性规划稳态优化问题，而将动态控制问题转化为一个无约束的二次规划问题，可直接获得其最优解，无需进行复杂的非线性或二次规划求解，其结构如图8-26 所示。

控制算法 MDMC_LP 以系统输出的未来变化轨迹为优化计算的基础。为简化优化计算量，在设定值优化中仅考虑未来系统输出的稳态预测值，而优化目标为：在满足操纵变量的约束的前提下，尽可能满足系统输出的约束，而当操纵变量存在多余的自由度时，则设法使操作成本最小化，最终可获得当前工况下的最优输入输出设定值 $U_{sp}(k), Y_{sp}(k)$。而下层的动态矩阵控制器以 $U_{sp}(k), Y_{sp}(k)$ 为动态优化目标，基于系统输出的预测轨迹采用二次规划方法获得最适宜的 MV 变化量，下载至底层的基本 PID 控制回路。关于该控制算法的详细讨论，请参见相关文献。

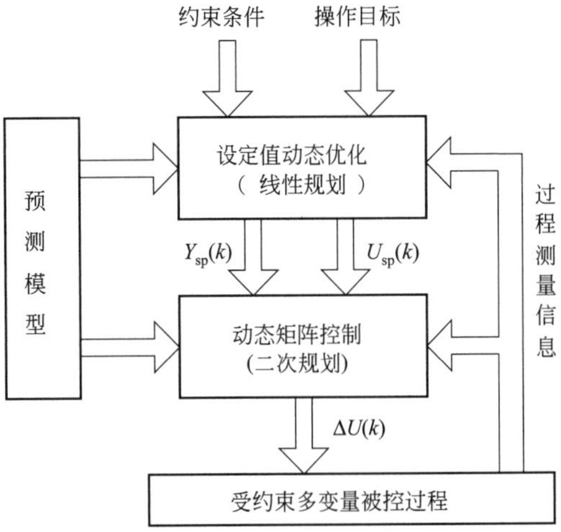

图 8-26 MDMC_LP 控制器结构

8.3.4 预测控制软件包简介

目前，国外已形成许多以预测控制为核心思想的先进控制商品化软件包，成功应用于石油化工中的常减压装置、催化裂化装置、加氢裂化装置、连续重整装置、延迟焦化装置等许多重要装置。

（1）第一代模型预测控制技术

第一代模型预测控制技术以 IDCOM 和 DMC 为代表。

① IDCOM 1978 年由法国 Richalet 开发。算法采用脉冲响应模型和有限预测时域上的二次型性能指标，对象的未来输出跟踪参考轨迹，输入输出都允许处理约束情形，算法与辨识对偶，可以利用启发迭代算法计算最优输入值。

② DMC 1981 年由 Cutler 开发。算法采用线性阶跃响应模型和有限预测时域上的二次型性能指标，对象的未来输出尽可能跟踪期望值，能有效地处理大规模复杂控制问题和大纯滞后及大时间常数过程，应用线性规划原理来实现经济性能指标的最优化，优化解是最小二乘问题解。

（2）第二代模型预测控制技术

QDMC 算法可以被称为是第二代预测控制软件包，1986 年由 Garcia 和 Morshedi 开发，使用线性阶跃响应模型和有限时域上的二次型性能指标，过程的输出尽可能接近期望的设定值，采用二次规划方法求解最优输入值。

（3）第三代模型预测控制技术

QDMC 在实际应用中的问题：由于系统受外界干扰，可能会造成二次规划无可行解的问题；系统输入输出可能会失效而丢失，这就产生了自由度可控结构变化问题；容错能力有待提高，需要处理子系统病态问题；控制要求向多样化和复杂化发展，用单目标函数中的权系数来表示所有的控制要求是非常困难的。

为了解决上述问题，国外公司技术人员开发了第三代 MPC，主要有 IDCOM-M、SMCA 等。

① IDCOM-M 1988 年由美国 Setpoint 公司购买了 IDCOM 后开发的，是一个多变量、多目标的预测控制器。采用线性脉冲响应模型，具有可控性分析功能，能够避免病态系统的产生；能处理多个目标函数，先进行被控变量的设定值优化，然后在保证其优化结果的基础上进行操纵变量的理想稳态值（Ideal Resting Value，IRV）优化；约束处理策略是具有优先权的硬约束或者软约束。

② SMCA（Setpoint Multivariable Control Architecture） 同样是美国 Setpoint 公司的先进控制软件，由多变量预估控制软件包、模型辨识软件包、工艺计算软件包和实时数据平台组成。它能使控制系统的应用开发人员灵活方便地以表格填充和菜单选择方式，实施从生产过程的模型测试、模型辨识、工艺计算、控制器组态、控制器离线仿真，直到控制器现场投运这样一个复杂的控制应用项目。

（4）第四代模型预测控制技术

这一代模型预测控制技术又有了新的发展，采用基于 Windows 的用户图形界面，应用灵活的优化方法，实现多层优化，可以满足不同等级的目标控制，能直接考虑模型的不确定性，进行鲁棒控制设计，并对系统辨识建模技术进行了改进，主要代表产品为 DMCplus、RMPCT 等。

① DMCplus 美国 AspenTech 公司于 1996 年先后收购了著名的 Setpoint 公司和 DMC公司，博采众长，推出了该控制软件包，其基本内核与 DMC 一样，而软件操作平台采用Setpoint 的 Inforplus 软件，采用线性阶跃响应模型，算法和过程模型辨识相结合，在传统的 DMC 算法基础上创造性地引入了稳态优化的概念，集前馈、反馈和优化于一体，快速克服扰动影响，具有处理约束和经济指标优化的能力，对大型或小型先进控制课题均能适用。DMCplus 先进控制软件主要核心包括预测、优化和动态控制三个阶段，其结构如图 8-27 所示，图中虚线包围的部分即为 DMCplus 在线部分的核心。

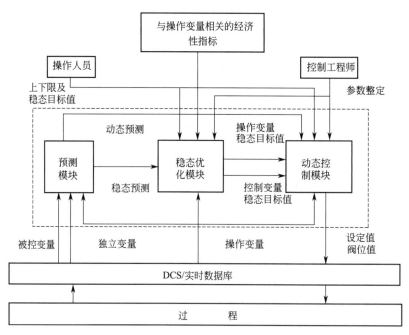

图 8-27　DMCplus 控制器运行原理

● 预测模块利用过去时刻独立变量的变化量预测被控变量将来变化的轨迹，在控制器执行的每一周期，预测功能都要运行以下三步：第一步，利用当前独立变量的测量值，更新对被控变量的预测值；第二步，将预测的被控变量的数值与当前被控变量的测量值进行对比，并进行校正（即反馈校正过程）；第三步，根据时间，平移预测数据。

● 稳态优化模块解决约束条件下的多变量函数寻优问题，根据目标函数的不同分为两种：线性规划和二次规划，稳态优化分为两个阶段：经济性优化阶段和可行性判断阶段。

● 图 8-28 和图 8-29 形象地说明了动态控制模块的功能，图 8-28 说明基于过去时刻独立变量的变化量，DMCplus 控制器推测出被控变量在将来时刻的动态变化轨迹偏离了设定值，为了避免被控变量偏离设定值，DMCplus 将调整操纵变量，产生上述动态轨迹的镜像调节效果，如图 8-29 所示。

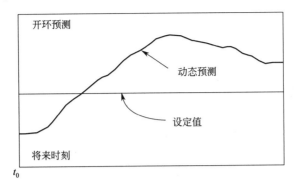

图 8-28 DMCplus 预测被控变量动态变化轨迹

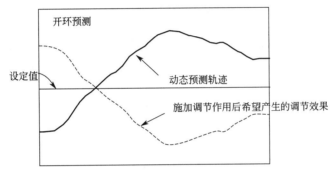

图 8-29 动态控制产生的镜像效果

② RMPCT（Robust Multi-variable Predictive Control Technology） 由 Honeywell 公司推出，主要由六部分组成：数据采集器、模型辨识器、控制器设计器、控制器离线仿真器、批量建点工具和在线运行的多变量预估控制器组成。其中模型辨识器用于从装置的阶跃测试数据获取控制器使用的对象模型；离线仿真器用于对控制器进行离线仿真，生成控制器使用的模型文件；批量建点工具为在线运行的控制器自动批量建点，减少人工劳动强度，并生成控制器组态文件；而多变量预估控制器是多变量预估控制技术的核心内容，如图 8-30 所示，适用于变量间耦合严重、经济目标变化、约束较多、滞后大、非最小相位系统等多种情况下多变量系统的实时控制，一般以装置的一个独立单元（如常压塔）作为整体进行控制，除能把整个过程控制在允许的约束之内，还可在操作条件有自由度的情况下，把过程推向其经济最优化的操作点上。

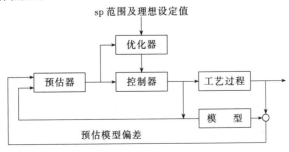

图 8-30 RMPCT 的基本结构图

8.4 应用示范

8.4.1 Wood-Berry 塔的预测控制仿真

以上详细介绍了几种主要的基于模型的控制方法，考虑这些方法的设计参数对控制效果的影响，在此，基于 Wood-Berry 塔模型，阐述模型预测控制器的设计参数对 MIMO 问题的影响。

Wood-Berry 塔的工艺过程如图 8-31，其数学模型描述为

$$\binom{X_D(s)}{X_B(s)} = \begin{bmatrix} \dfrac{12.8e^{-s}}{16.7s+1} & \dfrac{-18.9e^{-3s}}{21s+1} \\ \dfrac{6.6e^{-7s}}{10.9s+1} & \dfrac{-19.4e^{-3s}}{14.4s+1} \end{bmatrix} \binom{R(s)}{S(s)} + \begin{bmatrix} \dfrac{3.8e^{-8.1s}}{14.9s+1} \\ \dfrac{4.9e^{-3.4s}}{13.2s+1} \end{bmatrix} F(s) \qquad (8-25)$$

式中，被控量是精馏成分 X_D 和塔底成分 X_B；操作量是回流量 R 和再沸器的蒸汽量 S；进料量 F 是不可测流量。

下面是利用模型预测控制技术中的 DMC 所得的仿真结果。每次仿真中，采样周期 $\Delta t = 1$min。分别设计无约束 DMC 控制器和有约束 DMC 控制器对 Wood-Berry 塔进行控制，其中，有约束 DMC 控制器每个输入均受到 ± 0.15 的饱和限制，输出受到 ± 2 的硬约束。

在 $t = 0$ 时，X_B 做 $+0.5\%$ 设定值变化，X_D 做 $+1\%$ 设定值变化；开始时流量干扰不存在，即 $F = 0$，在 $t = 51$min 时加入干扰 $F = 0.1$，然后在 $t = 101$min 时去掉干扰即令 $F = 0$。改变 DMC 的参数，观察参数的改变对控制效果的影响，仿真结果如图 8-32 至图 8-35 所示。

图 8-32 和图 8-33 显示了 DMC 参数设置为 $P = 5$，

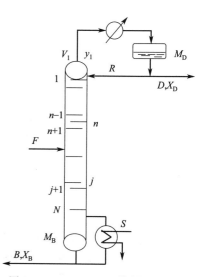

图 8-31 Wood-Berry 塔的工艺过程

$M = 1$，$R = 1$，$Q = 1$ 时无约束和有约束 DMC 的控制结果。由图可以看出，无约束和有约束 DMC 的被控量响应相似，都能较好地跟踪设定值的变化，而有约束 DMC 的约束条件，把其输入输出限制在一定范围内，因此其控制变量与无约束 DMC 相比就会产生一定的变化。

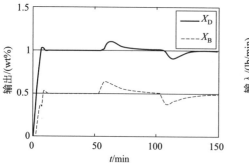

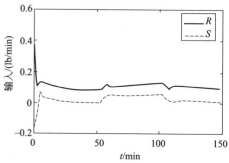

图 8-32 无约束 DMC 控制曲线

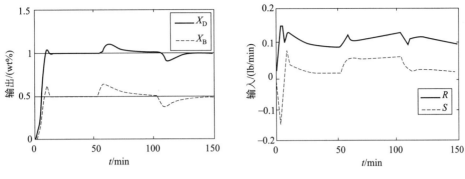

图 8-33　有约束 DMC 控制曲线

图 8-34 显示了不同的预测步长对控制效果的影响。由仿真结果可以看出，预测步长 P 对控制系统的稳定性和快速性有较大影响，P 值较大时，可以增强系统的稳定性，但快速性变差，而 P 值较小时，系统快速性较好，但其稳定性变差。

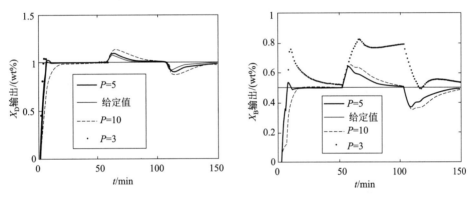

图 8-34　无约束 DMC，预测步长改变时对应的控制曲线

图 8-35 显示了不同的控制时域对控制效果的影响。由图可以看出，M 较小时系统的稳定性较好，快速性变差，M 较大时可以改善动态性能，提高控制的灵敏度，但稳定性变差。

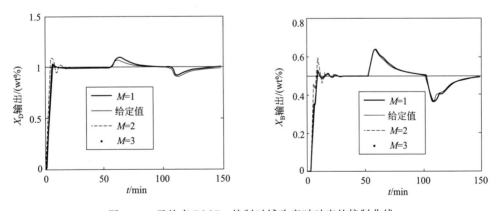

图 8-35　无约束 DMC，控制时域改变时对应的控制曲线

8.4.2　工业应用实例

（1）原油常减压蒸馏的工艺流程

原油常减压蒸馏过程是石油化工中的重要生产装置之一，是石油加工的第一道工序。它

不仅担负了为大量后续加工过程提供原料或半成品的任务，同时还直接生产若干产品，如航空煤油、轻柴油等。为了对原油进行有效充分的馏分切割，该加工过程需要消耗大量的能源。近二十多年来，随着市场竞争的激烈，以往仅仅以平稳操作为主要目标的生产方式已不能满足要求，人们进一步提出了原油蒸馏过程的先进控制与操作优化问题，即期望用尽可能少的能源，生产出尽可能多的石油产品，并使各石油产品之间的重叠度进一步减小。

某炼油厂的原油常压蒸馏过程如图 8-36 所示。原油经脱盐、脱水、汽提后进入常压炉加热，加热至 360℃左右进入常压塔。常压塔顶汽相馏出经空冷与冷却器冷凝后进入常顶回流罐，回流罐内液相（称为常顶汽油）中的一部分作为塔顶回流；另一部分作为催化重整的原料出装置。回流罐内汽相并入全厂瓦斯管路。常一线油自常压塔流入一线汽提塔，经汽提后汽相返回常压塔，液相既可作为轻柴馏分并入常二线；也可经脱水、精制后作为航空煤油产品出装置。常二线油自常压塔流入二线汽提塔，经汽提、碱洗和精制后作为轻柴油产品出装置。常三线油自常压塔流入三线汽提塔，经汽提蒸汽汽提后，既可作为重柴油产品出装置；也可作为催化裂化、加氢裂化等二次加工的原料。常压塔底重油（称为常压渣油）去减压蒸馏塔进行深度分离。为了减少常压塔的能耗、提高常压塔的分离精度与热能利用率，除塔顶回流后，还增设了常顶、常一中与常二中等循环回流。

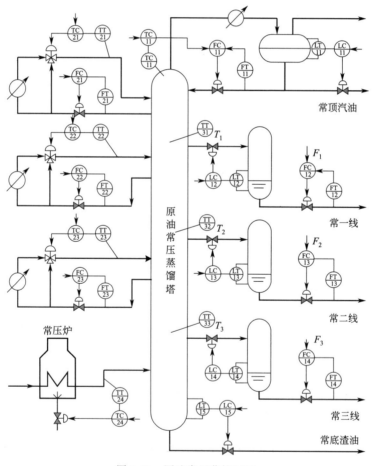

图 8-36　原油常压蒸馏过程

上述原油蒸馏过程属于复杂蒸馏，其工艺过程机理和二元或多元精馏相似，都是通过蒸馏方法将原料油按沸点的高低分离成若干种不同馏程的产品。但由于原油中所含组分数目极多，使得原油蒸馏过程较二元或多元精馏更为复杂。具体表现如下。

① 原油的组成复杂。一般认为原油中包含上千种组分的复杂烃类以及若干微量杂质元素，因此在原油蒸馏分离过程中，各种组分的分离是很粗的。在每一种馏出物中，单体烃的含量均认为是微量的，欲利用纯组分之间的汽液平衡关系进行各类计算，是十分困难，甚至是不可能的，以至只能采用一些经验的计算方法。

② 原油蒸馏过程的供热方式与二元或多元精馏不同。二元或多元精馏一般采用塔底重沸器供热，而原油蒸馏由于塔底温度过高，从而只能采用加热进料的方式供热，使原油在加料层产生闪蒸汽化，并逐级分离而获得各种不同沸点组分的产品或半成品。原油蒸馏过程的这一特点，使得以重沸器加热量为调节手段的控制方案受到很大限制。

③ 由于原油蒸馏塔进料的热量较固定，因而塔的总回流量由全塔热平衡决定，而不是根据产品的分离精度唯一地确定。一般认为，过大过小地增减回流比都将直接引起产品收率下降或产品质量不合格。

④ 轻重组分的传热、传质性质相差较大。在原油蒸馏塔中，由于这一特性，使得通常二元或多元精馏中恒摩尔流的假设不再成立。因此，由于操作条件改变而引起塔内汽液负荷分配的改变对分离效果的影响较大。为此，为了克服塔内汽液负荷分配不均匀而造成液泛、漏塔等异常操作，原油蒸馏塔一般采用多种中段回流的循环回流取热方式。

⑤ 多侧线抽出。由于原油组成复杂，且分离精度要求不高，为了在同一塔内得到不同沸程的产品，采用了多侧线抽出的方式。这样一个蒸馏塔可看成是由若干个"小塔"叠加起来的塔系，因而其控制问题就相当于一个多塔塔系的联合控制问题，属典型的多输入多输出强耦合系统，从而增加了实施优化控制的难度。

从以上特点可知，尽管其过程机理和多元精馏相似，但从自动控制的角度来看，其难度远远超过二元或多元精馏。然而，由于原油蒸馏过程消耗了大量的能源，其能耗约占炼厂总能耗的 $30\% \sim 40\%$。为了进一步降低装置能耗，提高装置对处理量与原料性质变化的适应能力以及提高高附加值产品的收率，国内外的自动控制专家学者对原油蒸馏过程的模型化、先进控制与操作优化进行了大量深入细致的研究开发工作。下面介绍一个采用多变量预测控制技术实现全塔温度分布控制的工程应用实例。

（2）常压塔的多变量约束控制问题

在原油蒸馏塔的塔顶压力、加热炉出口温度与循环取热基本不变的前提下，全塔的温度分布与各侧线产品质量有着密切的关系。通过保持蒸馏塔温度分布的稳定，能有效地减少原油处理量及其性质变化对操作状况的影响。对于上述常压蒸馏塔，在塔顶温度得到控制的前提下，与全塔温度分布相关的常用操作手段为各侧线抽出量，对应的多变量约束控制问题如图 8-37 所示。图中，F_1, F_2，F_3 分别为常一、二、三线抽出量，T_1, T_2, T_3 分别为各侧线抽出板汽相温度。

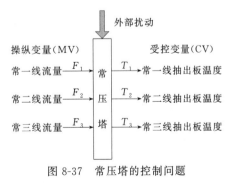

图 8-37　常压塔的控制问题

由于该受控对象关联严重，而且具有严重的非线性（对象特性随着装置处理量与原油性质等因素的变化而变化），再加入输入输出均要求满足一定的约束，常规的控制手段很难奏效。而自 20 世纪 90 年代以来在工业界获得广泛应用的预测控制技术却能有效地处理这一复杂的控制问题。

（3）常压塔先进控制系统的运行结果

针对某炼油厂常压蒸馏塔的实际情况，首先采用阶跃响应测试法以获取各个输入输出通道的动态特性，再采用上节所介绍的多变量受约束预测控制算法 MDMC _ LP，最后进行控制器参数的在线整定。作为示例，先进控制投运前后各侧线温度在正常操作情况下的波动情况如图 8-38 所示。由此可见，多变量预测控制器的应用效果显著，与投运前相比，投运后各侧线温度的波动幅度明显减小。

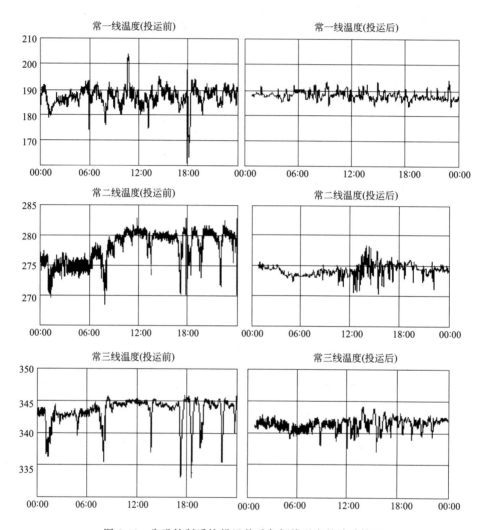

图 8-38　先进控制系统投运前后各侧线温度的波动情况

　　预测控制器是以预测模型为基础的，一旦常压塔的处理量与原油性质等外界因素发生变化，预测模型就有可能与实际对象特性不一致。为使该控制器能够长周期地运行，就要求控制器具有较强的鲁棒性，即：当外界因素发生变化时，即使预测模型与控制器参数不做任何调整，闭环系统仍具有较好的控制品质。图 8-39 反映了进常压炉原料量从 290.0t/h 降为 282.0t/h 时，各侧线温度的控制效果。由此可见，多变量预测控制器具有一定的鲁棒性，当处理量发生变化时，仍能保持侧线温度的稳定。

　　上述工业应用结果表明：多变量预测控制器达到了期望的效果，实现了常压塔的平稳操作，提高了装置适应处理量与原料性质变化的能力；并简化了调节过程，减小了劳动强度和人工干预，显著地提高了产品的合格率，深受操作人员与生产管理人员的欢迎。

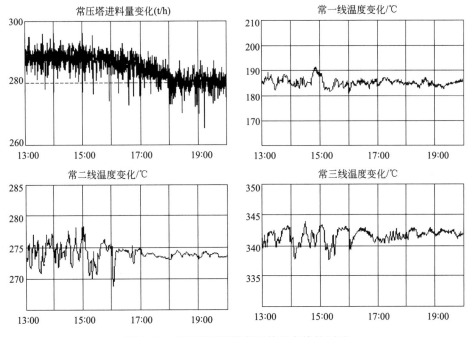

图 8-39 多变量预测控制系统的鲁棒性测试

思考题与习题 8

8-1 已知某一单输入单输出被控对象的传递函数为 $G(s)=\dfrac{2\mathrm{e}^{-10s}}{10s+1}$，控制周期为 1min，试针对该系统采用

动态矩阵控制编制仿真算法。在进行下列仿真实验的基础上进行实验分析。

① 无模型失配，采用不同的控制参数，进行仿真实验。

② 若被控对象的传递函数分别改变为 $G_1(s)=\dfrac{1.5\mathrm{e}^{-10s}}{10s+1}$，$G_2(s)=\dfrac{2\mathrm{e}^{-15s}}{10s+1}$，重新进行仿真实验。

8-2 针对 8.4.1 节的 Wood-Berry 塔对象模型，对塔底成分 X_{B} 始终采用 PID 进行控制，对精馏成分 X_{D}

分别采用 PID、Smith 预估、内模和 DMC 进行控制，进行下列仿真实验，并进行实验分析。

① 当 X_{D} 的设定值阶跃变化，进行仿真实验。

② 当 X_{D} 的设定值不变时，进料流量阶跃变化（干扰）时，进行仿真实验。

9 过程控制系统方案设计

9.1 概论

前面已经介绍了各种控制系统，并详细讨论了各种基于 PID 控制器的控制系统。除单回路控制系统外，还包括串级控制、比值控制、选择控制、分程控制和阀位控制等基本控制方案。从控制系统结构角度，这些基本控制方案具有下列特点。

串级控制从本质上讲仍属于单输入单输出反馈控制的范畴，即一个被控变量与一个操纵变量。串级控制系统中副回路的引入，是为了提高对于某些扰动的抗干扰能力，而副参数的选择至关重要。副参数用于尽快地反映部分外部干扰的变化，但与干扰前馈控制不同的是，副参数同时要求受操纵变量（如控制阀开度）的影响。

比值控制从本质上讲属于前馈控制的范畴，用于实现两种或多种流量的按比例变化。受物理意义的限制，比值控制仅限于多个流量之间的比值控制，不能用于流量与其他参数（如温度、压力、液位或控制阀开度等）的比值控制。事实上，过程控制工程中对于与乘法器或比例器或除法器相关的计算模块，其输入输出信号大都与流量或流量比值相关。

选择控制属于单输入多输出反馈控制的范畴，即只有一个操纵变量，却有两个或两个以上的被控变量，其中一个称为常规被控变量，通常需要进行定值控制，跟踪其设定值的变化；而其余的均为区间控制的被控变量，只需要控制在一定范围内即可。由于仅有一个操纵变量，形成闭环回路的被控变量将会随情况不同而变化。考虑到不同被控变量对应的被控对象不同，需要为每个被控变量设置一个 PID 控制器，选择控制方案就转化为多个控制器输出的选择问题。工程上，常用低选器 LS 或高选器 HS 来实现多个控制器输出的选择问题，其中低选器 LS 的模块输出为多个输入信号的最小值，而高选器 HS 的模块输出为多个输入信号的最大值。具体采用低选器还是高选器，取决于正常工况（是指约束变量均在正常范围内）下，各控制器输出信号的大小。特别值得一提的是，由于未被选中的控制器将处于开环运行状态，需要引入外部积分反馈线，以避免各控制器的积分饱和，以实现被控变量之间的快速且及时切换。

分程控制属于双输入单输出反馈控制的范畴，即有两个操纵变量，却只有一个被控变量。分程控制涉及的两个操纵变量，直接对应于两个控制阀，且通常与同一种工艺介质相关。工程上，采用控制器输出信号分程将两个操纵变量合并成一个操纵变量。具体地说，若控制器输出信号范围为 $0\% \sim 100\%$，可将其分成两段，如 $0\% \sim 50\%$、$50\% \sim 100\%$。当控制器输出信号处于某一段时，让某一控制阀开度发生变化，而让另一个控制阀的开度不变。

阀位控制也属于双输入单输出反馈控制的范畴，即有两个操纵变量，却只有一个被控变量。与分程控制不同的是，阀位控制相关的操纵变量可以是两种完全不同性质的工艺介质。工程上，将其中一个操纵变量与被控变量构成常规的单回路或串级反馈控制系统；而将该操纵变量或对应控制阀的开度（即阀位信号）作为另一个操纵变量的被控变量，以构成另一个控制回路。在工程应用上，阀位控制既可用于扩展某一被控变量的调节范围，其功能类似于分程控制；也常与低选器 LS 或高选器 HS 一起，构成相应的选择性控制系统。此外，阀位控制也可应用于过程优化系统中，以实现工艺装置的优化操作。

　　下面结合几个典型的应用实例来说明控制方案的设计问题，并进行方案定性比较。

9.2　连续放热反应釜的控制

　　【例 9-1】　如图 9-1 所示，反应器中存在 A＋B ──→ C 的放热反应，通过操纵冷却水阀门开度以控制反应器的温度，其中冷却系统采用强制对流方式，以提高传热效率。外部的冷却水与经反应器换热后的热水混合后，由冷却水循环泵打入反应器夹套进行换热；换热后热水的大部分返回至冷却水循环回路，多余部分排出至反应系统外。而反应器中部的搅拌器以使反应器内温度相对均匀，无局部热点。此外，该反应器的进出物料均为液体，并采用下进上出，以确保反应体积的恒定。目前已安装有反应器温度单回路控制系统，但控制品质尚不理想，希望改进控制方案，要求如下。

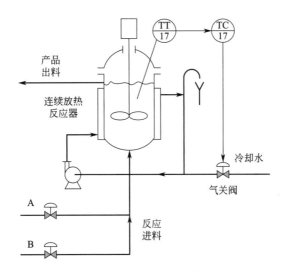

图 9-1　连续反应釜的控制问题

　　① 设计一个控制方案，以控制进入反应器物料的流量。反应物 B 和反应物 A 的流量之比为某固定值 R，即 $R = F_B/F_A$；并已知两种反应物的流量都能够被检测和控制。

　　② 经验表明，进入系统的冷却水温度时常发生变化。但由于系统的滞后，这一干扰会导致反应器内的温度发生波动。负责该工段的工艺工程师希望改善反应器温度的控制效果。需设计一种控制方案以实现上述目标。

　　③ 经验还表明，在极少数情况下，冷却系统无法提供足够的冷却量，使反应器温度保持在其期望值，此时只能通过减少反应物的流量来控制温度。设计一个控制方案来实现上述目标，并当冷却系统恢复其冷却能力后，②中的设计方案要重新生效。

　　控制方案设计如下。

　　① 图 9-2 给出了一种基于比值控制的方案。工艺操作员可设定物料 A 的流量，即 FC15 的设定值，则物料 B 的流量也就相应确定。该流量比值控制方案中的比值系数 R_{ab} 既与实际流量比 R 有关，又与流量变送器 FT15、FT16 的检测量程有关。

　　② 在设计控制方案前，首先考虑人工是如何控制的。分析被控过程可以发现，最好能

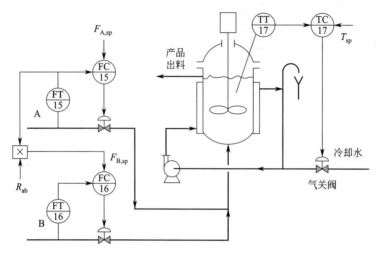

图 9-2　连续反应釜进料流量的比值控制

尽早知道冷却水水温的变化，这样就可以提前动作来减少水温带来的影响。例如，如果冷却水温度升高，可以增大冷却水阀门开度，让更多的冷却水进入系统。但这种方案的问题是没有和最终的控制目标（即反应器温度控制问题）建立起联系。一种自然的想法是将反应温度控制器 TC17 的输出作为冷却水温度的设定值，从而构成一个如图 9-3 所示的串级控制方案 S_1。

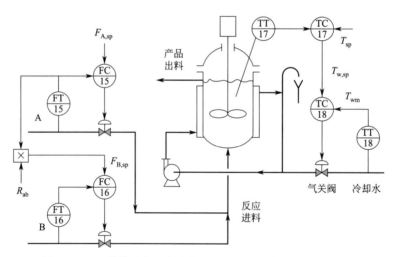

图 9-3　用于补偿进水温度变化的反应器温度串级控制方案 S_1

在绘制出控制方案后，需要对方案作进一步分析。对于如图 9-3 所示的串级控制方案 S_1，主控制器 TC17 监控着反应器的温度，将其与设定值做比较，并决定主控制器的输出，即冷却水进水温度设定值 $T_{w,sp}$。现在假设进水温度测量值不等于该设定值，例如 $T_{wm} > T_{w,sp}$，副控制器 TC18 会怎么做？能否把进水阀门开大让更多的冷却水进来？这样能不能实现 $T_{wm} = T_{w,sp}$？答案当然是否定的。控制器会增大进水阀门开度，但是 T_{wm} 不会改变。开关阀门对 T_{wm} 没有任何影响，控制器将会一直开大直至最大开度。这个例子很好地说明了控制回路中操纵变量的选取原则之一，即操纵变量必须直接有效影响被控变量。对于图 9-3 所示的方案 S_1，由于操纵变量（阀门开度）对被控变量（冷却水温度）没有影响，未能形成闭合反馈回路，因此，该控制回路将无法正常运行。

虽然上述方案 S_1 不可行，但是这种思路还是可以用的：即尽早知道冷却水进水温度的变化。为实现上述目标，可考虑一下图 9-4 所示的串级控制方案 S_2，即把温度变送器安装在阀门左侧，但和上述方案一样，仍然是一个开环控制，因为不论冷却水温度是在阀前还是阀后测量，改变阀门开度都不能影响水温。

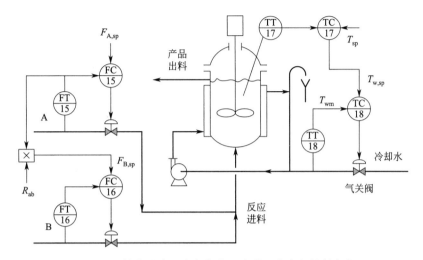

图 9-4   用于补偿进水温度变化的反应器温度串级控制方案 S_2

因此，对于冷却水温度检测点的选择，既要尽早反映进水温度的变化；又要求当冷却水进水阀门开度改变时，能够影响该检测点的温度。为此，可以将温度变送器安装在冷却夹层里或者冷却水循环管路内，图 9-5 将变送器安装在冷却夹层里；而图 9-6 将温度变送器安装在循环管路中，且进水流量的改变对该检测温度反应灵敏。跟之前的两个控制方案比较可以发现，冷却水阀门的开度可以影响被控变量（TT18 的测量值），可以形成一个闭合回路，因此方案是可行的。

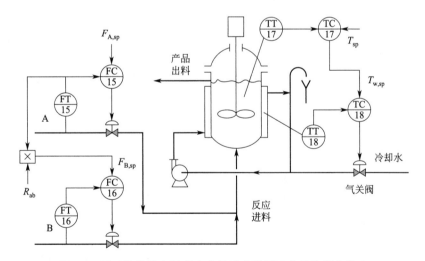

图 9-5   用于补偿进水温度变化的反应器温度串级控制方案 S_3

下面以控制方案 S_4 为例来分析冷却水阀门的开度是如何影响被控变量（TT18 的测量值）的。假设冷却水循环回路的流量 F_{wt} 由循环泵决定，而进水量 F_{cw} 基本由进水阀控制。由物料平衡关系可知，经反应器换热后的热循环水流量为 $F_{wt} - F_{cw}$。另外，假设进水温度

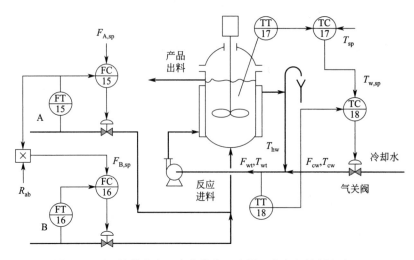

图 9-6 用于补偿进水温度变化的反应器温度串级控制方案 S_4

为 T_{cw}，热循环水温度为 T_{hw}。由能量平衡关系可知，进水与热循环水混合后的温度 T_{wt} 为

$$T_{wt} = T_{hw} - \frac{F_{cw}}{F_{wt}}(T_{hw} - T_{cw}) \qquad (9\text{-}1)$$

由于热循环水温度高于进水温度，而循环回路的流量 F_{wt} 基本不变，因此，进水量 F_{cw} 的增大，将会导致进入反应器夹套的循环水温度的下降，冷却能力加大。

③ 针对实际场景，若冷却系统未能提供足够的制冷量，就应该减少反应物的流量。但是如何判断冷却能力不足呢？显然，如果反应器内或者夹套内的温度达到一个很高的值，冷却能力肯定不足了，但这样可能已经导致反应过程失控。能否有其他方法来提前估计冷却能力的不足？结合过程分析可以发现，冷却能力的最好指示器是冷却水进水阀门开度：当阀门完全打开时，冷却能力不可能再有提高，此时上述反应器温度串级控制系统将失效，过程将处于失控状态。接着，考虑这一控制策略的具体实现方案。

图 9-7 给出了一种选择控制方案。具体来讲，控制器 TC18 的输出信号在控制进水阀开度的同时，也是另一个阀位控制器 VPC20 的测量值，这个控制器将进水阀开度的当前值与其设定值比较，并向进料 A 的流量控制器 FC15 输出信号。注意，VPC20 的输出信号在到达 FC15 之前，先经过了一个选择器 S19，这个选择器将选择操作员的设定值还是 VPC20 的信号作为 FC15 的真正设定值。下面继续分析选择器（高选器还是低选器）的选择问题。

假设希望进水阀门的开度应不超过于 90％，由于进水阀为气关阀，即希望 VPC20 的设定值为 10％。正常情况下，冷却系统能提供足够的制冷量。假设 VPC20 的检测信号为 35％（阀门开度为 65％），能让阀门开度增加至 90％的唯一方法就是让进料量增加，因此 VPC20 增大输出信号，比如达到了 100％，这就相当于直接调高了进料 A 流量控制器 FC15 的设定值。显然，在这种情况下，系统的冷却能力充足，没有必要修改操作员已经设定好的流量值，选择器须选择操作员的设定值，而不是 VPC20 的输出信号，因为 VPC 的信号有可能是 100％，所以选择器应该是低选器 LS，如图 9-8 所示。这个低选器本质上是 VPC20 用来将操作员的设定值取代掉，让自己的输出值成为设定值。注意，从选择器 LS 到 VPC20 间有一个抗积分饱和信号线 RFB。这样，当系统的冷却能力不足时，VPC20 能够快速降低 FC15 的设定值。

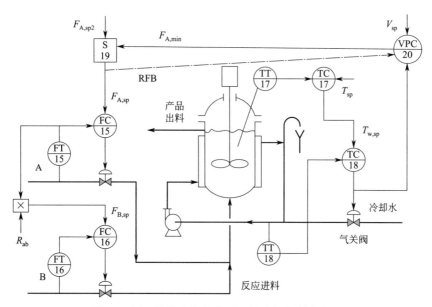

图 9-7 用于补偿冷却能力不足的选择控制方案 S_5

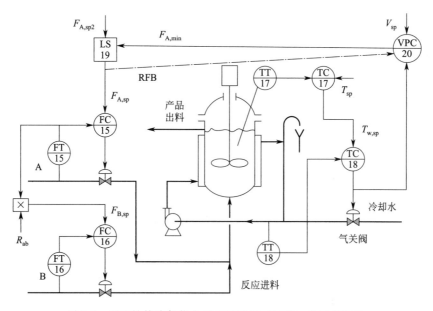

图 9-8 用于补偿冷却能力不足的选择（低选）控制方案 S_5

在结束这个例子前，还有几个问题需要讨论一下，在串级控制中提到，内回路控制器必须设定为串级模式。但如果操作员把 FC15 设为本地设定值模式或者手操模式，则 VPC20 提供的安全保证将会失效，低选器 LS19 的输出不会被 FC15 采用。这当然是不安全的。那能否设计一个控制系统，无论操作员是否将 FC15 设置为本地设定值模式或者手操模式，可以使 VPC20 在任何时候都能够减少反应物的流量？

图 9-9 给出了一个新的控制方案，这个方案中，VPC20 的输出值直接送至进料 A 控制阀前的选择器，而不是作为 FC15 的设定值，因此不论 FC15 处于什么工作模式下，当系统的冷却能力不足时，VPC20 关闭阀门的指令都能送达。这种情况下，由于进料 A 的控制阀

为气开阀，因此该选择器依然是一个低选器。本例中，为安全考虑，直接去调整阀门的开度是一个更好的方式，而不是改变一个控制着阀门的控制器的设定值。注意到，选择器的抗积分饱和信号 RFB 这次指向了两个控制器。

接下来考虑 VPC20 的设定值，VPC20 接收控制器 TC18 的输出信号，并判断阀门开度是否达到 90%。注意，冷却水阀应该是气关阀，因此，当信号是 10%，阀门开度为 90%，所以 VPC20 的真正设定值应该是 10%。另外，值得一提的是，为避免 VPC20 的误动作，需要对检测信号（即 TC18 的输出信号）进行滤波平滑（均值滤波或一阶滤波等）。

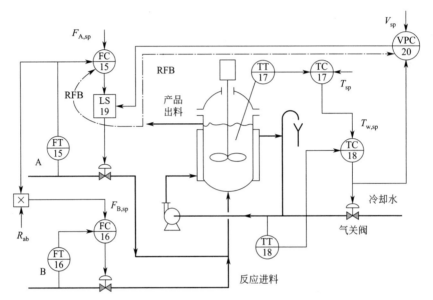

图 9-9　用于补偿冷却能力不足的选择控制方案 S_6

9.3　处理废水的氯化消毒处理

【例 9-2】　氯化反应用于对废水处理厂的最终排放物进行消毒处理。环保部门要求废水中维持一定的游离氯离子剩余量。为了达到这个要求，通常在接触池的开始位置，测量废水中的游离氯离子的残余量，如图 9-10 所示。通过在过滤器的流出物中，加入次氯酸钠水溶液来控制接触池中游离氯离子的残余量。废水厂有两个平行的过滤废水流，它们将在接触池中混合。根据池中的游离氯离子的残余量分别向两个水流中加入次氯酸钠。试结合上述工艺要求，设计相应的自动控制系统，要求如下。

① 设计一套控制方案，来控制接触池开始处的氯离子的残余量。这里，假设两路废水的组成基本相近，但流量可能相差很大。此外，次氯酸钠水溶液泵采用变频器控制，通过改变控制信号 u，可调节变频器 M 的工作频率，进而改变泵的转速，以达到控制总流量的目的。另外，假设次氯酸钠水溶液两支路流量均可测可控，而两路废水流量可测但不可控。

② 由于接触池中将会发生一系列的反应，氯离子真实残余量并不等于进入接触池的氯离子含量。环保部门关注的是，流出物中的氯离子真实残余量。因此，在接触池的出口处安装了第二台在线分析器。请设计一套控制方案来控制流出物中的氯离子残余量。

此外，对于设计的控制方案，需分析两路废水流量分别增加时，上述控制系统如何工作。

控制方案设计如下。

对于情况①，设计思路为

a. 对于任一路废水，次氯酸钠水溶液的加入量应与废水流量成比例，而比例系数取决于废水的受污染程度。

b. 通过安装在接触池开始处的氯离子残余量在线分析器，可以间接反映废水受污染程度。而通过改变次氯酸钠水溶液的加入比例，可控制接触池开始处的氯离子残余量。

c. 为避免两路次氯酸钠水溶液的流量调节过程中可能出现的相互干扰，应及时改变次氯酸钠水溶液泵的转速，以确保满足次氯酸钠水溶液的总需求量。

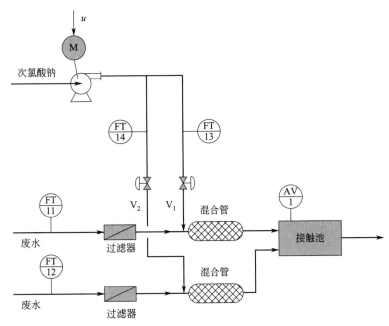

图 9-10　污水的氯化消毒接触池

对于思路 a，对应于每一路废水流量与对应的次氯酸钠水溶液加入量的比值控制，而比值系数 K 可能改变，因而，宜选择流量变比值控制。

对于思路 b，可采用氯离子残余量的单回路控制即可，操纵变量为流量比值控制回路的比值系数 K，而被控变量为接触池开始处的氯离子残余量。

对于思路 c，可能考虑的解决方案包括：寻找造成两路次氯酸钠水溶液流量调节过程出现相互干扰的原因，通过引入新的检测参数来反映这种干扰。事实上，次氯酸钠水溶液流量控制阀前的压力 p，直接反映了这种干扰，当压力 p 不变时，两路次氯酸钠水溶液流量的调节回路基本无干扰。不仅如此，当水溶液泵转速增大、两控制阀不变时，可使压力 p 升高。因此，引入控制阀前压力 p 的单回路控制（操纵变量为水溶液泵转速），很有意义。

由此得到的自动控制系统设计方案图 9-11 所示。该系统包括基本控制回路三个，分别为两路次氯酸钠溶液流量调节回路 FC13 与 FC14 以及控制阀前压力 p 调节回路；废水流量与对应的次氯酸钠溶液加入量的比值控制回路两个；而具体比值系数 K 由安装在接触池开始处的氯离子残余量控制器 AC1 动态设置。

该系统的主要扰动包括：两路废水的流量与浓度。下面先以支路 1 的流量变化为例，来定性分析控制系统的响应。

假设原系统稳定，即各控制回路涉及的测量信号与控制信号均稳定，而且回路的测量值等于设定值。现在支路 1 的流量突然增大，则 FT11 输出增大；因比值 K 不变，故 FC13（支路 1 对应的次氯酸钠溶液流量控制器）的设定值增大；假设控制阀 V_1 为气开阀，FC13 驱使控制阀 V_1 的开度增大，最终使支路 1 对应的次氯酸钠溶液流量测量值提高至其新的设定值。假设 2 路废水的浓度均不变，且支路 2 的流量也不变，结果由于前馈作用，可保持接触池开始处的氯离子残余量基本不变。不过，由于控制阀 V_1 开度增大，导致次氯酸钠泵出口压力 p 下降，可造成控制阀 V_2 开度增大，结果可能导致控制阀 V_1 与 V_2 相互竞争。为此，新增的泵出口压力控制回路，将增大其输出（变频器频率加大），结果使泵的转速增大，从而，使出口压力 p 重新回升至原来的设定值。

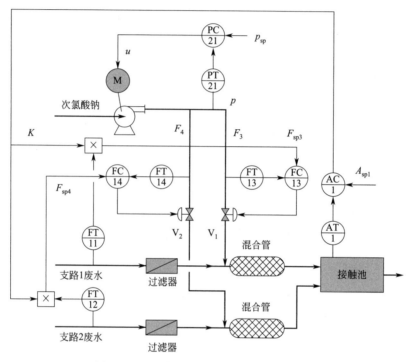

图 9-11 污水氯接触池的基本控制方案设计

下面又以支路 1 的浓度变化为例，来定性分析控制系统的响应。假设原系统稳定，即各控制回路涉及的测量信号与控制信号均稳定，而且回路的测量值等于设定值。又假设 2 路废水的流量均不变，且支路 2 的浓度也不变。

现在支路 1 的浓度突然增大（即废水变得更脏），需要消耗的氯离子量增大，由于整个流量控制回路当时无响应，导致接触池开始处的氯离子残余量下降。为使氯离子残余量的测量值提高至其设定值，需要加大次氯酸钠的加入量，可见氯离子残余量控制器 AC1 为反作用。由于 AC1 为反作用，因氯离子残余量测量量的下降导致比值 K 增大，导致 FC13 与 FC14 的设定值增大，最终使得两个支路对应的次氯酸钠流量均增大，使得接触池开始处的氯离子残余量重新上升。若上升量过大，则由于控制器 AC1 的 PID 调节作用，控制系统将自动调低比值 K；反之，若上升量不足，控制器 AC1 将自动调大比值 K。只要 AC1 的 PID 参数合适，控制系统将最终回到新的稳定状态。此外，因两路次氯酸钠溶液流量增大，导致次氯酸钠流量控制阀前压力下降，而新增的泵出口压力控制器 PC21，将增大其输出（变频器频率加大），结果使泵的转速增大，最终使出口压力 p 回升至原来的设定值。

对于情况②，仍可按上述方法进行设计分析。改进的控制方案如图 9-12 所示。

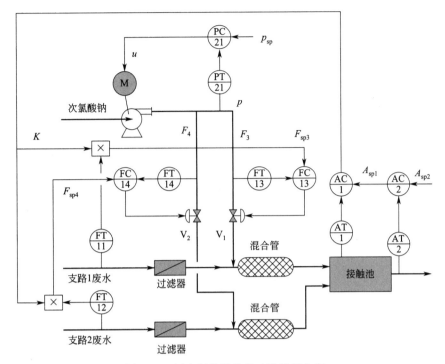

图 9-12 污水氯接触池的改进控制方案

9.4 烃类废气收集罐的压力控制

【**例 9-3**】 炼油化工等流程工业需要将生产过程产生的各种废气加以收集并进行统一处理以保护环境，废气罐的典型工艺流程如图 9-13 所示。对于可能含有液相流体的进料，由分离气罐 D-103 进行气液相分离。气罐下部的液位由液相料排出量加以控制，液相料至后续装置加以处理。为避免压缩机进气中带液体，液相料控制阀为气关阀。气罐 D-103 分离出的气体的大部分进压缩机进行压缩。压缩气体的一小部分作为循环气返回至分离罐，而大部分压缩气体再进后续装置进行处理。此外，当气罐压力过高时，需要开大放空阀 V_4，将部分气体至放空火炬，燃烧后经环保装置处理后再排入大气。为回收热量，放空火炬普遍已改造为废热锅炉，用于产生工艺过程所需要的水蒸气。

希望气罐的正常压力为 0.1MPa（表压），而常用的操纵变量为透平蒸汽量，对应的压力控制器为 PC22。透平蒸汽量越大，涡轮机 T-104 的转速越快，联动压缩机 C-105 吸入的气体就越多。除少量压缩气体作为循环气返回至分离罐外，大部分排出系统。循环气返回阀 V_2 的正常控制信号为 90%，对应开度为 10%。因此，透平蒸汽量增大时，涡轮机转速增大，气罐压力下降。考虑到透平蒸汽控制阀为气开阀，因此，PC22 须选择为正作用。为防止系统压力过高，当气罐压力升到 0.2MPa（表压）以上，压力控制器 PC21 将打开放空阀 V_4。

现在遇到的工艺问题是，该压缩机 C-105 较老，为安全考虑，压缩机转速不能高于5600r/min，也不能低于 3100 r/min（压缩机转速可由 ST61 在线测量）。此外，循环气返回阀 V_2 的开度不能低于 10%，以防止压缩机湍振。试

① 分析导致压缩机转速变化的主要干扰；

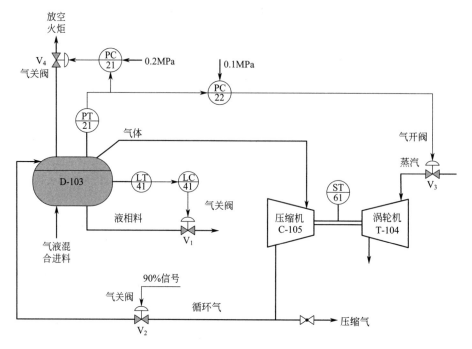

图 9-13　气罐的基本压力控制方案

② 在现有控制方案的基础上提出改进方案以满足上述限制。

控制方案设计如下。

① 造成压缩机转速过高或者过低的主要干扰来自于气罐 D-103 混合进料中的气相总量过多或者过少。若进料气相流量过多，将使得罐内压力升高，透平蒸汽阀打开，涡轮机转速变快，压缩机转速升高。为防止压缩机转速过高，需要兼顾压缩机转速最大值的限制。对于一个操纵变量（透平蒸汽量），需要控制两个被控变量（罐内压力与压缩机转速），属典型的选择控制问题。此时，过多的进料气相流量，可由压力控制器 PC21 调节放空气体量，以维持气体进出量的平衡，以达到稳定罐内压力的目的。

而当进料气相流量过少时，使得罐内压力减少，由于 PC22 回路的控制作用，使透平蒸汽阀关小，涡轮机转速下降，压缩机转速也随之下降。为防止压缩机转速过低，仍需要引入压缩机转速与罐内压力的选择控制。但当压缩机最低速运行（如 3100r/min）时，有可能使得气罐压力进一步减少，最终导致压缩机进气量不断下降，整个系统难以平衡。此时应该适当打开循环气阀，通过内循环来补充压缩机进气量。最终，保证压缩机转速不低于下限值的同时，仍能维持罐内压力的稳定与整个系统的平衡。

② 结合上述干扰分析，提出的改进控制方案 S_1 如图 9-14 所示，主要包括三个转速控制器与三个选择器。下面先讨论相关控制器正反作用、选择器类别（高选器或低选器）选择问题。

前面分析可知，PC22 须选择为正作用，即当气罐压力增大时，蒸汽阀控制信号 u_5 也增大。对于转速控制器 SC61 与 SC62，由于选择器不改变控制信号的变化方向，而控制信号 u_5 增大时，转速也增大，即对象控制通道的作用为正作用，因此，SC61 与 SC62 都应选择为反作用。而对于转速控制器 SC63，其被控对象的控制通道较为复杂。假设 SC63 的当前输出信号 u_6 小于 90%，因此，循环气阀 V_2 的控制信号即为 u_6；另外，假设蒸汽阀这时由 PC22 控制，即 $u_5 = u_1$，且混合进料中气相量也维持不变。当控制信号 u_6 减少时，循环

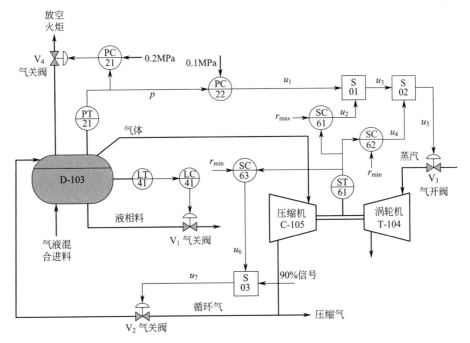

图 9-14 气罐压力控制方案的改进设计步骤 S_1

气阀 V_2 的开度增大，循环气量也增大，导致气罐压力上升，经控制器 PC22 使蒸汽阀控制信号 u_5 也增大，最终使压缩机转速增大。可见，SC63 对应的对象控制通道的作用为反作用，因此，SC63 应选择为正作用，即当压缩机转速测量值减少时，SC63 的输出信号也应相应减少。

　　对于选择器类别（高选器或低选器）选择问题，关键在于分析正常操作情况下选择器各输入信号的大小。假设整个系统运行正常，进料及进料组成平稳，气罐压力得到有效控制，气罐压力 p 维持在其设定值 0.1MPa；而且压缩机转速有一定的操作余量，既不高于最大值 r_{max}（5600r/min），也不低于最小值 r_{min}（3100r/min），压力控制器 PC22 对应的输出信号也有一定的操作余量。为讨论方便，假设压缩机当前转速为 4200 r/min，控制器 PC22 对应的输出信号 u_1 为 60%（假设透平蒸汽阀全开时，压缩机转速可达 7000 r/min）。由于 SC61 为反作用控制器，并假设含有积分作用，因其测量值未达到其设定值，该控制器输出 u_2 将可能逐步增大，直至 100%。与此相反，由于 SC62 的测量值已超过其设定值，该控制器输出 u_4 将可能逐步减少，直至 0%。为使透平蒸汽阀控制信号 u_5 在正常操作情况下只受压力控制器 PC22 的控制，因此，选择器 S01 应为低选器，后续改为 LS01；而选择器 S02 应为高选器，后续改为 HS02。

　　由于 SC63 为正作用控制器，也假设含有积分作用，因其测量值已超过其设定值，该控制器输出 u_6 将可能逐步增大，直至 100%。因此，选择器 S03 应为低选器，后续改为 LS03。结合上述选择，改进控制方案 S_2 如图 9-15 所示。

　　对于设计方案 S_2，在正常操作情况下，由于进料及进料组成相对平稳，气罐压力 p 维持在其设定值 0.1MPa，而且控制器 PC22 输出信号与压缩机转速都有一定的操作余量。同时，由于三个转速控制器都含有积分作用，加上相关控制阀的控制信号均未被这些转速控制器输出信号选中，导致这些控制器的控制偏差一直存在，最终使控制器输出达到 0% 或 100%。这种现象称为"控制器积分饱和"。

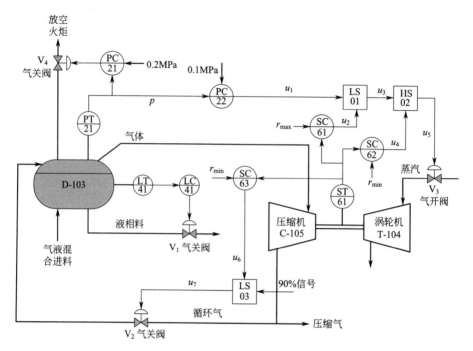

图 9-15　气罐压力控制方案的改进设计步骤 S_2

以转速控制器 SC62 为例，在正常操作情况下，由于 SC62 为反作用控制器又假设含有积分作用，因其测量值已超过其设定值，该控制器输出 u_4 将逐步减少，使选择器 HS02 的输出 u_5 为 u_3，而与 u_4 无关，结果压缩机转速也将维持不变。这样，转速控制器 SC62 的控制偏差持续为负，最终导致 SC62 输出信号下降至 0%。

同理，转速控制器 SC61 与 SC63 的输出信号增大至 100%。显然，这并不影响压力控制器 PC22 的正常操作。然而，一旦出现操作异常，需要转速控制器参与调节时，这些控制器并不能马上起作用。

以转速控制器 SC61 为例，假设当前操作状况平稳，压缩机当前转速为 4200r/min，气罐压力维持在其设定值 0.10MPa，且控制器 PC22 对应的输出信号 u_1 为 60%，而 SC61 的输出信号 u_2 为 100%，SC62 的输出信号 u_4 为 0%。若此时进气量大幅度增大，导致气罐压力增大，对应的控制器 PC22 输出信号 u_1 也增大，压缩机转速逐步增大。当输出信号 u_1 增大至 80% 时，压缩机转速将接近其最大值 r_{max}（5600 r/min），此时，SC61 输出信号 u_2 仍为 100%。当信号 u_1 超过 80% 时，压缩机转速将超过其最大值 r_{max}，SC61 输出信号 u_2 将从 100% 逐步减少。然而，由于信号 u_2 仍大于 u_1，结果压缩机转速仍将继续增大。这显然是不合理的。

为克服控制器的"积分饱和"问题，完善后的改进控制方案 S_3 如图 9-16 所示，图中的点划线均为 RFB（外部积分反馈）信号。各个控制器的输出信号均以当前实际控制阀输出信号为基础。对于未被选择器选中的控制器，其输出信号为当前实际控制阀输出信号与偏差之和，无积分功能。这里，仍以转速控制器 SC61 为例加以说明。

假设当前操作状况平稳，压缩机当前转速为 4200r/min，气罐压力维持在其设定值 0.10MPa，控制器 PC22 对应的输出信号 u_1 为 60%，且透平蒸汽阀开度 u_5 也为 60%。此时，转速控制器 SC61 的外部积分反馈信号 u_{RFB} 为 60%，而其转速设定值 y_{2sp} 与测量值 y_{2m} 分别为 5600r/min 与 4200r/min。假设该控制器采用数字增量型 PI 控制算法，且采样

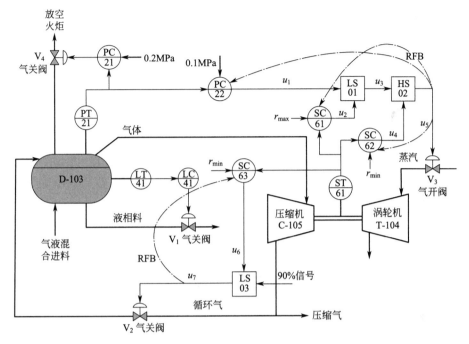

图 9-16 气罐压力控制方案的改进设计步骤 S_3

周期为 T_S，则其输出信号为

$$u_2(k) = \Delta u_2(k) + u_{RFB}(k) \tag{9-2}$$

$$\Delta u_2(k) = K_C \left\{ [e_2(k) - e_2(k-1)] + \frac{T_S}{T_I} e_2(k) \right\} \tag{9-3}$$

$$e_2(k) = y_{2sp}(k) - y_{2m}(k)$$

式中，K_C 为该控制器的比例增益；T_I 为控制器积分时间；而 $\Delta u_2(k)$ 为控制器增量输出。可见，带外部积分反馈信号 RFB 的 PID 控制算法与常规增量型 PID 算法的唯一区别，在于增量迭代式(9-2) 的不同。

因 SC61 为反作用控制器，即 K_C 为正；而 $e_2(k-1) = e_2(k) = 1400\text{r/min}$。因此

$$\Delta u_2(k) = \frac{K_C T_S}{T_I} e_2(k) \tag{9-4}$$

由此可见，对于转速控制器 SC61，若 $y_{2m}(k) < y_{2sp}(k)$，则 $\Delta u_2(k) > 0$；若气罐压力维持在其设定值，则 u_1 与 u_{RFB} 相同；因此，$u_2(k) > u_1(k)$，即 $u_3(k) = u_1(k)$。此时，该转速控制器未被选中，而且 u_{RFB} 也不改变。

反过来说，一旦 $y_{2m}(k) > y_{2sp}(k)$，则 $\Delta u_2(k) < 0$；若此时气罐压力维持在其设定值，即 u_1 与 u_{RFB} 相同；因此，$u_2(k) < u_1(k)$，即 $u_3(k) = u_2(k)$，该转速控制器将立刻被选中。而此时，压力控制器 PC22 未被选中，气罐压力将不受控制。若气罐压力上升至 0.20MPa，气罐压力将由 PC21 来控制；或者，因进料气体量下降，导致气罐压力下降至 0.10MPa 以下，压力控制器 PC22 将重新被选中。

上述分析表明：对于带 RFB 的 PID 控制器，当被选中时，其功能即为常规的 PID 算法；而未被选中时，其输出一方面跟踪实际控制阀位，另一方面 PID 算法自动切除其内部积分作用，从而避免了积分饱和问题。

此外，为防止压缩机转速在动态调节过程中超出其正常操作范围（3100～5600r/min），

对于转速控制器 SC61，其设定值 r_{max} 可适当小于 5600r/min；而对于 SC62、SC63，其设定值 r_{min} 可适当大于 3100r/min。

该装置气罐控制系统主要受到的外部干扰为进料气相总量的大幅度变化，具体动态调节过程分析如下。

情况 1：若进料气相流量过多，使气罐压力升高，经（正作用）控制器 PC22，蒸汽阀开大，压缩机转速提高。当压缩机转速略超过 r_{max} 时，经反作用控制器 SC61，使其输出信号下降，LS01 将选中 SC61，以防止压缩机转速过高。此时，压力控制器 PC22 失效，导致罐内压力上升。当气罐压力高于 0.2MPa 时，放空阀打开，以维持气罐压力为 0.2MPa 左右。

情况 2：若进料气相流量过少，使得罐内压力减少，由于 PC22 控制作用，使蒸汽阀关小，压缩机转速下降。当压缩机转速略低于 r_{min} 时，经反作用控制器 SC62，使其输出信号上升，HS02 将选中 SC62，以防止压缩机转速过低。更重要的是，当压缩机转速低于 r_{min} 时，经正作用控制器 SC63，使其输出信号下降，LS03 将选中 SC63，循环气阀控制信号下降，循环气阀开大，通过内循环来补充气罐总进气量，以维持气罐压力的稳定与整个系统的物料平衡。

前面结合几个典型的工程例子说明如何设计控制方案，以满足工艺要求。控制方案设计的一般原则为简单有效。因此，控制工程师一方面要充分了解工艺需求与工艺流程，并关注主要外部干扰；另一方面，要定性分析被控过程的动态特性，并结合常用 PID 控制策略（如串级控制、比值控制、选择控制、分程控制与阀位控制等）的技术特点，设计出合适的自动控制方案。

思考题与习题 9

9-1 考虑如图 9-17 所示的混合池。三种液相原料以一个确定的比例注入混合器，以形成后续过程所需要的混合液。对于某一种配方，要求最终混合物包含 50% 质量分数的 A、30% 质量分数的 B 以及 20% 质量分数的 C。混合液的需求量由后续工艺决定，即后续工艺将提供混合料泵的转速控制信号。试设计一个控制方案用以控制混合器液位，并且同时保证正确的配方要求。请自行假设仪表量程，并计算相应的仪表比值。

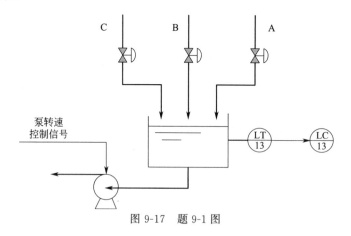

图 9-17 题 9-1 图

9-2 考虑如图 9-18 所示的乙烯裂解炉，它由两部分组成，但有一个共同的烟道。在每一个部分中都在发生轻烃（碳氢化合物）和水蒸气的裂化反应。该装置通过控制进入到每一部分的燃料来控制裂解产品的温度，通过控制安装在烟道上的排风扇的转速来控制炉内压力。风扇可以引导烟气排出烟囱。当炉内压力增加时，压力控制器就会增加风扇速度来降低压力。

① 设计一个比值控制方案，以使每一部分都能根据轻烃流量按比例控制水蒸气的流量，而操作员只需要设定轻烃的流量。

② 在以往的日常运行中，操作人员注意到压力控制器的输出有时会持续达到 100%。这表明炉内压力此时已超出了控制器 PC57 可控范围。然而，这并不是理想状态，必须设计一种控制方案。当控制器 PC57 的输出少于 90% 时，轻烃的输入流量由操作人员设定；而当该控制器的输出大于 90% 时，需要减少轻烃流量以使压力控制器输出稳定在 90% 左右。当轻烃流量减少时，用来保持出口温度的燃料需求量也会相应减少，这样会降低烟道压力，使得压力控制器降低风扇速度。

值得注意的是，由于左侧裂解炉的效率没有右边的高。因此，减少轻烃流量的正确策略为首先将左侧的输入量减少到 35%；如果还需要继续减少，再对右侧的输入进行减少，直到减少至 35%（如果还需要继续减少，另一个信号连锁系统将会关闭整个系统）。请设计一个合适的控制方案，以保证压力控制器的输出低于 90%，并解释控制系统是如何工作的。

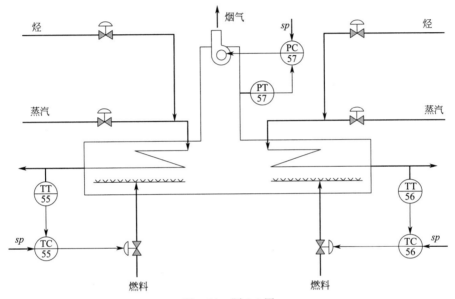

图 9-18 题 9-2 图

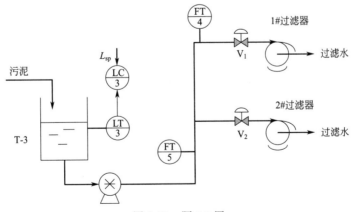

图 9-19 题 9-3 图

9-3 考虑如图 9-19 所示的过程，污水处理厂排出的污泥被送入储液槽 T-3，然后通过污泥泵注入至两个过滤器中。该装置通过控制出口流量来控制储液槽液位，要求进入两个过滤器的流量必须符合以下比例

$$R = \frac{进入 1\# 过滤器的流量}{总流量}$$

图中显示的两个流量变送器和控制阀不可以从现有位置移动，也不可以添加其他检测仪器。试设计一个控制方案，在保证流量比例的同时，控制储槽液位，并解释该控制系统是如何工作的。

9-4 考虑如图 9-20 所示的管式锅炉，该锅炉用于部分产生饱和蒸汽。液态水进入锅炉，以液体与蒸汽的混合形式离开锅炉，然后进入一个分离器，用于分离饱和液体和蒸汽。工艺工程师将该过程的效率定义为"被蒸发的部分（即饱和蒸汽量）占总进水量的百分比"，期望的效率为 80%。试设计一个控制方案，以使该效率维持在其期望值；同时使空燃比稳态时达到其理想值，动态时确保空气富裕。

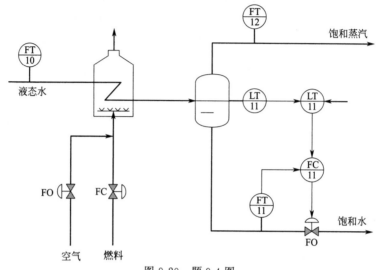

图 9-20　题 9-4 图

9-5 考虑如图 9-21 所示的加热炉，它使用两种不同的燃料来控制工艺介质的炉出口温度，一种燃料是废

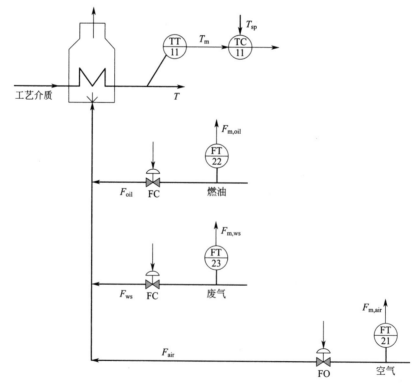

图 9-21　题 9-5 图

气，另外一种燃料是燃油。由于废气是免费的，所以要尽可能多地使用。然而，环保条例规定废气的使用量不得超过燃烧油的 1/4。为简化控制方案设计，假设各流量检测仪均为质量流量计，且输出均已转换为工程量，kg/min。假设废气的热值为 HV_{wg}，燃油的热值为 HV_{oil}；空气/废气的理想比值为 R_{wg}，空气/燃油的理想比值为 R_{oil}。若废气与燃油流量分别为 F_{ws}、F_{oil}，则所需的理想空气量应为 $F_{air}=R_{wg}F_{ws}+R_{oil}F_{oil}$。

① 设计一套完整的双交叉控制方案以控制工艺介质的炉出口温度，并满足空燃比及调节过程维持空气富裕的要求。

② 假设废气的热值随着成分的变化会发生显著的变化。在线测量废气的热值非常困难，然而，实验分析表明气体热值和密度之间存在明确的相关性。假设已安装了一台密度计可以测量密度，因此可在线测量热值 HV_{wg}。试完善上述控制方案以考虑热值 HV_{wg} 的变化，即当 HV_{wg} 在线测量值变化，应及时调节燃料量以减少对工艺介质炉出口温度的波动。

9-6 某一油料过滤系统如图 9-22 所示。待过滤油料首先进入一总管，为安全起见，总管压力通过调节进油阀门已得到有效控制。总管中的油料随后被分配到四个过滤器。类似于热交换器，过滤器也由外壳与内部导管组成，其中内部导管的上端面封闭，下端面开放；而外壳的上端面开放，下端面封闭。内部导管壁为过滤网，待过滤油料先进入壳程，其中液体经过滤网过滤后进入内部导管，再从内部导管流出。随着时间的推移，过滤网上将不断产生胶质。为使油料中的液体通过，需要逐步提高壳程压力。但如果压力提高过大，则过滤器墙壁就会崩塌。因此，当某一过滤器的壳程压力达到某一临界值时，该过滤器就需要被取下进行清理。在正常情况下，三个过滤器就可以处理所有的油料。

① 设计一套控制系统，以维持通过系统的总油量不变。

② 完善补充上述控制系统，在维持系统总油量不变的同时，满足：a. 如果进入某一个过滤器的油料压力超过一个事先设定值，那么就开始减少进入该过滤器的油料；b. 一旦某一过滤器进料阀门达到 10% 的开度，联锁系统就会自动关闭此过滤器，等待清理。

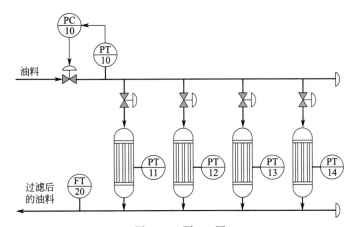

图 9-22 题 9-6 图

9-7 考虑如图 9-23 所示的精馏塔底部，有两个物料流出，一个由用户控制以满足自身需求，另一个用以保持塔底液位。在一些情况下，当液位下降到一定程度时，液位控制阀将全关；此时，液位将失去控制。如果塔底液位下降到低于 0.5m，这将很难保证有足够的流量经再沸器加热成为精馏塔所需的上升蒸汽，这对精馏塔操作而言将是灾难性的。试设计一种控制方案，以避免上述情况的发生，并文字解释该控制系统是如何做到的。

9-8 考虑如图 9-24 所示的过程，该过程通过 A 和 B 的反应制造产品 E。反应器出料包括 E 和其他一些未反应物（下称为液体 C，主要成分为原料 A）；然后采用分离器将 E 和 C 分开。液体 C 被送入精馏塔 T-104，并从底部返回至反应器。向反应器加入的物料 B 的量取决于 A 的量以及 C 返回至反应器的回流量。对于新鲜进料 A，要求物料 B 的量满足给定比例为 $R_1=F_B/F_A$；而对于回流进料 C，要求物料 B 的量满足给定比例为 $R_2=F_B/F_C$。假设所有的流量计均为质量流量计，物料 B 流量的期望值为

$R_1F_A + R_2F_C$。试设计一个控制方案，以控制进入反应器的总流量 T，并满足上述比值要求。

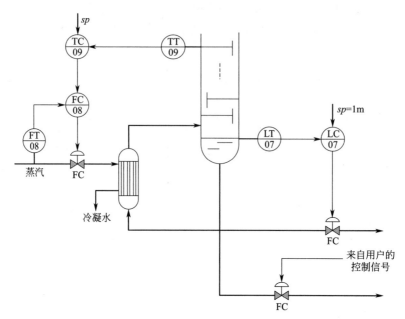

图 9-23　题 9-7 图

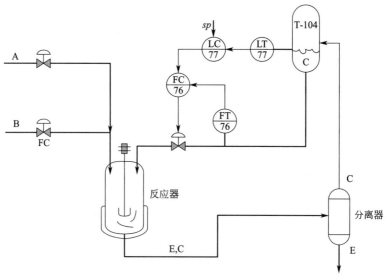

图 9-24　题 9-8 图

10 传热设备的控制

10.1 传热设备的静态与动态特性

在许多工业生产过程中，例如蒸馏、干燥、蒸发、结晶、反应和冶金等，均需要根据具体的工艺要求，对物料进行加热或冷却来维持一定的温度。对于化学反应，为了使反应能达到预定要求，更需要严格控制一定的反应温度，这也要靠冷却或加热才能实现。因此，对传热设备的控制也就显得格外重要。

工业上用以实现冷热两流体换热的设备称为传热设备。工业过程中典型的传热设备如表10-1所示，其中前四类传热设备以对流传热为主，有时将它们统称为换热设备；而加热炉、锅炉为工业生产中较为特殊的传热设备，它们有独特的结构型式与传热方式，在过程工业中又具有重要的用途，因而，对这些传热设备本章将单独讨论。

表 10-1 传热设备的典型类型

设 备 类 型	载热体吸放热情况	工艺介质吸放热情况
换热器	无相变化,显热变化	温度变化,无相变化
蒸汽加热器	蒸汽冷凝放热	升温,无相变化
再沸器	蒸汽冷凝放热	有相变化
冷凝冷却器	冷剂升温或蒸发吸热	冷凝冷却
加热炉	燃烧放热	升温或汽化
锅炉	燃烧放热	汽化并升温

10.1.1 热量传递的三种方式

热量的传递方向是由高温物体传向低温物体，两物体之间的温度差是传热的推动力，温度差越大，传热速率（单位时间内传递的热量）也就越大。对于各种传热设备，热量的传递方式通常包括热传导、对流传热与热辐射三种。

（1）热传导

傅里叶于 1822 年在大量实验的基础上提出了稳定导热（导热量不随时间而变化）的基本定律，其数学表达式为

$$q = -\lambda F \frac{\partial T}{\partial n} \tag{10-1}$$

式中，q 为导热速率（单位时间内所传导的热量），W；λ 为导热系数，W/(m·℃)；F 为垂直于热流方向的截面积，m^2；$\partial T / \partial n$ 为温度梯度，℃/m。

式(10-1)称为傅里叶定律。它表明单位时间内传导的热量与温度梯度和垂直于热流方向的截面积成正比。式中负号表示热流方向总是与温度梯度的方向（即温度上升的方向）相反。

对于单层平壁的稳态导热，对应的热传导速率为

$$q = \frac{\lambda}{b} \times F \times \Delta t \tag{10-2}$$

式中，b 为单层平壁的厚度，m；Δt 为平壁两侧壁面上的温度差，℃。由此式可知，在单位时间内通过单层平壁传导的热量与导热系数、传导面积和平壁两侧的温差成正比，而与平壁的厚度成反比。上式又可改写成

$$q = \frac{\Delta t}{R} \tag{10-3}$$

式(10-3) 为传热过程速率与其过程推动力及阻力之间关系的一般表达形式（即传热过程中的欧姆定理），Δt 为导热的温差推动力，$R = b/\lambda F$ 称为导热的热阻。

对于由不同厚度、不同导热系数的材料所组成的多层平壁，假设每层的热阻分别为 R_1，$R_2, \cdots, R_m$，最内侧与最外侧的表面温度分别为 t_1，t_{m+1}，则通过各层的导热速率为

$$q = \frac{t_1 - t_{m+1}}{R_1 + R_2 + \cdots + R_m} \tag{10-4}$$

（2）对流传热

对流传热在工业生产中多见于流体与固体壁之间的传热，其传热速率与流体性质及流动边界的状况密切相关。为便于分析和计算，牛顿首先提出了壁面与流体间对流传热速率的表达式

$$q = aF\Delta t \tag{10-5}$$

式中，q 为对流传热速率，W；a 为传热膜系数，W/(m² · ℃)；F 为传热面积，m²；Δt 为壁面温度与壁面法线方向上流体平均温度之差，℃。

根据式(10-5)，冷流体与壁面之间的对流传热速率为

$$q_1 = a_1 F(t_w - t) \tag{10-6}$$

同样，热流体与壁面之间的对流传热速率为

$$q_2 = a_2 F(T - t_w) \tag{10-7}$$

式中，q_1, q_2 为对流传热速率，W；F 为与热流体（或冷流体）相接触的壁面积，m²；t_w 为壁面的温度，℃；t 为冷流体的温度，℃；T 为热流体的温度，℃；a_1, a_2 为相应的对流传热膜系数，W/(m² · ℃)。

影响对流传热膜系数的因素很多，它与流体的种类、性质、运动状况以及流体对流的状况（自然对流或强制对流）等因素有关。一般来讲，蒸汽冷凝传热膜系数较大，液体的传热膜系数较小，而气体的传热膜系数最小。因此，在蒸汽加热器中必须注意冷凝水与蒸汽中不凝性气体的排除问题。

（3）热辐射

热能以电磁波（辐射能）的形式向空间发射，到达另一物体被部分吸收又转变为热能，这类现象称为热辐射。因此，热辐射在热量的传递过程中伴有能量形式的转化，即热能转化为辐射能，辐射能又转化成热能。导热和对流传热都是靠物体直接接触来传递热量，而辐射传热则完全不同，它不需要通过任何介质进行传递，所以辐射传热可以穿越真空，例如太阳向地球表面辐射能量就是一个典型的例子。事实上，任何物体都能辐射能量，热源温度越高，热辐射的影响就越显著，而在低温时可以忽略。

对于能全部吸收辐射能的物体（称为"绝对黑体"或简称"黑体"），其外表面所发射的能量可表示为

$$q = C_0 F \left(\frac{T}{100} \right)^4 \tag{10-8}$$

式中，q 为单位时间内该黑体的发射能量，W；C_0 为绝对黑体的发射系数，其值为5.669W/(m² · K⁴)；F 为发射面积，m²；T 为该黑体的热力学温度，K。

自然界中绝对黑体是不存在的，工业上遇到的多数物体均可按灰体处理。所谓"灰体"是指能以相同的吸收率吸收全部波长辐射能的物体，即对辐射能的吸收无选择性，但只能部分吸收周围的辐射能。灰体外表面的发射能量经实验证明可表示为

$$q = \varepsilon C_0 F \left(\frac{T}{100} \right)^4 \tag{10-9}$$

式中，ε 为灰体的黑度（或发射率），在数值上等同于灰体的吸收率。

工业上常遇到两固体间的相互热辐射。当一个物体发射出的辐射能被另一物体部分或全部拦截，所拦截的辐射能只能部分被吸收，其余部分则被反射。所反射的辐射能也只能被原物体部分或全部地拦截，并为原物体部分吸收和反射。这样，在两物体之间多次反射和吸收的传热过程中，其热流方向则由高温物体传向低温物体，其净传热量与两物体的温度、形状、相对位置以及物体本身的性质有关。

对于面积均为 F 的两平行壁面之间的辐射传热，其传热速率为

$$q = C_{1\text{-}2} \varphi F \left[\left(\frac{T_1}{100} \right)^4 - \left(\frac{T_2}{100} \right)^4 \right] \tag{10-10}$$

式中，q 为单位时间内由高温物体传向低温物体的辐射传热速率，W；φ 称为角系数，其数值与物体的形状、大小、相对位置以及距离有关，表示从一个高温物体表面辐射的总能量被低温物体表面所拦截的比例系数；T_1 为高温物体表面的热力学温度，K；T_2 为低温物体表面的热力学温度，K；$C_{1\text{-}2}$ 为两物体净的发射系数，单位为 $\text{W/(m}^2 \cdot \text{K}^4)$，其值为

$$C_{1\text{-}2} = \frac{C_0}{\dfrac{1}{\varepsilon_1} + \dfrac{1}{\varepsilon_2} - 1} \tag{10-11}$$

式中，$\varepsilon_1, \varepsilon_2$ 分别为高温物体与低温物体的黑度。

前面简单叙述了热量传递三种方式的主要机理。在此必须指出的是，在实际进行的传热过程中，很少是以一种传热方式单独进行，而是由两种或三种方式综合而成的。例如，在工业过程中常用的间壁式热交换器，一般温度不太高，此时就可忽略热辐射的影响，则传热过程就是对流和热传导的组合。而在管式加热炉的辐射室中，由于温度很高，这时就以热辐射为主，辐射室的有效传热量大致为全炉总热负荷的 70%～80%，但在管式加热炉的对流室中，传热方式却又以对流传热为主。总之，在管式加热炉中，其传热过程是传导、对流及热辐射的组合。

10.1.2　换热设备的结构类型

换热有直接传热或间接换热两种方式。直接传热是指冷热两流体直接混合以达到加热或冷却的目的；而间接换热是指冷热两流体有间壁隔开的换热，热量首先从温度较高的热流体传给间壁，间壁再传向温度较低的冷流体。在石油化工等工业过程中，一般以间接换热较常见。因此，本章主要讨论间壁式换热设备的控制问题，其结构型式有列管式、蛇管式、套管式和夹套式等，如图 10-1 所示。

在具体讨论传热设备的控制以前，这里首先以示例方式介绍一下传热设备的静态特性与动态特性。

10.1.3　换热设备的静态特性

静态特性是指在稳定条件下被控对象的输出变量（通常是受控变量）与输入变量之间的函数关系。这里以图 10-2 所示的逆流单程换热器为例，来分析其静态特性的建立过程。图中 $T_{1\text{i}}, T_{1\text{o}}$ 分别为工艺介质的入口与出口温度，℃；$T_{2\text{i}}, T_{2\text{o}}$ 分别为载热体的入口与出口温度，℃；G_1, G_2 分别为工艺介质与载热体的流量，kg/h。

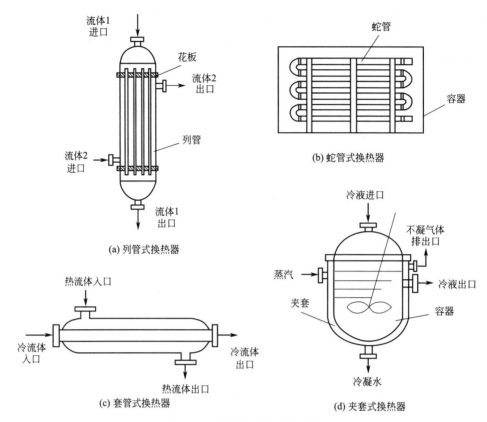

(a) 列管式换热器

(b) 蛇管式换热器

(c) 套管式换热器

(d) 夹套式换热器

图 10-1　传热设备的结构类型

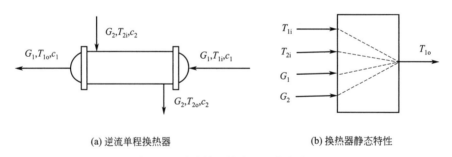

(a) 逆流单程换热器

(b) 换热器静态特性

图 10-2　逆流单程换热器的静态特性

假定该换热器两侧无相变化，输出变量为 T_{1o}，输入变量为 T_{1i}，G_1，T_{2i}，G_2，则该换热器的静态数学模型就可描述成

$$T_{1o} = f(T_{1i}, G_1, T_{2i}, G_2) \tag{10-12}$$

建立静态数学模型就是要找出 T_{1o} 与 T_{1i}，G_1，T_{2i}，G_2 之间的数学关系。而建立数学模型的意义，从自动控制的角度理解，可体现为如下方面：①作为干扰分析、操纵变量选择和确定控制方案的基础；②求取放大系数，作为系统分析和控制器参数整定的参考或用于控制阀流量特性的选择。

传热设备的静态数学模型主要由热量平衡式和传热速率方程式这两个基本方程式构成。下面针对图 10-2 所示的列管式换热器（忽略热损失）来说明。

（1）热量平衡关系式

在忽略热损失的情况下，冷流体所吸收的热量应等于载热体放出的热量。假设两种流体

均为液相且无相变化，则有

$$q=G_1c_1(T_{1o}-T_{1i})=-G_2c_2(T_{2o}-T_{2i}) \tag{10-13}$$

式中，q 为传热速率，kcal/h；c_1,c_2 分别为冷流体与载热体的比热容，kcal/(kg·℃)。

（2）传热速率方程式

由传热定理知，热流体向冷流体的传热速率应为

$$q=KF_m\Delta T_m \tag{10-14}$$

式中，K 为传热系数，kcal/(℃·m²·h)；F_m 为传热面积，m²；ΔT_m 为平均温差，℃。

平均温差 ΔT_m 的求取与列管式换热器的流向、程数有关。对于逆流、单程的情况，平均温差可表示为

$$\Delta T_m = \frac{(T_{2o}-T_{1i})-(T_{2i}-T_{1o})}{\ln\dfrac{T_{2o}-T_{1i}}{T_{2i}-T_{1o}}} \tag{10-15}$$

当 $\dfrac{T_{2o}-T_{1i}}{T_{2i}-T_{1o}}$ 在 $\dfrac{1}{3}\sim3$ 之间时，上述对数平均温差可用算术平均温差来近似，其误差小于 5%

$$\Delta T_m = \frac{(T_{2o}-T_{1i})+(T_{2i}-T_{1o})}{2} \tag{10-16}$$

如果用算术平均温差来计算 ΔT_m，将式(10-13) 与式(10-16) 代入式(10-14)，可得

$$\frac{KF_m}{2}(T_{2i}-T_{1o}-T_{1i})+\frac{KF_m}{2}\left[T_{2i}-\frac{G_1c_1}{G_2c_2}(T_{1o}-T_{1i})\right]=G_1c_1(T_{1o}-T_{1i})$$

整理后，可得

$$\frac{T_{1o}-T_{1i}}{T_{2i}-T_{1i}}=\frac{1}{\dfrac{G_1c_1}{KF_m}+\dfrac{1}{2}\left(1+\dfrac{G_1c_1}{G_2c_2}\right)} \tag{10-17}$$

式(10-17) 就是逆流、单程列管换热器两侧无相变时的静态数学模型，由此式就可对系统的静态特性进行分析。

如令 $y=\dfrac{T_{1o}-T_{1i}}{T_{2i}-T_{1i}}$，$x_1=\dfrac{G_1c_1}{KF_m}$，$x_2=\dfrac{G_2c_2}{KF_m}$，则

$$y=\frac{1}{x_1+\dfrac{1}{2}\left(1+\dfrac{x_1}{x_2}\right)} \tag{10-18}$$

y 与 x_1,x_2 的函数关系如图 10-3 所示。

由此可见，如果选择 T_{1o} 为受控变量，G_2 为控制变量，则控制通道的稳态增益存在着严重的非线性。尽管该增益均大于零，但随着载热体流量的增大而迅速下降。如果采用单回路控制，假设介质出口温度测量变送环节为线性，为使广义对象接近线性，调节阀应选用等百分比阀（即对数阀）。

10.1.4　换热设备的动态特性

换热设备的动态数学模型较为复杂，不仅与它们的结构型式有关，而且还与换热器间壁两侧物流的状态有关。除了间壁两侧的物流充分混合时，可近似为集中参数；否则，必须按分布参数处理。分布参数是指对象的输出（即受控变量）不仅与时间有关，而且是物理位置的函数，其变化规律需用偏微分方程来描述，而对于偏微分方程的求解也相当复杂。通常为了便于计算机实时控制和现代控制理论的应用，可以采用时间、空间离散化方法，将连续偏微分方程转换成相应的离散状态空间模型。这里因篇幅限制，不作详细讨论。

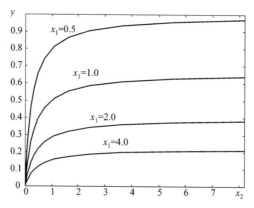

图 10-3 换热器两侧无相变时对象特性的非线性

下面仅以某一夹套式换热器为例，来说明动态建模的过程。对于图 10-1(d) 所示的夹套式换热器，假设采用蒸汽对冷液进行加热，使冷液出口温度达到某一给定值是该换热器的换热目的。假设换热器的热损失、传热系数和比热容的变化可以忽略不计，蒸汽的显热变化量可忽略，冷液由于有搅拌器强制混合均匀可以看作为集中参数对象，且其进出口流量在稳态和动态时均相等，即换热器内冷液的容量不变。另外，假设冷液的出口温度与换热器内的温度相同。

若忽略间壁热容，则根据热量动态平衡关系，可得到如下热平衡方程

$$G_1 c_1 (T_{1i} - T_{1o}) + G_2 \lambda_2 = M_1 c_1 \frac{dT_{1o}}{dt} \tag{10-19}$$

式中，G_1, G_2 分别为冷液与蒸汽的质量流量，kg/h；λ_2 为蒸汽的汽化潜热，kcal/kg；c_1 为冷液的比热容，kcal/(kg·℃)；M_1 为换热器内冷液的容量，kg；T_{1i}, T_{1o} 分别为冷液的入口与出口温度，℃。

选定 T_{1o} 为输出变量，G_1, G_2, T_{1i} 为输入变量，并对上式进行线性化，得到

$$M_1 c_1 \frac{d(\Delta T_{1o} + \overline{T}_{1o})}{dt} = c_1 (\overline{T}_{1i} - \overline{T}_{1o})(\overline{G}_1 + \Delta G_1) + \lambda_2 (\overline{G}_2 + \Delta G_2) + c_1 \overline{G}_1 (\Delta T_{1i} - \Delta T_{1o})$$

(10-20)

由于稳态工作点 $Q(\overline{T}_{1i}, \overline{T}_{1o}, \overline{G}_1, \overline{G}_2)$ 满足条件

$$c_1 \overline{G}_1 (\overline{T}_{1i} - \overline{T}_{1o}) + \lambda_2 \overline{G}_2 = 0$$

故式(10-20) 可简化为

$$M_1 c_1 \frac{d\Delta T_{1o}}{dt} = c_1 (\overline{T}_{1i} - \overline{T}_{1o}) \Delta G_1 + c_1 \overline{G}_1 (\Delta T_{1i} - \Delta T_{1o}) + \lambda_2 \Delta G_2 \tag{10-21}$$

式中，$\Delta T_{1i}, \Delta T_{1o}, \Delta G_1, \Delta G_2$ 分别为变量 T_{1i}, T_{1o}, G_1, G_2 相对于稳态工作点的偏差量。

令 $u(t) = \dfrac{\Delta G_2(t)}{\overline{G}_2}$，$d_1(t) = \dfrac{\Delta G_1(t)}{\overline{G}_1}$，$d_2(t) = \Delta T_{1i}$，$y(t) = \Delta T_{1o}$，则

$$\frac{M_1}{\overline{G}_1} \frac{dy(t)}{dt} = (\overline{T}_{1i} - \overline{T}_{1o}) d_1(t) + d_2(t) - y(t) + \left(\frac{\lambda_2 \overline{G}_2}{c_1 \overline{G}_1}\right) u(t) \tag{10-22}$$

或用传递函数表示成

$$y(s) = \frac{a_1}{T_p s + 1} u(s) + \frac{1}{T_p s + 1} d_2(s) - \frac{a_2}{T_p s + 1} d_1(s) \tag{10-23}$$

式中，$T_p = M_1/\overline{G}_1$ 为冷液在换热器内的平均停留时间，h；$a_1 = \dfrac{\lambda_2 \overline{G}_2}{c_1 G_1}$，$a_2 = \overline{T}_{1o} - \overline{T}_{1i}$。

由式（10-23）可见，图 10-1（d）所示的夹套式换热器的动态特性可用典型的一阶环节来表示，而且输入对输出的响应速度主要取决于冷液在换热器内的平均停留时间。

对于大多数传热设备而言，基于传热机理来建立被控对象输入输出之间的动态模型是相当复杂的。实际工业应用中，大都采用试验法（如阶跃响应曲线法）来获得传热设备的近似动态特性。由于传热设备的内部热平衡机制，对于几乎所有的传热设备，其动态模型均可用"一阶＋纯滞后"或"二阶＋纯滞后"来近似。

值得提出的是，对于间壁式传热设备，由于热流体的热量需要通过对流传热传给间壁，经间壁热传导后，再由间壁将热量以对流方式传给冷流体。因此，属典型的多容对象，并带有较大的滞后。此外，由于传热设备的自动控制系统中受控变量大多数是温度，而测温元件的测量滞后是比较显著的。常用热电偶、热电阻等测温元件，为了保护其不致损坏或被介质腐蚀，一般均加有保护套管，这样就增加了测温元件的测量滞后，因此测温元件的测量滞后也给传热设备的自动控制系统增加了滞后时间。

10.2　换热设备的控制

在炼油化工生产中，换热设备应用极其广泛，换热设备通常包括换热器、蒸汽加热器、再沸器、冷凝冷却器等。进行换热的目的主要有下列四种。

① 使工艺介质达到规定的温度，以使化学反应或其他工艺过程能很好地进行。例如，合成氨生产中的脱硫或变换等过程的气体入口温度，都有最适宜的条件。

② 在生产过程中加入吸收的热量或除去放出的热量，使工艺过程能在规定的温度范围内进行。例如合成氨生产中转化反应是一个强烈的吸热反应，必须加入热量，以维持转化反应。聚氯乙烯的聚合反应是一个放热反应，要用冷却水除去放出的热量，才能使反应按要求进行下去。

③ 某些工艺过程需要改变物料的相态。例如汽化需要加热，冷凝会放热，将氨气冷凝成液氨便是一例。

④ 回收热量。

根据换热目的，换热设备的控制目标最终可转化为热量平衡关系的控制，大多数情况下被控变量为工艺介质的出口温度，而操作手段不外于传热效率、传热面积、传热温差的改变。这里着重介绍工艺介质无相变的换热设备的控制问题。根据载热体有无相变可分为换热器（这里特指载热体也无相变的换热器）、蒸汽加热器、冷凝冷却器等。

10.2.1　换热器的控制

对于载热体无相变的换热设备，基本控制方案包括两类：一类以载热体的流量为操纵变量，另一类通过将工艺介质部分旁路来实现。下面分别从控制机理、控制方案特点以及应用场合等方面加以讨论。

调节载热体流量的控制方案，如图 10-4 所示。调节载热体流量大小，其实质是改变传热速率方程中的传热系数 K 和平均温差 ΔT_m。具体以某一加热用换热器为例，假设载热体为 70～80℃的热水，而工艺介质的入口温度接近常温，需要将其加热至 50℃。随着载热体流量的增大，一方面减少了载热体一侧的传热阻力，使总的传热系数 K 增大；另一方面，也使载热体与工艺介质之间的平均温差 ΔT_m 增大，最终使传热量增大，进而使工艺介质的出口温度升高。反之，当载热体流量减少时，因传热量减少最终使工艺介质的出口温度下降。

　　通过调节载热体流量来实现工艺介质出口温度的自动控制，这一方案最为常用。但该方案也存在一定的限制，既要求载热体流量可随时调节，又要求载热体流量的变化对工艺介质出口温度的变化具有一定的灵敏度。有时，当载热体流量较大时，载热体的进出口温差很小，控制系统进入饱和区，此时，载热体流量的改变对工艺介质出口温度的影响就很小，难以达到自动控制的目的。

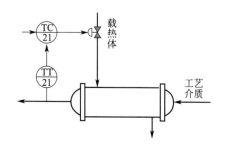 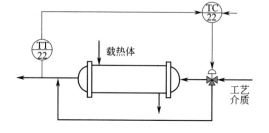

图 10-4　调节载热体流量的方案　　　　　　图 10-5　将工艺介质部分旁路的方案

　　针对上述情况，可采用的另一类控制方案如图 10-5 所示。该方案将一部分工艺介质经换热，另一部分走旁路。该方案实际上是一个混合过程，所以反应迅速及时，但载热体流量一直处于高负荷下，这在采用专门的热剂或冷剂时是不经济的。然而，对于某些热量回收系统，载热体是某种工艺介质，总流量本来不好调节，这时便不成为缺点了。事实上，将工艺介质部分旁路的控制方案广泛应用于过程工业能量回收系统，但具体应用时也应注意确保三通阀处于正常可调范围内，以避免被控变量的失控。

　　图 10-6 给出了某一复合控制方案，其主回路为工艺介质出口温度控制系统，操纵变量为部分旁路三通阀；为避免三通阀的开度过大或过小，专门设置了一个阀位控制器，通过适当改变载热体的流量以影响工艺介质出口温度，最终使三通阀保持在合适的可调范围内。与图 10-4 和图 10-5 相比，该方案具有更大的可调范围。

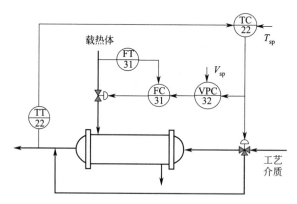

图 10-6　换热器出口温度的阀位控制方案

10.2.2　蒸汽加热器的控制

　　蒸汽加热器的载热体为蒸汽，通过蒸汽冷凝释放热量来加热工艺介质。大部分蒸汽加热器的控制方案如图 10-7 所示，它通过调节加热蒸汽流量来控制工艺介质的出口温度。该方案控制灵敏，但要求冷凝液排出畅通以确保在加热器内的冷凝液量可忽略不计。

　　在某些场合，当被加热工艺介质的出口温度较低，采用低压蒸汽作载热体，传热面积裕量又较大时，往往以冷凝液流量作为操纵变量，通过调节蒸汽气相传热面积，以保持出口温度恒定，具体控制方案如图 10-8 所示。

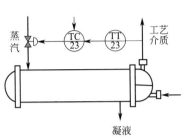

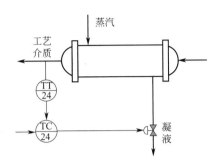

图 10-7　调节蒸汽流量的方案　　　　　　图 10-8　调节冷凝液排放的方案

大多数情况下，当工艺介质较稳定且蒸汽源压力变化不大时，采用单回路控制就能满足要求；实际使用中，可根据传热设备滞后较大的特点，控制器中引入微分作用以改善调节品质。否则，当工艺介质出口流量波动较大或蒸汽源压力变化频繁时，若单回路控制方案无法满足工艺要求，则可以从方案着手，引入串级、前馈等复杂控制系统。当蒸汽阀前压力波动较大时，可采用工艺介质出口温度与蒸汽流量或蒸汽压力组成的串级控制系统，如图 10-9 所示。值得注意的是，若采用蒸汽压力与出口温度的串级控制方案，蒸汽压力传感变送器须安装调节阀后。只有这样，调节阀开度的变化才能迅速有效地影响蒸汽压力控制回路。

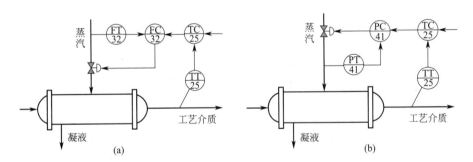

图 10-9　换热器出口温度的串级控制方案

而当主要干扰是生产负荷变化时，引入前馈信号组成前馈-反馈控制系统是一种行之有效的方案，可获得更好的控制品质。图 10-10 以变比值串级控制方式引入了工艺介质流量的前馈信息，一方面前馈作用可大大减少生产负荷变化对出口温度控制质量的影响，另一方面可克服控制通道增益随负荷变化所造成的非线性，从而更好地满足工艺生产的要求。

10.2.3　冷凝冷却器的控制

冷凝冷却器的载热体即冷剂，过程工业中常采用液氨等制冷剂，利用它们在冷凝冷却器内的蒸发吸收工艺物料的热量，以达到控制工艺物料的温度之目的。基本控制方案包括两类：一类以冷剂流量为操纵变量，另一类则通过控制制冷剂气相流量来实现。

冷凝冷却器调节冷剂液相流量的控制方案如图 10-11 所示，其控制机理是通过调节传热面积来改变传热量，以达到控制工艺介质出口温度的目的。该方案调节平稳，冷量利用充分，且对后续液氨压缩机的入口压力无影响；但该方案蒸发空间不能得到保证，易引起气氨带液，损坏压缩机。为此，可采用图 10-12 所示的工艺介质出口温度与液位串级控制系统，或图 10-13 所示的选择性控制系统。

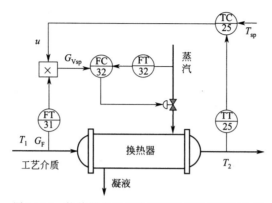

图 10-10　换热器出口温度的变比值串级控制方案

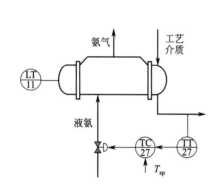

图 10-11　调节冷剂液相流量的控制方案

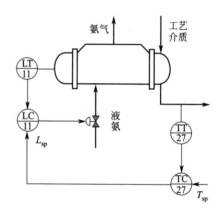

图 10-12　冷凝冷却器的温度液位串级控制

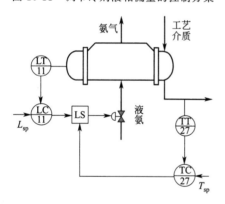

图 10-13　冷凝冷却器的温度液位选择控制

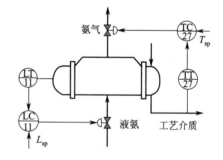

图 10-14　调节冷剂气相排放的控制方案

　　冷凝冷却器调节冷剂气相排出量的控制方案如图 10-14 所示，其控制机理是通过调节平均温差来改变传热量，以达到控制工艺介质出口温度的目的。该方案控制灵敏，但制冷系统必须允许压缩机入口压力的波动，另外冷量的利用不充分。为确保系统的正常运行，还需设置一个液位控制系统。

10.3　加热炉的控制

　　在炼油化工生产中常见的加热炉是管式加热炉，其型式可分为箱式、立式和圆筒炉三大类。对于加热炉，工艺介质受热升温或同时进行汽化，其温度的高低会直接影响后一工序的操作工况和产品质量。当炉子温度过高时，会使物料在加热炉内分解，甚至造成结焦而烧坏炉管。加热炉的平稳操作可以延长炉管使用寿命。因此，加热炉出口温度必须严加控制。

加热炉是传热设备的一种，同样具有热量传递过程。热量通过金属管壁传给工艺介质，因此它们同样符合导热与对流传热的基本规律。但加热炉属于火力加热设备，首先由燃料的燃烧产生炽热的火焰和高温的气流，主要通过辐射传热将热量传给管壁，然后由管壁传给工艺介质，工艺介质在辐射室获得的热量约占总热负荷的 70%~80%，而在对流段获得的热量约占热负荷的 20%~30%。因此加热炉的传热过程比较复杂，想从理论上获得对象特性是很困难的。

加热炉的对象特性一般基于定性分析和实验测试获得。从定性角度出发，可以看出其传热过程为：炉膛炽热火焰辐射给炉管，经热传导、对流传热给工艺介质。所以与一般传热对象一样，具有较大的时间常数和纯滞后时间。特别是炉膛，它具有较大的热容量，故滞后更为显著，因此加热炉属于一种多容量的调节对象。根据若干实验测试，并作了一些简化后，可以用一阶环节加纯滞后来近似，其时间常数和纯滞后时间与炉膛容量大小及工艺介质停留时间有关。炉膛容量大，停留时间长，则时间常数和纯滞后时间大，反之亦然。

10.3.1 加热炉的单回路控制方案

（1）干扰分析

加热炉的最主要控制指标往往是工艺介质的出口温度，此温度为控制系统的受控变量，而操纵变量为燃料油或燃料气的流量。对于不少加热炉来说，温度控制指标要求相当严格，例如允许波动范围±(1~2)℃。影响炉出口温度的干扰因素包括：工艺介质方面有进料流量、温度、组分，燃料方面有燃料油（或气）的压力、成分（或热值）以及燃料油的雾化情况、空气过量情况、喷嘴的阻力、烟囱抽力等。在这些干扰因素中有的是可控的，有的是不可控的。为了保证炉出口稳定，对干扰应采取必要的措施。

（2）单回路控制系统的分析

图 10-15 为某一燃油加热炉控制系统示意图，其主要控制系统是以炉出口温度为受控变量、燃料油流量为操纵变量组成的单回路控制系统。其他辅助控制系统如下。

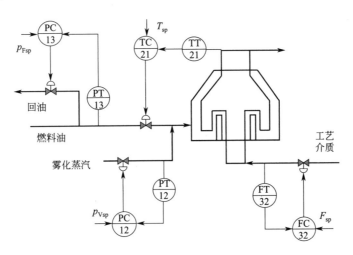

图 10-15 某一燃油加热炉的单回路控制系统

① 进入加热炉工艺介质的流量控制系统，如图中 FC32 控制系统；

② 燃料油总压控制，总压控制一般调回油量，如图中 PC13 控制系统；

③ 采用燃料油时，还需加入雾化蒸汽，为此设有雾化蒸汽压力控制系统。如图中 PC12 控制系统，以保证燃料油的良好雾化。

采用雾化蒸汽压力控制系统后，在燃油压力变化不大的情况下是可以满足雾化要求的，目前炼厂中大多数采用这种方案。假如燃料油压变化较大时，单采用雾化蒸汽压力控制就不能保证燃料油得到良好的雾化，可以采用如下控制方案：①根据燃料油阀后压力与雾化蒸汽压力之差来调节雾化蒸汽，即采用压差控制，如图 10-16 所示；②采用燃料油阀后压力与雾化蒸汽压力比值控制，如图 10-17 所示。

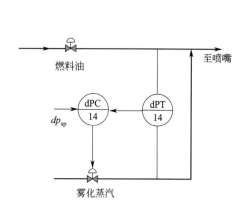

图 10-16 　燃料油与雾化蒸汽压差控制　　　　图 10-17 　燃料油与雾化蒸汽压力比值控制

采用上述两种方案时，只能保持近似的流量比，还应注意经常保持喷嘴、管道、节流件等通道的畅通，以免喷嘴堵塞及管道局部阻力发生变化，引起控制系统的误动作。此外，也可采用二者流量的比值控制，虽能克服上述缺点，但所用仪表多且重油流量测量困难。

采用单回路控制系统往往很难满足工艺要求，因为加热炉需要将工艺介质（物料）从几十度升温到数百度，其热负荷很大。当燃料油（或气）的压力或热值（组分）有波动时，就会引起炉出口温度的显著变化。采用单回路控制时，当加热量改变后，由于传递滞后和测量滞后较大，控制作用不及时，而使炉出口温度波动较大，满足不了工艺生产要求。因此单回路控制系统仅适用于下列情况。

① 对炉出口温度要求不十分严格。

② 外来干扰缓慢而较小，且不频繁。

③ 炉膛容量较小，即滞后不大。

10.3.2 　加热炉的串级控制方案

为了改善控制品质，满足生产的需要，石油化工和炼油厂中的加热炉大多采用串级控制系统。加热炉的串级控制方案，由于干扰因素以及炉子型式不同，可以选择不同的副参数，主要有以下几种。

① 炉出口温度对炉膛温度的串级控制。

② 炉出口温度对燃料油（或气）流量的串级控制。

③ 炉出口温度对燃料油（或气）阀后压力的串级控制。

④ 采用压力平衡式控制阀（浮动阀）的控制。

（1）炉出口温度对炉膛温度的串级控制

该控制方案如图 10-18 所示。当受到干扰因素例如燃料油（或气）的压力、热值、烟囱抽力等作用后，首先将反映炉膛温度的变化，以后再影响到炉出口温度，而前者滞后远小于后者。根据某厂测试，前者仅为 3min，而后者长达 15min。采用炉出口温度对炉膛温度串级后，就把原来滞后的对象一分为二，副回路起超前作用，能使这些干扰因素一影响到炉膛温度时，就迅速采取控制手段，这将显著改善控制质量。

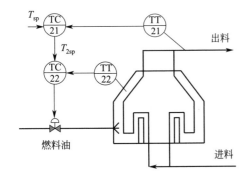
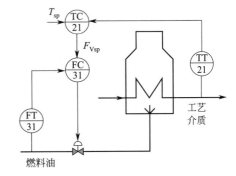

图 10-18　炉出口温度与炉膛温度的串级控制　　　图 10-19　炉出口温度与燃料油流量的串级控制

这种串级控制方案对下述情况更为有效。

① 热负荷较大，而热强度较小。即不允许炉膛温度有较大波动，以免影响设备。

② 当主要干扰是燃料油或气的热值变化（即组分变化）时，其他串级控制方案的内环无法感受。

③ 在同一个炉膛内有两组炉管，同时加热两种物料。此时虽然仅控制一组温度，但另一组亦较平稳。

由于把炉膛温度作为副参数，因此采用这种方案时还应注意下述几个方面。

① 应选择有代表性的炉膛温度检测点，而且要反应快。但选择较困难，特别对圆筒炉。

② 为了保护设备，炉膛温度不应有较大波动，所以在参数整定时，对于副控制器不应整定得过于灵敏，且不加微分作用。

③ 由于炉膛温度较高，测温元件及其保护套管材料必须耐高温。

（2）炉出口温度对燃料油（或气）流量的串级控制

一般情况下虽然对燃料油压力进行了控制，但在操作过程中，如发现燃料流量的波动成为外来主要干扰因素时，则可以考虑采用炉出口温度对燃料油（或气）流量的串级控制，如图 10-19 所示。这种方案的优点是当燃料油流量发生变化后，还未影响到炉出口温度之前，其内环即先进行调节，以减小甚至消除燃料油（或气）流量的干扰，从而改善了控制质量。

在某些特殊情况下，可组成炉出口温度、炉膛温度、燃料油流量的三个参数的串级控制系统，如图 10-20 所示。但该方案使用仪表多，且整定困难。

（3）炉出口温度对燃料油（或气）阀后压力的串级控制

若加热炉所需燃料油量较少或其输送管道较小时，其流量测量较困难，特别是当采用黏度较大的重质燃料油时更难测量。一般来说，压力测量较流量方便，因此可以采用炉出口温度对燃料油（或气）阀后压力的串级控制，如图 10-21 所示。

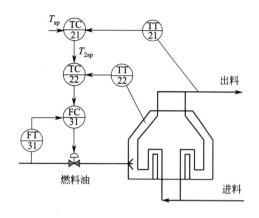

图 10-20 炉出口温度与炉膛温度
及燃料油流量的串级控制

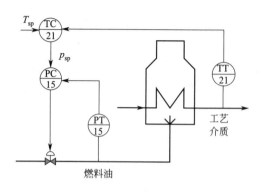

图 10-21 炉出口温度与燃料油阀后压力
的串级控制

该方案应用较广。采用该方案时，需要注意的是，如果燃料喷嘴部分堵塞，也会使阀后压力升高，此时副控制器的动作使阀门关小，这是不适宜的。因此，在运行时必须防止这种现象发生。特别是采用重质燃料油或燃料气中夹带着液体时更要注意。

（4）采用压力平衡式控制阀（浮动阀）的控制

当燃料是气态时，采用压力平衡式控制阀（浮动阀）的方案颇有特色，如图 10-22 所示。这里用浮动阀代替了一般控制阀，节省了压力变送器，且浮动阀本身兼起压力控制器功能，实现了串级控制。

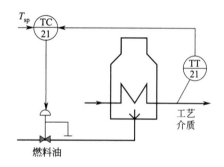

图 10-22 采用浮动阀的控制方案

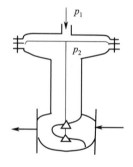

图 10-23 浮动阀内部结构示意图

浮动阀是如何起压力控制器作用呢？因为这种阀膜片上部来自温度控制器的输出压力 p_1，而膜片下部接入燃料气阀后压力 p_2，只有当 $p_1 = p_2$ 时，阀杆才不动，处于平衡状态。当由于温度变化而使控制器输出压力改变为 p_3 时，此时 $p_2 \neq p_3$，则阀杆动作，改变阀门开度，最终使 $p_2 = p_3$，重新达到平衡。而当燃料气气源压力变化导致燃料气流量改变时，可使燃料气阀后压力 p_2 改变，此时阀杆动作，改变阀门开度，最终使阀后压力回到平衡状态。

浮动阀内部结构如图 10-23 所示。它不用弹簧、不用填料，所以没有摩擦，没有机械的间隙，故工作灵敏度高，反应迅速，它与精度较高的温度控制器配套组成的控制回路，实际上起串级控制作用，能获得较好的控制效果。

采用这种方案时，被调燃料气阀后压力一般应在 0.04～0.08MPa 之间。若被调燃料气阀后压力大于 0.08MPa 时，为了满足平衡的要求，则需在温度控制器的输出端串接一个倍数继动器。这个控制方案由于下述原因而受到一定限制。

　　① 由于倍数继动器的限制，一般情况下适用于 0.04～0.4MPa 的气体燃料。

　　② 一般的膜片不适用于液体燃料及温度较高的气体燃料。

　　③ 当膜片上下压差较大时，膜片容易损坏。

　　下面举例说明加热炉控制系统的应用。

　　在炼油厂催化裂化装置中，为了保证催化裂化反应的进行，需将原料油加热至 400℃，送至反应器，在催化剂作用下，使油品裂化生成汽油和气体。工业上常采用圆筒炉将原料油加热至 400℃，其控制系统如图 10-24 所示。

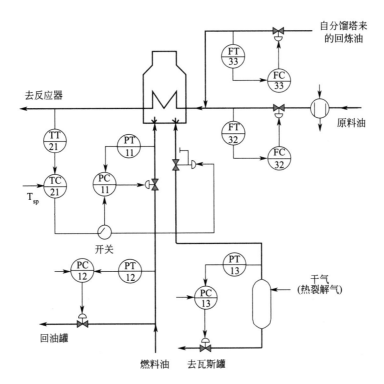

图 10-24　催化裂化装置加热炉炉温度控制系统

　　刚开工生产时，该装置没有产生燃料油，因而采用热裂化来的干气作燃料。这里，采用浮动阀，由炉出口温度控制器输出直接去控制浮动阀。当生产正常时，本装置自产重质燃料油，此时，炉出口温度与燃料油阀后压力组成串级控制，保证炉出口温度满足工艺要求（在这里温度控制器输出加入了一个转换开关，以选择燃油还是燃气）。其余干扰因素采用单参数控制系统予以克服。

10.4　锅炉设备的控制

　　锅炉是化工、炼油、发电等工业生产过程中必不可少的重要动力设备。它所产生的高压蒸汽，既可作为驱动发电机的动力源，又可作为蒸馏、化学反应、干燥和蒸发等过程的热源。随着工业生产规模的不断扩大，生产设备的不断革新，作为全厂动力和热源的锅炉，亦向着大容量、高效率发展。为了确保安全，稳定生产，锅炉设备的控制系统就显得愈加重要。

由于锅炉的燃料种类、燃烧设备、炉体型式、锅炉功能和运行要求的不同，锅炉有各种各样的流程。按燃料种类分，在各个工业部门中，应用最多的有燃油锅炉、燃气锅炉和燃煤锅炉。在石油化工、炼油的生产过程中，往往产生各种不同的残油、残渣、释放气及炼厂气。为充分利用这些燃料，所以有油、气混合燃烧锅炉和油、气、煤混合燃烧锅炉。在化工、造纸、制糖等工艺过程中，还会产生各种可燃的废料，可利用这些"燃料"产生的热量或在生产过程中化学反应所生成的热量，来生产各个部门所需的蒸汽，因此又形成了废热锅炉。所有这些锅炉，燃料种类各不相同，但蒸汽发生系统和蒸汽处理系统是基本相间的，常见的锅炉设备的主要工艺流程如图 10-25 所示。

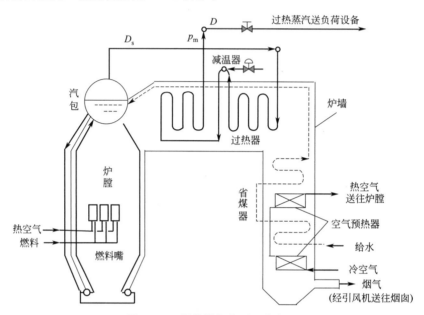

图 10-25　锅炉设备主要工艺流程

由图可知，燃料和热空气按一定比例送入燃烧室燃烧，生成的热量传递给蒸汽发生系统，产生饱和蒸汽 D_s；然后经过热器，形成一定汽温的过热蒸汽 D，汇集至蒸汽母管。压力为 p_m 的过热蒸汽，输送给后续的负荷设备。与此同时，燃烧过程中产生的烟气，除将饱和蒸汽变成过热蒸汽外，还经省煤器预热锅炉给水和空气预热器预热空气，最后经引风机送往烟囱，排入大气。

锅炉设备的控制任务是根据生产负荷的需要，提供一定压力或温度的蒸汽，同时要使锅炉在安全、经济的条件下运行。为此，生产过程的各个主要工艺参数必须严格控制。锅炉设备是一个复杂的控制对象，主要输入变量为负荷（即蒸汽需求量）、锅炉给水、燃料量、减温水、送风和引风等；主要输出变量为汽包水位、蒸汽压力、过热蒸汽温度、炉膛负压、过剩空气（烟气含氧量）等。锅炉设备输入输出关系如图 10-26 所示。

这些输入变量与输出变量之间存在着严重的相互关联。如果蒸汽负荷发生变化，必将会引起

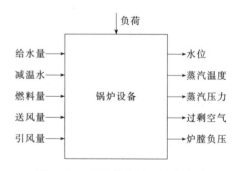

图 10-26　锅炉设备输入输出关系

汽包水位、蒸汽压力和过热蒸汽温度等输出变量的变化。燃料量的变化不仅影响蒸汽压力，

同时还会影响汽包水位、过热蒸汽温度、过剩空气和炉膛负压；给水量的变化不仅影响汽包水位，而且对蒸汽压力、过热蒸汽温度等亦有影响；减温水的变化会导致过热蒸汽温度、蒸汽压力、汽包水位等的变化。所以说，锅炉设备是一个多输入、多输出且相互关联的控制对象。目前工程处理上作了一些假设后，将锅炉设备的控制问题划分为若干个控制系统，具体描述如下。

① 锅炉汽包水位的控制。被控变量为汽包水位，操纵变量为给水流量。其主要任务是考虑汽包内部的物料平衡，使给水量适应锅炉的蒸发量，维持汽包中水位在工艺允许的范围内。这是保证锅炉、汽轮机安全运行的必要条件之一，是锅炉正常运行的重要指标。

② 锅炉燃烧系统的控制。其控制目的是使燃料燃烧所产生的热量能适应蒸汽负荷的需要（常以蒸汽压力为被控变量）；使燃料与空气量之间保持一定的比值，以保证最经济燃烧（常以烟气成分为受控变量），提高锅炉的燃烧效率；使引风量与送风量相适应，以保持炉膛负压在一定的范围内。为达到上述三个控制目的，操纵变量也有三个，即燃料量、送风量和引风量。

③ 过热蒸汽系统的控制。被控变量一般是过热器出口温度，操纵变量是减温器的喷水量。其控制任务是维持过热器出口温度在允许范围内，并保证管壁温度不超过工艺允许范围。

10.4.1 汽包水位的控制

汽包水位是锅炉运行的主要指标。如果水位过低，则由于汽包内的水量较少，而负荷却很大，水的汽化速度又快，因而汽包内的水量变化速度很快，如不及时控制，就会使汽包内的水全部汽化，导致锅炉烧坏和爆炸；水位过高会影响汽包的汽水分离，产生蒸汽带液现象，会使过热器管壁结垢，使过热蒸汽温度因传热阻力增大而急剧下降。如以该过热蒸汽作为汽轮机动力的话，蒸汽带液还会损坏汽轮机叶片，影响运行的安全与经济性。由于汽包水位过高、过低的后果都很严重，所以必须严格加以控制。

（1）汽包水位的动态特性

汽包水位对象如图 10-27 所示，给水阀用于控制给水量 W，是该对象的操纵变量；蒸汽消耗量 D 由后续用汽装置决定，是该对象的主要干扰。汽包与循环管构成了水循环系统。

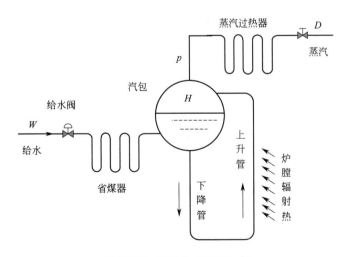

图 10-27 锅炉给水被控对象

初看起来，汽包水位对象似乎是一个典型的非自衡单容水槽，但实际情况要复杂得多。其中最突出的一点是水循环系统中充满了夹带着大量蒸汽汽泡的水，而蒸汽汽泡的总体积会随着汽包压力和炉膛热负荷的变化而改变。如果某种原因导致蒸汽汽泡的总体积改变，即使水循环系统中的总水量没有变化，汽包水位也会随之改变。

下面分别讨论蒸汽负荷（蒸汽流量）与给水量对水位的动态特性。这里，为讨论方便，假设汽包内汽液两相充分分离，汽包液相与下降管内无汽泡，汽泡仅存在于上升管内；而水位测量信号与汽包液相水位成线性关系。

① 蒸汽负荷（蒸汽流量）对水位的影响，即干扰通道的动态特性。在燃料量不变的情况下，蒸汽用量突然增加，短时间内必然导致汽包压力下降，循环管内水的沸腾突然加剧，汽泡总体积迅速增加，即使水循环系统中的总水量没有变化，汽包内的水量也将增大而导致汽包水位抬高，形成虚假的水位上升现象，即所谓"假水位"现象。

在蒸汽流量干扰下，水位变化的阶跃响应如图 10-28 所示。当蒸汽流量突然增加时，一方面由于汽包内物料平衡的改变，使水循环系统中的总水量下降而导致汽包水位的下降，图 10-28 中 H_1 表示了不考虑水面下汽泡容积变化时的水位变化。另一方面，即使水循环系统中的总水量没有变化，由于假水位现象，导致汽包内水位抬高，图 10-28 中 H_2 表示了只考虑水面下汽泡容积变化所引起水位变化。而实际水位的变化 H，可看成是 H_1 与 H_2 的叠加，即

$$H = H_1 + H_2$$

用传递函数来描述可以表示为

$$\frac{H(s)}{D(s)} = \frac{H_1(s)}{D(s)} + \frac{H_2(s)}{D(s)} = -\frac{K_1}{s} + \frac{K_2}{T_2 s + 1} \tag{10-24}$$

式中，K_1 为在蒸汽流量的作用下，阶跃响应曲线的飞升速度；K_2，T_2 分别为只考虑水面下汽泡容积变化所引起的水位变化 H_2 的放大倍数和时间常数。

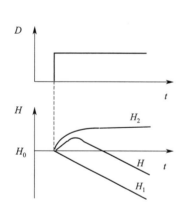
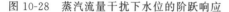
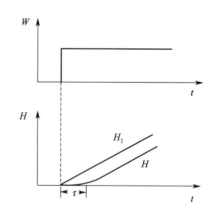

图 10-28　蒸汽流量干扰下水位的阶跃响应　　图 10-29　给水流量作用下水位的阶跃响应

假水位变化的大小与锅炉的工作压力和蒸发量等有关，例如一般 $100 \sim 300 t/h$ 的中高压锅炉，当负荷突然变化 10% 时，假水位可达 $30 \sim 40mm$。对于这种假水位现象，在设计控制方案时必须注意。

② 给水流量对水位的影响，即控制通道的动态特性。在给水流量作用下，水位阶跃响应如图 10-29 所示。把汽包和给水看作单容无自衡对象，水位响应曲线如图中 H_1 线。但由于给水温度比汽包内饱和水的温度低，所以以给水量变化后，使循环管内的汽泡总体积减小，

导致水位下降。因此实际水位响应曲线如图中 H 线，即当突然加大给水量后，汽包水位一开始不立即增加，而要呈现出一段起始惯性段。用传递函数来描述时，它相当于一个积分环节和一个纯滞后环节的串联，可表示为

$$\frac{H(s)}{W(s)} = \frac{K_0}{s} e^{-\tau s} \tag{10-25}$$

式中，τ 为纯滞后时间；K_0 为给水流量作用下，阶跃响应曲线的飞升速度。

给水温度越低，纯滞后时间 τ 亦越大。一般 τ 约在 $15 \sim 100\text{s}$ 之间。如采用省煤器，则由于省煤器本身的延迟，会使 τ 增加到 $100 \sim 200\text{s}$ 之间。

（2）单冲量控制系统

汽包水位的控制手段是控制给水，基于这一原理，可构成如图 10-30 所示的单冲量控制系统。这里的单冲量是指控制器仅有一个测量信号，即汽包水位。该控制系统为典型的单回路控制系统。当蒸汽负荷突然大幅度增加时，由于假水位现象，开始时控制器不但不能开大给水阀增加给水量，以维持锅炉的物料平衡，而是关小控制阀的开度，减少给水量；等到假水位消失后，由于蒸汽量增加，送水量反而减少，将使水位严重下降，波动很厉害，严重时甚至会使汽包水位降到危险程度以致发生事故。因此对于停留时间短、负荷变动较大的情况，这样的系统不能适应，水位不能保证。然而对于小型锅炉，由于汽包停留时间较长，在蒸汽负荷变化时，假水位的现象并不显著，配上一些联锁报警装置，也可以保证安全操作，故采用这种单冲量控制系统尚能满足生产的要求。

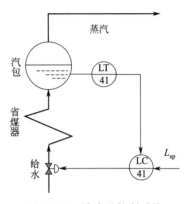

图 10-30 单冲量控制系统

（3）双冲量控制系统

在汽包水位的控制中，最主要的干扰是蒸汽负荷的变化。如果根据蒸汽流量来纠正虚假液位所引起的误动作，可使控制阀的动作十分及时，从而减少水位的波动，改善控制品质。将蒸汽流量信号引入就构成了双冲量控制系统，图 10-31 为典型的双冲量控制系统的原理图与方框图。这是一个前馈（蒸汽流量）加单回路反馈控制的复合控制系统。

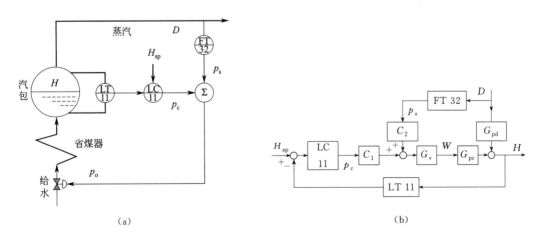

(a)   (b)

图 10-31 双冲量控制系统的原理图与方框图

这里的前馈系统仅为静态前馈，若需要考虑两条通道在动态上的差异，需加入动态补偿环节。图 10-31 所示的原理图中，加法器的输出是

$$p_o = C_1 p_c + C_2 p_s + C_0 \qquad (10\text{-}26)$$

式中，p_c 为液位控制器 LC 11 的输出；p_s 为蒸汽流量变送器 FT 32（一般经开方器）的输出；C_0 为初始偏置值；C_1,C_2 为加法器的系数。

现在分析这些系数的设置。C_2 取正号还是负号，取决于控制阀的气开气关形式。而控制阀的气开与气关的选用，需从生产安全角度考虑。如果高压蒸汽主要用于供给蒸汽透平发电机等设备，则为保护这些设备宜选用气开阀；如果蒸汽主要用于加热或作为工艺物料用时，为保护锅炉宜选用气关阀。考虑到蒸汽流量加大时，给水流量亦应加大，如果采用气关阀，p_0 应减少，即 C_2 应取负号；如果采用气开阀，p_0 应增加，即 C_2 应取正号。

C_2 的数值应考虑达到稳态补偿。如果在现场凑试，那么应在只有蒸汽负荷干扰的条件下，调整到水位基本不变。如果有阀门特性数据，则可事先进行计算。设阀门的工作特性是线性的，它的放大倍数是

$$K_v = \frac{\Delta Q_w}{\Delta p_0} \qquad (10\text{-}27)$$

式中，ΔQ_w 为给水流量变化量，t/h；Δp_0 为阀门输入信号变化量，%。

而在测量方面，假设采用开方器，则

$$\Delta p_s = \frac{\Delta Q_s}{Q_{smax}}(Z_{max} - Z_{min}) \qquad (10\text{-}28)$$

式中，ΔQ_s 为蒸汽流量变化量，t/h；Q_{smax} 为蒸汽流量变送器量程上限（假设下限为零），t/h；$Z_{max} - Z_{min}$ 为变送器输出的变化范围，%。

要达到稳态补偿，应维持物料平衡，做到

$$\Delta Q_w = a \Delta Q_s \qquad (10\text{-}29)$$

式中，a 是一个系数，如果 Q_w 和 Q_s 采用体积流量，a 显然不等于 1，即使用质量流量，由于排污要放出一部分水，进水量也应稍大于送出蒸汽量。

通过加法器的作用，在蒸汽负荷变化时，改变的给水量是

$$\Delta Q_w = K_v \Delta p_0 = K_v C_2 \Delta p_s \qquad (10\text{-}30)$$

将式(10-30)、式(10-28) 代入式(10-29) 后，整理得

$$C_2 = \frac{a Q_{smax}}{K_v(Z_{max} - Z_{min})} \qquad (10\text{-}31)$$

C_1 的设置比较简单，可取 1，也可小于 1，不难看出 C_1 与控制器 LC 11 增益的乘积相当于单回路控制系统中控制器增益 K_c 的作用。

C_0 是个恒值，设置 C_0 的目的是在正常负荷下，使控制器和加法器的输出都能有一个比较适中的数值，最好在正常负荷下 C_0 值与 $C_2 p_s$ 项正好抵消。

（4）三冲量控制系统

双冲量控制系统仍存在两个弱点：控制阀的工作特性不一定为线性，要做到静态补偿比较困难；对于给水系统的干扰仍不能很好克服。为此，可再引入给水流量信号，构成三冲量控制系统，如图 10-32 所示。可以看出，这是前馈与串级控制组成的复合控制系统。

图 10-33 与图 10-34 分别为三冲量控制系统的连接图和方框图。系数 C_1 通常可取 1 或

稍小于 1 的数值。C_2 值计算相当简单，按物料平衡要求，有

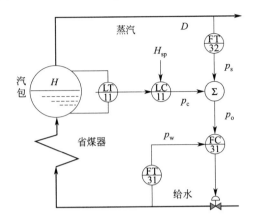

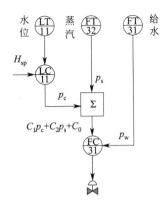

图 10-32 三冲量控制系统   图 10-33 三冲量控制系统的连接图

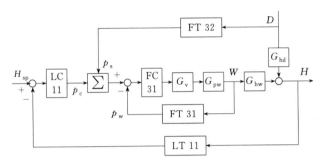

图 10-34 三冲量控制系统的方框图

$$\Delta Q_w = a \Delta Q_s \tag{10-32}$$

当变送器采用开方器时

$$\Delta p_s = \frac{\Delta Q_s}{Q_{smax}}(Z_{max} - Z_{min}) \tag{10-33}$$

而前馈作用引起的给水变化为

$$\Delta Q_w = \frac{C_2 \Delta p_s}{Z_{max} - Z_{min}} Q_{wmax} \tag{10-34}$$

整理后可得到

$$C_2 = a \frac{Q_{smax}}{Q_{wmax}} \tag{10-35}$$

式中，Q_{smax}，Q_{wmax} 分别为蒸汽与给水质量流量计的变送器量程上限（假设两流量计量程下限均为 0）。

至于 C_0 的设置与双冲量控制系统相同。水位控制器和流量控制器的参数整定方法与一般串级控制系统相同。在有些装置中，采用了比较简单的三冲量控制系统，只用一台加法器，加法器可接在水位控制器之前，也可接在控制器之后，具体如图 10-35 所示。

这些简化的三双量控制系统，能节省一台控制器，但性能均不如图 10-33 所示的控制方案，参数整定也较复杂。特别是采用计算机控制的场合，这些简化方案并不具有任何优势，一般不作推荐。

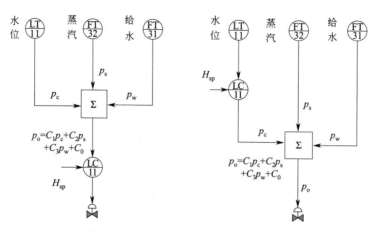

图 10-35　三冲量控制系统的简化连接法

10.4.2　燃烧系统的控制

锅炉燃烧过程的自动控制系统与燃料种类、燃烧设备以及锅炉型式等有密切关系。这里主要讨论燃油锅炉的燃烧过程控制系统。

燃烧过程控制任务很多，基本任务包括以下方面。

① 使锅炉出口蒸汽压力稳定，当蒸汽负荷变化时，通过调节燃料量使之稳定。

② 应保持燃料燃烧良好，供风适宜。既要防止因空气不足使烟囱冒黑烟，也不要因空气过量而增加热量损失。当增加燃料时，空气量应先加大；在减少燃料时，空气量也要相应减少。总之，燃料量与空气量应保持一定比值，或者烟道气氧含量应保持一定的数值。

③ 应使排烟量与空气量相配合，以保持炉膛负压不变。如果负压太小，甚至为正，则炉膛内热烟气往外冒出，影响设备和工作人员的安全；如果负压过大，会使大量冷空气漏进炉内，从而使热量损失增加，降低燃烧效率。一般炉膛负压应该维持在 $-20Pa$（约 $-2mmH_2O$）左右。另外，还需防止烧嘴背压（对于气相燃料）太高时的脱火与烧嘴背压太低时的回火。

（1）蒸汽压力控制和燃料与空气比值控制

蒸汽压力对象的主要干扰来自于燃料量的波动与蒸汽负荷的变化。当燃料流量及蒸汽负荷变动较小时，可以采用蒸汽压力来调节燃料量的单回路控制系统；当燃料流量波动较大时，可以采用蒸汽压力对燃料流量的串级控制系统。

燃料流量是随蒸汽负荷而变化的，所以作为主流量，燃料流量与空气组成双闭环比值控制系统，可使燃料与空气保持一定比例，获得良好燃烧。燃烧过程的基本控制方案如图 10-36 所示，它能够满足稳态条件下的空燃比控制，但无法确保动态调节过程中空气量的适量富裕，以使燃料完全燃烧。为此，工艺过程要求提负荷时应先提空气量，后提燃料量；而降负荷时应先降燃料量，后降空气量。

结合上述要求，可采用如图 10-37 所示的双交叉比值控制方案。它在基本控制方案的基础上，通过增加两个选择器，既保证了稳态条件下的空燃比控制要求，又具有逻辑提降量功能。图 10-37 中，LS 为低选器，取两输入中较小的一个作为输出；HS 为高选器，取两输入中较大的一个作为输出。在稳态时，各个信号达到平衡状态，即：$I_p = I_4 = I_5 = I_1 = I_2$，而 $I_2 = K \times I_3$（这里假设各信号的单位均为"%"）。如此时因蒸汽用量增大，使蒸汽压力下降。为使压力恢复至设定值，压力控制器输出 I_p 增大。由于此时燃料量与空气量尚未改变（即 $I_1 = I_2$），高选择器 HS 的输出 I_5 即为 I_p，由此启动空气流量控制器 FC 34 的提量过程，实际空气量逐步提高；相应地，低选择器 LS 的输出 I_4 跟踪与实际空气量成正比的信号 I_2，通过燃料量控制器 FC 33，逐步提高燃料量，最终使燃料量与空气量都得到提高，并使蒸汽压力回复至设定值。同样，读者可自行分析逻辑降量过程。

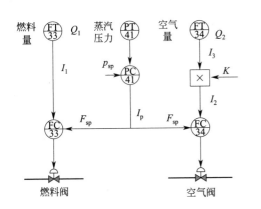

图 10-36　燃烧过程的基本控制方案

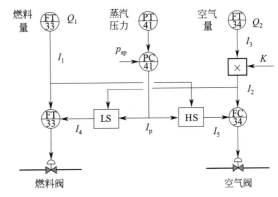

图 10-37　锅炉燃烧过程的双交叉控制方案

（2）燃烧过程的烟气氧含量控制

图 10-37 所示的双交叉控制方案，虽然也考虑了燃料与空气流量的比值控制，但它并不能在整个生产过程中始终保证最经济燃烧（即两流量的最优比值）。原因包括：①在不同的负荷下，两流量的最优比值是不同的；②燃料的成分（如含水分、灰分的量）有可能会变化；③流量测量的不准确。这些原因都会不同程度地影响到燃料的不完全燃烧或空气的过量，造成炉子的热效率下降，这就是燃料流量和空气流量定比值控制系统的缺点。为了改善这一情况，最好有一个指标来闭环修正两流量的比值，目前，最常用的是烟气氧含量。

锅炉的热效率（经济燃烧）主要反映在烟气成分（特别是氧含量）和烟气温度两个方面。烟气中各种成分，如 O_2，CO_2，CO 和未燃烧烃的含量，基本上可以反映燃料燃烧的情况，最简便的方法是用烟气氧含量 O_2 来表示。根据燃烧反应方程式，可计算出使燃料完全燃烧时所需的氧量，从而可得所需的空气量，称为理论空气量 Q_T。但是，实际上完全燃烧所需的空气量 Q_P，要超过理论计算的量，即要有一定的过剩空气量。由于烟气的热损失占锅炉热损失的绝大部分，当过剩空气量增多时，一方面使炉膛温度降低；另一方面使烟气热损失增加。因此，过剩空气量对不同的燃料都有一个最优值，以满足最经济燃烧要求，对于液体燃料最优过剩空气量约为 8%～15%。

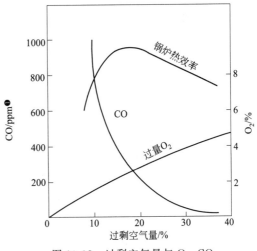

图 10-38　过剩空气量与 O_2、CO 及锅炉效率的关系

---

❶ 1ppm = 10^{-6}。

过剩空气量常用过剩空气系数 a 来表示，即实际空气量 Q_P 和理论空气量 Q_T 之比

$$a = Q_P/Q_T \qquad\qquad (10\text{-}36)$$

因此，a 是衡量经济燃烧的一种指标。a 很难直接测量，但与烟气中氧含量有直接关系，可近似表示为

$$a = \frac{21}{21-O_2} \qquad\qquad (10\text{-}37)$$

这样，可按图 10-38 找出最优的 O_2。对于液体燃料，O_2 的最优值约为 $2\%\sim4\%$。

为提高锅炉燃烧系统的热效率，可采用如图 10-39 所示的烟气氧含量闭环控制方案。在这个方案中，氧含量作为被控变量，通过氧含量控制器来调整空燃比的系数 K，力求使 O_2 控制在最优设定值，从而使对应的过剩空气系数 a 稳定在最优值，以实现最经济燃烧。

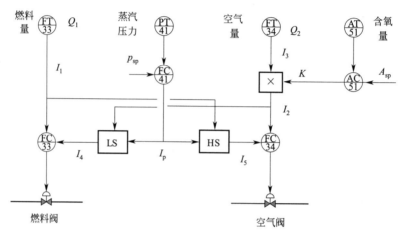

图 10-39　烟气氧含量的闭环控制方案

（3）炉膛负压控制与有关安全保护系统

一个典型的锅炉燃烧过程炉膛负压与有关安全保护控制系统如图 10-40 所示。它包括下列控制系统。

① 炉膛负压控制系统　一般情况下可由炉膛负压控制器 PC 43 来调节烟道中的蝶阀，以改变引风量，使炉膛负压稳定。但当锅炉负荷变化较大时，单回路控制系统较难满足工艺要求。因负荷变化时，燃料量与送风量均作相应改变，但引风量仅在炉膛负压产生偏差时，才作出相应调整，这样引风量的变化就落后于送风量，从而造成炉膛负压的较大波动。为此，设计了一个前馈-反馈控制系统，除炉膛负压反馈调节外，还引入蒸汽压力控制器 PC 41 的输出，作为前馈输入，该前馈信号直接反映了燃料量与空气量的变化。

② 蒸汽压力与防脱火选择控制系统　在燃烧嘴背压正常的情况下，由蒸汽压力控制器 PC 41 控制燃料阀，以维持锅炉蒸汽压力的稳定；当燃烧嘴背压过高时，为避免造成脱火危险，此时背压控制器 PC 42 通过低选器 LS 控制燃料阀，将燃料阀关小，使背压下降，防止脱火。

③ 防回火控制　这是一个联锁保护系统。当燃烧嘴背压过低时，为避免造成回火危险，由 PAL 系统带动联锁装置，将燃料控制阀上游阀截断，以保护整个锅炉系统。

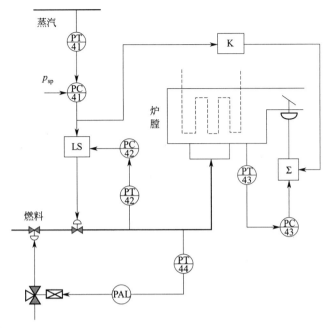

图 10-40 炉膛负压与安全保护控制系统

10.4.3 蒸汽过热系统的控制

蒸汽过热系统包括一级过热器、减温器、二级过热器。其控制任务是使过热器出口温度维持在允许范围内，并保护过热器使管壁温度不超过允许的工作范围。

过热蒸汽温度控制系统常采用减温水流量作为操纵变量，但由于控制通道的时间常数与纯滞后时间均较大，所以单回路控制系统往往不能满足生产的需要。为此，常采用如图 10-41 所示的串级控制系统，以减温器蒸汽出口温度为副参数，可显著提高对过热蒸汽温度的控制性能。

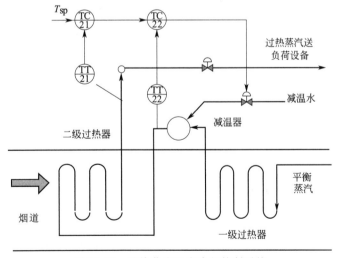

图 10-41 过热蒸汽温度串级控制系统

思考题与习题 10

10-1 对于图 10-42 所示的蒸汽加热器系统，要求工艺介质出口温度 T_2 达到规定的控制指标。图中，p_v

为蒸汽阀前压力，p_2 为蒸汽阀后压力，G_v 为蒸汽流量，G_f 为工艺介质流量，T_1 为工艺介质入口温度。试分析下列情况下应选择哪一种控制方案，并画出带控制点的流程图与方块图。

① 工艺介质流量 G_f 与蒸汽压力 p_v 均比较稳定；

② 工艺介质流量 G_f 比较稳定，但蒸汽压力 p_v 波动较大；

③ 蒸汽压力 p_v 比较稳定，但工艺介质流量 G_f 波动较大。

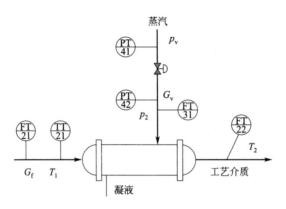

图 10-42   题 10-1 图

10-2   对于图 10-43 所示的炉出口温度控制系统，其中 T, T_m 分别为被加热介质的炉出口温度及其测量值，p, p_m 分别为燃料气的阀后压力及其测量值，u 为阀位开度，p_{sp}, T_{sp} 分别为调节器 PC 43, TC 23 的设定值。试

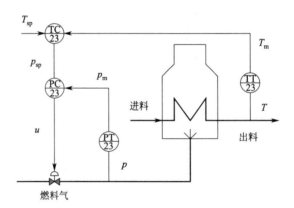

图 10-43   题 10-2 图

① 画出该控制系统的完整方框图（要求注明每个方块的输入输出信号）。

② 确定燃料气调节阀的气开、气关形式，并说明理由。

③ 确定调节器 PC 43, TC 23 的正反作用。

④ 假设调节器 PC 43, TC 23 均采用 PID 调节，请说明"积分饱和"现象，并提出有效的防积分饱和措施。

10-3   某一锅炉汽包三冲量控制系统如图 10-44 所示，图中加法器的运算式为 $I_o = C_0 + C_1 I_1 + C_2 I_s + C_3 I_w$，其中 I_1 为液位调节器 LC 41 的输出，I_s 为经开方后的蒸汽质量流量测量值，I_w 为经开方后的给水质量流量测量值（假设 I_1, I_s, I_w 均为 4～20mA 直流电流信号）。为确保锅炉的安全，给水阀选用气关阀。

① 试画出该系统的完整方块图，并确定系数 C_2, C_3 的符号。

② 若蒸汽流量仪表的量程上限为 F_{vm} t/h，给水流量仪表的量程上限为 F_{wm} t/h；两流量表的量程下限均为 0。对于调节阀开度的变化，对应的水量变化为 K_f (t/h)/%。为实现对蒸汽量的理想静态前馈控制，试确定系数 C_2, C_3 应满足的关系。

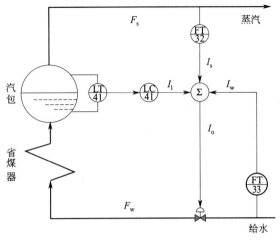

图 10-44　题 10-3 图

11 精馏塔的控制

精馏是在炼油、化工等众多生产过程中广泛应用的一个传质过程。精馏过程通过反复的汽化与冷凝，使混合物料中的各组分分离，分别达到规定的纯度。精馏塔的控制直接影响到产品质量、产量和能量消耗，因此精馏塔的自动控制问题长期以来一直受到人们的高度重视。

精馏塔是一个多输入和多输出的对象，它由很多级塔板组成，内在机理复杂，对控制作用响应缓慢，参数间相互关联严重，而控制要求又大多较高。这些都给自动控制系统的实施带来了一定困难。同时，各种精馏塔工艺结构特点又千差万别，这就更需要深入分析工艺特性，并结合具体塔的特点与控制要求，进行自动控制方案的设计和研究。

本章将首先分析精馏过程的操作要求和特性，在此基础上，讨论精馏塔自动控制的基本方案。这些基本控制方案，是目前工业生产中最常用的控制方案，它们也是构成复杂控制和最优控制系统的基础。最后简单介绍先进控制技术在精馏塔中的应用。

11.1   精馏塔的控制目标

精馏就是将一定浓度的混合液送入精馏装置，使其反复地进行部分汽化和部分冷凝，从而得到预期的塔顶与塔底产品。完成这一操作过程的相应设备除精馏塔外，还有再沸器、冷凝器、回流罐和回流泵等辅助设备。目前，工业上一般所采用的连续精馏装置的工艺流程如图 11-1 所示。

为了对精馏塔实施有效的自动控制，必须首先了解精馏塔的控制目标。一般说来，精馏塔的控制目标，应该在满足产品质量合格的前提下，使总的收益最大或总的成本最小。因此，精馏塔的控制要求，应该从质量指标（产品纯度）、产品产量和能量消耗三个方面进行综合考虑。

11.1.1   质量指标

精馏操作的目的是将混合液中各组分分离为产品，因此产品的质量指标必须符合规定的要求。也就是说，塔顶或塔底产品之一应该保证达到规定的纯度，而另一产品也应保证在规定的范围内。

在二元组分精馏中，情况较简单，

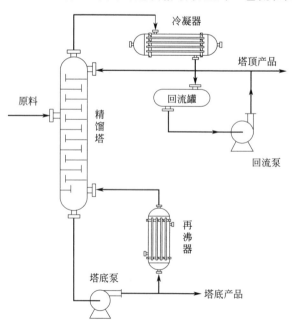

图 11-1   连续精馏装置的工艺流程

质量指标就是使塔顶产品中轻组分纯度符合技术要求，或者塔底产品中重组分纯度符合技术要求。

　　在多元组分精馏中，情况较复杂，一般仅控制关键组分。所谓关键组分，是指对产品质量影响较大的组分。从塔顶分离出挥发度较大的关键组分称为轻关键组分，从塔底分离出挥发度较小的关键组分称为重关键组分。以石油裂解气分离中的脱乙烷塔为例，它的目的是把来自脱甲烷塔底部产品作为进料加以分离，将乙烷和更轻的组分从顶部分离出，将丙烯和更重的组分从底部分离出。在实际操作中，比乙烷更轻的组分几乎全部从顶部分离出；比丙烯更重的组分几乎全部从底部分离出；乙烷中的大部分从顶部分离出，少部分从底部分离出；而丙烯中的大部分从底部分离出，少量从顶部分离出。此例中，显然乙烷是轻关键组分，丙烯是重关键组分，操作的关键是如何减少重关键组分在塔顶产品中的比例，或如何减少轻关键组分在塔底产品中的比例。因此，对多元组分的分离可简化为对二元关键组分的分离，这就大大地简化了精馏操作。

　　在精馏操作中，产品质量应该控制到刚好能满足工艺规格的要求，即处于"卡边"生产。超过规格的产品是一种浪费，因为它的售价不会更高，只会增大能耗、降低产量而已。

11.1.2　产品产量和能量消耗

　　精馏塔的其他两个重要控制目标是产品的产量和能量消耗。精馏塔的任务，不仅要保证产品质量，还要有一定的产量。另外，分离混合液也需要消耗一定的能量，这主要是再沸器的加热量和冷凝器的冷却量消耗。此外，塔的附属设备及管线也要散失一部分热量和冷量。从定性的分析可知，要使分离所得的产品纯度愈高，产品产量愈大，则所消耗的能量愈多。

　　产品的产量通常用该产品的回收率来表示。回收率的定义是：进料中每单位产品组分所能得到的可售产品的数量。数学上，组分 i 的回收率定义为

$$R_i = \frac{P}{Fz_i} \tag{11-1}$$

　　式中，P 为产品产量，kmol/min；F 为进料流量，kmol/min；z_i 为进料中组分 i 的浓度，摩尔分率。

　　产品纯度、产品回收率及能量消耗三者之间的定量关系可以用图 11-2 中的曲线来说明。这是对于某一精馏塔按分离 50% 两组分混合液作出的曲线图，纵坐标是回收率，横坐标是产品纯度（按纯度的对数值刻度），图中的曲线是表示每单位进料所消耗能量的等值线（用塔内上升蒸气量 V 与进料量 F 之比 V/F 来表示）。曲线表明，在一定的能耗 V/F 情况下，随着产品纯度的提高，会使产品的回收率迅速下降。纯度愈高，这个倾向愈明显。

　　此外，从图 11-2 可知，在一定的产品纯度要求下，随着 V/F 从小到大逐步增加，刚开始可以显著提高产品的回收率。然而，当 V/F 增加到一定程度以后，再进一步增加 V/F 所得的效果就不显著了。例如，由图 11-2 可以看出，在 98% 的纯度下，当 V/F 从 2 增至 4 时，产品回收率从 14% 增到 88%，增加了 74%；当 V/F 再从 4 增加到 6 时，则产品回收率仅从 88% 增加到 96.5%，只增加了 8.5%。

　　以上讨论说明，在精馏操作中主要产品的质量指标，刚好达到质量规格的情况是最理想的，低于要求

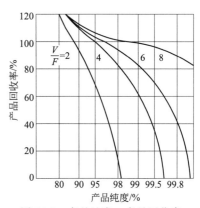

图 11-2　产品纯度、产品回收率和能量消耗的关系

的纯度将使产品不合格，而超过纯度要求会降低产量。然而，在一定的纯度要求下，提高产品的回收率，必然要增加能量消耗。可是单位产量的能耗最低并不等于单位产量的成本最低，因为决定成本的不仅是能耗，还有原料的成本。由此可见，在精馏操作中，质量指标、产品回收率和能量消耗均是要控制的目标。其中质量指标是必要条件，在质量指标一定的前提下，在控制过程中应使产品产量尽量高一些，同时能量消耗尽可能低一些。至于在质量指标一定的前提下，使单位产品产量的能量消耗最低或使单位产品量的成本最低以及使综合经济效益最大等，均是属于不同目标函数的最优控制问题。

11.2　精馏塔的静态特性和动态特性

精馏塔的特性分析是进行自动控制系统设计的基础。和其他单元操作一样，精馏塔也是在一定的物料平衡和能量平衡的基础上进行操作的。一切影响因素均通过物料平衡和能量平衡影响塔的正常操作。影响物料平衡的因素是进料量和进料组分的变化、塔顶采出量或塔底采出量的变化；影响能量平衡的因素主要是进料温度（单相进料时）或热焓（两相进料时）的变化、再沸器加热量和冷凝器冷却量的变化以及环境温度的变化等。同时，物料平衡和能量平衡之间又是相互影响的。因此要了解这些因素对精馏过程的影响，必须分析精馏塔的静态特性与动态特性。所谓静态特性就是以物料平衡和能量平衡为基础，来确定稳态下精馏塔各参数之间的定量关系；而动态特性反映了精馏塔各参数之间的动态影响关系。为讨论方便，下面仅以二元精馏塔为例，分析其静态特性与动态特性。

11.2.1　精馏塔的静态特性

（1）全塔物料平衡

稳态时，进塔的物料必须等于出塔的物料，所以总的物料平衡关系为

$$F = D + B \tag{11-2}$$

轻组分的物料平衡关系为

$$F x_F = D x_D + B x_B \tag{11-3}$$

式中，F, D, B 分别为进料量、塔顶采出量和塔底采出量，$kmol/min$；x_F, x_D, x_B 分别为进料、塔顶采出物和塔底采出物中轻组分的浓度，摩尔分率。

联立方程式(11-2)、式(11-3) 可得

$$\frac{D}{F} = \frac{x_F - x_B}{x_D - x_B} \quad \text{或} \quad \frac{B}{F} = \frac{x_D - x_F}{x_D - x_B} \tag{11-4}$$

从上述关系式中，可以明显看出进料 F 在产品中的分配量（D/F 或 B/F）是决定塔顶和塔底产品中轻组分浓度 x_D 和 x_B 的主要因素。D/F 改变了，x_D 和 x_B 都可以改变。另外，进料组分浓度，也是一个影响 x_D 和 x_B 的重要因素。

然而，单是物料平衡关系，还不能完全确定 x_D 和 x_B，只能确定 x_D 和 x_B 之间的关系。要确定 x_D 和 x_B 的值还必须建立另一个关系式，这个关系式取决于塔内的汽-液平衡关系。

（2）塔内汽液平衡

对于进料仅含有二种组分的二元精馏塔，在全回流条件下汽液平衡关系可用以下的芬斯克（Fenske）方程来表示

$$\frac{x_D(1 - x_B)}{x_B(1 - x_D)} = \alpha^{nE} \tag{11-5}$$

式中，α 为平均相对挥发度；n 为塔板数；E 为平均塔板效率。

为了分析塔的控制问题，需要将上述关系推广到全回流以外的情况。现定义分离度 S 为

$$S=\frac{x_D(1-x_B)}{x_B(1-x_D)} \tag{11-6}$$

道格拉斯（Douglas）等人已将 Fenske 方程推广至变回流比 L/D 的情况

$$S=\left[\frac{\alpha}{\sqrt{1+(D/L)\times(1/x_F)}}\right]^{nE} \tag{11-7}$$

式中，L 为塔顶回流量，koml/min。

对于一个确定的塔，α,n,E 变化不大，影响分离度 S 的主要因素即为进料浓度 x_F 与回流比 L/D。假设塔顶蒸汽被全部冷凝并分成回流与塔顶馏出物两部分，即 $V=L+D$。由此可得

$$\frac{D}{V}=\frac{1}{1+L/D} \tag{11-8}$$

$$\frac{L}{V}=\frac{L/D}{1+L/D} \tag{11-9}$$

由式(11-7)～式(11-9) 可知，对于一个确定的塔，如进料浓度固定不变，则只要三个比值 $L/D,D/V,L/V$ 中的任一个保持不变，则分离度 S 也就保持不变。

现在来分析塔顶产品分配量 D/F 与分离度 S 对塔顶与塔底产品纯度的影响。令 $y_D=1-x_D$，由物料平衡关系 $\frac{D}{F}=\frac{x_F-x_B}{x_D-x_B}$，可得到以下的物料平衡操作线

$$y_D=\left(1-\frac{Fx_F}{D}\right)+\frac{B}{D}x_B \tag{11-10}$$

式(11-10) 表明：塔顶产品杂质含量 y_D 与塔底产品杂质含量 x_B 成线性关系，具体地，物料平衡操作线为一条经过点 $(x_F,1-x_F)$、斜率为产品分配比 $\dfrac{B}{D}$ 的直线。

同样，由式（11-6）可得

$$S=\frac{(1-y_D)(1-x_B)}{x_By_D}$$

或 $$y_D=\frac{1-x_B}{1+x_B(S-1)} \tag{11-11}$$

式(11-11) 被称为分离度曲线。

由式(11-10)、式(11-11) 可知，对于一个确定的塔，如进料浓度固定不变，则塔顶产品与塔底产品的杂质含量（或纯度）由塔顶产品分配量 D/F 与分离度 S 唯一确定。图 11-3 反映了 D/F、D/L 对塔顶与塔底产品杂质含量的影响，对应的假设条件为 $x_F=0.52$，$n=16$，$E=0.816$，$\alpha=2.0$，$D/L=[0.4,0.7,1.0]$（对应的分离度为 $S=[205.5,32.7,7.7]$）。由图 11-3 可知，当回流比一定时，塔顶产品分配量 D/F 的增大，必然使塔

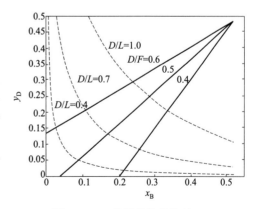

图 11-3 二元精馏塔的物料
平衡线与分离度曲线

顶产品的杂质含量增大，塔底产品的杂质含量减少。而当塔顶产品分配量 D/F 一定时，回流比的增大（对应于 D/L 的减少），将同时减少塔顶与塔底产品的杂质含量；当回流比足够时，再增大回流比，对产品纯度的提高很有限，而消耗的能量 L/D，V/D 将显著提高。

11.2.2　精馏塔的动态模型

　　为简化起见，这里仅以如图 11-4 所示的二元精馏塔（即进料中仅有两种组分：轻组分与重组分）为例，并假设进料、塔顶和塔底产品均是液相，来讨论精馏塔的动态建模问题。图中各符号的意义如下。

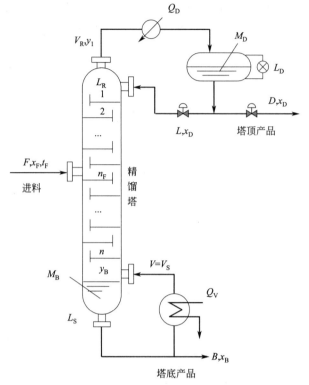

图 11-4　二元精馏塔

　　① n 为总塔板数，而加料板位于第 n_F 块（塔板自上而下记数）。

　　② F 为进料流量，kmol/h；x_F 为进料中易挥发组分的摩尔分数；t_F 为进料温度，℃。

　　③ V_R 为精馏塔顶气相流量，kmol/h；y_1 为第一块塔板上方气相中易挥发组分的摩尔分数。

　　④ M_D 为回流罐的蓄液量，kmol；x_D 为回流罐中液体易挥发组分的摩尔分数。

　　⑤ D 为塔顶产品馏出液，kmol/h；L 为塔顶回流量，kmol/h，由泵直接送回至第一块塔板；L_R 为塔顶内回流量，kmol/h。

　　⑥ B 为塔底产品馏出液，kmol/h；x_B 为塔底液体易挥发组分的摩尔分数。

　　⑦ M_B 为再沸器和塔底总的蓄液量，kmol；V_S 为再沸器产生的上升蒸汽量，kmol/h；L_S 为塔底液体馏出量，kmol/h；y_B 为塔底气相中易挥发组分的摩尔分数。

　　为简化模型，这里进一步作以下假定。

　　① 塔压保持不变（关于塔压控制问题，详见 11.4 节）。

　　② 回流罐混合均匀，且塔顶回流与产品馏出液的浓度均为 x_D，并忽略塔顶至回流罐气相管线可能造成的动态滞后；此外，假设塔顶回流温度与第一块塔板的泡点温度相同，因而，精馏段内回流量 $L_R = L$。

　　③ 塔底和再沸器内液体混合均匀，且塔底产品馏出液的浓度也为 x_B。

　　④ 精馏段内气液两相流均满足恒摩尔流假设，即：通过各层塔板的上升蒸汽流量均相等，均为 V_R；通过各层塔板的下降液体流量均相等，均为 L_R。

　　⑤ 提馏段内气液两相流也均满足恒摩尔流假设，即：通过各层塔板的上升蒸汽流量均相等，且等于再沸器内蒸汽量 V；通过各层塔板的下降液体流量均相等，均为 L_S。

　　⑥ 对于每块塔板，假设气液两相混合均匀，第 j 块塔板的液相蓄存量为 M_j kmol，且保持不变；而气相蓄存量可忽略。同时，每块塔板上的气液两相均达到相平衡，而相平衡关系又与塔的进料组分有关。

　　根据上述假设，可列出精馏塔各部分的动态物料平衡式如下。

（1）冷凝器与回流罐

假设塔顶气相全部冷凝后进入回流罐，由此可得

总物料平衡式　　　　　　$\dfrac{\mathrm{d}M_\mathrm{D}}{\mathrm{d}t}=V_\mathrm{R}-L_\mathrm{R}-D$　　　　　　　　　　　　　（11-12）

易挥发组分物料平衡式

$$\frac{\mathrm{d}(M_\mathrm{D}x_\mathrm{D})}{\mathrm{d}t}=V_\mathrm{R}y_1-(L_\mathrm{R}+D)x_\mathrm{D}　　　　　　　　（11\text{-}13）$$

（2）精馏段第 j 块塔板

易挥发组分物料平衡式

$$M_j\frac{\mathrm{d}x_j}{\mathrm{d}t}=L_\mathrm{R}x_{j-1}+V_\mathrm{R}y_{j+1}-L_\mathrm{R}x_j-V_\mathrm{R}y_j　　　　（11\text{-}14）$$

（3）进料板的物料平衡

假设进料为液相，且温度低于进料板的泡点温度；另外，进料板上的液相蓄存量的变化可忽略，由此可得

总物料平衡式　　　　$L_\mathrm{S}=L_\mathrm{R}+qF,V_\mathrm{R}=V_\mathrm{S}-(q-1)F$　　　　　（11-15）

$$q=1+c_\mathrm{F}(t_0-t_\mathrm{F})/\Delta H_\mathrm{F}　　　　　　　　　（11\text{-}16）$$

式中，c_F 为液相进料的比热容，kcal/(kg·℃)；t_F 为液相进料温度，℃；t_0 为进料板的泡点温度，℃；ΔH_F 为液相进料的汽化潜热，kcal/kg。

对于易挥发组分，有

$$M_{n_\mathrm{F}}\frac{\mathrm{d}x_{n_\mathrm{F}}}{\mathrm{d}t}=L_\mathrm{R}x_{n_\mathrm{F}-1}+V_\mathrm{S}y_{n_\mathrm{F}+1}-L_\mathrm{S}x_{n_\mathrm{F}}-V_\mathrm{R}y_{n_\mathrm{F}}+Fx_\mathrm{F}　　　（11\text{-}17）$$

（4）提馏段第 k 块塔板

易挥发组分物料平衡式

$$M_k\frac{\mathrm{d}x_k}{\mathrm{d}t}=L_\mathrm{S}x_{k-1}+V_\mathrm{S}y_{k+1}-L_\mathrm{S}x_k-V_\mathrm{S}y_k　　　　（11\text{-}18）$$

（5）塔底与再沸器

总物料平衡式　　　　　　$\dfrac{\mathrm{d}M_\mathrm{B}}{\mathrm{d}t}=L_\mathrm{S}-V_\mathrm{S}-B$　　　　　　　　　　（11-19）

易挥发组分物料平衡式

$$\frac{\mathrm{d}(M_\mathrm{B}x_\mathrm{B})}{\mathrm{d}t}=L_\mathrm{S}x_n-V_\mathrm{S}y_\mathrm{B}-Bx_\mathrm{B}　　　　　　　（11\text{-}20）$$

除上述物料平衡方程外，由相平衡关系可得到

$$y_j=f(x_j),\quad j=1,\cdots,n;y_\mathrm{B}=f(x_\mathrm{B})　　　　（11\text{-}21）$$

现在来分析一下上述方程的自由度问题。假设以下所有输入变量均固定不变。

① 进料量 F；②进料浓度 x_F；③进料温度 t_F；④再沸器的加热量 Q_V（或提馏段上升蒸汽量 V_S）；⑤回流量 L；⑥塔顶采出量 D；⑦塔底采出量 B。

未知变量包括：各塔板气液相中易挥发组分的含量 $\{x_j,y_j\mid j=1,\cdots,n\}$，回流罐的蓄液量 M_D 与液相易挥发组分的含量 x_D，塔底和再沸器内的蓄液量 M_B 与气液相中易挥发组

分的含量 x_B, y_B。未知变量数共计 $2n+5$ 个。平衡方程包括：物料平衡方程式(11-12)～式 (11-14) 与式(11-17)～式(11-20)，共 $n+4$ 个；相平衡方程(11-21)，共 $n+1$ 个。平衡方程数合计 $2n+5$ 个。

因平衡方程数与未知变量数相同，结果表明：在塔压不变（可通过冷凝器冷却量的调节来实现）的前提下，全塔的状态变量与输出变量仅取决于上述输入变量。其中，有些输入变量是不可控的，如进料浓度 x_F 等；而输入变量 Q_V, L, D, B 则是主要的操纵变量，用于克服外部干扰对回流罐与塔底液位、产品纯度的影响。

下面以某一水-乙醇体系二元精馏塔为例，来讨论动态模型的实现问题。在常压操作条件下水-乙醇混合物的汽液相平衡曲线如图 11-5 所示，由该曲线可直接得到相平衡方程式 (11-21)。

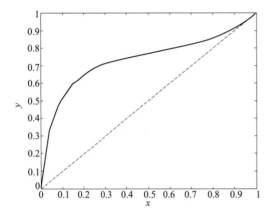

图 11-5　水-乙醇混合物的汽液相平衡曲线

采用 SimuLink 可构造各部分的动态模型如图 11-6～图 11-13 所示。图 11-8 为精馏段的动态模型，本例中它由 5 块精馏段塔板封装而成，实际应用中可结合具体情况增减相应的精馏段塔板数；图 11-12 为提馏段的动态模型，它由 5 块提馏段塔板封装而成，实际应用中同样可结合具体情况增减相应的提馏段塔板数。

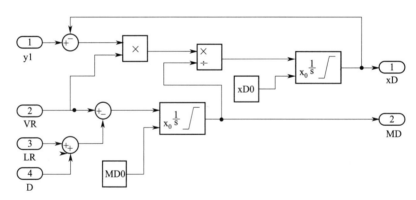

图 11-6　冷凝器与回流罐 SimuLink 模型

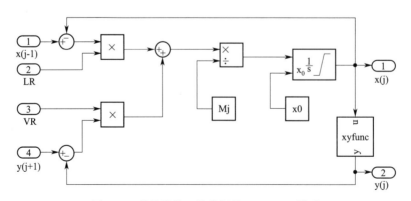

图 11-7　精馏段第 j 块塔板的 SimuLink 模型

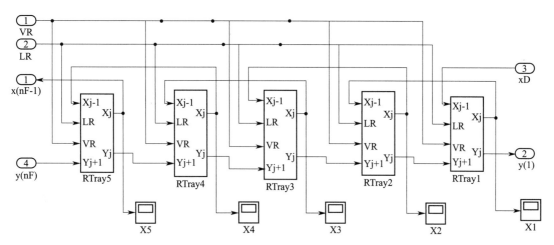

图 11-8 由 5 块塔板组成的精馏段动态模型

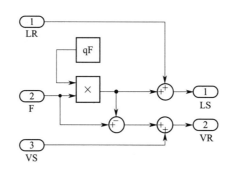

图 11-9 进料板汽液相流体总的物料平衡关系

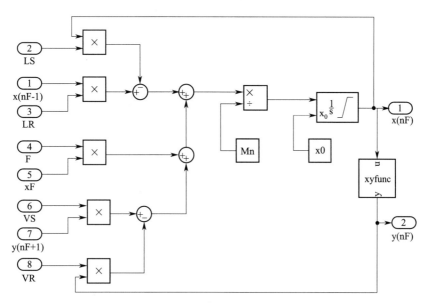

图 11-10 进料板的动态模型

基于上述模块，可构造整个精馏塔的动态模型，经封装后如图 11-14 所示。由此可见，对于二元精馏塔，若为常压操作且为泡点进料，则就控制而言，被控对象可用一个 6 输入 4

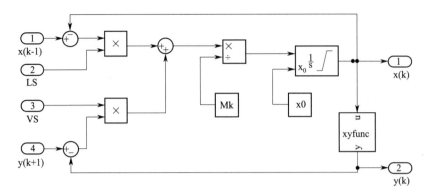

图 11-11 提馏段第 k 块塔板的 SimuLink 模型

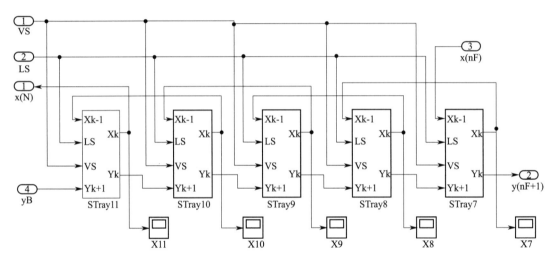

图 11-12 由 5 块塔板组成的提馏段动态模型

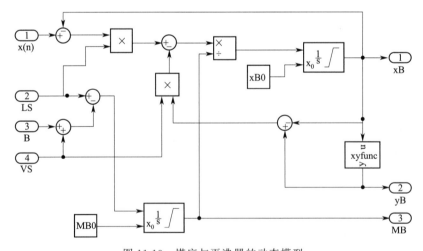

图 11-13 塔底与再沸器的动态模型

输出的非线性系统来表示，输出变量包括：塔顶塔底产品浓度、回流罐与塔底的液相容积或液位；输入变量包括：进料量与进料浓度、塔顶塔底馏出物流量、回流量与塔底上升蒸汽量。

一般情况下，进料量是不可控制的，取决于前一工序；有些情况下进料流量也可以控制，例如，炼油厂中初馏塔的原油流量可以进行定值控制以减少对塔操作的影响。进料浓度的变动是无法控制的，它由上一工序所决定，但一般说来变化是缓慢的。

进料温度和状态的变化，对塔的操作影响较大。为了维持塔操作的稳定运行，在单相进料时，可以采用进料温度控制，以便克服这种干扰。

输入变量中塔顶塔底馏出物流量、回流量与塔底上升蒸汽量均是常用的操作手段，其中塔底上升蒸汽量本身难以测量，实际应用中通常用再沸器加热量来近似。

前面所建立的动态模型将应用于后续的控制方案设计分析与仿真研究。在具体讨论控制方案以前，先分析精馏塔质量指标的检测问题。

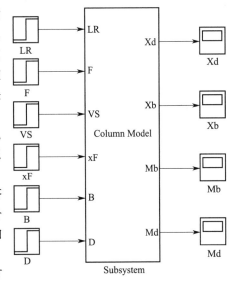

图 11-14　经封装后的精馏塔动态模型

11.3　精馏塔质量指标的选取

精馏塔最直接的质量指标是产品纯度。过去由于检测上的困难，难以直接按产品纯度进行控制。现在随着分析仪表的发展，特别是在线色谱仪与在线光谱仪的应用，已逐渐出现直接按产品纯度来控制的方案。然而，这种方案目前仍受到两方面条件的制约，一是测量过程滞后较大、响应缓慢，二是分析仪表的价格昂贵、需要精心维护，因此，它们的应用仍然是很有限的。

最常用的间接质量指标是温度。因为对于一个二元组分精馏塔来说，在一定压力下，温度与产品纯度间存在着单值的函数关系。因此，如果压力恒定，则塔板温度就间接反映了浓度。对于多元精馏塔来说，虽然情况比较复杂，但仍然可以认为：在压力恒定条件下，塔板温度改变能间接反映浓度的变化。

采用温度作为被控质量指标时，选择塔内哪一点的温度或几点温度作为质量指标，这是颇为关键的事，常用的有如下几种方案。

11.3.1　灵敏板的温度控制

一般认为塔顶或塔底的温度似乎最能代表塔顶或塔底的产品质量。其实，当分离的产品较纯时，在邻近塔顶或塔底的各板之间，温度差已经很小，这时，塔顶或塔底温度变化0.5℃，可能已超出产品质量的容许范围。因而，对温度检测仪表的灵敏度和控制精度都提出了很高的要求，很多情况下难以满足。解决这一问题的方法是在塔顶或塔底与进料板之间选择灵敏板的温度作为间接质量指标。

当塔的操作经受干扰或承受控制作用时，塔内各板的浓度都将发生变化，各塔板的温度也将同时变化，但变化程度各不相同，当达到新的稳态后，温度变化最大的那块塔板即称为灵敏板。

灵敏板位置可以通过逐板计算或静态模型仿真计算，依据不同操作工况下各塔板温度分布曲线比较得出。但是，塔板效率不易估准，所以最后还需根据实际情况，予以确定。

11.3.2 温差控制

在精密精馏时，产品纯度要求很高，而且塔顶、塔底产品的沸点差又不大时；可采用温差控制。

采用温差作为衡量质量指标的参数，是为了消除压力波动对产品质量的影响。因为，在精馏塔控制系统中虽设置了压力定值控制，但压力也总是会有些微小波动而引起浓度变化，这对一般产品纯度要求不太高的精馏塔是可以忽略不计的。但如果是精密精馏，产品纯度要求很高，微小的压力波动足以影响质量，就不能再忽略了。也就是说，精密精馏时若用温度作质量指标就不能很好地代表产品的质量，温度的变化可能来自于产品纯度的变化，也可能来自压力的变化，为此应该考虑补偿或消除压力波动的影响。

在选择温差信号时，如果塔顶馏出量为主要产品，宜将一个检测点放在塔顶（或稍下一些），即温度变化较小的位置；另一个检测点放在灵敏板附近，即浓度和温度变化较大的位置，然后取上述两测点的温度差 ΔT 作为被控变量。这里，塔顶温度实际上起参比作用，压力变化对两点温度都有相同影响，相减之后其压力波动的影响就几乎相抵消。

在石油化工和炼油生产中，温差控制已应用于苯-甲苯、甲苯-二甲苯、乙烯-乙烷和丙烯-丙烷等精密精馏塔。要应用得好，关键在于选点正确，温差设定值合理以及操作工况稳定。

11.3.3 双温差控制

当精馏塔的塔板数、回流比、进料组分和进料塔板位置确定之后，那么该塔塔顶和塔底组分之间的关系就被固定下来，典型的操作曲线如图 11-15(a) 所示。由此可见，如果塔底轻关键组分越多，则塔顶纯度就越高；反之亦然。当一端产品的纯度固定时，另一端产品的纯度也就固定。图中的"O""X""Y"为不同的操作点。对于操作点"X"所对应的操作条件，精馏塔两端的产品都达到较好的分离，显然"X"是期望的操作点。

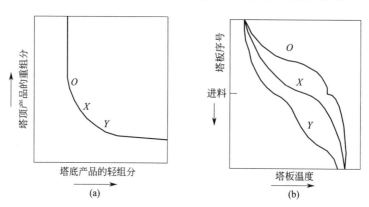

图 11-15 精馏塔操作曲线

与操作特性曲线相对应的塔板温度分布曲线如图 11-15(b) 所示，图中曲线为不同操作条件所对应的温度分布。从 X 曲线可以看出，由塔顶向下，塔板间的温度变化较小，曲线急剧下降，到接近进料塔板时，温度变化速度增加，直至接近塔底时，温度变化速度又减慢。然而，曲线 O 所代表的操作点"O"的情况就不同，由于塔顶含有较多的重组分，使全塔温度偏高，而精馏段的温度增加更为明显，其中又有一块塔板温度增加最快，称此块塔板为精馏段的灵敏板，而从进料板以下的温度变化较小，并趋近于塔底温度，因此它比 X 线操作可得到更纯的塔底产品。曲线 Y 与曲线 O 的情况正好相反，灵敏板在提馏段，它可得到更纯的塔顶产品。

以上分析表明,如果塔顶重组分增加,会引起精馏段灵敏板温度较大变化;反之,如果塔底轻组分增加,则会引起提馏段灵敏板温度较大的变化。相对地,在靠近塔底或塔顶处的温度变化较小。将温度变化最小的塔板相应地分别称为精馏段参照板和提馏段参照板。如果能分别将塔顶、塔底两个参照板与两个灵敏板之间的温度梯度控制稳定,就能达到质量控制的目的,这就是双温差控制方法的基础。

双温差控制方案如图 11-16 所示,设 T_{11},T_{12} 分别为精馏段参照板和灵敏板的温度;T_{21},T_{22} 分别为提馏段灵敏板和参照板的温度,构成精馏段温差 $\Delta T_1 = T_{12} - T_{11}$ 与提馏段温差 $\Delta T_2 = T_{22} - T_{21}$,将这两个温差的差值 $\Delta T_d = \Delta T_1 - \Delta T_2$ 作为控制指标。从实际应用情况来看,只要合理选择灵敏板和参照板位置,可使塔两端达到最大分离度。

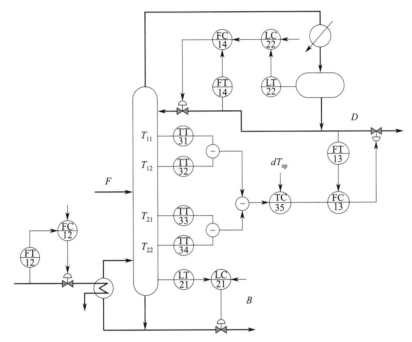

图 11-16 精馏塔的双温差控制方案

11.4 精馏塔的常用控制方案

精馏塔的控制目标是使塔顶和塔底的产品满足规定的质量要求,并确保操作平稳。对于图 11-17 所示的简单精馏塔,为了稳定塔的操作,通常需要对塔顶压力 p、回流罐液位 L_D、塔底液位 L_B 以及塔顶塔底产品质量 x_D,x_B 进行有效控制。由于 x_D,x_B 大都无法在线连续测量,由前一节的分析,当塔压 p 恒定时,可用精馏段与提馏段的灵敏板温度 T_R 与 T_S 近似反映塔顶塔底产品质量的变化。当然,对于精密精馏塔,可用精馏段与提馏段的温差来反映塔顶与塔底产品纯度的变化。

与上述被控变量相对应的可操作手段通常为塔顶产出量 D、塔底产出量 B、回流量 L、再沸器加热量 Q_H、冷凝器冷却量 Q_C 以及回流罐排气量 D_G;而系统所受的扰动主要为进料量、进料浓度、进料温度与热焓的变化。值得注意的是,再沸器上升蒸汽量 V 本身并不是一个操纵变量,而是一个反映整个精馏塔能量平衡关系的状态变量。

综合前面的变量分析,精馏塔的基本控制问题可用图 11-18 描述。由此可见,整个精馏

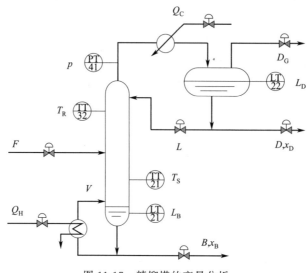

图 11-17　精馏塔的变量分析

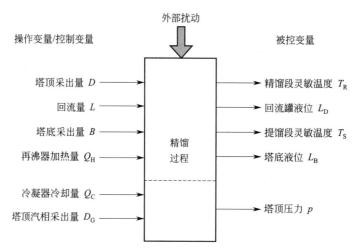

图 11-18　精馏塔的基本控制问题

塔可看成是一个具有 6 个输入变量与 5 个输出变量的复杂多变量关联系统。

在讨论基本控制方案前，首先说明塔压 p 的控制问题。与其他受控变量相比，塔压对外部扰动与操纵变量的响应最为迅速。因此为维持塔压的恒定，同样要求所选择的操纵变量对塔压调节灵敏。在所有的操纵变量中，只有再沸器加热量 Q_H、冷凝器冷却量 Q_C 与回流罐排气量 D_G 对塔压 p 调节迅速，控制作用强。其中 Q_H 的改变除了影响塔压外还将影响其他受控变量，因而，不宜作为塔压 p 的操纵变量；而排气量 D_G 对于塔压的影响最为直接迅速，而且对其他受控变量的影响可忽略不计，因而是塔压最适宜的操纵变量。只有当排气量 D_G 不可调节或过小时，才考虑选用冷凝器冷却量 Q_C 作为控制变量。

常用的塔压控制方案如图 11-19 所示。对于图 11-19（a）所示的塔压控制系统，有时将取压点放置在回流罐汽相段。由于塔压 p 与回流罐汽相压力 p_L 仅相差一段汽相管线阻力压差，当管线压差与塔压 p 相比可忽略不计时，回流罐汽相压力的平稳必然使塔压同样平稳。而对于图 11-19（b）所示的塔压控制系统，当冷却剂为液相时，可通过调节冷却剂流量达到控制塔压的目标；当冷凝器为空冷设备时，可通过变频调速机构调节风机的转速以达到塔压控制的目的。

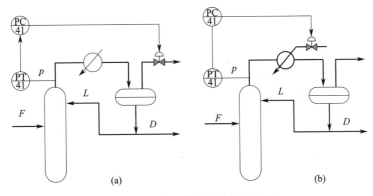

图 11-19 精馏塔的压力控制系统

　　将塔压控制问题分离后，精馏塔的基本控制问题可进一步简化。下面针对精馏产品质量不同的控制要求，探讨相应的控制方案。

11.4.1 物料平衡控制

　　物料平衡控制方式并不对塔顶或塔底产品质量进行直接的控制，而依据精馏塔的物料平衡及能量平衡关系进行间接控制。其基本原理是，对于图 11-17 所示的精馏塔，当进料成分不变和进料温度（单相进料时）或热焓（两相进料）一定时，在维持全塔物料平衡的前提下，保持进料量 F、再沸器加热量 Q_H（或塔底上升蒸汽量 V）、塔顶产品量 D 一定；或者说保持 D/F 和 L/D 一定，就可保证塔顶、塔底产品的质量指标一定（由图 11-3 可知）。

　　为了维持全塔的物料平衡，就需要对塔底液位 L_B 与回流罐液位 L_D 进行有效的控制。物料平衡控制方式等效于图 11-20 所示的 4×2（四个操纵变量，两个被控变量）控制命题。图 11-20 中 W 为除进料量以外的其他扰动因素，如进料组成、进料温度与状态的变化。对于上述物料平衡控制问

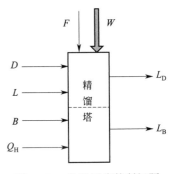

图 11-20 物料平衡控制问题

题，从理论上来说存在 $4\times3=12$ 种控制方案。考虑过程动态特性的影响，并结合变量间的相对增益分析，可将上述问题分解成塔顶、塔底两个子系统，由此可考虑的控制方案共有 4 种，如表 11-1 所示。

表 11-1 精馏塔的物料平衡控制方案

方案	控制变量	D	L	Q_H	B	备注
1	受控变量	L_D	L/F	V/F	L_B	
2		D/F	L_D	V/F	L_B	
3		L_D	L/F	L_B	B/F	
4		D/F	L_D	L_B	B/F	不可取

　　由全塔物料平衡关系可知，$D/F+B/F$ 应为 1，即 D/F 与 B/F 不是独立变量。故方案 4 无法采用，而其他三种方案均是可采用的，对应的控制流程如图 11-21～图 11-23 所示，图中 FT，LT 分别表示流量与液位测量变送单元，FC，LC 分别表示流量与液位控制器，相关序号表示回路号以便于区分。

　　对这三种方案的选取原则为：当某一产品为后续工艺的进料时，则通常希望这一产品处

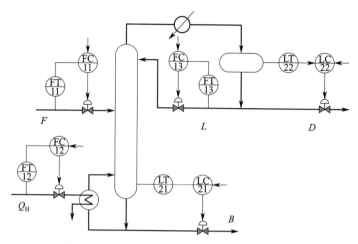

图 11-21　精馏塔物料平衡控制系统（方案 1）

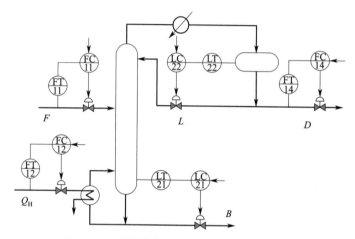

图 11-22　精馏塔物料平衡控制系统（方案 2）

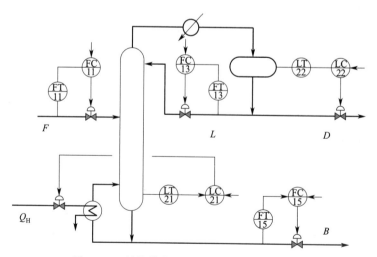

图 11-23　精馏塔物料平衡控制系统（方案 3）

于流量或流量比值控制之下，以减少对后续工艺的进料扰动。当 $D \ll B$ 时，由于 $D = F -$ B，如果采用方案 3，则对 F 和 B 进行测量调节所引起的小误差，必然会引起 D 相当大的误差，而且由于 D 的可调范围窄，对回流罐液位的调节能力弱；因而，此时最可取的方案为方案 2。反之，当 $B \ll D$ 时，最可取的方案为方案 3。

而当 D，B 接近并且对 D，B 的质量要求较宽松时，可考虑选用方案 1。与方案 2、方案 3 相比，由于 L 与 V（或 Q_H）均在流量控制下，精馏塔本身与回流罐或塔底液位对象之间几乎不存在关联，系统的稳定性最强。当然，这种方案对塔顶冷凝器或塔底再沸器的操作波动无自动补偿作用，即对产品质量的控制能力较弱。

下面结合 11.2.2 节所建立的动态模型，进行精馏塔物料平衡控制方案的对比研究。考虑到物料平衡控制方案 1 与方案 2 应用最为广泛，这里分别构造了如图 11-24 和图 11-25 所示的动态仿真系统，主要区别在于回流罐液位 M_D 所采用的操纵变量的不同。

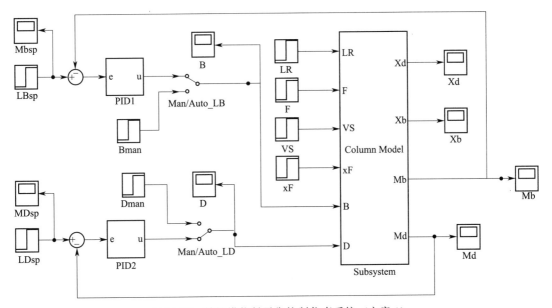

图 11-24　精馏塔物料平衡控制仿真系统（方案 1）

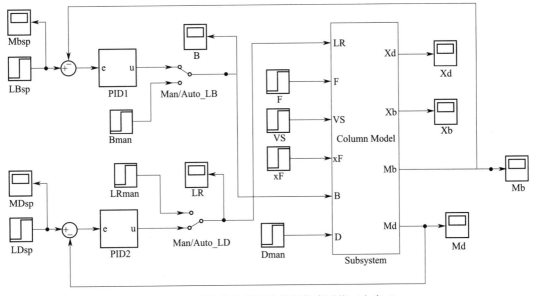

图 11-25　精馏塔物料平衡控制仿真系统（方案 2）

下面分析方案1与方案2对外部扰动的响应情况。首先考察进料量变化对系统的影响,对于泡点进料而言,进料量的增大主要影响塔底液位的变化,上述两种控制方案均将通过塔底馏出量的增大来稳定塔底液位,结果造成塔底馏出量轻组分含量的上升,产品纯度下降。

其次,对于进料温度或热焓的变化,或者再沸器与冷凝器操作条件的改变,都将导致塔内汽液相流的改变,最终将影响产品纯度。针对方案1与方案2,图11-26与图11-27分别给出了上升蒸汽量改变对产品纯度的影响,其中上升蒸汽量在$t=100s$时以阶跃方式增加10%。对于

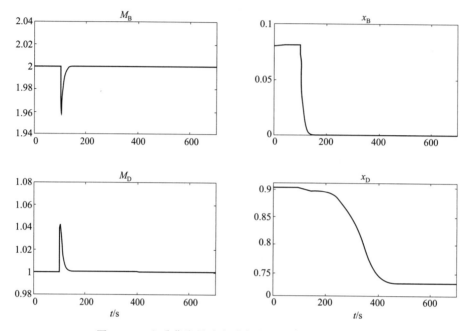

图 11-26　上升蒸汽量改变对产品纯度的影响（方案 1）

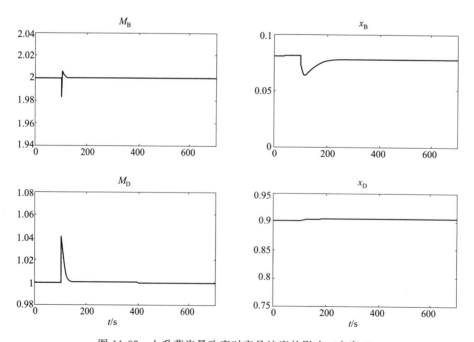

图 11-27　上升蒸汽量改变对产品纯度的影响（方案 2）

方案 1，根据物料平衡关系，由于回流量为定值控制，上升蒸汽量的增大必然使塔底液位下降、回流罐液位上升；由于两个液位控制器的作用，通过增大塔顶产品馏出物流量、减少塔底产品馏出物流量使液位回复稳定，结果造成塔顶产品产率 D/F 增大、回流比 L/D 下降。这两个因素均使塔顶产品纯度下降，塔顶产品轻组分摩尔分量从 0.902 下降至 0.732。

与方案 1 完全不同，方案 2 首先确保塔顶产品产率 D/F 不变。当上升蒸汽量增大时，必然使塔底液位下降、回流罐液位上升；由于两个液位控制器的作用，通过增大回流量、减少塔底产品馏出物流量使液位回复稳定。然而，回流量的增大，即使塔内汽液相的相对比例基本不变，又使塔底液位上升，结果因塔底液位控制器的作用又使塔底产品馏出物流量增大。当系统达到新的平衡点时，除回流比增大外，塔顶与塔底产品产率均不改变。对于相同幅度的上升蒸汽量的增大，最终使塔顶产品轻组分摩尔分量从 0.902 上升至 0.906，而塔底产品轻组分摩尔分量从 0.080 下降至 0.077，结果使塔顶塔底产品的纯度都略有提高。

通过对方案 1 与方案 2 的比较可知：方案 2 对塔内部的能量平衡关系的改变（上升蒸汽量体现了能量平衡关系的综合影响）具有较强的抗干扰性；此外，当进料量发生改变时，可引入塔顶产品产率控制，以比值方式调节塔顶产品馏出量；另外，为克服小回流比时对回流罐液位调节不灵敏的局限性，可采用如图 11-28 所示的改进方案。

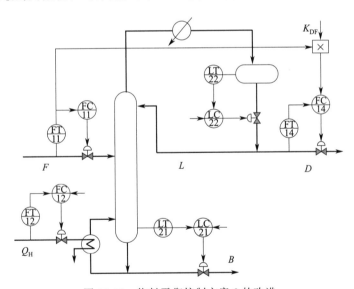

图 11-28　物料平衡控制方案 2 的改进

然而，上述所讨论的各种物料平衡控制方案均不能克服进料组成变化对塔操作的影响。当进料组成改变时，均会造成塔顶塔底产品纯度的漂移。由此可见，物料平衡控制方案仅适用于进料成分恒定或变化不大时或者对产品纯度要求不高的场合。而当进料成分波动较大时，则需要对产品的质量进行直接控制。

11.4.2　精馏段质量指标控制

对于具有两个液相产品的精馏塔，可采用严格控制一端产品质量，而让另一端产品质量浮动（即不加以控制）的办法。当干扰不很大时，若固定塔顶产品的纯度 x_D，塔底产品纯度 x_B 的变动也不会太大；反之亦然。未加以严格控制一端的产品质量变化范围可用静态特性关系来加以估计。

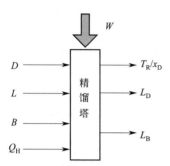

图 11-29　精馏段指标控制问题

当塔顶采出液为主要产品时，往往按精馏段指标进行控制。这时，可取精馏段某灵敏板温度作为被控变量，而以回流量 L、塔顶采出量 D 或再沸器上升蒸汽量 V 作为控制变量。可以组成单回路控制方式，也可以组成温度-流量串级控制方式。串级控制方式虽较复杂，但可迅速有效地克服进入副环的扰动，并可降低对调节阀特性的要求，在需作精密控制时采用。

采用这类控制方案时，在 L,D,V（或 Q_H）和 B 四者之中，选择一个作为控制产品质量的手段，选择另一个保持流量恒定，其余两个变量则按回流罐和塔底的物料平衡关系由液位调节器加以控制。对应的控制问题如图 11-29 所示。类似于物料平衡控制方案，可将上述问题分解成塔顶、塔底两个子系统，由此可考虑的控制方案共有 4 种，如表 11-2 所示。

表 11-2　精馏段指标控制方案

方案	控制变量	D	L	V 或 Q_H	B	备 注
5	受控变量	L_D	T_R	V/F	L_B	
6		T_R	L_D	V/F	L_B	
7		L_D	T_R	L_B	B/F	不推荐
8		T_R	L_D	L_B	B/F	不可取

由全塔物料平衡关系可知，$D+B=F$，即当塔底采出量 B 一定时，D 完全由 F 决定，而不是独立变量，因而不能成为塔顶灵敏板温度的操纵变量。故方案 8 无法采用，而其他三种方案均是可考虑的，对应的控制流程图如图 11-30～图 11-37 所示。

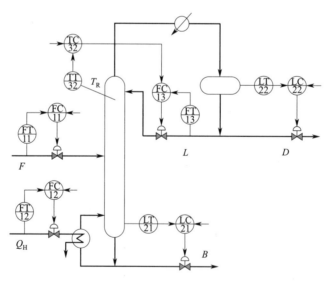

图 11-30　精馏段质量指标控制方案（方案 5）

方案 5 如图 11-30 所示，其特点是调节作用滞后小，反应迅速，所以对克服进入精馏段的扰动和保证塔顶产品是有利的，这是精馏塔控制中最常用的方案。此方案通过直接调节塔内能量平衡关系以实现对分离精度的控制，故称为"精馏段能量平衡控制方案"。在该方案中，L 受温度调节器控制，回流量的频繁波动对于精馏塔平稳操作是不利的。所以在温度控

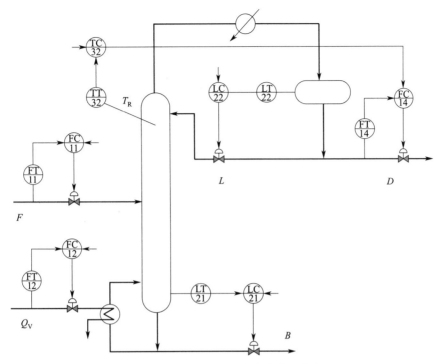

图 11-31　精馏段质量指标控制方案（方案 6）

制器参数整定时，采用比例加积分的控制规律即可，不必加微分。此外，再沸器加热量需要维持一定而且应足够大，以便塔在最大负荷时仍能保证产品的质量指标。

方案 6 如图 11-31 所示，因该方案通过直接调整全塔物料平衡关系以控制塔顶产品的纯度，常常被称为"精馏段物料平衡控制方案"。该方案的优点是有利于精馏塔的平稳操作，对于回流比较大的情况下，控制 D 要比控制 L 灵敏。此外还有一个优点，当塔顶产品质量不合格时，如采用有积分作用的调节器，则塔顶采出量 D 会自动暂时中断，进行全回流，这样可保证得到的产品是合格的。

然而，方案 6 中温度控制回路的滞后较大，反应较慢，从采出量 D 的改变到温度变化，要间接地通过回流罐液位控制回路来实现，特别是回流罐容积较大时，反应更慢，给控制质量的提高带来了困难。为此，可选用改进的方案 6，如图 11-32 所示。在该改进方案中，温度控制非常及时，可完全克服液位回路滞后对温度（或质量）控制的影响；同时，液位控制系统的可操作范围更大，不再受回流比大小的限制。

下面结合 11.2.2 节所建立的动态模型，进行精馏段质量指标控制方案的对比研究。对应于控制方案 5 与 6，这里分别构造了如图 11-33、图 11-34 所示的动态仿真系统，主要区别在于回流罐液位 M_D 与塔顶产品质量 x_D 所采用的操纵变量的不同。

针对方案 5 与方案 6，图 11-35 与图 11-36 分别给出了进料浓度改变对产品纯度的响应曲线，其中进料中轻组分摩尔浓度在 $t = 200\mathrm{s}$ 时以阶跃方式增加 10%，由此可见，系统输出 M_B, M_D, x_D 的响应并没有太大的区别。因此，对于方案 5 与方案 6 的选择问题，关键在于确保回流罐液位控制的有效性。当塔顶产品产率较小，宜选择方案 6；而当回流比较小时，宜选择方案 5。当然，在条件满足时，可考虑选用如图 11-32 所示的改进方案。

此外，就 PID 参数整定而言，方案 5 较为简单，塔顶两回路无关联；而对于方案 6 及其改进，应通过参数整定拉开塔顶两回路的工作频率，即：使液位控制回路工作频率高些，而

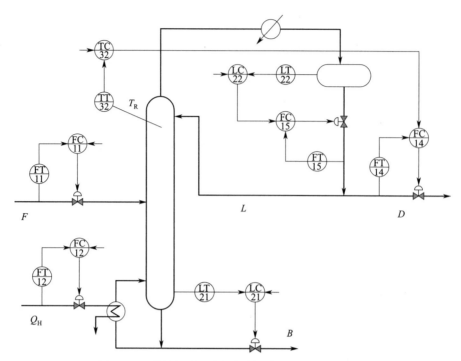

图 11-32 精馏段质量指标控制方案（方案 6 的改进）

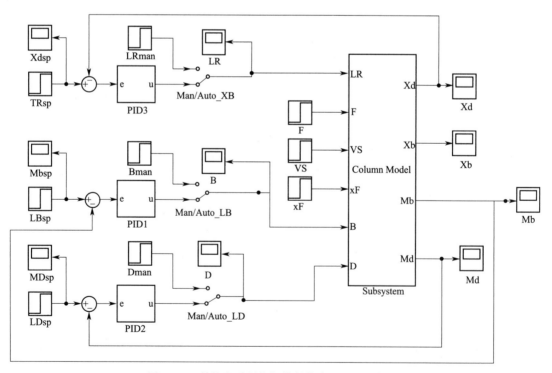

图 11-33 精馏段质量指标控制仿真系统（方案 5）

温度控制回路的调节作用应弱些（如减少温度控制器的增益或增大积分时间、不引入微分作用等措施）。

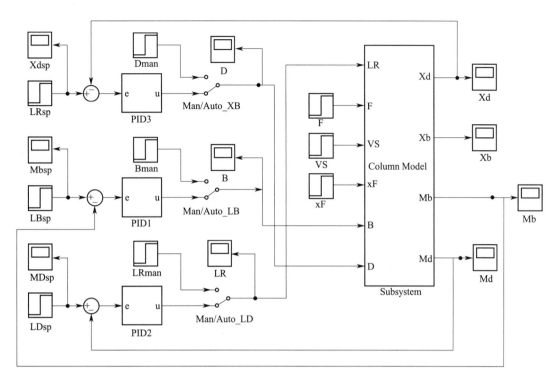

图 11-34 精馏段质量指标控制仿真系统（方案 6）

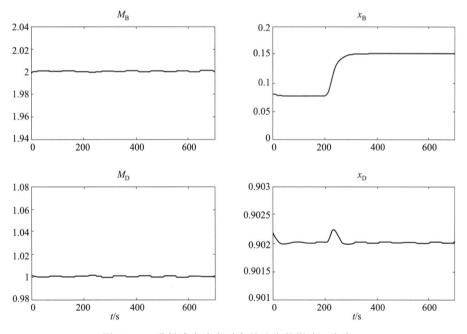

图 11-35 进料浓度改变对产品纯度的影响（方案 5）

控制方案 7 如图 11-37 所示。该方案的主要问题是塔顶温度与塔底液位两回路之间存在着较严重的耦合。若塔底液位上升，控制器 LC21 为控制塔底液位必然要求再沸器加热蒸汽量加大，由此导致塔顶温度 T_R 上升；控制器 TC32 必然要求回流量增大，由此又使塔底液

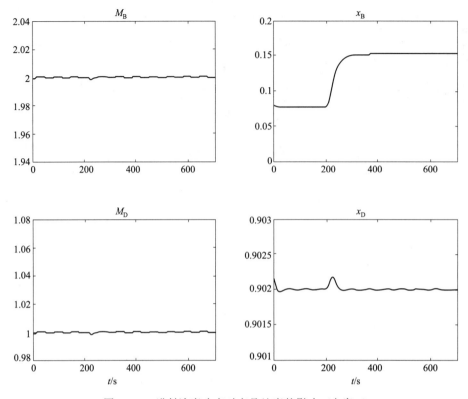

图 11-36　进料浓度改变对产品纯度的影响（方案 6）

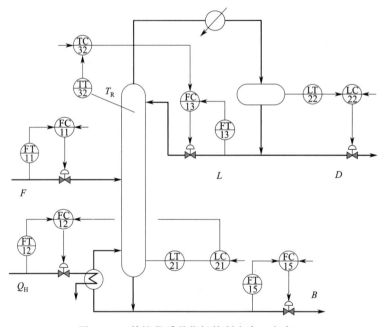

图 11-37　精馏段质量指标控制方案（方案 7）

位部分上升，再重复上述调节过程。结果使系统的过渡过程时间加长，控制质量难以提高。因而，这样的控制方案应当避免。

11.4.3 提馏段质量指标控制

当塔底液为主要产品时，常常按提馏段质量指标控制。这时，可取提馏段某灵敏板温度作为被控变量。采用这类控制方案时，在 L, D, V（或 Q_H）和 B 四者之中，选择一个作为控制产品质量的手段，选择另一个保持流量恒定，其余两个变量则按回流罐和塔底的物料平衡关系由液位调节器加以控制。对应的控制问题如图 11-38 所示。

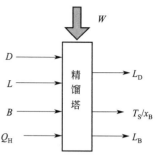

图 11-38　提馏段指标控制问题

考虑过程动态特性的影响，并结合变量间的相对增益分析，可将上述问题分解成塔顶、塔底两个子系统，由此可考虑的控制方案共有 4 种，如表 11-3 所示。类似于前一节精馏段指标控制方案的分析，故方案 12 无法采用，方案 11 因回流罐液位与提馏段温度两回路间存在较严重的关联通常不推荐，而方案 9 与 10 均是可采用的。

表 11-3　提馏段质量指标控制方案

方案	控制变量	D	L	Q_H	B	备注
9		L_D	L/F	T_S	L_B	
10	受控变量	L_D	L/F	L_B	T_S	
11		D/F	L_D	T_S	L_B	不推荐
12		D/F	L_D	L_B	T_S	不可取

方案 9 按提馏段质量指标控制再沸器加热量，从而控制塔内上升蒸汽量 V，同时保持回流量 L 为定值。此时，D 和 B 都是按物料平衡关系，由液位调节器控制，如图 11-39 所示。

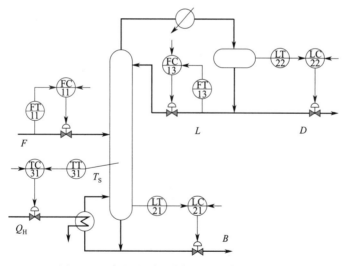

图 11-39　提馏段质量指标控制方案（方案 9）

对于提馏段灵敏板温度而言，方案 9 采用再沸器加热量 Q_H 作为控制变量，在动态响应上要比回流量 L 控制的滞后小，反应迅速，所以对克服进入提馏段的扰动和保证塔底产品质量有利。所以该方案是目前应用最广的精馏塔控制方案之一。可是在该方案中，回流量采用定值控制，而且回流量应足够大，以便当塔的负荷最大时仍能保证产品的质量指标。当回流量不足时，容易引起液泛，造成塔的操作异常。

这里针对方案 9，结合前面所建立的动态模型，构造了如图 11-40 所示的仿真系统。图 11-41 给出了进料浓度改变对产品纯度的响应曲线，其中进料中轻组分摩尔浓度在 $t = 300\mathrm{s}$

时以阶跃方式增加 10%。

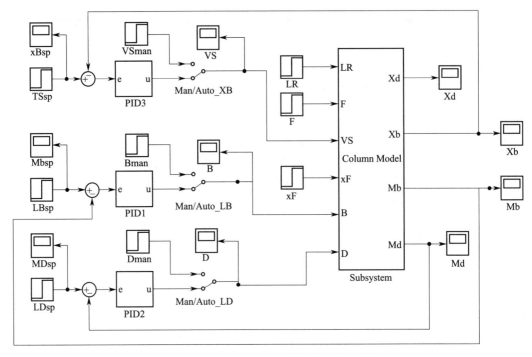

图 11-40　提馏段质量指标控制仿真系统（方案 9）

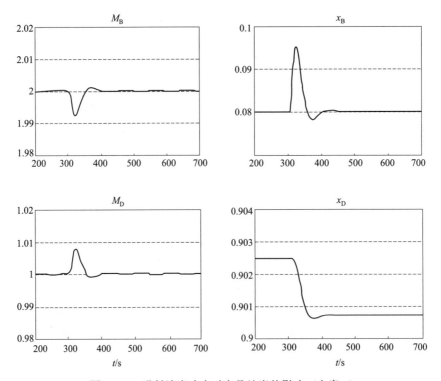

图 11-41　进料浓度改变对产品纯度的影响（方案 9）

通过比较响应曲线图 11-35 与图 11-41，可以发现：对于方案 5，精馏段质量指标通过调节塔顶回流量得到了很好的控制；然而，由于再沸器加热蒸汽量不变，结果导致塔底产品纯度大幅度下降，塔底产品轻组分摩尔浓度从 8％上升至 15％。而对于方案 9，提馏段质量指标通过调节再沸器加热蒸汽量得到了很好的控制；当然因塔顶回流量不变，塔顶产品纯度也将受影响，但影响幅度很小，塔顶产品轻组分摩尔浓度仅从 90.25％下降至 90.07％。由此可见，提馏段质量指标控制方案并不一定局限于控制塔底产品纯度，有时，当塔顶产品纯度要求不很高时，也可考虑采用提馏段指标控制方案。

与方案 9 的变量配对不同，方案 10 按提馏段指标控制塔底采出量 B，同时保持回流量 L 为定值。此时，D 按回流罐液位来控制，再沸器蒸汽量由塔釜液位来控制，如图 11-42 所示。

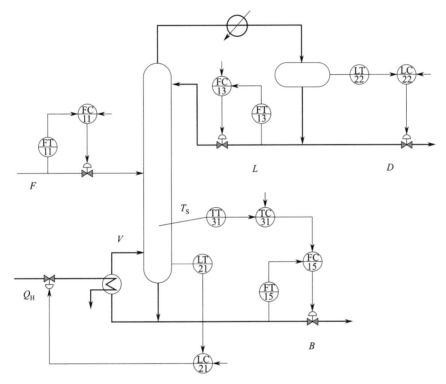

图 11-42　提馏段质量指标控制方案（方案 10）

该控制方案与正如前面所述的方案 6 相似，有其独特的优点和一定的弱点。优点是当塔底采出量 B 较少时，操作比较平稳；当采出量 B 不符合质量要求时，会自行暂停出料。缺点是滞后较大且液位控制回路存在反向特性。此外，同样要求回流量应足够大，以保证在最大负荷时的产品质量。

11. 4. 4　两端质量指标控制

当顶部和底部产品均需符合质量规格时，可以采用两个质量控制系统分别对两个产品质量指标加以控制。采用两个质量控制系统的主要原因，是使操作接近规格极限，从而使操作成本特别是能量消耗减少。如果不考虑操作成本和能量消耗的话，使用一个产品质量控制的方案，也可使另一个产品质量符合规格，只是回流比（或再沸比 V/B）更大一些，能量消耗要多一些。

两端质量控制问题如图 11-43 所示。为减少主要控制通道的调节滞后，仍可将上述问题分解成塔顶、塔底两个子问题，由此可考虑的控制方案共有 4 种，如表 11-4 所示。与物料

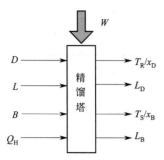

图 11-43 两端指标控制问题

平衡控制中的方案 4 相似，两个质量指标均采用塔顶、塔底产出量 D,B 来控制的方案 16 是不能采用的。这是由于当精馏塔进料一定时，按全塔物料平衡的要求产出量 D,B 中只有一个是独立变量，因而两个质量控制器必然与全塔物料平衡关系相矛盾。而其他三种方案均可考虑选用，对应的控制流程图分别如图 11-44～图 11-46 所示。

在图 11-44 所示的控制方案中，塔顶、塔底产品质量分别采用塔顶回流量与再沸器加热蒸汽量加以控制。由精馏塔操作的内在机理可知，当改变回流量时，不仅影响塔顶温度，同时也引起塔底温度的变化；同样，控制塔底再沸器加热量时，也将影响到塔顶温度的变化。所以塔顶和塔底两个温度控制系统之间存在着明显的关联。在另外的两端质量控制方案中，质量控制回路之间也同样会存在明显的耦合。

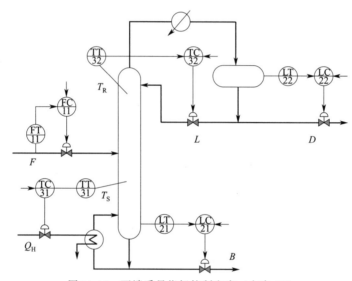

图 11-44 两端质量指标控制方案（方案 13）

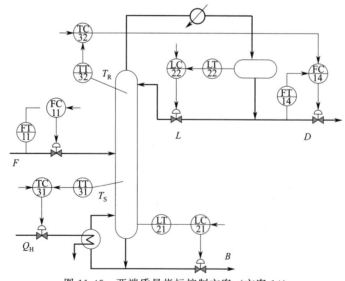

图 11-45 两端质量指标控制方案（方案 14）

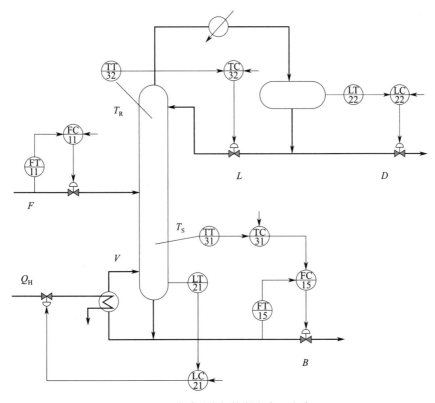

图 11-46 两端质量指标控制方案（方案 15）

表 11-4 精馏塔的物料平衡控制方案

方案	控制变量	D	L	V/Q_H	B	备 注
13		L_D	T_R	T_S	L_B	
14	受控变量	T_R	L_D	T_S	L_B	
15		L_D	T_R	L_B	T_S	
16		T_R	L_D	L_B	T_S	不可取

这里，仅以方案 13 为例，具体分析质量控制回路之间的耦合问题以及解决方法。结合前面所建立的动态模型，可构造如图 11-47 所示的仿真系统。首先，在两个液位控制回路投用的前提下，观察操纵变量 L，V 对产品质量的动态响应。阶跃响应曲线如图 11-48 所示，由此可获得如下的对象静态增益矩阵

$$\begin{pmatrix} x_D \\ x_B \end{pmatrix} = \begin{pmatrix} 0.224 & -3.11 \\ 0.153 & -4.13 \end{pmatrix} \begin{pmatrix} L \\ V \end{pmatrix} \tag{11-22}$$

对应的相对增益矩阵为

$$\boldsymbol{\Lambda} = \begin{pmatrix} 2.06 & -1.06 \\ -1.06 & 2.06 \end{pmatrix} \tag{11-23}$$

由此可见，质量控制回路之间存在着一定程度的耦合，尽管输入输出配对 $L \rightarrow x_D$，$V \rightarrow x_B$ 是正确的选择。

上述质量控制回路的关联并不算很严重，可以通过调节器参数整定使耦合回路的工作频率拉开，以达到系统稳定的目的。图 11-49 反映了两端质量指标控制系统的输出响应，其中

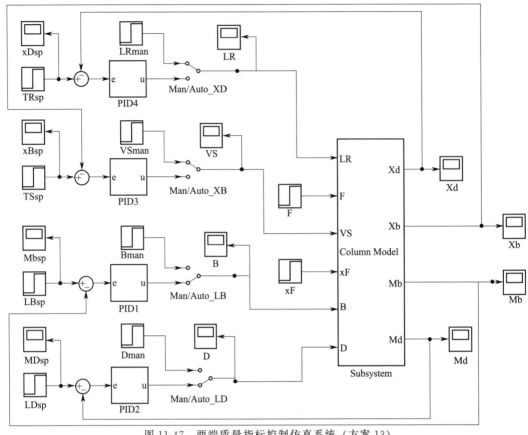

图 11-47 两端质量指标控制仿真系统（方案 13）

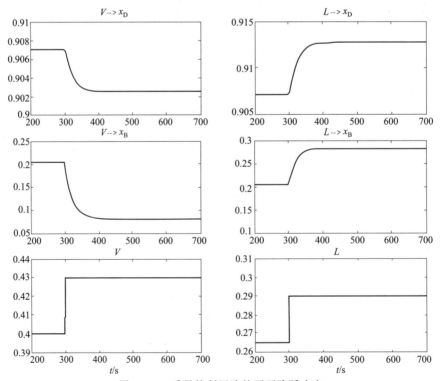

图 11-48 质量控制回路的开环阶跃响应

进料中轻组分摩尔浓度 x_F 在 $t = 300s$ 时从 0.45 以阶跃方式下降至 0.40，进料量 F 在 $t = 600s$ 时从 $0.3kmol/min$ 以阶跃方式上升至 $0.4kmol/min$。由此可见，控制系统性能并不差，可满足实际工业需要。

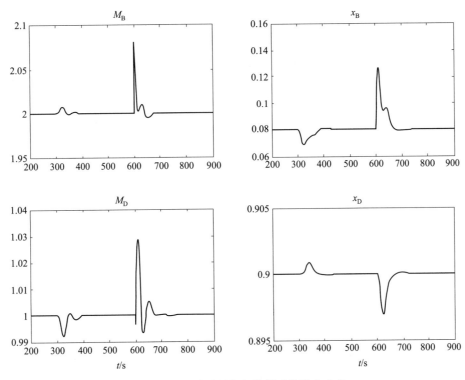

图 11-49　两端质量指标控制系统输出响应

当关联严重时，可考虑采用解耦控制策略。然而，由于精馏塔是一个非线性严重的多变量过程，精确求取动态特性相当困难，有时甚至是不可能的，而求取静态特性则相对容易些。因此可对精馏塔实施静态解耦，在此基础上进行必要的动态补偿。

除解耦控制外，若对塔顶塔底产品质量控制要求不是很高，实际应用中应首先考虑选用单端指标控制，可以是精馏段指标控制，也可以是提馏段指标控制。至于节能问题，也可采用其他控制策略来解决，详见下一节。

11.5　精馏塔的先进控制方案

随着控制技术与计算机技术的不断发展，面向精馏塔的先进控制方案不断出现，使得控制品质越来越高，既确保了塔的平稳操作，又能满足工艺提出的各种新的要求。本节将对基于数学模型的精馏塔先进控制方案作一个基本的介绍。

11.5.1　内回流控制

由精馏塔特性分析可知，精馏塔的平稳操作完全取决于塔内汽液比，因此，保持塔内汽相流量和内回流量与进料流量之比恒定，就可以达到稳定操作的目的。对单位进料而言，塔内汽相流量主要取决于再沸器加热量、进料热焓与内回流量，而再沸器加热量为塔内汽相流量的操纵变量。为了减少外部干扰对塔内汽液比的影响，需要对进料热焓与内回流量进行有效的控制。对于大多数精馏塔而言，通常为单相进料（液相或气相），因而，进料热焓控制可用进料温度控制来代替。下面着重讨论内回流控制。

当外部回流温度与塔顶塔板温度相等时，外回流就等于内回流，此时就可以用外回流定值控制的方法，保持内回流恒定。然而，在实际操作时，通常外回流温度低于顶部塔板温度，而且环境温度的变化也会影响到回流液的温度。于是，即使外回流流量不变，因温度的变化也会引起内回流的波动，从而影响到塔的平稳操作。因此，当回流液温度变化较大时，希望进行内回流定值控制，问题是在实际生产过程中内回流是无法直接测量的。为了实现内回流定值控制，必须设法计算或估计出内回流。

外回流温度低于顶部塔板温度时，在顶部塔板上，除了正常的轻组分汽化和重组分冷凝的传质过程外，还有一个把外回流加热到与顶部塔板温度相等的传热过程。加热外回流所需的热量来自于进入顶部塔板的蒸汽部分冷凝所放出的潜热。于是，内回流 L_R 就等于外回流 L 与这部分冷凝液流量 l_R 之和，即

$$L_R = L + l_R \tag{11-24}$$

此外，从热量平衡关系可知，部分蒸汽冷凝所放出的潜热等于外回流由原来的温度升高到顶部塔板温度所需的热量，即

$$l_R \Delta H = c_p L (T_V - T_L) \tag{11-25}$$

式中，ΔH 为冷凝液的汽化潜热，kcal/kg；c_p 为外回流液的比热容，kcal/(kg·℃)；T_V 为塔顶蒸汽温度，℃；T_L 为外回流液温度，℃。

由式(11-24)与式(11-25)就可得到以下内回流计算式

$$L_R = L \left[1 + \frac{c_p}{\Delta H} (T_V - T_L) \right] \tag{11-26}$$

式(11-26)反映了外回流温度对内回流的影响。当外回流液与塔顶蒸汽的温差变化时，可由该式计算内回流，并结合内回流流量控制器以实现内回流的定值控制。

内回流控制已应用于炼油厂芳烃分馏装置采用风冷式冷却器的苯、甲苯与二甲苯等精密精馏装置中。应用结果表明，内回流控制方案能有效地克服环境温度对风冷式冷却器操作的影响，进而减少塔的操作波动。

11.5.2 产品质量的软测量与推断控制

随着微电子技术与传感器技术的发展与完善，人们研制开发了众多的新型测量仪表。然而，就过程工业而言，测量仪表的类型并不多，主要包括压力、流量、温度和液位测量等；而关于成分和物性的连续测量仪表至今还存在不少的问题。

第一，有些测量指标，如混合物中某关键组分的含量等，通常由人工间歇地进行化验分析。由于实验过程的复杂性与时间限制，往往需要较长时间才能完成一次分析，因而只能间隔一段时间进行一次测量，如 4h 或 8h 一次。

第二，有些测量指标，如汽油干点、轻柴油凝固点等，人们设法将人工分析过程自动化、机械化，开发了相应的自动分析仪器。然而，这些仪表不仅价格昂贵，而且可靠性差、维护工作量大、测量滞后大，实际应用效果并不理想。

总之，对于成分和物性等关键参数，尽管它们能够最直接地反映生产过程的状况，但是它们的在线实时测量仍有不少困难。为改变这一现状，人们提出了"软测量"方法。所谓"软测量"，就是应用机理分析与数据回归等数学方法，建立难测量参数与可测变量之间的关系模型，并以这些相关可测变量作为输入，用软件计算方法给出被测量参数的实时估计值。

软测量技术已有几十年的历史。与之相近，将几个变送器的信息综合在一起，作为一个

被控变量，构成采用计算指标的控制系统，在过程控制领域早已被人们所熟知。例如前面所介绍的精馏塔内回流计算等，实际上也可以说是一些简单的软测量仪表。一般形式的软测量仪结构可用图 11-50 来描述。

实际工业对象的输入变量通常可分为三类，可测可操作的控制向量 $u(t)$、可测不可控的扰动向量 $d(t)$ 与不可测不可控的扰动向量 $w(t)$。输出变量包括：待估计的系统输出变量 $y(t)$ 与可测的辅助输出向量 $z(t)$。软测量的任务是依据各种可以测量得到的信息 $u(t)$，$z(t)$ 和 $d(t)$，去推断估计不能（或不易）直接测量的关键系统输出 $y(t)$。尽管近年来研究人员提出了基于对象动态数学模型对系统输出 $y(t)$ 进行估计的方法，但因实际过程的复杂性与强非线性，要建立对象的动态模型非常困难。因而，在现有的软测量系统中，绝大多数采用稳态数学模型，即软测量仪输出可表示为

$$\hat{y}(t) = f(z(t), u(t), d(t), \theta) \tag{11-27}$$

式中，$\hat{y}(t)$ 为系统输出 $y(t)$ 的软测量估计值；θ 为模型参数。

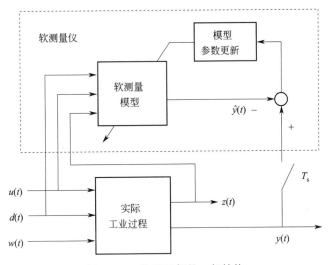

图 11-50　软测量仪的一般结构

软测量仪的开发主要包括两部分的工作：软测量模型的建立与软测量仪的在线学习。软测量模型的建立过程具体包括对象特性的掌握、标准样本数据的采集、特征变量的提取、模型结构形式的确定、模型参数的估计与模型检验等步骤。然而，即使初始建立的软测量模型很精确，但由于过程工况与原料性质等因素的不确定性变化，必须引入模型的在线更新功能（或称软测量模型的自学习），才能保证软测量仪的精度。所谓"模型的在线更新"，是指：利用新近获得的输入输出样本数据对 $\{z(k), u(k), d(k), y(k)\}$，对模型参数进行修正。限于篇幅，对于软测量模型建立、在线学习与工业应用等方面，这里不再详细讨论，有兴趣的读者可阅读相关文献。

一般意义上的产品质量推断控制系统如图 11-51 所示，它包括关键输出估计模型与反馈控制器两部分，其中关键输出估计模型（即软测量模型）以可测的控制作用与辅助输出为输入、以关键系统输出的预测值为模型输出；而反馈控制器则以软测量模型输出与其设定值之差为输入，以控制作用 $u(t)$ 为控制器输出。图中 $Z(k)$ 为过程测量信号，可同时包括控制输入、可测的扰动输入与过程辅助测量输出；$\hat{y}(k)$ 为自适应软测量仪的输出（为表示简单起见，图中未标注模型自校正机构）。就反馈控制器而言，可将受控过程与软测量模型等效

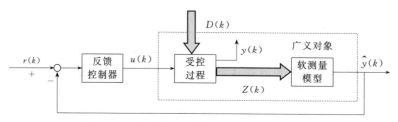

图 11-51 基于软测量模型的推断控制系统结构

于一个广义对象。

由于该广义对象输入可控、输出可直接测量（用软测量仪的输出代替实际输出），又为相对简单的单输入单输出系统，因而反馈控制器可采用串级控制、前馈反馈控制器、内模控制器、预测控制器等。实际应用时，需要根据受控过程与软测量模型的具体特点来选择合适的控制器结构与参数。

软测量技术与推断控制系统近年来受到了国内外过程控制领域的普遍重视。人们从工艺机理、数据回归分析两方面对软测量模型的建立与应用技术进行了深入而广泛的研究，并面向工业实际，开发研制了各种软测量仪。与此同时，基于软测量仪的推断控制技术已开始应用于工业过程，并产生了显著的经济效益。

另一方面，软测量技术本身也存在其局限性。由于软测量模型主要基于过程工业中常见的温度、压力、流量等信息，而影响产品质量指标的因素除了这些可测量的操作条件外，还包括原料性质、组成等不可测因素。当这些不可测因素影响较大时，软测量模型的精度将很难保证。另外，由于软测量模型的建立与在线更新都依赖于标准分析样本数据。这些样本数据的正确与否，对软测量仪的估计精度有直接影响。

为克服软测量技术的局限性，需要进一步完善软测量技术；与此同时，以在线色谱、在线光谱为代表的现代分析测量技术，近十多年来得到了迅猛的发展，开始获得过程工业界的认可。只有充分结合两者的优势，才能真正将产品成分与质量在线分析技术提高到一个新的水平。

11.5.3 精馏塔的节能控制

能源问题已成为制约我国经济发展的最关键的瓶颈问题之一。以炼油、炼钢、化工为代表的流程工业，其能耗约占工业生产总能耗的 50％以上。以炼油化工过程为例，据统计，全厂能量约有 40％消耗在精馏过程上，因此精馏塔的节能控制更显得迫切和重要。长期以来，人们作了大量的研究工作，提出了一系列新型控制系统和控制方法，以期尽量节省和合理使用能量，提高经济效益。在本小节里，主要举例介绍几种节能控制方法。

（1）产品质量指标的"卡边"控制

在一般精馏操作中，操作人员为了防止生产出不合格的产品，总是习惯于保守操作，生产产品的质量普遍高于规定值。然而，提高分离度就意味着加大回流比，增加再沸器上升蒸汽量，这种操作方式既浪费了能量又降低了回收率。因此，为了保证产品质量合格，提高产品产量，降低能耗，应该将保守的"过度分离"操作转变为严格控制产品质量指标的"卡边"生产，这就需要降低回流比。

降低回流比是节能的有效途径，但降低回流比需十分慎重，因回流比对产品质量影响很大。图 11-52 表示某脱异丁烷塔的塔顶采出物中，杂质正丁烷含量与回流比的关系。质量指标规定产品中正丁烷的含量要求不超过 4％，但实际操作总是过度分离，塔顶产品中正丁烷的实际含量有时甚至低于 1％。这是由于产品中杂质含量与回流比之间的非线性关系。当回流比为 8∶1 时, 回流比每减少半个单位, 产品中杂质含量只增加 0.2%; 而在回流比为理想值 4∶1 时, 回流比每减少半个单位就会使产品杂质增加 1.8%。由此可见, 降低回流比会大大增加操作难度。这时最好采用先进的控制系统, 配以测量直接质量指标的在线工业分析仪 (或前一小节所介绍的软测量分析仪), 用产品组分浓度的信息去修正控制变量, 可有效地降低回流比和过高的分离度, 从而达到节约能量, 提高产品产量的目的。图 11-53 表示了一种基于在线工业分析仪的直接质量指标控制系统, 它与常规的灵敏板温度控制、回流量 (或再沸器加热量) 控制组成一个典型的三串级控制系统。

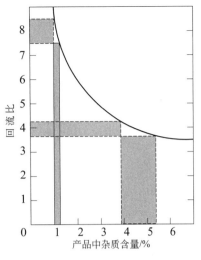

图 11-52　回流比对产品质量的影响

此外, 通过选择精馏段与提馏段的灵敏板温度以间接反映塔顶塔底产品的纯度, 并运用前一节所介绍的两端质量指标控制方案, 也能取得较好的节能效果。

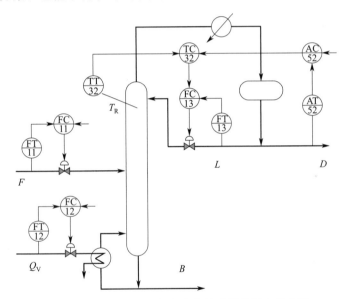

图 11-53　在线工业分析仪在产品质量控制中的应用

（2）前馈控制的应用

在精馏塔的常用控制方案中, 除两端质量指标控制外, 为减少操作波动, 回流量或再沸器加热量均设置为定值控制系统, 且设定值需足够大, 也使进料量最大时精馏塔的分离操作仍能保证产品质量的要求。这种控制方式必然造成能源的浪费。如果引入前馈控制就可以克服进料扰动的影响。以精馏段质量指标控制为例, 某一前馈-反馈控制方案如图 11-54 所示, 图中采用乘法器来实现前馈补偿, 在实际使用中可引入一阶滤波器对乘法器输出信号进行平滑, 以避免加热蒸汽量的波动。

由精馏塔的静态数学模型可知, 对于一个确定的二元精馏塔, 如进料浓度固定不变, 则塔顶塔底产品的杂质含量 (或纯度) 由塔顶产品分配量 D/F 与回流比 L/D 唯一确定。只要保证 D/F 和 V/F 的比值恒定, 由于 $V=L+D$, 则回流比 L/D 也基本固定。而对于进料浓度的波动, 可通过 D/F 的调整来补偿。实践表明, 将前馈控制的思想运用于精馏塔,

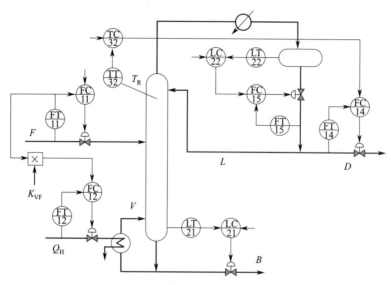

图 11-54　精馏段指标前馈-反馈控制方案

可以收到降低能耗的效果。

　　以上讨论的几种节能控制方案，仅限于常规控制方案，并主要针对二元精馏塔。实际工业中精馏装置种类繁多，比上述二元精馏塔要复杂得多，应该从工艺机理分析、动态建模和操作优化等方面着手，并结合仿真与实验研究，方能取得更显著的节能效果。

思考题与习题 11

11-1　某简单精馏塔如图 11-55 所示，要求控制精馏段灵敏板温度 T_R、回流罐液位 L_D、精馏塔底液位 L_B，而可操纵变量为回流量 L、塔顶产品采出量 D、塔底产品采出量 B、塔底再沸器加热量 Q_H。该精馏塔的主要扰动为进料量 F 与进料浓度 x_F，其中 F 为可测但不可控扰动，x_F 为不可测不可控扰动。试针对下列情况为该设备设计一个多回路控制系统，并尽可能减少各回路之间的关联。

① 回流比 L/D 大于 3。

② 塔顶产率 D/F 大于 0.3 而回流比小于 1。

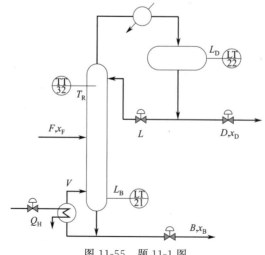

图 11-55　题 11-1 图

11-2   图 11-56 所示的提馏段灵敏板温度控制回路很可能引起液泛。假设液泛可以用塔底和塔顶压力之差来表征（压差太大时表明产生了液泛）。请在此基础上设计一个液泛约束控制系统，以保证正常操作时按提馏段温度调节加热蒸汽流量，而当塔即将出现液泛时则要求调节加热蒸汽流量确保不发生液泛。要求画出带控制点的流程图与对应的方块图，并选择控制器的正反作用。

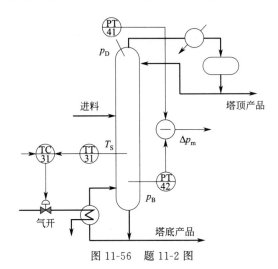

图 11-56   题 11-2 图

12 化学反应过程控制

12.1 化学反应过程概述

化学反应过程通常可划分为前处理、化学反应及后处理三个工序。前处理工序为化学反应做准备，后处理工序用于分离和精制反应的产物，而化学反应工序通常是整个生产过程的关键操作过程。

化学反应过程的本质是物质的原子、离子重新组合的过程，它使一种或几种物质变成另一种或另几种物质。一般可用下列化学反应方程式表示

$$a\mathrm{A}+b\mathrm{B}+\cdots\Leftrightarrow c\mathrm{C}+d\mathrm{D}+\cdots+Q \tag{12-1}$$

例如，氨合成反应可写成

$$3\mathrm{H}_2+\mathrm{N}_2\Leftrightarrow 2\mathrm{NH}_3+Q \tag{12-2}$$

式中，A,B 等称为反应物；C,D 等称为生成物；a,b,c,d 等则表示相应物质在反应中消耗或生成的摩尔比例数；Q 为反应的热效应（$Q>0$ 表示放热反应，$Q<0$ 表示吸热反应）。

化学反应过程具有以下一些特点。

① 化学反应遵循物质守恒和能量守恒定律，因此，反应前后物料平衡，热量也平衡。

② 反应严格地按反应方程式所示的摩尔比例进行。

③ 化学反应过程中，除发生化学变化外，还发生相应的物理变化，其中比较重要的有热量和体积的变化。

④ 许多反应需在一定的温度、压力和催化剂存在等条件下才能进行。

化学反应在化学反应器中进行，化学反应器是过程工业生产中的重要设备之一，它通常是整个生产过程的核心。随着过程工业的日新月异，反应器的种类愈来愈多。下面简单介绍化学反应器的基本形式。

12.1.1 化学反应器的类型

根据反应物料的形态是否相同，可分为均相和非均相反应器两大类。均相反应器指反应器内物料处于同一相态。例如，烃类的热裂解反应通常在均一的气相中进行，这类反应器称为气相反应器。如果反应在均一的液相进行，则称为液相均相反应。例如溶液中进行的酸碱中和反应等。非均相反应器指反应器内的物料之间或反应物与催化剂之间存在相平面。例如，合成氨生产过程中氨的合成反应是气-固催化反应，这类反应器称为非均相气-固反应器。非均相反应有气-固、气-液、液-固和液-液非均相反应等。

根据反应器进出物料是否连续，可以分为间歇式、半间歇和连续式三类。间歇反应器将反应物分次加入，或一次加入，经一定时间反应后，取出反应器中所有物料，然后重新加料开始新的一次反应。通常应用于生产批量小、反应时间长或反应全过程对反应温度有严格程序控制要求的场合。间歇式反应器的控制大多应用时间程序控制方式，即设定值按照一个预先规定的时间程序而变化，因此属典型的随动控制系统。连续反应器是指反应物连续加入，反应连续进行，产品连续取出的反应器。目前，用于基本化工产品生产的相当数量的大型反

应器均采用连续的形式，这样可以连同前后工序一起连续而平稳地生产。对于连续反应器，为了保持反应的正常进行，希望控制反应器内的若干关键工艺参数（例如温度、成分、压力等）稳定。因此，通常采用定值控制系统。半间歇反应器是反应物料间歇加入，产品连续取出，或反应物连续加入，产品间歇取出的一类反应器。

根据传热情况，分为绝热式和非绝热式反应器两类。绝热反应器不与外界进行热量的交换，未反应物料与已反应物料自身进行热量交换，维持一定的反应温度，因此，也称为自热式反应器。例如，国内一些合成氨厂的合成塔，其塔内有两组换热设备，原料气先与反应物料进行热交换，预热后的原料气再在催化剂层换热，并进入催化剂层进行反应。非绝热反应器与外界进行换热。既可以对反应物料加热，也可移去反应热。

根据物料的流程，可分为单程与循环反应器两大类。单程反应器中物料不进行循环，当反应转化率和产率足够高时，可采用单程反应器，它的结构简单，能耗较小。例如，硝酸生产过程中，氨氧化反应在氧化炉进行，转化率可高达 97%。单程反应器主要控制进料流量、温度和浓度及加入或移去的热量等操纵变量。当反应速度较慢或反应转化率较低时，必须将反应产物进行分离，把未反应的物料循环与新鲜反应物混合后，再进入反应器进行反应。此时称为循环反应流程。例如，合成氨生产过程中氢与氮的合成反应转化率仅为 12%，这时，需要将未反应掉的氢气和新鲜氢混合后再进入合成塔进行反应。另一些反应因在高温下有副反应或副反应产物较多，为抑制副反应或副反应产物，需要降低反应温度，使反应转化率降低而采取循环流程。需要指出，循环流程中不参与反应的惰性物质会因循环而不断累积，因此要及时排放。

循环型反应器中除了反应物的循环外，有时也有溶剂的循环使用和为了防止反应过于剧烈而在进料中加入部分反应产物等多种形式。在制定循环型反应器的控制方案时，对于物料平衡应作相应的考虑。

根据反应器的结构形式来分类，可以分成釜式、管式、塔式、固定床、流化床、鼓泡床等多种反应器结构，它们适用于不同的化学反应，对象特性和对控制的要求也各不相同。

釜式反应器通常用于均相和非均相的液相反应，例如聚合反应等。釜式反应器通常有搅拌电机进行充分搅拌，使釜内各点浓度与出料浓度接近一致。此时，该反应过程可近似用集中参数系统描述。当反应釜体积很大，各点浓度不一致时，应按分布参数系统处理。

管式反应器结构非常简单，就是一种管子，常用于大规模气相或液相反应。例如石油气的裂解炉，由于同一时间管内各点温度、浓度等参数各不相同，虽然工程应用时按集中参数处理，但它们是典型的分布参数系统。

固定床反应器有着悠久的历史。气相反应物通过催化剂层进行气-固催化反应，例如，合成氨生产过程中的变换炉、合成塔等。当需要较大传热面积时，也可采用列管式固定床反应器。例如，乙酸乙烯生产过程中气相乙酸和乙烯在固相钯催化剂层的合成反应。同样，固定床反应器在工程应用中也常按集中参数系统处理，而实际上应是分布参数系统。

流化床反应器中固相催化剂的颗粒比固定床反应器中的要小得多，因此，反应气通过床层时，催化剂处于流化状态，气固相的接触如水的沸腾，因此，亦称为沸腾床反应器。例如，炼油过程中的催化裂化反应。床层内的沸腾状态直接影响反应的转化率，因此，反应过程中应控制沸腾床层高度和气流速度等。

鼓泡床反应器用于气液非均相反应。液相床层中，气体鼓泡通过，进行气液间的反应。例如乙醛与氧气通过含乙酸锰的溶液生产乙酸的反应。反应过程中需控制气相和液相流量的比值，并保持一定的液相反应床层和反应温度等。

12.1.2 化学反应的基本规律

为了建立反应器的数学模型和正确设计反应器的控制系统，必须掌握化学反应的基本规律。下面介绍化学反应工程中几个常用的概念。

(1) 化学反应速度及其影响因素

化学反应速度定义为：单位时间单位反应体积中某一物质摩尔数的变化量，即

$$r_i = \frac{1}{V_R}\frac{dn_i}{dt} = \frac{dc_i}{dt} \tag{12-3}$$

式中，r_i 为某物质 i 的反应速度，$kmol/(m^3 \cdot min)$；n_i 为某物质 i 的摩尔数；t 为反应时间，min；V_R 为反应体积，m^3；c_i 为物质 i 的摩尔浓度，$kmol/m^3$。

显然，对于不可逆反应的生成物，其反应速度为正值；而对于反应物，其反应速度为负值。对于下述反应

$$a A + b B \longrightarrow c C + d D \tag{12-4}$$

其各物质间的反应速度关系为

$$-\frac{r_A}{a} = -\frac{r_B}{b} = \frac{r_C}{c} = \frac{r_D}{d} \tag{12-5}$$

而对于可逆反应，例如 $A + B \Leftrightarrow C$，化合与分解同时进行，净化学反应速度是化合反应速度与分解反应速度之差。另外，对非单一的反应，例如并行反应 $A \rightarrow B$，$A \rightarrow C$，连串反应 $A \rightarrow B \rightarrow C$，净化学反应速度是几个反应速度的代数和。

① 浓度对反应速度的影响　对于式(12-4)所示的反应，反应速度与反应物浓度的关系为

$$r_C = K c_A^\alpha c_B^\beta \tag{12-6}$$

式中，c_A，c_B 分别为反应物 A 和 B 的摩尔浓度；α，β 分别为反应物 A 和 B 的反应级数，可以是正数或负数、分数或整数；K 称为反应速度常数。

上述反应中，对物质 A 称 α 级反应物，物质 B 称 β 级反应物，整个反应称 $\alpha + \beta$ 级反应。根据式(12-6)，显然系统 α，β 值为正时，相应的物质浓度越大，反应速度也越大；若数值等于零，表示该物质浓度对反应速度没有影响；若数值为负时，该物质浓度增加，反而抑制反应，使反应速度下降。

对于气相反应，由于分压与浓度存在对应关系，所以反应速度也可以用分压 p 表示

$$r = K_p p_A^\alpha p_B^\beta$$

式中，p_A，p_B 分别为反应物 A 和 B 的分压。

对于可逆反应，总的反应速度为正逆反应速度之差。例如对于下述可逆反应

$$a A + b B \Leftrightarrow c C + d D \tag{12-7}$$

则总的反应速度为

$$r_C = K_1 c_A^\alpha c_B^\beta - K_2 c_C^\rho c_D^\gamma \tag{12-8}$$

式中，r_C 表示组分 C 总的生成速度；K_1，K_2 分别表示正向反应与逆向反应的反应速度常数；当化学方程式直接反映内在机理时，其反应级数的值 α，β，ρ，γ 分别就是 a，b，c，d。但由于实际反应机理一般都很复杂，故实际的动力学关系必须结合实验得出。

② 温度对反应速度的影响　温度对反应速度的影响非常复杂，常见的影响情况如图 12-1 所示。随着反应温度的升高，反应速度呈指数增长趋势。

温度和反应速度的关系，通常用阿累尼乌斯公式表示

$$K = K_0 e^{-E/RT} \tag{12-9}$$

式中，R 为气体常数，$R = 8.3196 kJ/(mol \cdot K)$；$E$ 为活化能，表示使反应物分子成为能进行反应的分子（称活化分子）所需的平均能量，单位为 kJ/mol，在一定的温度范围内

活化能可视为不变；T 为反应器的热力学温度，K；K_0 称为频率因子，单位同 K。

由式(12-9) 可得

$$\ln K = -\frac{E}{RT} + \ln K_0 \tag{12-10}$$

图 12-1(b) 表示了 $\ln K$ 与 $1/T$ 的关系。由图可以看出：温度升高使 K 值增大，从而使反应速度加快。对于可逆反应，反应温度的升高使正反应速度 K_1 和逆反应速度 K_2 都增加，如果是吸热反应，K_1 的增加速度大于 K_2 的增加速度，则总的反应速度提高；如果是放热反应，随着温度升高，K_1 的增长速度小于 K_2 的增长速度，总的反应速度就会下降。

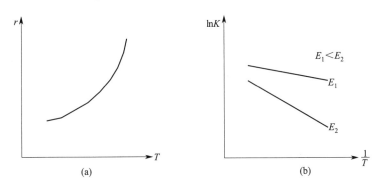

图 12-1　温度与反应速度的关系

③ 反应压力的影响　在固相和液相反应中，压力对反应速度常数 K 与反应物或生成物浓度没有影响，所以压力对反应速度不产生影响。而对于气相反应或有气相物质参加的化学反应，压力增加时，该气相物质的浓度增加，反应速度也相应增加。

④ 催化剂的影响　催化剂对反应速度的影响，是通过改变活化能 E 来实现的。由于活化能的改变对反应速度影响很大，所以催化剂对反应速度的影响也很大。对同时进行几个反应的反应器，由于催化剂对反应具有很大的选择性，因此，选择合适的催化剂，可以加速某一反应的反应速度。

（2）化学平衡及其影响因素

对于可逆反应，在一定温度下，当达到某一反应深度时，正逆反应速度相等，总的反应速度等于零，此时就称反应达到了化学平衡。

对于式（12-7）所示的可逆反应，达到化学平衡时 $r_C = 0$，即

$$K_1 c_A^\alpha c_B^\beta = K_2 c_C^\rho c_D^\gamma \tag{12-11}$$

令

$$K_C = \frac{K_1}{K_2} = \frac{c_C^\rho c_D^\gamma}{c_A^\alpha c_B^\beta} \tag{12-12}$$

式中，K_C 为用浓度表示的平衡常数。K_C 越大，平衡转化率越高。对于完全由气体参加的反应（即气相反应），如果理想气体定律可以适用，则平衡常数可以用分压来表示

$$K_p = \frac{p_C^\rho p_D^\gamma}{p_A^\alpha p_B^\beta} \tag{12-13}$$

式中，当总压 p 和温度 T 一定时，K_p 为常数；p_A，p_B 和 p_C，p_D 分别为组分 A，B，C，D 的分压。

① 反应物与生成物浓度对化学平衡的影响　实验表明，增加反应物浓度或降低生成物浓度，平衡向正反应方向（增加生成物方向）移动；反之，增加生成物浓度或降低反应物浓度，平衡向逆反应方向（增加反应物方向）移动。在生产过程中，为了充分利用原料、提高

产量，可以使反应产物不断离开反应区，降低生成物的浓度，促使平衡沿正方向移动。此外，在生产上为了充分利用某一反应物原料，可以使另一反应物的原料过量，增加反应浓度，促使反应沿增加生成物方向进行，保证某一反应物原料的充分反应。

② 反应压力对化学平衡的影响 反应压力是通过改变单位体积内的分子数，增加或减少分子之间相互碰撞机会而影响化学反应平衡。因此，压力对反应物和生成物全是固体或液体的反应没有什么影响；但对有气体存在的反应，压力对平衡就有影响。实验证明：增加总压力，平衡向摩尔数减少的反应方向移动；降低总压力，平衡向摩尔数增加的反应方向移动。例如，对反应式(12-2)，如果增加反应压力，平衡向生成氨的方向移动，因为这个方向使系统内总摩尔数减少；反之，降低压力，平衡沿反应的逆方向移动，整个系统的总摩尔数增加。由此可见，对合成氨反应而言，增加反应压力，对提高氨的平衡浓度有利。

③ 温度对化学平衡的影响 升高温度使分子运动加速，对正、逆反应都有利，但是影响的程度不同。实践证明：升高反应温度，有利于吸热反应，平衡沿吸热反应方向移动；降低反应温度，有利于放热反应，平衡沿放热反应移动。例如，式(12-2) 所示的放热反应，升高反应温度，平衡沿逆反应方向进行，氨浓度减小；降低反应温度，平衡沿正反应方向进行，使氨的浓度增加。由此可见，就化学平衡而言，降低反应温度对合成氨反应有利。

④ 催化剂对化学平衡的影响 催化剂最终并不参与物质变化，只是起加速或阻止反应进行的作用，所以，它对化学平衡没有影响。

上述影响可归结为吕查德平衡移动原理。这一原理指出，如果改变平衡状态时的某一条件造成平衡被破坏，平衡将自动地向减少这种改变的方向移动。特别值得指出的是，化学平衡反映了可逆反应过程的一种极限状态，要达到平衡状态通常需要相当长的时间。而化学反应器的操作目标是使反应过程远离化学平衡状态，同时使反应朝着最有利的方向进行。只有这样，才能保证有一定的反应速度，并得到尽可能多的目的产品。

(3) 反应的转化率、产率和收率

对于不可逆反应 A＋B→C，转化率的定义为

$$转化率 = \frac{反应掉 A 的摩尔数}{进入反应器 A 的摩尔数} \times 100\% \tag{12-14}$$

影响化学反应转化率的因素有反应温度、停留时间、反应物浓度、反应压力、催化剂活性和反应器类型等。在相同的反应温度下，停留时间越长，转化率越高；当停留时间足够长时，因转化率已经很高，这时转化率的增长不明显；在相同的停留时间下，反应温度的上升，反应加快，转化率也上升，但当达到一定程度后，再增加反应温度，转化率的变化也将不明显。在反应温度和停留时间不变时，进料浓度对转化率没有影响。很多情况下，反应物浓度、反应压力等因素的改变，都可能间接影响反应温度，进而影响到反应速度和反应转化率。

对于有副反应的化学反应过程

$$A+B \Rightarrow \begin{cases} C+\cdots & （主反应） \\ C'+\cdots & （副反应） \end{cases}$$

式中，A 为反应物，则可作如下定义

$$产率 = \frac{转化为产品 C 的 A 的摩尔数}{反应掉 A 的摩尔数} \times 100\% \tag{12-15}$$

显然，如不存在副反应，则产率为 100%。

转化率与产率的乘积称为收率，即

$$收率 = \frac{转化为产品 C 的 A 的摩尔数}{进入反应器 A 的摩尔数} \times 100\% \tag{12-16}$$

转化率、产率或收率是反映反应状况的重要指标，对于不存在副反应的场合，它们三者是统一的，可用转化率或收率来衡量反应的好坏；而对于存在副反应的场合，则必须认真分析，根据生产要求来选择，一般以收率最高为目标函数。

12.2　化学反应器的动态数学模型

为了正确设计反应器的控制系统，建立反应器的数学模型是一项十分重要的任务。目前由机理建模法来获取反应过程的数学模型往往十分困难，它涉及物料平衡、能量平衡和反应动力学等一系列问题。但是这种机理模型具有明确的物理意义，有比较严密的科学性。本节将以如图 12-2 所示的非绝热连续搅拌槽式液相反应器为例，来说明反应器机理模型的建模思路。

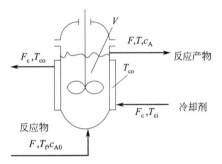

图 12-2　非绝热连续反应器

12.2.1　基本动态方程式

（1）化学反应速度方程

假设反应器内进行的是一级不可逆放热反应

$A \xrightarrow{K} B$；反应器内温度 T 和浓度 c_A 是均匀分布的，并分别与产物的出口温度和浓度相同。由此可得到反应物 A 的反应速度方程为

$$r_A = \frac{dc_A}{dt} = -K_0 c_A e^{-\frac{E}{RT}} \tag{12-17}$$

式中，E 为反应活化能，kJ/mol；R 为气体常数；K_0 为反应频率因子。

（2）物料衡算式

对于一个化学反应器来说，在单位时间内进入系统的物料量减去离开系统的物料量，再加上（或减去）由化学反应生成（或消耗）的物料量，应等于该系统内物料累积量的变化率。对于图 12-2 所示的连续反应器，其总的物料平衡方程为

$$\frac{d\rho V}{dt} = F_0 \rho_0 - F\rho \tag{12-18}$$

式中，F_0, ρ_0 分别为进料的体积流量、密度；F, ρ 分别为出料的体积流量、密度；V 为反应器的有效体积。

而反应物 A 的物料平衡式为

$$\frac{dVc_A}{dt} = F_0 c_{A0} - Fc_A + Vr_A \tag{12-19}$$

式中，c_{A0} 为进料中的反应物浓度。

（3）热量衡算式

以反应器为系统隔离体，由热量平衡关系可知

$$\frac{\mathrm{d}H_R}{\mathrm{d}t} = Q_1 - Q_2 \pm Q_3 \pm Q_4$$

式中，H_R 为反应系统内热量的累积量；Q_1 为单位时间内进入反应系统物料所带入的热量；Q_2 为单位时间内离开反应系统物料所带走的热量；Q_3 为单位时间内化学反应的热效应，对于放热反应，Q_3 前的符号取"＋"，对于吸热反应，则取"－"；Q_4 为单位时间内与外界的换热量，如向外散热取"－"，外界向系统供热取"＋"，绝热情况该项为 0。

对于图 12-2 所示的连续反应器，为处理问题方便，假设夹套内冷剂温度与冷剂出口温度 T_{co} 相同，并忽略内壁热容；另外，假设进出物料的比热容相同。由此可得到该反应器内的热量衡算式为

$$\frac{\mathrm{d}V\rho c_p T}{\mathrm{d}t} = c_p F_0 \rho_0 T_f - c_p F\rho T + K_e A_e (T_{co} - T) - (\Delta H)V r_A \tag{12-20}$$

式中，c_p 为反应进出物料的平均比热容；T_f 为反应进料温度；ΔH 为单位反应热，kJ/mol；K_e 为载热体与反应器内物料总传热系数；A_e 为传热面积。

同样，可获得夹套内冷剂的热量衡算式为

$$\frac{\mathrm{d}V_c \rho_c c_{pc} T_{co}}{\mathrm{d}t} = F_c \rho_c c_{pc}(T_{ci} - T_{co}) + K_e A_e (T - T_{co}) \tag{12-21}$$

式中，V_c 为夹套内冷剂容积；c_{pc} 为冷剂的平均比热容；ρ_c 为冷剂的密度；F_c 为冷剂的体积流量；T_{ci}, T_{co} 分别为冷剂的进出口温度。

假设反应器与夹套内的有效容积 V，V_c 均保持不变，而进出反应物料的密度相同，由式(12-18) 可得到 $F = F_0$。将式(12-17)、式(12-18) 代入式(12-19)～式(12-21)，可得

$$\frac{\mathrm{d}c_A}{\mathrm{d}t} = \frac{F}{V}(c_{A0} - c_A) - c_A K_0 e^{-\frac{E}{RT}} \tag{12-22}$$

$$\frac{\mathrm{d}T}{\mathrm{d}t} = \frac{F}{V}(T_f - T) + \frac{\Delta H}{\rho c_p} c_A K_0 e^{-\frac{E}{RT}} + \frac{K_e A_e}{V\rho c_p}(T_{co} - T) \tag{12-23}$$

$$\frac{\mathrm{d}T_{co}}{\mathrm{d}t} = \frac{F_c}{V_c}(T_{ci} - T_{co}) + \frac{K_e A_e}{V_c \rho_c c_{pc}}(T - T_{co}) \tag{12-24}$$

式(12-22)～式(12-24) 为典型的非线性状态方程，其状态变量为 $\{c_A \quad T \quad T_{co}\}$；而系统输入变量由实际工业过程的操纵变量与主要外部扰动组成，常见的输入变量为 $\{F \quad c_{A0} \quad T_f \quad F_c \quad T_{ci}\}$。下面将以图 12-2 所示的非绝热连续反应器为例，结合它的动态数学模型，来分析化学反应器的热稳定性问题（即开环稳定性问题）。

12.2.2 反应器的热稳定性

假设该反应器内进行的是放热反应，并具有恒定的加料量与进料浓度，则由式(12-22) 可知，在稳态条件下出料的浓度 c_A 为

$$c_A = \frac{c_{A0}}{1 + K_0 \tau_R e^{-\frac{E}{RT}}} \tag{12-25}$$

式中，$\tau_R = V/F$ 为反应停留时间。

同样，由式(12-24) 可知，冷却剂出口温度的稳态值为

$$T_{co} = \frac{T_{ci} + A_c T}{1 + A_c} \tag{12-26}$$

式中，$A_c = \dfrac{K_e A_e}{\rho_c c_{pc} F_c}$ 称为冷却剂的相对换热系数。

为了便于分析反应器的热稳定性，将式（12-23）改写成

$$V \rho c_p \frac{\mathrm{d}T}{\mathrm{d}t} = Q_1 - Q_2 \tag{12-27}$$

其中化学反应所释放的热量为

$$Q_1 = c_A \Delta H V K_0 \mathrm{e}^{-\frac{E}{RT}} \tag{12-28}$$

而反应物流与冷却剂所带走的热量为

$$Q_2 = \rho c_p F (T - T_f) + K_e A_e (T - T_{co}) \tag{12-29}$$

显然，当 $Q_1 = Q_2$ 时，反应器达到热平衡状态，反应温度为稳态值 $\bar{T}$；而当 $Q_1 > Q_2$ 时，反应温度将上升；反之，反应温度将下降。反过来说，对于平衡温度 $\bar{T}$ 下相同的温度摄动变化 $\Delta T > 0$，若 Q_2 的对应变化量 ΔQ_2 大于 Q_1 的对应变化量 ΔQ_1，则反应温度将下降，并最终回到平衡温度 $\bar{T}$，即对象本身具有热稳定性。反之，若 $\Delta Q_1 > \Delta Q_2$，则反应温度将继续上升，并无法回到平衡温度 $\bar{T}$。显然，该情况下平衡温度 $\bar{T}$ 为不稳定状态。

现在来进一步分析 Q_1，Q_2 与反应温度 T 的关系。将式（12-25）代入式（12-28），得到

$$Q_1 = c_{A0} \Delta H V \frac{K_0 \mathrm{e}^{-\frac{E}{RT}}}{1 + K_0 \tau_R \mathrm{e}^{-\frac{E}{RT}}} = c_{A0} \Delta H V \frac{K_0}{K_0 \tau_R + \mathrm{e}^{\frac{E}{RT}}} \tag{12-30}$$

令

$$\bar{Q}_1 = Q_1(\bar{T}) = \frac{c_{A0} \Delta H V K_0}{K_0 \tau_R + \mathrm{e}^{\frac{E}{R\bar{T}}}} \tag{12-31}$$

则

$$\frac{Q_1}{\bar{Q}_1} = \frac{K_0 \tau_R + \mathrm{e}^{\frac{E}{R\bar{T}}}}{K_0 \tau_R + \mathrm{e}^{\frac{E}{RT}}} \tag{12-32}$$

由此可见，随着温度的升高，反应生成热 Q_1 单调上升。但当反应温度过高时，由于反应器内反应物浓度的下降，最终反应生成热的变化并不大。由式（12-32）可知，当 $T \to +\infty$ 时，$Q_1/\bar{Q}_1$ 达到上限值 $\dfrac{K_0 \tau_R + \mathrm{e}^{\frac{E}{R\bar{T}}}}{K_0 \tau_R + 1}$；而当 $T \longrightarrow 0$，$Q_1/\bar{Q}_1$ 达到下限值 0。

同理，将式（12-26）代入式（12-29），可得

$$Q_2 = \rho c_p F (T - T_f) + K_e A_e \frac{1}{1 + A_c} (T - T_{ci}) = A_2 T - B_2 \tag{12-33}$$

式中

$$A_2 = \rho c_p F + \frac{K_e A_e}{1 + A_c}, \quad B_2 = \rho c_p F T_f + \frac{K_e A_e}{1 + A_c} T_{ci}$$

因而

$$\frac{Q_2}{\bar{Q}_2} = \frac{A_2 T - B_2}{A_2 \bar{T} - B_2} \tag{12-34}$$

图 12-3 中，黑点线表示了相对反应热 $Q_1/\bar{Q}_1$ 与反应温度 T 的关系，黑实线反映了 $Q_2/\bar{Q}_2$ 随反应温度 T 的变化，C 点为系统的静态工作点。针对物流与冷却剂的吸热情况的不同，可能出现下列几种情况。

① 直线 1 的情况，如因扰动而偏离工作点，假定 T 升高，则导致 Q_1，Q_2 同时增加，但由于 Q_2 的增加量大于 Q_1 的增加量，因此 T 仍然会回到静态工作点 C。同样，当 T 减小时，也能使 T 上升到 C 点。因而该反应器系统是开环稳定的。

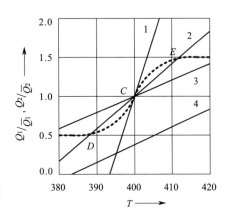

② 直线 2 的情况，如因扰动而偏离工作点 C，假设 T 升高，则由于反应放热量 Q_1 的增加量大于 Q_2 的增加量，结果使 T 继续上升；反之，当 T 下降时，则由于 Q_1 的增加量小于 Q_2 的增加量而使 T 继续下降。但是，图中所示曲线中存在 E、D 两个交点，分别对应于 $Q_1 = Q_2$ 的情况，故反应器在操作点 C 受到扰动时，它可能进入新的操作点 E 或 D，它们对应于反应器新的稳定工况。因此，C 是一个开环不稳定的工作点。

图 12-3　反应热与换热量和温度的关系

③ 直线 3 的情况，工作点 C 同样是不稳定的。在 T 偏离工作点 C 之后，如温度下降，将使反应完全终止；如温度上升，将使反应全部完成。

④ 直线 4 的情况，反应热曲线与物流吸收热曲线根本不存在交点，即该反应器系统不存在达到热平衡的工作点，自然无法工作。

综合以上分析，反应系统工作点 C 为稳定工况的充分必要条件为

$$\left.\frac{\partial Q_2}{\partial T}\right|_{T=\bar{T}} > \left.\frac{\partial Q_1}{\partial T}\right|_{T=\bar{T}} \tag{12-35}$$

对于绝热反应，Q_2-T 线的斜率完全取决于进料量 F。显然，进料量的增加，在增加反应物料吸收热的同时，能显著减少反应时间，进而降低反应速度。因此可以说，进料量是绝热情况下的放热反应器最有效的操纵变量。在进料量 F 固定的情况下，唯一可控的参数为进料温度 T_f，即可使 Q_2-T 线左右平移，从而选择合适的工作点（即与 Q_2-T 线的交点位置）以使反应器系统开环稳定。

对于非绝热反应，Q_2-T 线的斜率为 $\rho c_p F + \dfrac{K_e A_e}{1 + A_c}$。除进料量 F 以外，改变 K_e，A_e，F_c 都可使该线的斜率变化。K_e，A_e 愈大，F_c 愈大（A_c 愈小），则除热能力愈强，反应系统愈易稳定。而进料温度 T_f、冷剂入口温度 T_{ci} 的改变仅能使 Q_2-T 线左右移动，可改变工作点位置，但未必对开环系统的稳定性一定有帮助。

12.3　反应器的基本控制方案

12.3.1　概述

化学反应的种类繁多，控制难易程度也相差很大。一些容易控制的反应器，控制方案十分简单，甚至与一个换热器的控制完全类似。但是，当反应速度快、放热量大或由于设计上的原因使反应器的稳定操作区域很小时，反应器控制方案的设计成为一个非常复杂的问题。此外，对于一些高分子聚合反应，还由于物料的黏度很大而给温度、流量和压力的正确测量带来很大困难，以致严重影响反应器控制方案的实施。下面对反应器控制方案设计的有关问题作一简单的介绍。

在设计反应器控制方案时，首先要明确反应器的控制目标和可能的控制手段。关于控制目标，需要从以下四个方面加以考虑。

（1）物料平衡

对连续化学反应器而言，在反应器运行过程中必须保持物料平衡，即流入量应等于流出量，反应器内的积累量相对稳定。例如，对于均相或非均相的液相反应，需要保持反应器液位的稳定；对于流化床气固反应器，需要保持反应器固体藏量的相对平稳；对于有气相反应物参与的化学反应，则需要保持反应压力的平稳。此时，为了防止循环反应流程中惰性物质的积累，需要定时地排除或放空系统中的惰性物料，以保证反应的正常进行。

（2）能量平衡

要保持化学反应器的热量平衡，应使进入反应器的热量与流出的热量及反应生成热之间相互平衡。能量平衡控制对化学反应器来说至关重要，它直接与反应器的安全生产相关，也间接影响着反应产品的质量。作为能量平衡与否的关键工艺参数，反应温度控制往往是化学反应器中最重要的控制回路。

（3）约束条件

与其他单元操作设备相比，反应器操作的安全性具有更重要的意义，这样就构成了反应器控制中的一系列约束条件。例如，不少需要催化剂的反应中，一旦温度过高或反应物中含有杂质，将导致催化剂的破损和中毒；在有些氧化反应中，反应物的配比不当会引起爆炸；流化床反应器中，流体速度过高，会将固相吹走，而流速过低，又会导致固相沉降等。因此，在设计中经常配置报警、联锁或选择性控制等特殊的自动化系统。

（4）质量指标

通过上述三方面的控制，可保证反应过程平稳安全进行。此外，还需要使反应达到规定的转化率，或使产品达到规定的质量要求，因此，需要进行质量控制。根据反应器类型及其所进行的反应的不同，质量指标可以是反应转化率、产品的质量、产量或收率等直接指标，或者是与它们有关的间接工艺参数，其中反应温度是最常用的间接质量指标。

12.3.2　反应器的温度控制

对于一个反应器系统而言，反应温度控制往往是比较重要的。通过反应温度的控制，可建立一个稳定的工作点，并自动实现反应器的能量平衡；而反应温度也直接影响着反应深度与产品质量，为维持合适的反应转化率与产品质量，并满足约束条件，都希望反应温度稳定在工艺设计值。

（1）绝热反应器的温度控制

对于反应热效应不大的化学反应，可在绝热反应器内进行。由于绝热反应器与外界没有热量的交换，因此，要对反应器的温度进行控制，只能通过控制物料的进口状态来实现。物料的进口状态包括反应进料的浓度、温度与流量。由于反应进料流量同时影响物料在反应器内的停留时间、反应转化率等工艺参数，通常要求稳定。而控制绝热反应器温度最常用的控制方案是调节反应器入口温度，具体的控制方案如图 12-4～图 12-6 所示。

图 12-5 所示的控制方案中，进料与出料进行了热交换，以尽可能回收热量。这种热交换方式，当出现干扰使反应温度上升时，经过热交换器后将使进口温度升高，进而又促使反应温度进一步升高，这种正反馈过程是不利于控制的。为此，常用图 12-4 所示的进口温度控制回路，以切断这个正反馈，同时减少了物料进口温度的变化。图 12-5 采用的控制方法是调节热交换器进料旁路，控制迅速，滞后小。但如果换热器后的进料混合不均匀的话，可使过冷或过热流体直接接触催化剂，造成催化剂活性下降；或忽冷忽热，使机械强度降低，减小了催化剂的使用寿命。图 12-6 的方案可以避免这种状况，但控制滞后稍大。采用三通控制阀是为了改变进换热器的加热物料量，从而达到控制换热器出口温度的目的。

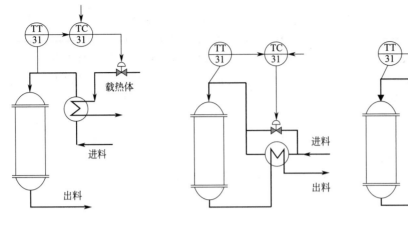
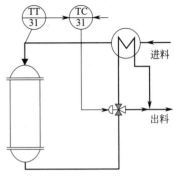

图 12-4　反应器入口温度　　　　图 12-5　反应器入口温度　　　　图 12-6　反应器入口温度
　　　控制方案 1　　　　　　　　　　　控制方案 2　　　　　　　　　　　控制方案 3

（2）非绝热反应器的温度控制

由于非绝热反应器都提供了外部传热装置，因此，可以像传热设备那样来控制反应温度。对于吸热反应器，需要蒸汽等加热介质；而对于放热反应器，则需要冷水等冷却介质。然而，它们的反应温度控制方案却是类似的。下面仅以放热反应器为例来讨论反应温度控制方案。

最简单的控制方案如图 12-7 和图 12-8 所示，反应热量由冷却介质带走。图 12-7 所示方案，通过调节冷却介质的流量来稳定反应温度。当冷却介质流量增加时，一方面使夹套内的冷却介质温度下降，另一方面也增大了传热系数，两者都将导致反应温度的下降。在图 12-8 中，冷却介质采用了强制循环方式，流量大，传热效果好，釜温和冷却介质温度差比较小；而温度控制器 TC33 是通过调节冷剂循环系统中冷却介质的温度来稳定反应温度。图 12-7 所示的控制方案，冷却介质流量相对较小，釜温和冷却介质温度差比较大，当内部搅拌不均匀时，反应器内物料容易造成局部过热或者局部过冷，控制能力也不如冷却剂强制循环方式。

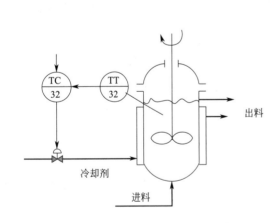
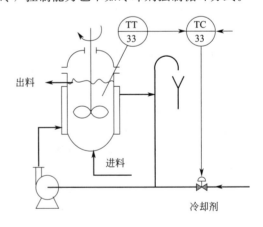

图 12-7　反应温度单回路控制　　　　　　　图 12-8　强制循环下的单回路温度控制

如前所述，反应器的温度控制通常采用载热体流量作为操纵变量，因其控制通道滞后时间较大，有时采用单回路控制就难以满足工艺要求。改进办法是采用串级控制和前馈控制方案。图 12-9 和图 12-10 就是这两种控制方案的基本形式之一。串级控制的副变量和前馈信号的选择，视实际情况而定。图 12-9 所示的串级控制方案能有效克服冷却剂的温度与流量波动对反应温度的影响。图 12-10 所示的变比值串级控制系统，既能克服冷却剂流量变化引起的扰动，又以变比值方式引入了进料流量波动的前馈信息，因此具有较强的抗干扰性能。

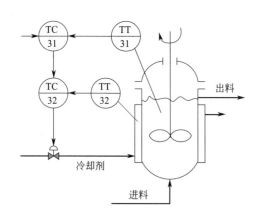

图 12-9 反应温度串级控制

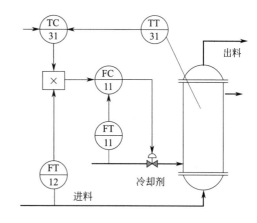

图 12-10 反应温度与变比值流量串级控制

除上述单回路、串级控制外，反应温度控制方案中常应用分程控制和分段控制。例如，有不少间歇放热反应过程，在反应开始时，需要加热以尽快进入正常反应状态；而当反应正常进行时，放出热量，此时又需要冷却。对于这种工艺要求，就可考虑采用图 12-11 所示的分程控制方案。但这种方案的缺点是加热到预定温度的过程比较慢，对反应热小的反应，就不太适合。实际中常采用手动加热，稳定后再切入自动冷却；或者引入专门的蒸汽加热管线以适合反应开始阶段的快速升温要求。

在反应阶段，根据负荷的不同也可考虑引入图 12-12 那样的分程控制。当冷却量处于低负荷时，用小阀控制；而当小阀调节能力不足时，自动开启大阀，以适合负荷的加大或异常工况的出现。

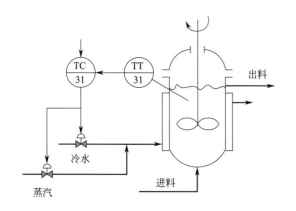

图 12-11 反应温度分程控制 1

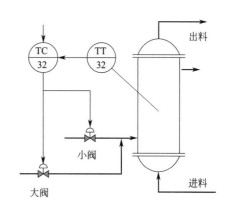

图 12-12 反应温度分程控制 2

对于固定床反应器，常采用如图 12-13 所示的反应温度分段控制方案。对于可逆放热反应，为加快总反应速度，反应开始时希望具有较高的反应温度，以提高正向反应速度；而在反应后期，因反应产物浓度较高，又希望降低反应温度，以减少反向反应速度。理想情况下，应使反应床层温度沿最佳温度曲线（图 12-14 中的虚线）进行。实际操作中，为实现这个目的，常采用逐段冷却方法。

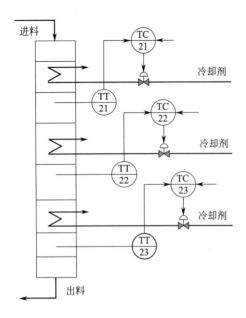

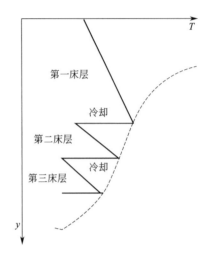

图 12-13　固定床反应器分段控制原理　　　图 12-14　逐段冷却操作示意图

如图 12-14 所示，进入第一层催化剂反应床进行绝热反应，转化率和温度沿床层轴方向增加。当达到最适宜温度曲线后，立即将冷却剂引入反应床层进行冷却，转化率不变，温度下降；再进入第二层反应床进行反应，转化率又增加，温度再升高至适宜温度。这样不断重复操作使反应沿最佳温度分布曲线进行。床层和换热器越多，则反应越能沿着最适宜温度分布曲线进行。在有些操作中，没有床层中间换热器，而是用冷物料直接从床层中间喷入的激冷方式，使进入下一层的反应物料温度下降，加氢裂化反应器就是这种工作方式的典型代表。此外，还有激冷和床内、床外换热相结合的方式，它们的目的基本上是一致的。为了简化操作，便于反应器制造、维修，有时候一个反应器只分两段，或者分作两个独立的反应器。第一段或第一个反应器，在较高温度反应，以获得较快的反应速度；第二段或第二个反应器，经过前段反应后，它的反应物浓度比较低，此时平衡是主要矛盾，所以温度较低些，以获得较高的转化率。虽然反应不能很好地沿最适宜温度分布曲线进行，但它也包含有这个思想。

在有些放热反应中，存在反应温度稍高就会发生局部过热，造成分解、暴聚等现象。如果反应为强放热反应，热量移去不及时或不均匀，这种现象更易发生。为了避免这种情况，也常采用多层控制。图 12-15 采用了冷激方式的多层控制。这种控制方式下，各控制回路之间有关联。在干扰出现以后，控制其中一个控制阀，必然要影响到进其他层的流量和换热情况，这样很难使各层温度重新稳定在设定值。为减少关联，除可以采用较复杂的"解耦控制"外，较简单的方法是加粗总管，减小相互影响或不在每段设置控制回路，对其中较次要的反应段改用遥控。例如图 12-15(b)，中间层采用遥控，第一、第三层采用自动控制，以允许中间层温度在一定范围内变化为代价，使其他控制回路能够较快地稳定在设定值。此外，可以把每个回路的控制器参数整定得宽一些，以牺牲单个回路的控制质量来保证总体质量的要求。

12.3.3　外围条件的稳定控制

除了上述以质量指标或间接质量指标（如反应温度）为被控变量的控制方案外，还有一类称为稳定外围条件的控制系统，即：使可能影响反应器操作的每个工艺参数尽可能维持在

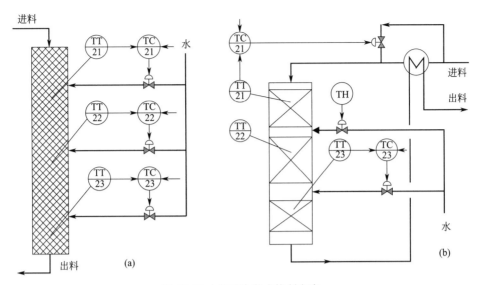

图 12-15　多层冷激式控制方案

规定值上，从而使产品质量满足工艺要求。常见外围条件稳定控制回路包括：进入反应器的物料流量控制与入口温度控制，物料流量之间的比值控制，反应器液位控制或反应压力控制。

　　由于进料流量直接关系到反应停留时间、反应温度等关键工艺参数，为使生产过程平稳安全，要求进料总流量尽可能稳定，并保证各进料组分之间保持一定的流量比例。图 12-16 所示的方案即对各进料组分的流量分别进行定值控制。当反应器负荷变化时，需同时调节流量控制器 FC 11 与 FC 12 的设定值。为便于操作，过程工业中常用如图 12-17 所示的流量比值双闭环控制方案。进料 A 的流量设定值按进料 B 的实测流量按比例计算得到。实际应用中，进料 B 的流量测量噪声可能引起进料 A 控制回路的频繁波动，为此，需要对 FC11 的外给定信号进行平滑滤波。

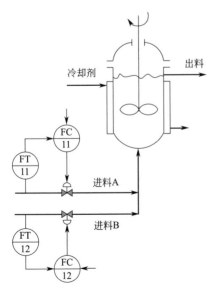

图 12-16　进料流量定值控制

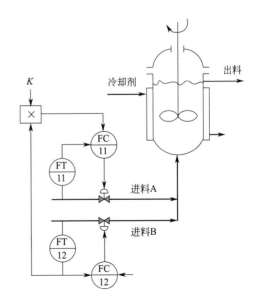

图 12-17　进料流量定比值控制

当进料浓度发生变化或因其他因素使进料组分之间的实际比率发生变化时，可调整乘法系数 K。如能通过在线分析仪自动获取各进料的浓度，则可构成变比值控制系统，实时在线调整系数 K。

当反应器内进行的是气化反应、或有气体参与的化学反应时，通常需要对反应器压力进行控制。此外，对于封闭式反应器，反应压力与反应温度之间存在一定的关系，为得到较好的温度控制，有时也需要对反应压力进行控制。反应器的压力可通过放空来控制，如图 12-18 所示，但这样会引起原料的浪费，而且也会污染环境。如果反应过程中有气相进料，则可调节该进料来控制反应器的压力，如图 12-19 所示。此外，也可通过对反应气相出料的调节来控制反应器内的压力。

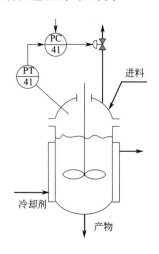

图 12-18　利用放空的压力控制

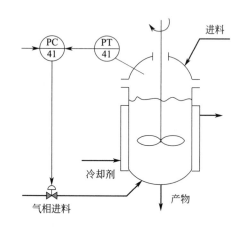

图 12-19　调节气相进料的压力控制

12.4　典型反应器的控制方案设计

12.4.1　聚合反应釜的控制

目前大型化工厂用的聚合反应釜，其容量相当庞大，反应的放热量大，而传热效果往往又很不理想，实现对其反应温度的平稳控制已经成为过程控制中的一个难题。实践经验证明，这类反应器的开环响应特性往往是不稳定的。假如在运行过程中不及时有效地移去反应热，则由于反应器内部的正反馈，将使反应器内的温度不断上升，以致达到无法控制的地步。从理论上说，只需增加传热面积或加快传热速率，使移去热量的速率大于反应热生成的速率，就能提高反应器的稳定性。但是，由于工艺设计上的困难，对于大型聚合釜而言，这些要求是难以实现的，只能在设计控制方案时作谨慎的考虑。

（1）聚丙烯腈反应器的内温控制

由丙烯腈聚合成聚丙烯腈的聚合反应需要在引发剂的作用下进行，引发剂等物料连续地加入聚合釜内，丙烯腈通过计量槽同时加入，当反应达到稳定状态时，将制成的聚合物加入到分离器中，以除去未反应的单体。丙烯腈聚合反应有以下三个主要特点。

① 在反应开始前，反应物的温度必须升高到指定的温度。

② 反应是强放热反应。

③ 反应速度随温度升高而增加。

在反应开始前，必须把热量传递给反应物，以促使聚合反应发生；而一旦反应发生后，又必须将热量从反应釜中取走，以维持一个稳定的操作温度。此外，单体转化为聚合物的转化率取决于反应温度、反应时间（即反应物在反应器中的停留时间）。因此，首先需要对反应器实行定量喂料，来维持一定的停留时间；其次，需要对反应器内的温度进行有效的控制。常用的控制方案如图 12-20 所示，包括两个主要控制回路：反应物料入口温度的分程控制、釜温与夹套温度串级分程控制。

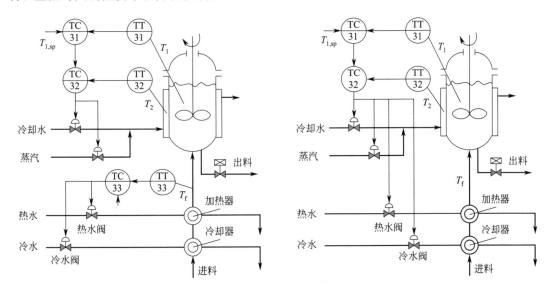

图 12-20　聚合釜内温控制方案 1　　　　　图 12-21　聚合釜内温控制方案 2

反应釜内温控制亦可采用图 12-21 所示控制方案。该方案采用反应釜内温对夹套温度的串级分程控制，同时控制反应器入口换热器热水阀和冷水阀以及进夹套的冷却水阀和蒸汽阀。内温控制系统的方块图如图 12-22 所示。

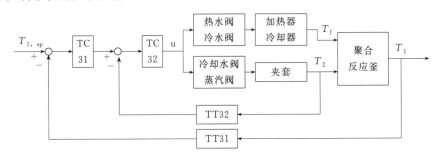

图 12-22　丙烯腈聚合釜内温控制系统方框图

为安全起见，在断电情况下，热水阀与蒸汽阀应全关、冷水阀与冷却水阀应全开，因此，热水阀与蒸汽阀应选择气开阀，冷水阀与冷却水阀应选择气关阀。另外，为构成负反馈回路，TC31 与 TC32 应选择反作用控制器。当夹套温度升高并高于其设定值时，TC32 输出信号 u 下降，要求蒸汽阀关小或冷却水阀开大，对应的分程动作区间如图 12-23 所示。这里，假设 u 的变化范围为 $0 \sim 100\%$。此外，为避免蒸汽

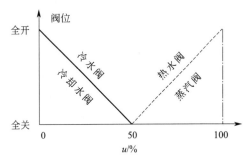

图 12-23　阀门分程动作区间

阀与冷却水阀、热水阀与冷水阀之间的频繁切换，可在分程动作区间中设置少量的死区。

（2）聚合釜的温度与压力串级控制系统

对于某些聚合反应釜，由于容量大，热效应强，而传热效果又不大理想，有时采用一般的单回路控制或内温-夹套温度的串级控制仍难于满足工艺要求。为此，可采用图 12-24 所示的温度与压力串级控制系统。

在这个聚合釜串级控制系统中，采用釜内压力作为副回路被控变量的原理在于，大部分聚合反应釜是一个封闭容器，压力改变实质上是温度变化的前奏，而压力的变化及其测量都要比温度来得快。这样以压力为副参数的串级控制系统能够及时感受到扰动的影响，提前产生控制作用，克服反应釜的滞后，从而提

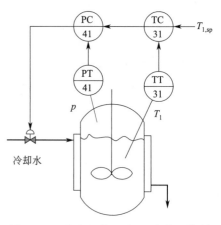

图 12-24　聚合釜的温度-压力串级控制

高了反应温度的控制精度。为了确保这种系统的有效性能，在系统设计前，应对反应器的日常操作数据进行分析，观察其压力与温度变化的规律。当压力变化显著超前于温度变化，且压力与温度变化存在明显的关联时，则可以考虑设计这样的方案。

此外，如果对釜内温度的控制精度要求特别高时，可采用如图 12-25 所示的具有压力补偿的内温控制系统。该系统用压力信号的变化来补偿釜内温度，其实际控制效果较串级方案更好。图中 RY 为温度补偿环节，其输出 T_c 与 T_1，p 的关系如图 12-25（b）所示。在该补偿器中，假定釜内温度 T_1 与压力 p 具有线性关系（实际上是非线性的），这样就可以根据压力的变化来预测对应的温度变化。由于压力平稳时，补偿器的输出就等于釜内温度，因而不影响控制系统的稳定性。

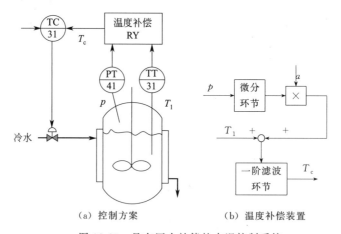

（a）控制方案　　　　　（b）温度补偿装置

图 12-25　具有压力补偿的内温控制系统

具有压力补偿的内温控制对于大型聚合釜特别有效。在应用中它通常跟上述的反应器内温与夹套温度串级控制系统相结合，构成如图 12-26 所示的控制方案。夹套中的循环水开始阶段用蒸汽加热，正常反应时通过在循环水中加入冷水和在釜顶部应用冷凝回流以带走聚合反应所释放的热量。温度控制器 TC30 以温度计算值 T_c 为被控变量，通过调节顶回流冷凝器的冷水阀以控制反应器内温度；与此同时，温度控制器 TC31 以温度测量值 T_1 作为被控变量，其输出为夹套温度控制器 TC32 的设定值。TC31，TC32 组成典型的串级控制系统，它以分程方式控制蒸汽阀与冷水阀。

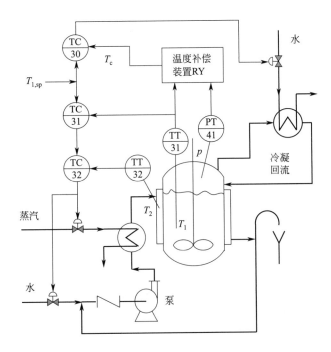

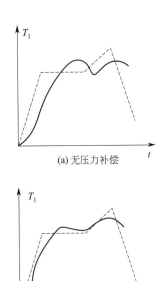

图 12-26　具有压力补偿的温度串级控制系统　　　　图 12-27　反应温度调节过程

　　该系统与一般的串级控制系统的对比结果如图 12-27 所示。图中的记录曲线表示开车时温度上升，升到一定值时冷料进入反应器，温度受到干扰而波动。最后按程序控制器送出的规律，温度不断地慢慢上升，到极限值后，又较快地下降。比较图示曲线可知，采用具有压力补偿的控制系统，对应的温度上升快，加冷料时温度波动小，对程序的跟踪响应较好，图中虚线表示程序控制器给出的理想的反应温度时序变化曲线。

12.4.2　合成氨过程的控制

　　合成氨过程以煤、天然气、重油或石脑油为原料，通过一系列的化学反应与分离过程，以获得氮肥生产的重要原料合成氨。目前大型合成氨厂基本上可归纳为以烃类（天然气、石脑油）为原料的蒸汽转化、热法净化和以重油、煤为原料的部分氧化、冷法净化两大流程。以天然气为原料的制氨工艺流程如图 12-28 所示。合成氨所需的氢气由甲烷（天然气主要成分）与蒸汽反应得到；而合成氨所需的氮气是直接从空气中取得的。

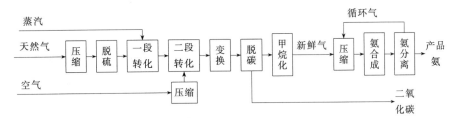

图 12-28　以天然气为原料的制氨工艺流程

　　若合成氨厂以天然气为原料，并采用蒸汽转化、高温净化工艺流程，其工艺流程如图 12-29 所示。经脱硫后的天然气与蒸汽以一定比例混合后进入一段转化炉炉管内，在催化剂的作用下进行甲烷转化反应，将甲烷转化为 H_2,CO 或 CO_2，在管外通过燃烧天然气与驰放气来提供甲烷转化反应所需要的热量。

　　一段转化炉出口气体再与工艺空气和蒸汽混合后进入二段转化炉，空气中的氧气先与一

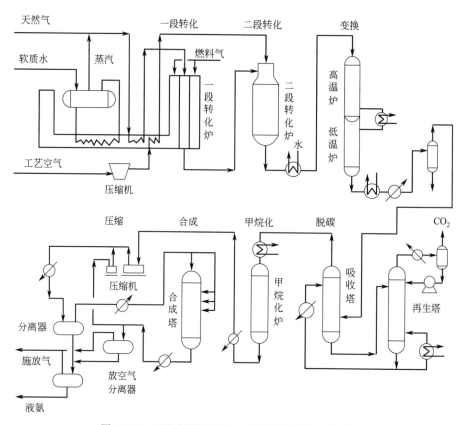

图 12-29　天然气蒸汽转化、高温净化制氨工艺流程

段转化气中的部分氢发生反应，此燃烧反应所放出的热量使气体温度升高，从而使一段转化气中残存的甲烷进一步转化，最终使二段转化炉出口气体中甲烷含量降到规定指标以下；同时二段炉加入空气中的氧全部反应后，其剩余部分主要为合成氨反应所需的氮气。自然，在二段炉前工艺空气的加入比例可作为调节合成系统氢氮比的主要手段。

从二段转化炉来的转化气再经废热锅炉回收其热量，以产生整个工艺系统所需要的高压蒸汽。经热量回收后的工艺气进入变换工段，依次经过高温变换炉与低温变换炉，在催化剂床层内进行变换反应，使 CO 与蒸汽继续反应生成合成氨所需的 H_2，并除去 CO。

经低温变换后的出口气体中含有大量 CO_2，此工艺气被引入 CO_2 吸收塔底部，在塔内与脱碳溶液逆流接触，气体中的 CO_2 被溶液吸收，脱碳气从顶部引出。从吸收塔底部出来的富液经过降压闪蒸，在再生塔中脱除 CO_2 后再返回循环使用。再生塔顶部出口的 CO_2 则供尿素生产之用。

从吸收塔顶引出的脱碳气再进入甲烷化炉，使未被完全清除的一氧化碳与二氧化碳在甲烷化催化剂的作用下，与氢发生反应生成甲烷，最终脱除残余的（$CO + CO_2$），从而制得合成氨所需的氢氮混合气（新鲜气）。此新鲜气经压缩机加压，并与合成出口的循环气混合后再经循环压缩机压缩后进入合成系统，在合成塔的催化剂床层上进行合成反应生成氨。

合成塔出口气体经过一系列的换热器进行热量回收，经高低压分离器分离出液氨，而大部分气体则返回合成系统循环使用。为防止循环气中惰性气体（如 $CH_4 + Ar$ 等）含量的不断累积升高，需要适量排放循环气，从而使合成塔维持在较高的转化率状态下进行生产操作。

下面以该工艺过程为例，介绍其中较为复杂的控制系统。

（1）转化系统的控制

转化工段主要在一段转化炉和二段转化炉的催化剂床层上进行如下的化学反应，其中主反应主要包括

$$CH_4 + H_2O \Leftrightarrow CO + 3H_2$$
$$CH_4 + 2H_2O \Leftrightarrow CO_2 + 4H_2$$
$$CO + H_2O \Leftrightarrow CO_2 + H_2$$

同时还存在有副反应

$$CH_4 \Leftrightarrow C + 2H_2$$
$$2CO \Leftrightarrow C + CO_2$$
$$CO + H_2 \Leftrightarrow C + H_2O$$

主反应是我们所希望的，而副反应既消耗原料，析出的炭黑又沉积在催化剂上，使催化剂失活和破裂，故须避免发生。在实际生产中，烃类蒸汽转化反应并没有达到平衡，但由反应热力学和反应动力学机理可知，影响甲烷蒸汽转化反应的主要因素有水碳比、温度、压力。

① 水碳比的控制 所谓水碳比（H_2O/C），是指进口气体中水蒸气与含烃原料中碳分子总数之比。这个指标表示转化操作所用的工艺蒸汽量。在给定的条件下，水碳比愈高，则甲烷的平衡含量愈低。作为转化工段的一个十分关键的工艺参数，水碳比控制的好坏，直接关系到生产的安全性，影响转化炉管与催化剂的使用寿命，而且水碳比值还与生产过程的经济效益息息相关。

由于烃类的蒸汽转化过程主要在一段转化炉中进行，因而一段转化炉的水碳比控制至关重要。从理论上讲，水碳比应是指进口气体中水蒸气与含烃原料中碳分子总数之比，但考虑到进口气体中总碳在线分析的困难，常选用原料气的流量，并结合分析数据加以修正来替代总碳，从而通过水蒸气流量与原料气流量的控制来实现水碳比的控制。

生产过程对水碳比的要求包括以下方面：正常工作时，要求水蒸气与原料气保持一定比值；加大负荷时，应先加蒸汽后再加原料气；减少负荷时则应先减原料气，后减水蒸气。为此，可采用如图 12-30 所示的水碳比逻辑比值控制系统。该系统在正常工况时，是以蒸汽流量为主动量，原料气为从动量的双闭环比值控制系统。提量时，可以根据需要提高给定值，则通过高选器 HS，先提蒸汽量，再提天然气量；减量时，降低给定值，通过低选器 LS，先降低原料气，再通过高选器 HS 降蒸汽量。因此，该控制系统能满足以下逻辑关系：即提量时，先提蒸汽，后提原料气；而降量时，先降原料气，后降蒸汽。这样可以防止析碳，保证安全操作。

② 一段炉出口温度的控制 烃类蒸汽转化为吸热的可逆反应，温度增加，甲烷的平衡含量下降，同时反应速度加快。反应温度每降低 10℃，甲烷的平衡含量约增加 1.0%～1.3%。因此，从降低残余甲烷含量的角度考虑，转化温度应该尽可能高一些，但受反应炉材质的限制，温度又不能太高。为了满足转化气中残余甲烷含量低的要求，一种解决办法

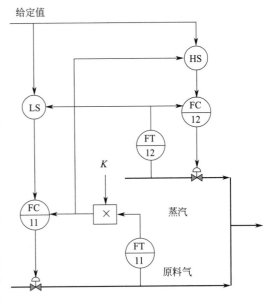

图 12-30 具有逻辑关系的水碳比控制系统

是提高水碳比。另外，将一段转化炉出口气体的甲烷含量控制在 10％ 左右，再通过二段转化以进一步降低残余甲烷的含量。

在转化炉的温度控制中，最为关键的是一段炉出口温度。在不使炉管过热的条件下，提高出口温度，可使残余甲烷含量降低。为使炉管不过热，应尽量使各排炉管温度均衡，总体要求希望出口温度尽可能高，而各排炉管间温差应尽量小。这样既能提高生产强度，又能延长炉管寿命。造成一段转化炉出口温度变化的主要原因是燃料气流量的变化、助燃空气流量的变化、负荷的大小及水碳比值的变化等。对后两个因素单独设置有控制回路加以控制，在正常情况下是不变的。作为助燃用的空气流量通常是过量加入，它对温度有一定影响，但影响不太大。最主要的影响因素还是燃料气流量的变化。所以，在控制系统设计时，选择一段炉出口温度为被控变量，通过改变燃料气流量来达到控制指标。为了克服燃料气本身波动所造成的影响，可采用一段炉出口温度与燃料气流量的串级控制方案。

（2）合成系统的控制

氨的合成反应方程式为

$$3H_2 + N_2 \Leftrightarrow 2NH_3 + Q$$

它属放热且摩尔数减少的可逆反应，采用固定床绝热反应器，其主要的复杂控制系统包括：氢氮比、床层温度与惰性气体含量控制等。

① 氢氮比控制　在合成工段中，氢氮比是最关键的工艺参数之一，氢氮比控制的好坏与整个生产的安全及装置的经济效益都是直接相关的。另一方面，由于被控对象惯性滞后大，且具有大时滞、非自衡的特点，这就使氢氮比的控制难度显著增加。

以天然气为原料的大型氨厂为例，从工艺流程来看，合成系统的氢氮比是通过改变二段转化炉加入空气量的多少来进行调整的。从空气量的加入，经过二段转化炉、变换炉、脱碳系统、甲烷化炉、压缩系统，最后进入合成循环回路，几乎经历了整个流程，它的传递时间很长，因而具有很大的纯滞后。另一方面，对二段转化炉加入空气量的调整，经过一系列反应装置后，可使甲烷化炉出口的新鲜气氢氮比发生变化，但由于合成气循环回路的引入，还需经过相当长的时间才能使进入氨合成塔气体中的氢氮比发生真正的变化，这说明它的惯性滞后也很大。至于非自衡特点，可从化学反应方程式来加以说明。根据反应式，氨合成过程中总是以 3：1 的摩尔比消耗氢与氮，如果新鲜气中的氢氮比大于（或小于）3：1，则多余的氢（或氮）就在循环回路中积累，通过不断地循环，使回路中的氢氮比更加偏离正常值，不可能自动回复其平衡。

氢氮比控制方案之一如图 12-31 所示，属变比值前馈加串级反馈控制系统。主参数为合成塔进口气体的氢氮比，副参数为新鲜气的氢氮比，从而构成一个串级控制系统。同时，引入原料天然气与工艺空气的变比值控制，用以克服主要扰动天然气流量对整个系统的影响。当原料天然气组成发生变化时，由在线分析仪 AT 53 检测甲烷含量，并由原料气流量计算模型估计得到原料气所对应的 H_2 流量。通过调节进二段转化炉的工艺空气量，以稳定新鲜气中的氢氮比；而当进入合成塔气体中的氢氮比发生偏差时，系统自动改变新鲜气氢氮比的给定值，从而达到最终的控制要求。

上述方案的另一种形式，是以变换出口处的氢氮比来替代甲烷化后新鲜气的氢氮比，以提高副回路的灵敏性。这样可以使性能有所改进，但基本上还是相同的控制方案。

② 合成塔温度控制　为了保证合成反应能稳定地进行，要求合理地控制好催化剂床层的温度，以提高合成效率，充分发挥催化剂作用，延长使用寿命，而合成塔温度是合成系统中一个关键的工艺参数。

大型合成氨厂均采用多段激冷式氨合成塔，它与中、小型氨厂使用的连续换热式氨合成

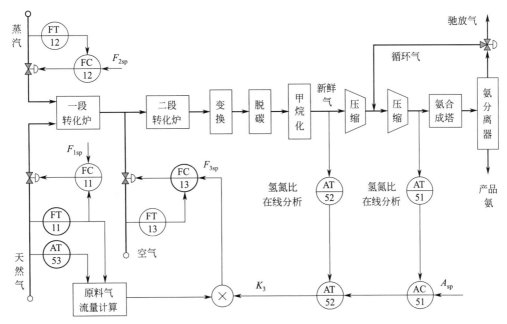

图 12-31　氢氮比变比值串级控制系统

塔不同，反应床层段可以近似看成是绝热反应床。由热力学分析可知，沿床层方向气体温度单调上升。对大型氨厂比较重要的是保证各段床层的进口温度平稳。对激冷式氨合成塔，对各段床层进口温度的控制是通过调节每段床层进口前的激冷气比率来实现的。但由于各激冷气均连接在同一总管上，任何一个激冷气分率的变化，同时也造成其他激冷气分量的变化，它们之间的直接关联与耦合关系是显而易见的，如采用简单的控制回路，则难以获得良好的控制品质。但在没有精确的对象数学模型情况下，控制回路搞得过于复杂也未必能达到良好的效果。

　　对合成塔操作优化及模型仿真的研究结果表明，合成塔存在一最佳温度分布。如果能使合成塔在最佳温度分布曲线下进行生产，就可以提高氨合成率并降低能耗。

　　通过不断的实践与探索，合成塔温度控制方案已有很多种。图 12-32 所示为某一合成塔温度控制系统。图中主线进口采用手动遥控，同时设计了床层中部温度控制系统、合成出口温度与入口温度的串级控制系统。

　　第一催化剂床层的被控变量为合成气的入口温度，操纵变量为冷副线流量。原因在于合成气刚入塔时，反应速率为主要因素。入口温度过低，对反应速率不利；若入口温度过高，则容易造成入口处反应速率过快，使床层温度上升过猛，影响到催化剂的使用寿命。第二床层的被控变量为床内温度，操纵变量是激冷量。原因是在第二床层中化学平衡将成为主要因素，故床内温度具有代表性。

　　此外，还设计了一个合成塔出口温度 T_o 与入口温度 T_i 的串级控制系统。选择塔出口温度为主变量的意义在于满足整个合成塔的热量平衡。对于入口温度为 T_i 的合成气体，依靠合成反应所释放的热量，使其温度上升为 T_o。T_o 下降则表示转化深度不够，需要提高入口物料的热焓，即提高入口温度。只有在 T_i 上升后，才能使 T_o 回升。反之亦然。该串级系统在进行 PID 参数整定时，应同时兼顾主副被控变量的平稳。

　　③ 合成驰放气控制　在合成氨工艺中，由于采用了循环流程，新鲜气中带来的少量惰性气体（$CH_4 + Ar$）虽然并不参加合成反应，但由于冷冻分离液氨时的温度又不足以使其

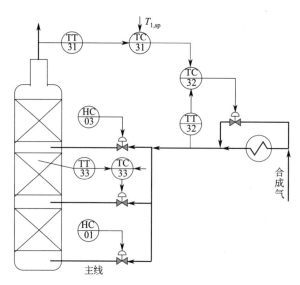

图 12-32　合成塔温度控制系统

分离出来，因此随着循环的进行，在合成回路中惰性气含量将不断累积升高，对合成反应不利。为此，在生产过程中采用驰放气放空方式，适量地排放掉部分惰性气，使之达到平衡，从而使合成塔维持在较高的转化率状态下进行生产。

需要说明的是，在排放时，氢及氮这些有用的气体也同时被排放，过量的排放显然是不经济的。因此，驰放气中惰性气的含量控制也是合成氨生产中比较关键的节能控制回路之一。图 12-33 为采用串级加选择性控制方案的惰性气体含量控制系统示意图。

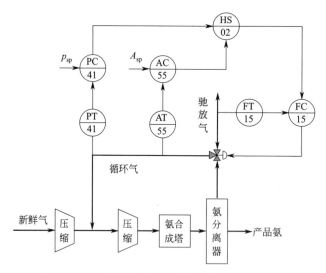

图 12-33　合成氨循环气中惰性气体含量控制系统

在该控制系统中设置选择控制的目的，主要是为了生产安全起见。若循环回路压力不断升高超出限定范围时，通过高选器 HS 使压力调节器接通，从而增加驰放气量，使系统压力回复到正常的范围内。正常情况下，以回路中惰性气体分率作为主控变量，在实际过程中采用全组分在线色谱仪测定合成循环气中各组分的分率，再将甲烷分率与氩分率相加后作为被控变量。显然，该对象时间常数大，纯滞后时间也长，采用直接控制方式是难以达到要求的，为此，考虑采用串级控制方案，将驰放气流量构成一副回路，改善系统的动态特性，以实现主控变量较理想的控制品质。

在上述控制系统中，惰性气体分率的给定值是由人工给定的，如能把经过实时优化计算后获得的最佳值作为该系统的给定，即实现 SPC 优化运行，就能达到增产、节能的效果。

思考题与习题 12

12-1 对于吸热反应器，对象的开环特性是否一定稳定？而对于放热反应器，其开环特性是否一定不稳定？请给出理由，并以图 12-34 连续放热反应釜为例对其热稳定性进行分析。假设该反应器内进行的是一级不可逆放热反应 $A \xrightarrow{K} B$；反应器内温度 T 和浓度 c_A 均匀分布，并分别与产物的出口温度和浓度相同，对应的动态数学模型如式(12-22)～式(12-24) 所示。

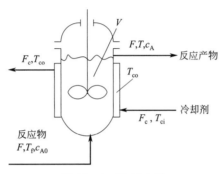

图 12-34 题 12-1 图

12-2 对于某一聚合反应器，在反应开始阶段需要通入蒸汽以提高反应温度；而当反应正常进行时，由于该反应为放热反应，需要通入冷却水来降低反应器的内部温度，为此设计了如图 12-35 所示的反应器内温串级分程控制系统。试确定：
① 蒸汽阀与冷却水阀的气开、气关形式；
② 控制器 TC 31，TC 32 的正、反作用；
③ 设蒸汽阀开度对夹套温度的静态增益为 K_{PV}，冷却水阀开度对夹套温度的静态增益为 K_{PW}。假设 $|K_{PV}| = 3|K_{PW}|$，试确定两控制阀的分程区间，并要求使 TC 32 所对应的广义对象在整个操作范围内尽可能接近线性。

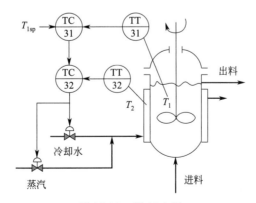

图 12-35 题 12-2 图

参 考 文 献

［1］ 戴连奎，于玲，田学民，王树青. 过程控制工程. 第 3 版. 北京：化学工业出版社，2012.

［2］ 王树青等. 工业过程控制工程. 北京：化学工业出版社，2003.

［3］ 王骥程，祝和云. 化工过程控制工程. 第 2 版. 北京：化学工业出版社，1991.

［4］ 黄德先，王京春，金以慧. 过程控制系统. 北京：清华大学出版社，2011.

［5］ 俞金寿，顾幸生. 过程控制工程. 第 4 版. 北京：高等教育出版社，2012.

［6］ 孙洪程，李大字，翁维勤. 过程控制工程. 北京：高等教育出版社，2006.

［7］ 张宏建，张光新，戴连奎. 过程控制系统与装置. 北京：机械工业出版社，2012.

［8］ 孙优贤，王慧. 自动控制原理. 北京：化学工业出版社，2011.

［9］ Shinskey FG. 过程控制系统——应用、设计与整定. 第 4 版. 萧德云，吕伯明译. 北京：清华大学出版社，2014.

［10］ Shinskey FG. Process Control Systems—Application，Design，and Tuning. 4thEdition. New York：McGraw-Hill，1996.

［11］ Smith CA. Automated Continuous Process Control. New York：John Wiley & Sons，2002.

［12］ 王正林，郭阳宽. 过程控制与 SimuLink 应用. 北京：电子工业出版社，2006.

［13］ 周泽魁. 控制仪表与计算机控制装置. 北京：化学工业出版社，2002.

［14］ 浙江中控. Supcon JX-300X：集散控制系统使用手册. 2000.

［15］ Seborg DE，Edgar TF，Mellichamp DA. 过程的动态特性与控制. 第 2 版. 王京春等译. 北京：电子工业出版社，2006.